新工科建设之路·计算机类专业规划教材

操作系统原理

胡元义　黑新宏　主编

金海燕　杨凯峰　鲁晓锋　副主编

電子工業出版社
Publishing House of Electronics Industry
北京·BEIJING

内容简介

操作系统主要涉及对计算机软、硬件资源的控制和管理。本书对操作系统的实现原理进行了详细和深入的分析，力求做到全面、系统、准确和通俗，以便读者透彻理解操作系统的设计思想，深化对基本概念的掌握。全书共分为 6 章，主要包括：引论、处理器管理、进程同步与通信、存储管理、设备管理和文件管理。

本书结构清晰、内容丰富、取材新颖，既强调知识的实用性，又注重理论的完整性，可作为高等院校计算机及相关专业的操作系统课程教材，也可作为从事计算机工作及报考研究生人员的参考资料。

图书在版编目（CIP）数据

操作系统原理 / 胡元义，黑新宏主编. —北京：电子工业出版社，2018.8
ISBN 978-7-121-34038-3

I. ①操… II. ①胡… ②黑… III. ①操作系统－高等学校－教材 IV. ①TP316

中国版本图书馆 CIP 数据核字（2018）第 074475 号

策划编辑：章海涛
责任编辑：章海涛　　　文字编辑：孟　宇
印　　刷：三河市君旺印务有限公司
装　　订：三河市君旺印务有限公司
出版发行：电子工业出版社
　　　　　北京市海淀区万寿路 173 信箱　　邮编：100036
开　　本：787×1092　1/16　印张：20　　字数：485 千字
版　　次：2018 年 8 月第 1 版
印　　次：2022 年 6 月第 8 次印刷
定　　价：58.00 元

凡所购买电子工业出版社图书有缺损问题，请向购买书店调换。若书店售缺，请与本社发行部联系，联系及邮购电话：（010）88254888，88258888。

质量投诉请发邮件至 zlts@phei.com.cn，盗版侵权举报请发邮件至 dbqq@phei.com.cn。

本书咨询联系方式：mengyu@phei.com.cn。

前　言

操作系统为计算机的使用提供了一个方便灵活、安全可靠的环境，特别是 Windows 操作系统的出现，使得使用计算机只需单击鼠标。

操作系统是计算机专业的一门核心课程，在计算机本科教学中占有十分重要的地位。操作系统主要涉及对计算机软、硬件资源的控制和管理，其理论性强，内容抽象。特别是进程管理，需要通过缜密、细致的逻辑思维来想象微观世界中处理器的调度与运行，这种抽象、复杂的内容不易理解，也难以掌握。本书对操作系统的实现原理进行了详细和深入的分析，力求做到全面、系统、准确和通俗，以便读者透彻理解操作系统的设计思想，深化对基本概念的掌握。

操作系统是现有软件系统中最复杂的软件系统之一，代码多达几亿条。著名计算机科学家 P. Denning 和他的助手及同事们认为，在操作系统方面取得了进程、内存管理、信息的保护与安全性、调度与资源管理以及系统结构等 5 项主要的成就。现今，信息的保护与安全性已作为一门独立的课程来讲授，即计算机信息安全；而系统结构的部分内容已经转化为硬件的内容，在计算机系统结构课程中讲授。本书围绕操作系统取得的主要成就（除上述已经独立设课的内容外），从原理出发，详细介绍了操作系统有关内容，注重操作系统理论的发展与传承，注意知识的连贯性与拓展性，并通过精选的示例和图例来帮助读者理解与掌握操作系统知识，同时还设计了一些不同于其他操作系统教材的算法，如睡眠理发师问题、吃水果问题、读者-写者问题等 P、V 操作和管程实现算法，对深入理解操作系统原理提供了更好的帮助。

全书共分 6 章：第 1 章引论，主要介绍操作系统的基本概念、操作系统的发展过程、操作系统的分类、操作系统运行的硬件环境以及操作系统与用户的接口；第 2 章处理器管理，主要介绍进程的引入和描述、进程状态及转换、进程调度及调度算法、进程控制和线程；第 3 章进程同步与通信，主要介绍进程同步与互斥、临界区的使用、实现进程同步与互斥的工具（P、V 操作和管程）、进程通信和进程死锁；第 4 章存储管理，主要介绍存储管理的基本概念和功能、各种存储管理技术、虚拟存储的思想及实现方法；第 5 章设备管理，主要介绍 I/O 设备的硬件结构和软件组成、I/O 设备控制方式、设备管理使用的有关技术及设备分配；第 6 章文件管理，主要介绍文件的概念、文件的逻辑结构和物理结构、文件目录、文件存储空间的组织和管理、文件的共享和保护。

本书结构清晰、内容丰富、取材新颖，既强调知识的实用性，又注重理论的完整性。本书是编者 30 年在操作系统方面取得的教学实践成果的总结，同时也汲取了国内外优秀操作系统教材的精华。此外，本书配套了辅助教材《操作系统原理习题解析与上机指导》

（ISBN 978-7-121-34037-6），在学习中配合使用将会得到更好的效果。本书还配有教学用的电子教案，以供教学与学习使用。本书可作为高等院校计算机及相关专业的操作系统课程教材，也可作为从事计算机工作及报考研究生人员的参考资料。

限于编者水平，书中难免有疏漏之处，敬请读者赐教。

本书的相关教学资源，可以从华信教育资源网站（http://www.hxedu.com.cn）下载。

编　者

2018 年 5 月

目　　录

第 1 章　引论……1
1.1　操作系统的概念……1
1.1.1　什么是操作系统……1
1.1.2　操作系统的主要功能……4
1.1.3　操作系统的基本特征……6
1.2　操作系统的逻辑结构和运行模型……8
1.2.1　用户态和内核态的划分……8
1.2.2　操作系统的逻辑结构……9
1.2.3　操作系统的运行模型……11
1.3　操作系统的形成与发展……12
1.3.1　操作系统的形成时期……12
1.3.2　操作系统的成熟时期……15
1.3.3　操作系统的进一步发展时期……17
1.4　主要操作系统的类型……19
1.4.1　批处理操作系统……19
1.4.2　分时操作系统……20
1.4.3　实时操作系统……21
1.4.4　微机操作系统……23
1.4.5　网络操作系统……24
1.4.6　多 CPU 操作系统……25
1.4.7　分布式操作系统……27
1.4.8　嵌入式操作系统……29
1.5　操作系统安全性概述……30
1.5.1　操作系统安全的重要性……30
1.5.2　操作系统的安全观点……31
1.5.3　实现操作系统安全性的基本技术……31
1.6　操作系统运行基础……32
1.6.1　处理器及工作模式……32
1.6.2　中断技术……36
1.6.3　系统调用……40
习题 1……42
第 2 章　处理器管理……47
2.1　进程的概念……47

2.1.1 程序的顺序执行……47
2.1.2 程序的并发执行……48
2.1.3 进程……50
2.2 进程的状态及转换……53
2.2.1 两状态进程模型……53
2.2.2 进程的三态模型……53
2.2.3 进程的五态模型……55
2.2.4 进程的挂起……56
2.2.5 进程控制块……58
2.3 进程控制……60
2.3.1 进程切换……60
2.3.2 进程控制原语……62
2.4 处理器调度……65
2.4.1 作业与进程的关系……66
2.4.2 CPU 的三级调度……67
2.4.3 处理器调度队列模型……69
2.4.4 进程调度的方式和时机……71
2.5 单处理器调度算法……73
2.5.1 调度原则……73
2.5.2 常用调度算法……75
2.5.3 实时调度……80
2.6 线程……82
2.6.1 线程的引入……82
2.6.2 线程的概念……83
2.6.3 线程与传统进程的比较……84
2.6.4 线程实现原理……85
习题 2……86
第 3 章 进程同步与通信……93
3.1 进程同步的基本概念……93
3.1.1 并发进程的关系……93
3.1.2 进程的互斥与同步……94
3.1.3 临界资源与临界区……95
3.2 进程互斥方法……97
3.2.1 实现进程互斥的硬件方法……97
3.2.2 实现进程互斥的软件方法……99
3.3 信号量机制……101
3.3.1 信号量……101
3.3.2 使用信号量实现进程互斥……103
3.3.3 使用信号量实现进程同步……105

3.4 经典互斥与同步问题 ······ 108
3.4.1 生产者-消费者问题 ······ 108
3.4.2 哲学家进餐问题 ······ 111
3.4.3 读者-写者问题 ······ 114
3.4.4 睡眠理发师问题 ······ 117
3.5 经典互斥与同步问题的应用 ······ 119
3.5.1 缓冲区数据传送问题 ······ 119
3.5.2 吃水果问题 ······ 120
3.5.3 汽车过桥问题 ······ 122
3.6 管程机制 ······ 123
3.6.1 条件变量与管程结构 ······ 123
3.6.2 生产者-消费者问题的管程解决方法 ······ 125
3.6.3 哲学家进餐问题的管程解决方法 ······ 127
3.6.4 读者-写者问题的管程解决方法 ······ 128
3.6.5 睡眠理发师问题的管程解决方法 ······ 129
3.6.6 吃水果问题的管程解决方法 ······ 131
3.7 进程通信 ······ 132
3.7.1 进程通信的概念 ······ 132
3.7.2 共享内存通信方式 ······ 133
3.7.3 消息缓冲通信方式 ······ 134
3.7.4 信箱通信方式 ······ 137
3.7.5 管道通信方式 ······ 139
3.8 死锁 ······ 140
3.8.1 产生死锁的原因和必要条件 ······ 141
3.8.2 死锁的预防 ······ 145
3.8.3 死锁的避免 ······ 146
3.8.4 死锁的检测与解除 ······ 152
习题 3 ······ 155
第 4 章 存储管理 ······ 163
4.1 程序的链接和装入 ······ 163
4.1.1 逻辑地址和物理地址 ······ 164
4.1.2 程序链接 ······ 164
4.1.3 程序装入 ······ 165
4.2 存储器及存储管理的基本功能 ······ 168
4.2.1 多级存储器体系 ······ 169
4.2.2 内存的分配与回收以及地址转换 ······ 170
4.2.3 内存的共享、保护及扩充 ······ 171
4.3 分区式存储管理 ······ 173
4.3.1 单一连续分区存储管理 ······ 173

4.3.2 固定分区存储管理 175
4.3.3 可变分区存储管理 177
4.3.4 覆盖与交换技术 182
4.4 分页存储管理 184
4.4.1 分页存储管理的基本原理 184
4.4.2 分页存储管理的地址转换与存储保护 186
4.4.3 两级页表和多级页表 189
4.4.4 内存物理块的分配与回收 191
4.5 分段存储管理 192
4.5.1 分段存储管理的基本原理 192
4.5.2 分段存储管理的地址转换与存储保护 193
4.5.3 分段存储管理的优缺点 196
4.6 段页式存储管理 197
4.6.1 段页式存储管理的基本原理 197
4.6.2 段页式存储管理的地址转换与特点 198
4.7 虚拟存储管理 200
4.7.1 虚拟存储器的概念 201
4.7.2 请求分页存储管理 203
4.7.3 请求分段存储管理 212
4.7.4 请求段页式存储管理 215
习题 4 218
第 5 章 设备管理 225
5.1 设备管理概述 225
5.1.1 设备的分类 225
5.1.2 设备管理的目标和功能 226
5.2 I/O 设备管理系统的组成 228
5.2.1 I/O 系统的硬件组织 228
5.2.2 I/O 系统的软件组织 233
5.3 I/O 设备控制方式 238
5.3.1 程序直接 I/O 控制方式 238
5.3.2 程序中断 I/O 控制方式 239
5.3.3 直接存储器存取 I/O 控制方式 240
5.3.4 I/O 通道控制方式 242
5.3.5 4 种 I/O 控制方式的对比 245
5.4 缓冲技术与虚拟设备技术 246
5.4.1 缓冲技术 246
5.4.2 虚拟设备技术 250
5.5 设备的分配与回收 252
5.5.1 用于设备分配的数据结构 252

5.5.2 设备分配 …… 254
5.5.3 设备回收 …… 258
5.6 磁盘存储器管理 …… 259
5.6.1 存储设备概述 …… 259
5.6.2 磁盘调度 …… 260
5.6.3 提高磁盘 I/O 速度的方法 …… 264
5.6.4 磁盘阵列（RAID） …… 266
习题 5 …… 270
第 6 章 文件管理 …… 274
6.1 文件系统基本概念 …… 274
6.1.1 文件系统的引入 …… 274
6.1.2 文件与文件系统 …… 275
6.1.3 文件操作 …… 278
6.2 文件的组织结构 …… 280
6.2.1 文件的逻辑结构 …… 280
6.2.2 文件的物理结构 …… 282
6.3 文件目录 …… 288
6.3.1 文件控制块与索引节点 …… 289
6.3.2 目录结构 …… 290
6.3.3 文件目录查找 …… 292
6.4 文件存储空间管理 …… 293
6.4.1 空闲分区表法 …… 294
6.4.2 空闲块链法 …… 294
6.4.3 位示图法 …… 296
6.5 文件共享与文件安全 …… 296
6.5.1 早期的文件共享方法 …… 297
6.5.2 目前常用的文件共享方法 …… 298
6.5.3 文件系统的安全 …… 300
6.5.4 文件系统的可靠性 …… 301
6.5.5 文件保护 …… 303
习题 6 …… 305
参考文献 …… 309

第 1 章

引　论

计算机技术发展到今天，从个人计算机到巨型计算机，无一例外都配置了一种或多种操作系统（Operating System，OS）。计算机系统由硬件和软件两部分组成，操作系统是计算机系统中最重要的系统软件，也是配置在计算机硬件上的第一层软件，是对硬件系统的首次扩充。它作为计算机硬件和计算机用户之间的中介，为应用程序提供使用基础，并成为整个计算机系统的控制中心。在现代计算机系统中，如果不安装操作系统，很难想象如何使用计算机。操作系统不仅将仅有硬件的裸机改造成为功能强、使用方便灵活、运行安全可靠的虚拟机，来为用户提供良好的使用环境，而且采用有效的方法组织多个用户共享计算机系统中的各种资源，最大限度地提高了系统资源的利用率。

1.1 操作系统的概念

1.1.1 什么是操作系统

1. 引子

计算机程序是如何运行的呢？首先，需要先进行编程，而编写程序是需要以计算机程序设计语言作为基础的。对大多数编写程序的人来说，使用的编程语言称为高级程序设计语言，如 C、C++、Java 等。但由于计算机并不识别用高级语言编写的程序，因此编写好的程序还需要将它编译成计算机能够识别的机器语言程序，而这需要编译程序或汇编程序的帮助才能完成。其次，编译好的机器语言程序需要加载（调入内存并将程序中的逻辑地址变成可以执行的内存物理地址）到内存中形成一个可执行的程序，即进程（见第 2 章），而这需要操作系统的帮助。进程需要在计算机芯片 CPU（中央处理器）上执行才是真正的执行，而将进程调度到 CPU 上运行也是由操作系统完成的。最后，在 CPU 上执行的机器语言指令需要变成能够在一个个时钟脉冲周期里执行的基本操作，这需要基本硬件指令系统及相关计算机硬件的支持，而整个程序的执行过程还需要操作系统提供服务和程序语言提供运行环境。这样，一个从程序到微指令执行的过程就完成了，图 1-1 给出了程序演变的全过程。

我们只是从一个线性角度来看待从编程开始到最终输出结果的演变，而没有考虑各种因素之间的穿插和交互过程。事实上，程序可以直接用机器语言或汇编语言这种称为“低级”的语言编写。用机器语言编写的程序无须经过编译程序的翻译就可以直接在 CPU 上运行，而用汇编语言编写的程序则还需经过汇编程序翻译后才能加载执行。

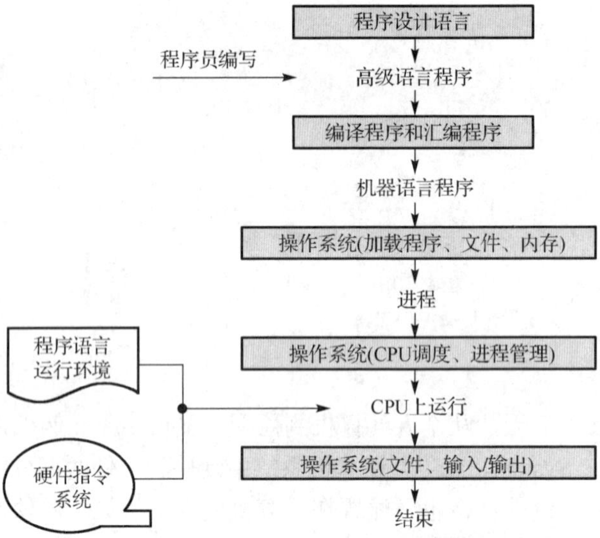

图 1-1　由程序到结果的演变

由图 1-1 的描述可以看出，程序的运行涉及四个方面：① 程序设计语言；② 编译程序；③ 操作系统；④ 硬件指令系统（计算机硬件系统）。而操作系统在程序的执行过程中具有关键作用。

2. 操作系统的定义

计算机系统由硬件系统和软件系统两大部分组成，硬件系统是计算机赖以工作的实体，软件系统则保证了计算机系统的硬件部分按用户指定的要求协调地工作。

计算机硬件系统由中央处理器（Central Processing Unit，CPU）、内存储器、外存储器和各种输入输出设备组成，它提供了基本的计算机资源。只有硬件的计算机称为裸机。

计算机硬件由软件来控制。按与硬件相关的密切程度，通常将计算机的软件分为系统软件和应用软件两类。用户直接使用的软件通常为应用软件，而应用软件一般需借助系统软件来指挥计算机的硬件完成其功能。

那么，操作系统是什么呢？英文中的 Operating System 意为掌控局势的一种系统，也就是说，计算机里的一切事情均由 Operating System 来掌控（管理）。现在我们面临两个问题：第一个问题，操作系统到底是什么东西？第二个问题，操作系统到底操控（管理）什么事情？

由图 1-1 可以大致得到第一个问题的答案：操作系统是介于计算机硬件和应用软件之间的一个软件系统，即操作系统的下面是硬件平台，而上面则是应用软件（如图 1-2 所示）。

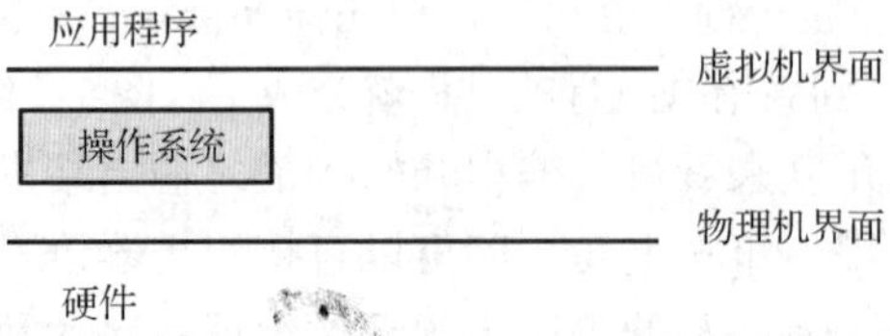

图 1-2　操作系统上下界面

下面分析第二个问题，操作系统掌控的事情当然是计算机上或计算机里发生的一切事情。最早的计算机并没有操作系统，而是直接由人来操控。随着计算机复杂性的增加，人们已经不能胜任直接掌控计算机了，于是编写出操作系统这个“软件”来掌控和管理计算机。这个掌控有着多层深远的意义。

（1）由于计算机的功能不断趋向完善和复杂，操作系统所掌控的事情也就越来越多，越来越复杂，即操作系统必须掌控计算机的所有软硬件资源，并使计算机的工作变得有序。这是早期驱动操作系统不断改善的根本原因。

（2）既然操作系统是专门掌控计算机的，那么计算机上发生的所有事情必须得到操作系统的允许，但由于所设计的操作系统不可能做到尽善尽美，因此给攻击者造成可乘之机，而操作系统设计人员和攻击者之间的博弈是当前驱动操作系统改善的一个重要动力。

（3）为了更好地掌控计算机上发生的所有事情，同时也为了更好地满足人们对操作系统越来越苛刻的要求，操作系统必须不断地完善自己。

也就是说，从计算机管理的角度看，操作系统的引入是为了更加充分、有效地使用计算机系统资源，也就是合理地组织计算机的工作流程，有效地管理和分配计算机系统的硬件和软件资源，同时注意操作系统自身的安全与完善。从用户使用的角度看，操作系统的引入是为了给用户使用计算机提供一个良好的界面，使之既方便又安全。

因此，操作系统是掌控（管理）计算机上所有事情的系统软件，它需要完成以下5种功能。

（1）控制和管理计算机系统的所有硬件和软件资源。

（2）合理地组织计算机的工作流程，保证计算机资源的公平竞争和使用。

（3）方便用户使用计算机。

（4）防止对计算机资源的非法侵占和使用。

（5）保证操作系统自身的正常运转。

长期以来，（1）～（3）项一直是操作系统定义的内容，但随着越来越多对计算机系统恶意攻击的事件以及越来越多的计算机病毒出现，操作系统自身的安全越来越受到人们的重视。所以，现在的操作系统的定义又增加了（4）和（5）两项。

任何计算机，只有在安装了相应的操作系统后才构成一台可以使用的计算机系统，用户才能方便地使用计算机。只有在操作系统的支持下，计算机的各种资源才能安全、方便、合理地分配给用户使用，各种软件（编译程序、数据库程序、网络程序以及各种应用程序等）才能安全、高效、正常地运行。操作系统性能的高低直接决定了计算机整体硬件性能能否得到充分发挥。操作系统本身的安全性和可靠性在一定程度上决定了整个计算机系统的安全性和可靠性。操作系统在整个计算机系统中的地位如图1-3所示。

由图1-3可以看出，计算机系统具有层次结构，其中操作系统是在硬件基础上的第一层软件，是其他软件和硬件之间的接口。因此，操作系统是最重要的系统软件，它控制和协调各用户程序对硬件的使用。实质上，用户在使用计算机时直接面对的并不是计算机的硬件，而是应用软件，由应用软件在“幕后”与操作系统打交道，再由操作系统指挥计算机完成相应的工作。

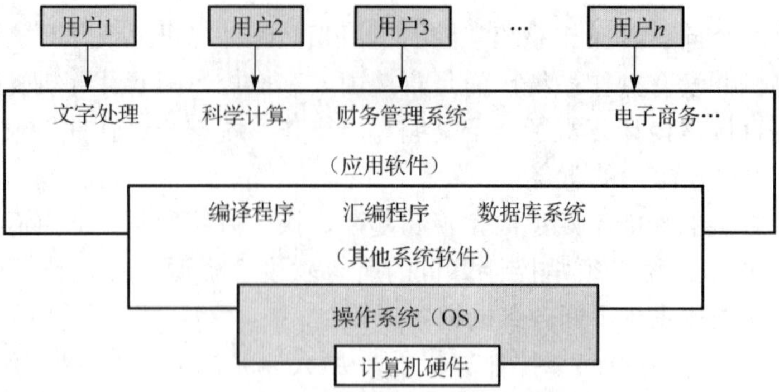

图 1-3　操作系统在计算机系统中的地位

3. 操作系统的设计目标

目前存在多种类型的操作系统，不同类型的操作系统其设计目标各有侧重。一般来说，设计的操作系统应达到以下 6 个目标。

（1）方便性。操作系统应提供统一且界面友好的用户接口，以方便用户使用计算机。

（2）有效性。操作系统应能有效分配和管理计算机的软、硬件资源，使系统资源得到充分利用。此外，操作系统应能合理地组织计算机的工作流程，改善系统性能，并提高系统运行效率。

（3）可扩展性。操作系统应具备较好的可扩展性，以适应计算机硬件和计算机网络等发展的需要。可扩展性表现在能否很容易地增加新的模块。

（4）开放性。操作系统应遵循国际标准进行设计，构造一个统一的开放环境，以便不同厂家生产的计算机和设备能通过网络集成，且能正确、有效地协调工作，实现应用程序的可移植性和互操作性。

（5）可靠性。可靠性包括正确性、健壮性和安全性。操作系统除应满足正确性这一基本要求外，还应满足确保操作系统自身正常工作的健壮性，以及如何防止非法操作和入侵的安全性。

（6）可移植性。可移植性是指将程序从一个计算机环境转移到另一个计算机环境中仍能正常运行的特性。由于操作系统开发是一项非常庞大的工程，为了避免重复工作及缩短软件研发周期，现在操作系统设计已将可移植性作为一个重要目标。

1.1.2　操作系统的主要功能

为了高效地使用计算机软、硬件资源，提高计算机系统资源的利用率和方便用户使用，在计算机系统中都采用多道程序设计技术。多道程序设计技术是指内存中同时放入多道程序（进程）交替运行并共享系统资源，当一道程序（进程）由于某种原因（如输入/输出请求）而暂停执行时，CPU 立即转去执行另一道程序（进程）；这样，不仅使 CPU 得到充分利用，而且也提高了 I/O 设备和内存的利用率。在引入了多道程序设计技术后，使得操作系统具有多道程序（进程）同时运行且宏观上并行、微观上串行的特点，而操作系统也正是随着多道程序设计技术的出现而逐步发展起来的。要保证内存中多道程序的正常运行，在技术上需要解决以下 5 个问题。

（1）在多道程序之间应如何分配 CPU，使得 CPU 既能满足各程序运行的需要，又能有较高的利用率？此外，一旦将 CPU 分配给某程序后，应何时回收且如何回收？

（2）如何为每道程序分配必要的内存空间，使它们各得其所但又不会因相互重叠而丢失信息？此外，还要防止因某道程序出现异常而导致其他程序被破坏的情况出现。

（3）系统中可能有多种类型的 I/O（输入/输出）设备供多道程序共享，应如何分配这些 I/O 设备？如何做到既方便用户对设备的使用，又能提高设备的利用率？

（4）在现代计算机系统中通常都存放着大量的程序和数据，应如何组织它们才便于用户使用并保证数据的安全性和一致性？

（5）系统中的各种应用程序，有的属于计算型，有的属于 I/O 型，有些既重要又紧迫，有些又要求系统及时响应，这时系统应如何组织这些程序（作业）的工作流程？

实际上，这些问题就是操作系统的核心内容。因此，操作系统应具有以下 4 个方面的管理功能：处理器管理、存储管理、设备管理及文件管理。此外，随着网络技术的不断发展，操作系统还应具备相应的网络功能。同时，为了方便用户使用计算机，操作系统还应向用户提供方便、友好的用户接口。

1. 处理器管理

处理器管理主要是指对计算机系统中央处理器（CPU）的管理，其主要任务是对 CPU 进行分配，并对其运行进行有效地控制与管理。

为了提高计算机的利用率，操作系统采用了多道程序技术。为了描述多道程序的并发执行引入了进程的概念，进程可看作正在执行的程序，通过进程管理来协调多道程序之间的关系，以使 CPU 资源得到最充分的利用。在多道程序环境下，CPU 的分配与运行是以进程为基本单位的。随着并行处理技术的发展，为了进一步提高系统并行性，使并发执行单位的粒度更细以降低并发执行的代价，操作系统又引入了线程（Thread）的概念。对 CPU 的管理和调度最终归结为对进程和线程的管理和调度，它的主要功能包括进程控制和管理、进程同步与互斥、进程通信、进程死锁、线程控制和管理以及 CPU 调度。

2. 存储管理

存储管理是指对内存空间的管理。程序要运行就必须由外存装入内存，当多道程序被装入内存共享有限的内存资源时，存储管理的主要任务就是为每道程序分配内存空间，使它们彼此隔离互不干扰，尤其是当内存不够用时，要通过虚拟技术来扩充物理内存，把当前不运行的程序和数据及时调出内存，需要运行时再将其由外存调入内存。存储管理的主要功能包括内存分配、内存保护、地址变换和内存扩充。

3. 设备管理

设备管理是指计算机中除 CPU 和内存之外的所有输入输出设备（I/O 设备，也称外部设备，简称外设）的管理。其首要任务是为这些设备提供驱动程序或控制程序，以便用户不必详细了解设备及接口的细节就可以方便地对设备进行操作。设备管理的另一个任务就是通过中断技术、通道技术和缓冲技术使外部设备尽可能与 CPU 并行工作，以提高设备的使用效率。为了完成这些任务，设备管理的主要功能包括外部设备的分配与释放、缓冲区管理、共享型外部设备的驱动调度、虚拟设备等。

4. 文件管理

文件是计算机系统中除 CPU、内存、外部设备等硬件设备之外的另一类资源，即软件资源。程序和数据以文件的形式存放在外存储器（如磁盘、光盘、磁带、优盘）上，需要时再把它们装入内存。文件管理系统的主要任务是有效地组织、存储和保护文件，使用户方便、安全地访问它们。文件管理的主要功能包括文件存储空间管理、文件目录管理、文件存取控制和文件操作等。

5. 用户接口

为了方便用户使用，操作系统向用户提供了使用接口。接口通常以命令、图形和系统调用等形式呈现给用户，前两种形式供用户通过键盘、鼠标或屏幕操作，后一种形式供用户在编程时使用。用户接口的主要功能包括命令接口管理、图形接口管理（图形实际上是命令的图形化表现形式）和程序接口管理。用户通过这些接口能方便地调用操作系统功能。

6. 网络与通信管理

随着计算机网络的迅速发展，网络功能已成为操作系统的重要组成部分。现代操作系统都注重为用户提供便捷、可靠的网络通信服务。为此，网络操作系统至少应具有以下 3 种管理功能。

（1）网络资源管理。计算机联网的主要目的之一是共享资源，网络操作系统应能够实现网上资源共享，管理用户程序对资源的访问，保证网络信息资源的安全性和完整性。

（2）数据通信管理。计算机联网后，站点之间可以互相传送数据。数据通信管理为网络应用提供必要的网络通信协议，处理网络信息传输过程中的物理细节，同时通过通信软件，按照网络通信协议完成网络上计算机之间的信息传输。

（3）网络管理。包括网络性能管理、网络安全管理、网络故障管理、网络配置管理和日志管理等。

1.1.3 操作系统的基本特征

目前存在多种类型的操作系统，不同类型的操作系统有各自的特征，但它们都具有并发性、共享性、虚拟性和不确定性等共同特征。在这些共同特征中，并发是操作系统中最重要的特征，而其他三个特征都是以并发为前提的。

1. 并发性

并发性（Concurrence）是操作系统最重要的特征。并发性是指两个或两个以上的事件或活动在同一时间间隔内发生（注意，不是同一时刻）。也就是说，在计算机系统中同时存在多个进程，从宏观上看，这些进程是同时运行并向前推进的；从微观上讲，任何时刻只能有一个进程执行，如果在单 CPU 条件下，那么这些进程就是在 CPU 上交替执行的。

操作系统的并发性能够有效地改善系统资源的利用率，提高系统的效率。例如，一个进程等待 I/O 时，就让出 CPU，并由系统调度另一个进程占用 CPU 运行。这样，在一个进程等待 I/O 时，CPU 就不会空闲，这就是并发技术。

下一个可执行的进程？怎样从正在执行的进程切换到另一个等待执行的进程？如何将内存中各交替执行的进程隔离开来，使之互不干扰？怎样让多个交替执行的进程互通消息并协作完成任务？如何协调多个交替执行的进程对资源的竞争？多个交替执行的进程共享文件数据时，如何保证数据的一致性？为了更好地解决这些问题，操作系统必须具有控制和管理进程并发执行的能力，必须提供某种机制和策略进行协调，从而使各并发进程能够顺利推进并获得正确的运行结果。此外，操作系统要充分发挥系统的并行性，就要合理地组织计算机的工作流程，协调各类软、硬件资源的工作，充分提高资源的利用率。

注意，并发性与并行性是两个不同的概念。并发性是指两个或多个程序在同一时间段内同时执行，即宏观上并行（同时执行），微观上串行（交替执行）；而并行性则是指同时执行，如不同硬件（CPU 与 I/O 设备）同时执行。

2. 共享性

共享性（Sharing）是操作系统的另一个重要特征。在内存中并发执行的多个进程可以共同使用系统中的资源（硬件资源和软件资源）。资源共享的方式可以分为以下两种。

（1）互斥使用方式

互斥使用方式是指当一个进程正在使用某种资源时，其他欲使用该资源的进程必须等待，仅当这个进程使用完该资源并释放后，才允许另一个进程使用这个资源，即它们只能互斥地共享该资源，因此这类资源也称互斥资源。系统中的有些资源，如打印机、磁带机的使用就只允许互斥使用。

（2）同时使用方式

系统中有些资源允许在同一段时间内被多个进程同时使用，这里的“同时”是宏观意义上的。典型的可供多个进程同时使用的资源是磁盘，可重入程序（可以供多个用户同时运行的程序）也是可被同时使用的，如编译程序。

共享性和并发性是操作系统两个最基本的特征，它们互为依存。一方面，资源的共享是因为程序的并发执行而引起的，若系统不允许程序并发执行，自然也就不存在资源共享的问题。另一方面，如果系统不能对资源共享实施有效的管理，则必然会影响到程序的并发执行，甚至程序无法并发执行，操作系统也就失去了并发性，导致整个系统的效率低下。

3. 虚拟性

虚拟性（Virtual）的本质含义是指将一个物理实体映射为多个逻辑实体。前者是实际存在的；后者是虚拟的，是一种感觉性的存在。例如，在单 CPU 系统中虽然只有一个 CPU 存在，且每一时刻只能执行一道程序，但操作系统采用了多道程序技术后，在一段时间间隔内，从宏观上看有多个程序在运行，给人的感觉好像是有多个 CPU 在支持每一道程序运行。这种情况就是将一个物理的 CPU 虚拟为多个逻辑的 CPU。

4. 不确定性

在多道程序设计环境下，不确定性（Nondeterminacy）主要表现在以下三个方面。

（1）在多道程序环境中，允许多个进程（程序）并发执行，但由于资源等因素的限制，每个进程的运行并不是“一气呵成”的，而是以“走走停停”的方式执行。内存中的每个进程何时开始执行，何时暂停，以什么速度向前推进，每个进程需要多少时间才能完成都是不可预知的。

（2）并发程序的执行结果也可能不确定，即对同一程序和同样的初始数据，其多次执行的结果可能是不同的。因此，操作系统必须解决这个问题，即保证在相同初始条件下，重复执行同一个程序时都不受运行环境的影响而得到完全相同的结果。

（3）外部设备中断、I/O 请求、程序运行时发生中断的时间等都是不可预测的。

1.2 操作系统的逻辑结构和运行模型

1.2.1 用户态和内核态的划分

设想一下，如果操作系统的可靠性和安全性出了问题，可能的结果是造成整个系统的崩溃，这将影响系统的所有用户程序。但如果一个用户程序的可靠性和安全性出了问题，所造成的损失只不过是该用户程序崩溃而操作系统将继续运行，这就保证了系统下的其他用户程序不受影响。

不言而喻，操作系统的重要性要远远大于用户程序。那么如何保证操作系统的重要性呢？通常的办法是采用内核态和用户态两种模式。内核态是指操作系统程序运行的状态，在该状态下可以执行操作系统的所有指令（包括特权指令），并能够使用系统的全部资源。用户态是指用户程序运行的状态，在该状态下所能执行的指令和访问的资源都将受到限制。

内核态和用户态各有优势：运行于内核态的程序可以访问的资源多，但可靠性、安全性要求高，维护管理比较复杂；用户态程序可以访问的资源有限，但可靠性、安全性要求低，编写程序和维护管理都比较简单。

一般来说，如果一个程序能够运行于用户态，那么就应该让它在用户态下运行，只有在迫不得已的情况下才允许程序在内核态下运行。凡是涉及计算机本身运行的事情都应该在内核态下运行，凡是只与用户数据和应用相关的部分则应在用户态下运行。另外，对时序要求特别高的操作，如中断等也应在内核态下完成。

那么，什么样的功能应在内核态下实现呢？首先，从保障计算机安全的角度来说，CPU 和内存的管理必须在内核态下实现。诊断与测试程序也应在内核态下实现，因为诊断和测试需要访问计算机的所有资源，否则无法判断计算机是否正常工作。I/O 管理也是一样，因为要访问各种设备和底层数据结构，所以也必须在内核态下实现。

对于文件管理来说，可以一部分放在用户态下，一部分放在内核态下。文件系统本身的管理必须放在内核态下，否则任何人都有可能破坏文件系统的结构；用户文件（程序和数据）的管理则可放在用户态下。另外用户程序、编译程序、编辑程序、网络管理的部分功能等，自然都可以放在用户态下执行。图 1-4 描述了 Windows 操作系统的内核态与用户态的界线。

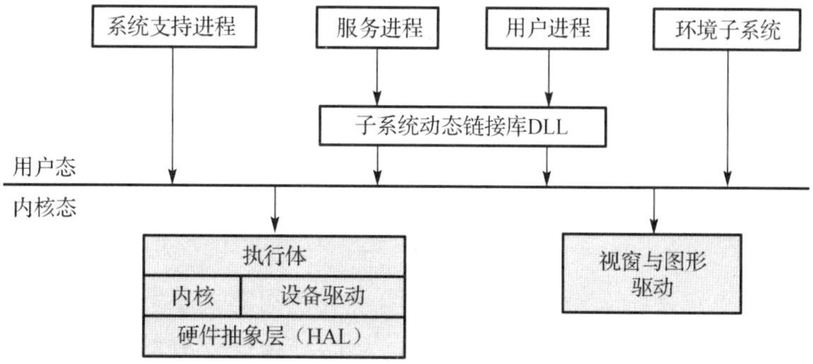

图 1-4 Windows 操作系统的内核态与用户态界线

1.2.2 操作系统的逻辑结构

操作系统的结构与操作系统的发展历史类似，经历了好几个阶段。在操作系统刚出现时，人们并没有意识到操作系统的存在，也没有将那些简单的库函数称为操作系统。那时候想到什么功能就把这个功能作为一个库函数加入进来，并没有对所有的功能进行统筹兼顾的计划。显然，那时候的操作系统是杂乱无章的，没有什么结构可言。

随着操作系统不断地发展与完善，人们对操作系统的认识逐步加深，出现了不同的逻辑结构。根据内核的组织结构，可以将操作系统的逻辑结构划分为单内核、分层式和微内核三种。

1. 单内核结构

随着操作系统的不断演化而逐渐有了一些结构，各种功能归为不同的功能模块（程序），每个功能模块相对独立，却又通过固定的界面相互联系。任何一个功能模块都可以调用其他功能模块的服务，整个操作系统呈现出单内核结构。虽然有些内核的内部又划分成若干模块或层次，但内核在结构上可以看成一个整体（如图 1-5 所示）。操作系统运行在内核态下，为用户提供服务。在单内核结构中，模块间的交互是通过直接调用相应模块中的函数，而不是通过消息传递来实现的，所有模块都在相同的内核空间中运行，内核代码高度集成。

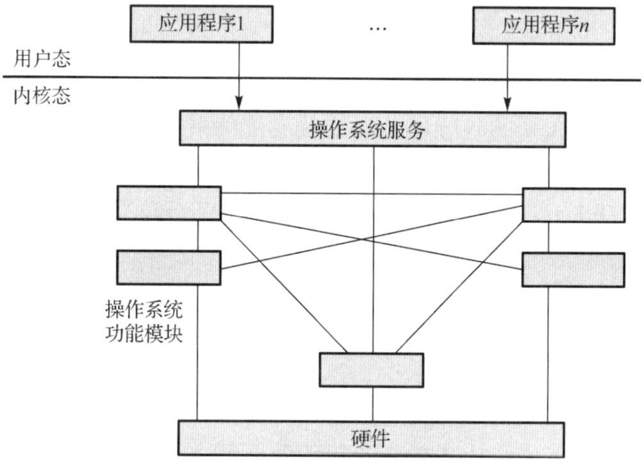

图 1-5 单内核操作系统结构

单内核结构的优点是结构紧密，模块间可以方便地进行组合以满足不同的需要，灵活性较好，效率高。单内核结构的缺点是对模块功能的划分往往不能精准确定，模块的独立性较差；模块之间的调用关系复杂，导致系统结构不清晰，正确性和可靠性不容易保证，系统维护比较困难。

2. 分层式结构

单内核结构的操作系统有很多缺点：功能模块之间的关系复杂，修改任意一个功能模块可能导致许多其他功能模块都要随之修改，从而导致操作系统的设计开发困难。并且，这种没有层次关系的网状联系容易造成循环调用，从而形成死锁，导致操作系统的可靠性降低。于是，人们熟悉的层次关系被引入到操作系统的设计中。

分层式结构的设计思想是操作系统被划分成若干模块，这些模块按照功能调用次序分成若干层；每一层的程序只能使用其低层模块提供的功能和服务，即低层为高层服务，高层可以调用低层的功能，反之则不允许。按照分层结构设计的操作系统不仅系统结构清晰，而且不会出现循环调用（如图 1-6 所示）。

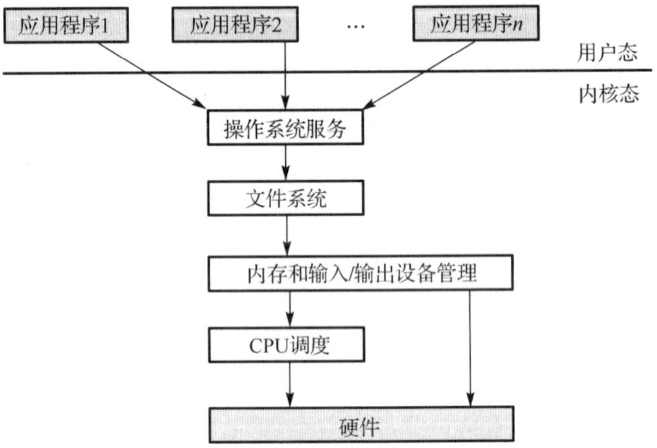

图 1-6　分层式操作系统结构

分层式结构的主要优点是按照单向调用关系以层为单位组织各模块（程序），使得模块之间的依赖、调用关系更加清晰和规范，对一个分层进行修改不会影响到其他层次，系统的调试和验证比较容易，系统的正确性更容易得到保证，系统中间的接口也会减少。当然，要在具有单向依赖关系的各分层之间实现通信则系统的开销较大，因此系统的效率会受到一定的影响。

1968 年，E.W.Dijkstra（迪杰斯特拉）按分层式结构开发了 THE 操作系统。

3. 微内核结构

从图 1-5 和图 1-6 可以看出，操作系统的所有功能都在内核下运行，这会带来以下两个问题。

（1）操作系统的所有服务都需要进入内核态才能使用，而从用户态转换为内核态是需要花费 CPU 时间的，这就造成了操作系统的效率低下。在操作系统比较简单时，这个问题并不突出，但是随着操作系统功能和复杂性的增加，这个问题显得非常严重。

（2）在内核态下运行的程序可以访问所有资源，因此对其安全性和可靠性要求很高。在操作系统规模很小时，将其设计得可靠和安全并不困难，但随着操作系统越来越庞大，破坏者水平越来越高，操作系统的可靠性和安全性要求就变得很难达到。于是，人们又想出了一个办法，仅将系统的一些核心功能放入内核（因此称为微内核，此时的内核态也称为核心态），而将其他功能都移到用户态运行。这样就同时提高了效率和安全性（如图 1-7 所示）。

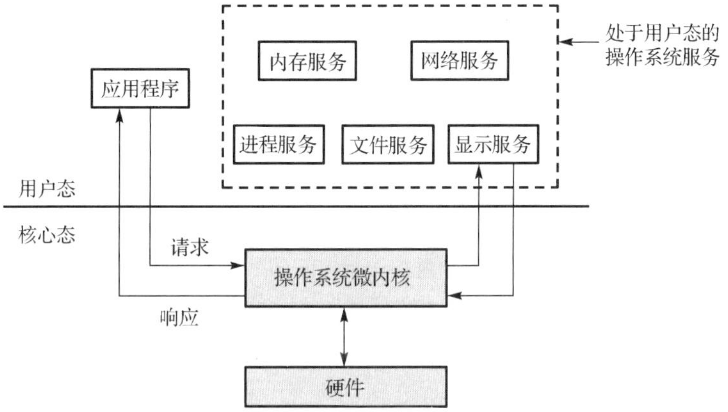

图 1-7　微内核的操作系统结构

微内核结构的设计思想是将操作系统分成两部分：一部分是运行在核心态下的微型内核，它提供系统最基本的功能，只完成极少的核心态任务，如进程管理和调度、内存管理、消息传递和设备驱动等，内核构成了操作系统的基本部分；另一部分是一组服务器进程，它们运行在用户态下，并以客户-服务器方式提供服务，如文件管理服务、进程管理服务、存储管理服务、网络通信服务等，操作系统的绝大部分功能由这组服务器进程提供。在微内核结构中，客户与服务器进程之间采用消息传递机制进行通信，通信过程借助内核实现，即由内核接收来自客户的请求，再将该请求传送至相应的服务器进程，同时，内核也接收来自服务器进程的应答，并将此应答回送给请求的用户。

微内核结构的优点是：① 为进程的请求提供了一致性接口，不必区分内核级服务和用户级服务，所有服务均采用消息传递机制提供（见 3.7 节）；② 具有较好的可扩充性和易修改性，增加新服务或替换老服务时，只需增加或替换服务器（进程）；③ 可移植性好，与 CPU 有关的代码集中在微内核中，将系统移至新平台（不同计算机）时修改较少；④ 对分布式系统提供有力支持，客户给服务器进程发送消息，不必知道服务器进程驻留在哪台机器上。

微内核结构的缺点是：虽然运行效率比分层式结构有所提升，但仍然不够高，这是因为进程之间必须通过内核的通信机制才能相互通信。

上面介绍的三种操作系统的结构各有优缺点，当前的趋势是微内核模式，至于这个微内核到底有多“微小”，则无统一的标准。例如，美国卡内基梅隆大学开发的 MACH 操作系统的内核非常小，而微软公司的 Windows XP 的内核就大得多。

1.2.3　操作系统的运行模型

操作系统本身是一组程序，这组程序按照什么方式运行称为操作系统的运行模型。操作系统有以下三种运行模型。

1. 独立运行的内核模型

操作系统有自己的独立存储空间和独立运行环境。例如，有自己的核心栈，其执行过程不与应用程序（进程）发生关联。若操作系统具有这种运行模型，则当用户进程被中断或发出系统调用时，被中断运行的进程现场被保存到该进程的运行现场区，内核接收控制权并开始执行，且内核程序总是运行在自己的核心栈上。

在这种模型下，操作系统作为一个独立实体在内核模式下运行，因此内核程序要并发执行很困难，进程的概念只适合应用程序。独立运行的内核模型出现在早期的操作系统中。

2. 嵌入到用户进程中执行的模型

为了提高内核程序的并发性，操作系统在创建用户进程（程序）时，为它分配了一个核心栈，该核心栈可以将操作系统的内核程序嵌入到用户进程中运行。若操作系统具有这种模型，则当用户进程发出系统调用或遇到中断时，CPU 转到内核态（核心态）下运行，控制权转移给操作系统且用户进程的现场被保护，此时启用刚被中断用户进程的核心栈来作为内核程序执行过程中调用的工作栈。需要注意的是，整个过程中只是发生了 CPU 的状态转移（从用户态转变为内核态），而进程的现场切换却并没有发生，即认为内核程序属于当前用户进程的一部分而嵌入到当前用户进程中执行。

3. 作为独立进程运行的模型

操作系统的小部分核心功能（进程切换和通信、底层存储管理、中断处理等）仍然在内核态（核心态）下运行，而操作系统的大部分功能则由一组独立的服务器进程提供（见微内核结构），这组服务器进程运行在用户态下。

1.3 操作系统的形成与发展

操作系统不断改进与发展是由以下两个因素驱动的。

（1）硬件成本的不断降低。

（2）计算机的功能和复杂性不断提高。

以硬盘为例，IBM 公司制造的第一张硬磁盘直径达到 2 米，造价 100 多万美元，但容量仅 1MB，而现今一个容量 100GB 的硬盘成本只有几十美元。最初，计算机的组件虽然巨大但数量少，且功能单一；现今，随着硬件质量和数量的提升，使得计算机的功能更加全面、复杂。硬件成本的下降和计算机复杂性的提高，推动了操作系统的发展。成本的降低意味着同样的价格可以买到更先进的计算机，而复杂性的提高则需要操作系统管理的能力也随之提升。这些变化使得操作系统从最初仅仅几百或几千行代码的独立库函数，发展到如今多达 4000 万行代码的操作系统（如 Windows XP），而某些 Linux 版本的代码行数更加庞大。操作系统的发展历史可以划分为以下三个时期。

1.3.1 操作系统的形成时期

1. 手工操作阶段

从第一台计算机诞生（1946 年）至 20 世纪 50 年代中期的计算机属于第一代计算机，

构成计算机的主要元器件是电子管，计算机运算速度慢、设备少，操作系统尚未出现。这时的计算机操作方式是，由用户（即程序员）采用人工操作方式直接使用计算机硬件系统，由手工控制作业（程序）的输入/输出，通过控制台开关启动程序运行。到了 20 世纪 50 年代，出现了穿孔卡片和纸带，用户（同时也是计算机的操作员）将事先编写（最初采用机器语言编写，后来采用汇编语言编写）好的程序和数据穿孔在纸带或卡片上，再将纸带或卡片装入纸带输入机或卡片输入机，并启动输入机将程序和数据输入计算机，然后通过控制台开关操控计算机运行该程序。当程序运行结束且将计算结果在打印机上输出后，操作员再卸下纸带或卡片并取走打印结果，这时后续用户才可以依次重复前述上机操作过程来运行各自的程序。手工操作阶段计算机的工作过程如图 1-8 所示。

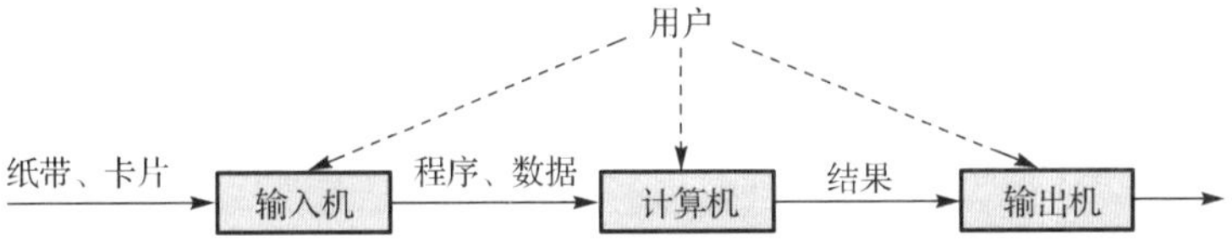

图 1-8 手工操作阶段计算机的工作过程

这个时期的代表机型为美国宾夕法尼亚大学与其他机构合作制造的第一台电子计算机 ENIAC。在 ENIAC 刚制造出来的时候，没有人知道计算机是怎么回事，所以没有操作系统的整体概念，唯一能想到的就是提供一些标准命令供用户使用，这些标准命令集合就构成了原始操作系统 SOSC（Single Operator，Single Console）。SOSC 设计的目的是满足基本功能并提供人机交互。在这种操作系统下，任何时候只能做一件事，即不支持并发和多道程序运行。由于操作系统本身只是一组标准库函数，因此无法主动管理计算机资源，只能被动地等待操作员输入命令再运行，即输入一条命令就执行一个对应的库函数。因此，这种原始操作系统根本称不上是操作系统。

手工操作方式存在着以下三方面的缺点。

（1）用户独占全部计算机资源。此时，用户既是程序员又是操作员，计算机及其全部资源只能由上机用户独占，资源利用率低。如打印机在装卸纸带和计算过程中被闲置。

（2）CPU 等待人工操作。当用户进行程序装入或结果输出等人工操作时，CPU 及内存等资源处于空闲，严重降低了计算机资源的利用率。

（3）CPU 和 I/O 设备串行工作。所有设备均由 CPU 来控制，CPU 向设备发出命令后设备开始工作，而此时 CPU 处于等待状态。当 CPU 工作时，I/O 设备处于等待 CPU 命令的状态，即 CPU 和 I/O 设备不能同时工作。

手工操作方式本身耗费了大量时间，而在这个时间里计算机只能等待，因此严重降低了计算机资源的利用率，即出现了严重的人机矛盾。随着 CPU 速度的迅速提高，导致系统规模的不断扩大，而 I/O 设备的速度却提高缓慢，人机矛盾越来越突出，手工操作越来越影响计算机的效率。

为了缓解人机矛盾，有人提出了“自动作业（程序）定序”的思想，即按顺序依次将作业（程序）装入计算机的这种转换装入工作，不再由手工操作完成，而是由计算机自动实现。作业（程序）自动转换装入技术的实现导致了操作系统的雏形——监控程序的产生。

2. 监控程序阶段（早期批处理阶段）

1947 年，Bell（贝尔）实验室的 William B.Shockley、John Bardeen 和 Walter H.Brattain 发明了晶体管，开辟了电子时代新纪元，晶体管的发明极大地改变了计算机的性能。随着第二代晶体管数字计算机的出现，计算机运算速度显著提高，手工操作的低速度与计算机运算的高速度形成了强烈的反差，使得采用手工操作使用计算机方式的弊端更加突出。由于手工操作方式浪费了大量的 CPU 时间，因此严重地影响了 CPU 的利用率，使得在缓慢的手工操作方式下，计算机运行速度的提高并不明显。为了减少作业（程序）间用手工转换装入的时间，提高 CPU 的利用率，20 世纪 50 年代中期，出现了监控程序干预下的单道批处理系统，即完全由计算机控制实现作业间的转换装入。单道批处理系统是操作系统的雏形，其工作过程如图 1-9 所示。

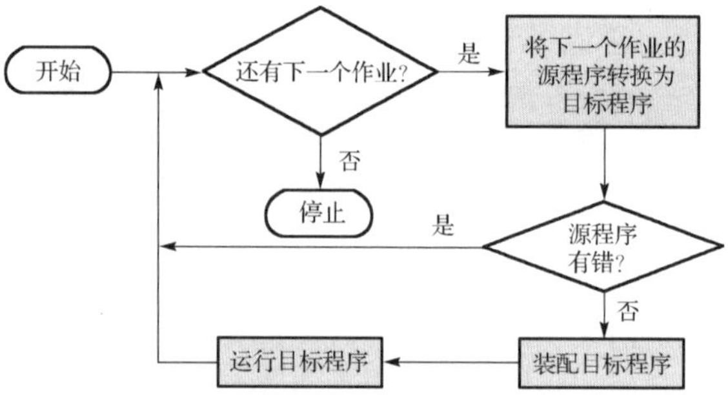

图 1-9　单道批处理系统的处理流程

操作员按照作业的性质组织一批作业，并将这批作业统一由纸带或卡片输入到磁带上，再由监控程序将磁带上的作业一个接一个装入内存投入运行，即作业由装入内存到运行结束各个环节均实现自动处理。这个处理过程首先由监控程序将磁带上的第一个作业装入内存，并将运行控制权交给该作业；其次当该作业运行结束（即处理完成）时，又将控制权交还给监控程序，再由监控程序将磁带上的第二个作业调入内存；然后按照这种方式使作业一个接一个自动得到处理，直至磁带上的所有作业全部处理完毕。由于作业的装入、启动运行等操作都由监控程序自动完成，而无须再由用户手工实施，因此 CPU 和其他系统资源的利用率都得到了显著提高。由此看出，虽然操作系统的功能还很有限，但已经开始主动地管理计算机资源了。

20 世纪 50 年代中期，第一个批处理操作系统（同时也是第一个操作系统）由 General Motors 开发并用于 IBM 701 计算机上。这个概念随后经过一系列的改进，出现了：IBM 开发的 FORTRAN 监视系统，用于 IBM 709 计算机上；IBM 开发的基于磁带的工作监控系统 IBMSYS，用于 IBM 7090 和 7094 计算机上；密歇根大学开发的 UMES，用于 IBM 7094 计算机上。

在当时，世界上最先进的计算机是 IBM 7094。IBM 将 IBM 7094 作为礼物，分别赠送给密歇根大学和麻省理工学院。密歇根大学坐落在密歇根湖和伊犁湖畔，IBM 的高管喜欢组织帆船比赛，每次帆船比赛都需要使用计算机来安排赛程、计算成绩、打印名次等。因此，IBM 在捐赠计算机时有一个要求，平时归学校使用，一旦进行帆船比赛就得停下一切计算任务为 IBM 服务。这当然使得学校很恼火，因为那个时候很难在程序执行中间停下来（由于没有现代操作系统中能够实现中断功能的硬件和软件，故无法从程序的中断处再恢复正常执行)，只要停下来，程序的执行就必须从头再来。于是，在 1959 年密歇根大学的 R.M.Graham、Bruce Arden 和 Bernard Galler，开发出当时著名的 UMES 系统（密歇根大学执行系统)，它是一个能够保存中间结果的操作系统，即程序在中断执行时，将此时程序运行的中间结果和现场信息保存起来，待该程序再次投入运行时，先恢复保存的中间结果并复原中断时的现场信息，然后程序就可以不受影响的由被中断运行的断点处继续正常向下执行了。有了这个系统，密歇根大学的计算机运行基本上不受 IBM 帆船比赛带来的中断影响。

单道批处理是在解决人机矛盾的过程中出现的，它解决了依次执行的作业之间自动转换装入的问题。随着 CPU 与 I/O 设备在速度上的差异日益扩大，CPU 因等待 I/O 操作而空闲的时间越来越多，CPU 与 I/O 设备在速度上不匹配的矛盾也越来越突出。因此，单道批处理操作系统仍然不能很好地利用系统资源。

1.3.2 操作系统的成熟时期

1. 多道批处理操作系统

第三代计算机的特点是用集成电路（Integrated Circuit，IC）代替了分立的晶体管元件，因此这段时期被称为“中小规模集成电路计算机时代”。集成电路是把多个电子元器件集中在只有几平方毫米的基片上形成的逻辑电路，第三代计算机的基本电子元件是每个基片上集成几个到十几个电子元件（逻辑门）的小规模集成电路，以及每片上几十个元件的中规模集成电路。第三代计算机已经开始采用性能优良的半导体存储器取代磁芯存储器，运算速度提高到每秒几十万至几百万次基本运算。因此，第三代计算机的运行速度更快，内存容量及设备的数量和种类都大大增加。为了更好地发挥硬件的功能并满足各种应用需求，迫切需要一个功能强大的监控程序（管理程序）来控制计算机系统的所有操作，并管理计算机系统的所有软、硬件资源。

20 世纪 60 年代，随着中断技术和通道技术的出现，多道程序设计技术成为现实。借助多道程序设计技术，人们成功设计出了具有一定并发处理能力的监控程序，并在此基础上进一步形成了功能更加强大的系统程序集合，出现了真正意义上的操作系统。典型的多道批处理操作系统是 IBM 的 OS/360(M)。

在多道批处理操作系统中，用户提交的作业都先放在外存上并排成一个队列，称为“后备作业队列”，然后由作业调度程序按一定的算法从后备作业队列中选择若干个作业调入内存，使它们共享 CPU 及系统中的各种资源。

为什么设计操作系统必须引入多道程序设计技术呢？在单道系统（如早期的单道批处理操作系统）中，任何时间内存中仅有一个作业，CPU 与其他硬件设备串行工作，导致许多资源空闲，系统性能差。图 1-10 显示了 CPU、输入机及打印机的串行工作情况。由图 1-10 可以看出，当输入机或打印机工作时，CPU 必须等待。

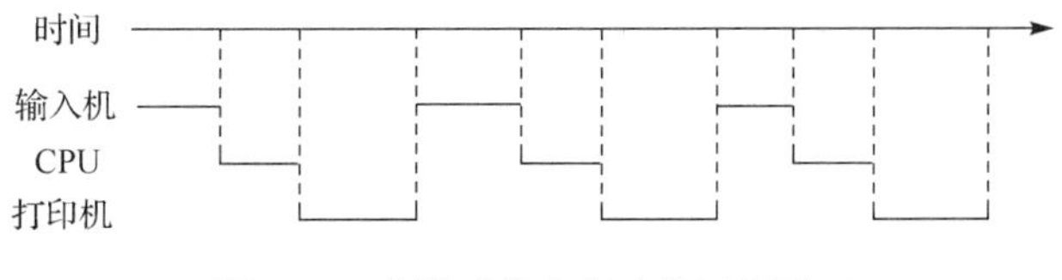

图 1-10 单道系统中程序的运行情况

多道程序设计是指允许多个程序同时进入计算机内存，并采用交替执行方法使它们运行。尽管从微观上看，这些程序交替执行轮流使用唯一的 CPU，但从宏观上看，这些程序是同时运行的。在操作系统设计中，引入多道程序设计技术可以提高 CPU 的利用率，充分发挥计算机硬件的并行能力。图 1-11 显示了多道系统中 A、B、C 三个程序的运行情况。图 1-11 中显示程序 A、B、C 在运行过程中的部分操作是并行的，即真正做到了 CPU 的执行与 I/O 设备的操作同时进行。

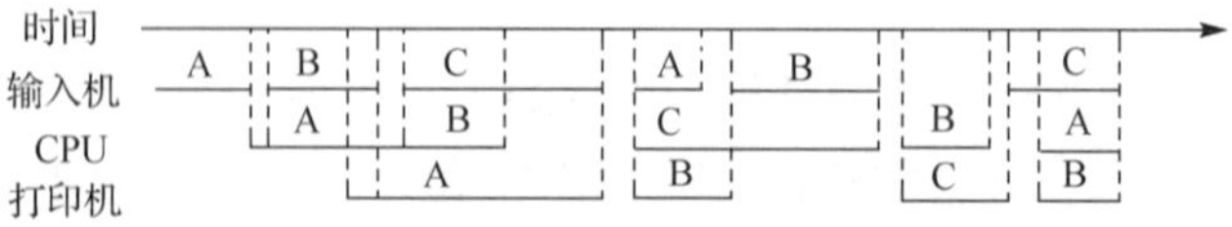

图 1-11　多道系统中 A、B、C 三个程序的运行情况

必须注意：多道程序设计中程序的数量不是任意的，它受程序中 I/O 占用时间的比例、内存大小及用户响应时间等诸多因素的影响。

进行多道程序设计时，需要解决以下三个问题。

（1）程序浮动与存储保护问题。程序浮动是指程序能从一个内存位置移动到另一个内存位置，而不影响其运行。存储保护指多个程序共享内存时，要求每个程序只能访问授权的区域。

（2）CPU 的调度和管理问题。多道程序对 CPU 的使用是交替进行的，这就要求对每个程序何时使用 CPU，以及怎样使用 CPU 等环节进行安排和管理。

（3）其他资源的管理和调度问题。多道程序除能共享 CPU 资源外，同样能共享系统中的其他资源，如何保证资源的合理分配，以及正确使用这些资源也是需要解决的问题。

多道批处理操作系统 OS/360(M)是由密歇根大学为 IBM 开发的，它运行在 IBM 第三代计算机 System/360、System/370、System 4300 上。OS/360 在技术和理念上都是划时代的操作系统，首次引入了内存分段管理的思想，它同时支持商业和科学应用，而此前的操作系统则只支持科学计算。IBM 随后对 OS/360(M)进行了改进，使其逐渐演变为一个功能强大、性能可靠的操作系统。这个改进的版本被命名为 OS/390，它提供了资源管理和共享，允许多个 I/O 同时进行，以及 CPU 运行和磁盘操作可以并发执行。OS/390 得到了广泛的商业应用。

多道批处理操作系统的缺点是：① 作业平均周转时间长。作业的周转时间是指从作业进入系统开始到运行完成并退出系统所经历的时间。由于每个作业都需要在作业队列中排队依次等待系统的处理和执行，因此作业的周转时间较长。② 无交互性。用户一旦提交了作业就失去了对该作业的控制（交由系统进行控制），不能再与自己的作业进行交互，这使程序的修改与调试都极不方便。

2. 分时操作系统

如果说推动多道批处理操作系统形成和发展的主要动力是提高资源利用率和系统吞吐量的话，那么推动分时操作系统形成和发展的主要动力则是用户的需求。也就是说，分时操作系统是为了满足用户需求而形成的一种新型操作系统。用户需求具体表现在以下三个方面。

（1）人机交互。每当程序员写好一个新程序时，都需要上机进行调试。由于新编程序难免有错需要修改，因而希望能像早期使用计算机时一样对它进行直接控制，即以边运行边修改的方式对程序中的错误进行修改。因此，希望能进行人机交互。

（2）共享主机。在 20 世纪 60 年代计算机非常昂贵，不可能像现在这样每人独占一台计算机，而只能是由多个用户共享一台计算机，但用户在使用计算机时，应能够像自己独占计算机一样，不仅可以随时与计算机交互，而且感觉不到其他用户也在使用计算机。

（3）便于用户上机。用户在使用计算机时希望能通过自己的终端直接将作业送到计算机上进行处理，并能对自己的作业进行控制。

分时操作系统是指计算机系统由若干用户共享，在一台主机上连接了多个带有显示器和键盘等设备的终端，允许多个用户同时通过自己的终端以交互方式使用计算机。由于上述原因产生了分时操作系统，系统将 CPU 的执行时间分割为一个个时间段（称为时间片），然后轮流分配给每个用户使用，每个用户程序每次只能在 CPU 上运行一个时间片。由于轮转间隔的时间很短，使用户几乎感觉不到这种间隔，因此对用户来讲好像整个计算机系统由他独占。

1959 年，由麻省理工学院（MIT）正式提出了分时的思想，并在 1962 年开发出第一个分时操作系统 CTSS（Compatible Time Sharing System），且成功运行在 IBM 7094 机上，它能支持 32 个交互式用户同时工作。分时操作系统最著名的应用是 MULTICS 和 UNIX。麻省理工学院将密歇根大学开发出来的 UMES（批处理操作系统）移植到自己的 IBM 7094 中，后来大家觉得只保存中间结果还不是最好的办法，毕竟频繁地保存中间结果等帆船比赛结束后再进行重载（接着上次程序运行暂停处继续向下执行）仍然很麻烦，于是就想开发一个可同时支持多个用户上机的分时操作系统，以便一劳永逸地解决同一时间内只能允许一个用户上机的问题。1965 年，在美国国防部的支持下，麻省理工学院将密歇根大学开发过 UMES 的 R.M.Graham 请来作为主持，与来自 Bell 实验室、DEC（美国数字仪器公司）和麻省理工学院的设计人员一起开始了 MULTICS（分时操作系统）的研制。不过 MULTICS 还没有开发出来，团队内部就出现了分歧，Bell 实验室的几个人自立门户开发出了 UNIX 操作系统，并因此获得了图灵奖。而 UNIX 的出现则使得 MULTICS 从一面世就难以立足。

虽然 UNIX 的辉煌掩盖了 MULTICS 的光芒，但 MULTICS 引入了许多现代操作系统概念的雏形，如分时处理、远程联机、段页式虚拟存储器、文件系统、多级反馈调度、保护环安全机制、多 CPU 管理、多种程序设计环境等，对后来操作系统的设计有着极大的影响。

UNIX 操作系统是 AT&T 公司 Bell 实验室的 Ken Thompson 和 Dennis Ritchie 于 1969—1970 年间研制成功的一个分时操作系统。其后 Dennis Ritchie 又成功研制了 C 语言，并将 UNIX 用 C 语言重新改写并加以实现。在此后许多年里 UNIX 不断发展完善，目前它几乎已运行于从巨型计算机到微型计算机的各种硬件平台，成为多用户系统事实上的工业标准，被公认为开放式系统结构的核心。

1.3.3 操作系统的进一步发展时期

20 世纪 80 年代后，随着微电子技术的迅速发展，大规模及超大规模集成电路技术得到了广泛应用。计算机工业获得了井喷式的发展，计算机硬件不断升级换代，计算机的体系结构更加灵活多样，各种新计算机和新操作系统不断出现和发展，计算机和操作系统领域均进入了一个百花齐放、百家争鸣的时代。尤其是微型计算机得到了迅速发展，推动了微机操作系统的出现和发展。由于微型计算机迅速普及，主要使用对象也发生了改变，计算机的使用对象趋于个人化，导致进行操作系统设计时，将如何方便用户使用计算机放在了更重要的地位。系统的操作界面朝着更加方便用户与计算机交互的方向发展，传统的字符界面逐渐被图形用户界面所取代。这段时期的微机操作系统种类繁多，功能强大，以 DOS、Windows、OS/2、UNIX 等为典型代表。

20 世纪 90 年代后期，随着网络的出现，促进了网络操作系统和分布式操作系统的诞生，计算机应用逐步向网络化、分布式及智能化方向发展，推动操作系统进入一个新的发展时期。各种网络操作系统、多 CPU 操作系统、分布式操作系统及嵌入式操作系统纷纷出现，功能日新月异。操作系统的设计观念也发生了改变，由主要追求如何提高系统资源的利用率，转变到同时要考虑使用方便及提高人工效率等因素。对于网络操作系统来说，其任务是将多个计算机虚拟成一个计算机。传统的网络操作系统在现有操作系统的基础上增加了网络功能；而分布式操作系统则从一开始就把对多计算机的支持考虑进来，由于该操作系统是重新设计的操作系统，因此比网络操作系统的效率高。分布式操作系统除提供传统操作系统的功能外，还提供多计算机协作的功能。

随着计算机不断普及，操作系统的功能将变得越来越复杂。在这种趋势下，操作系统的发展面临着两个方向的选择：一是朝着微内核方向发展；二是朝着大而全的全方位方向发展。微内核操作系统虽然有不少人在研究，但获得工业界认可的并不多，这方面的代表是 MACH 系统。对工业界来说，操作系统正朝着多功能、全方位方向发展，某些 Linux 版本已有 2 亿行代码。

鉴于大而全的操作系统管理起来越加复杂，现代操作系统采取的都是模块化的管理方式，即一个小的内核加上模块化的外部管理功能。例如，最新的 SOLARIS 将操作系统划分为核心内核和可装入模块两个部分，其中核心内核分为中断管理、引导和启动、陷阱管理、CPU 管理；可装入模块分为调度类、文件系统、可加载系统调用、可执行文件格式、流模块、设备和总线驱动程序等。

Windows 将操作系统划分成内核（Kernel）、执行体（Executive）、视窗和图形驱动以及可装入模块。Windows 执行体又划分为 I/O 管理、文件系统缓存、对象管理、热插拔管理器、能源管理器、安全监视器、虚拟内存、进程与线程、配置管理器、本地过程调用等。而且，Windows 还在用户层设置了数十个功能模块，可谓功能繁多、结构复杂（如图 1-12 所示）。

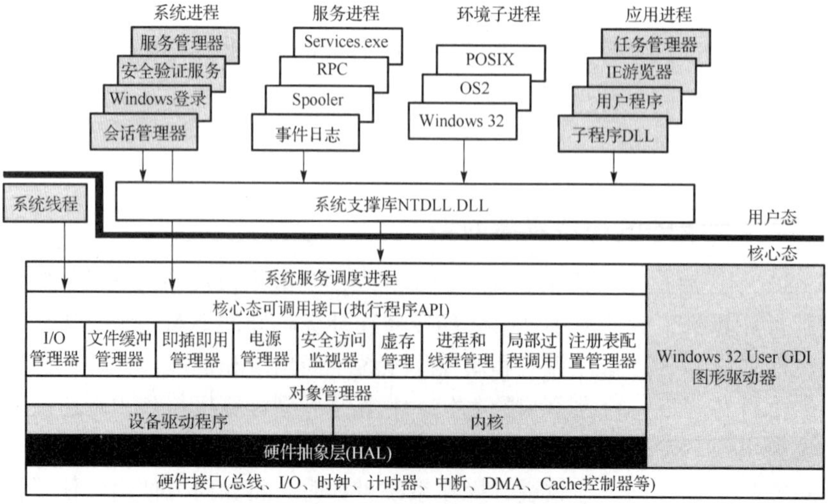

图 1-12　Windows XP 系统结构

进入 21 世纪以来，操作系统发展的一个新动态是虚拟化技术和云操作系统的出现。虚拟化技术和云操作系统虽然听上去有点不易理解，但它们只不过是传统操作系统和分布式操作系统的延伸和深化。虚拟机扩展的是传统操作系统，即将传统操作系统的一个虚拟机变成多个虚拟机，从而同时运行多个传统操作系统。云操作系统扩展的是分布式操作系统，这种扩展具有两层含义：分布式范围的扩展；分布式从同源到异源的扩展。虚拟机技术带来的最大好处是闲置计算机资源的利用，而云操作系统带来的最大好处是分散的计算机资源整合和同化。

1.4 主要操作系统的类型

为了在特定计算机硬件环境下满足对计算机的使用要求，在计算机发展的不同时期，出现了不同类型的操作系统，这些操作系统在用户面前呈现出不同的处理方式和运行特征。可以按照功能、特点及使用方式将操作系统划分为若干种类型，而批处理操作系统、分时操作系统和实时操作系统则是操作系统的三种基本类型。需要注意的是，随着操作系统技术的不断发展，操作系统的功能越来越综合化和多元化，操作系统类型的划分界限越来越模糊，现代主流的操作系统一般具有多种功能，能适应多方面应用的需要。

1.4.1 批处理操作系统

在计算机的早期使用中，对世界各地的计算机中心来说，机房中主机最主要的工作方式就是批处理，所以主机上配置的操作系统就是批处理操作系统（简称批处理系统）。

在批处理操作系统中，用户提交给计算机的工作常被称为作业。一个作业通常由程序、数据和作业说明书组成。当用户将作业提交给操作员以后，为了减少作业处理过程中的时间浪费，操作员先将作业按其性质进行分组（分批），然后以组（批）为单位将作业提交给计算机，由计算机自动完成这批作业的装入、执行并输出运行结果。

根据内存中允许存放作业的个数，批处理操作系统又分为单道批处理操作系统和多道批处理操作系统。

早期的批处理操作系统是单道批处理操作系统，其特征是一批作业自动按提交顺序依次装入内存执行，每次只允许一个作业进入内存运行，先提交的作业总是先完成。在单道批处理操作系统中，整个系统的资源被进入内存的作业独占使用，因此资源利用率很低。例如，当运行的作业进行 I/O 操作时，由于内存中无其他作业，CPU 只能等待，导致 CPU 的利用率很低。

为了提高 CPU 和其他系统资源的利用率，在批处理操作系统设计中引入了多道程序设计技术，于是形成了多道批处理操作系统。多道批处理操作系统仍然一次自动完成一批作业的处理，但允许多个作业同时进入内存并发执行。在多道批处理操作系统中，作业的运行次序与作业的提交顺序没有严格的对应关系，先提交的作业有可能后完成，因为作业的执行顺序是由调度算法确定的。多道批处理操作系统的资源利用率很高，这是因为当一个正在运行的作业需要等待 I/O 时，操作系统就调度另一个作业执行。

现在的批处理操作系统一般指多道批处理操作系统。多道批处理操作系统的优点是资源利用率高，系统吞吐量（即系统在单位时间内完成的工作总量）大。缺点是作业平均周转时间长，用户与计算机的交互能力差，不利于程序的开发与调试。

1.4.2 分时操作系统

尽管批处理操作系统具有效率高的优点，但用户在脱机方式（用户给计算机提交了作业后就不再对作业进行控制）下工作，却无法干预自己的程序运行，不能掌握程序运行的进展情况，不利于程序调试和排错，使用计算机非常不方便。而用户对计算机系统的期望是使用方便，能人机交互，多个用户能以共享方式同时使用一台计算机。于是，在操作系统设计中，同时融合了多道程序设计技术和分时技术，出现了分时操作系统（简称分时系统）。今天，分时操作系统已经成为最流行的一种操作系统，几乎所有的现代通用操作系统都具备分时操作系统的功能。

1. 工作方式

在分时操作系统管理下，计算机的工作方式是一台主机连接了若干台终端（如图 1-13 所示），每台终端供一个用户使用，这些用户通过各自的终端向系统发出命令请求，系统采用时间片轮转法的方式，来接收每个用户的命令并处理服务请求，同时通过交互方式在终端上向用户显示处理的结果，用户则根据系统回复的结果继续发出下一道命令。由此看出：

（1）分时操作系统为用户提供交互命令；

（2）分时操作系统采用分时方法，为多个终端用户服务；

（3）分时方法是将 CPU 的执行时间划分为若干个时间片；

（4）分时操作系统以时间片为单位轮流为各终端用户服务。

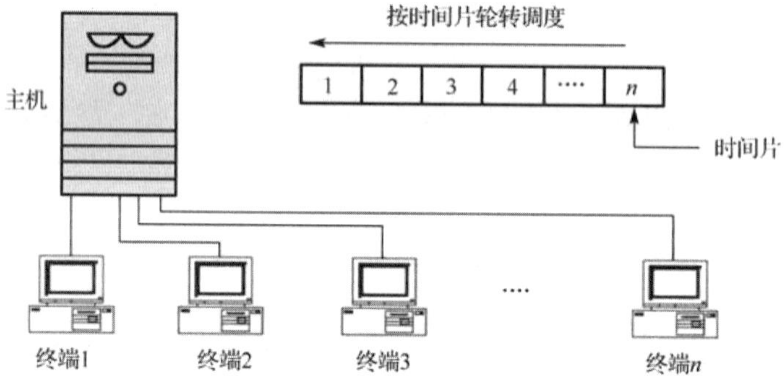

图 1-13 分时操作系统示意

2. 时间片

分时操作系统将 CPU 的执行时间划分为若干个片段，这些片段称为时间片。分时操作系统以时间片为单位，使 CPU 轮流为各终端用户服务，每次服务的时间长度为一个时间片，如 0.1 秒（其特点是利用人的错觉，使人感觉不到 CPU 同时也在为其他终端用户服务）。每个用户程序一次只能执行一个时间片，若时间片用完而程序尚未执行完，则挂起等待（放弃 CPU，有可能还要将程序自身由内存对换至外存），直到系统分配给它的下一时间片到来时再继续执行。

由于调试程序的终端用户通常只发出简短的命令，因此每个终端用户的每次需求都能得到及时响应。也就是说，每个终端用户多路分时使用一个 CPU，不同之处在于每个终端用户都有一台联机终端。

响应时间是衡量分时操作系统性能的一个重要指标，其影响因素很多，如 CPU 的速度、联机终端的数目、时间片的长短、系统调度开销大小及对换信息量（内外存之间传送数据的数量）的多少等。响应时间可以利用可重入代码（不可被任意修改的代码，可同时供多个用户使用，由此减少了对换信息量的时间），及其他减少对换信息量的方法来进行改善，而时间片长短则可以通过控制终端的数目来调整。

3. 分时操作系统的特性

分时操作系统主要具有以下 4 个特征。

（1）独立性。由于分时操作系统采用时间片轮转法，使一台计算机同时为若干个终端用户服务，因此客观效果是这些用户彼此独立，互不干扰，每个用户感觉好像自己独占了计算机。

（2）同时性（多路性）。从宏观上看，多个终端用户在同时使用一台计算机。

（3）交互性。分时操作系统的用户（终端用户）是联机用户，各终端用户可以采用人机对话的方式与自己的程序对话，直接控制程序运行。

（4）及时性。系统对终端用户的请求能够在足够短的时间内得到响应。这一特性与计算机 CPU 的处理速度、分时操作系统中联机终端用户的个数，以及时间片的长短密切相关。

4. 分时操作系统与批处理操作系统的区别

分时操作系统和多道批处理操作系统虽然都有基于多道程序设计技术的共性，但还存在以下 4 点不同。

（1）追求目标不同。批处理操作系统以提高资源利用率与系统吞吐量为主要目标，分时操作系统则以满足用户的人机交互需求及方便用户使用计算机为主要目标。

（2）适应作业不同。批处理操作系统适用于非交互型的大型作业，而分时操作系统则适用于交互型的小型作业。

（3）作业的控制方式不同。批处理操作系统由用户利用作业控制语言（Job Control Language，JCL）书写作业控制说明书并预先提交给系统，处理过程属于脱机工作；分时操作系统是交互型系统，由用户从键盘上输入操作命令来控制作业，处理过程属于联机工作。

（4）资源的利用率不同。批处理操作系统可合理安排不同负载的作业，使各种资源均衡使用，利用率较高；在分时操作系统中，当多个终端作业使用同类型编译程序和公共子程序（都属于可重入代码）时，系统调用它的开销较小。

1.4.3 实时操作系统

1. 实时操作系统的提出

随着计算机技术的不断发展，计算机的应用领域日益扩大。20 世纪 60 年代后期，计算机已广泛应用于控制与商业事务处理等领域。这些新出现的应用中一些任务往往在时间上带有紧迫性，要求在规定的时间内完成响应和处理，这类任务称为实时（及时）任务。虽然多道批处理操作系统和分时操作系统获得了较高的资源利用率与快速的响应时间，但对这类实时任务仍难以满足要求。即实时任务对计算机系统提出了新的要求，要求计算机系统能够及时响应外部事件的请求，并在规定的时限内完成对该事件的处理，同时有效地控制所有实时任务协调一致运行。这种应用需求导致了实时操作系统（简称实时系统）的出现。

实时操作系统是指具有实时（及时）特性，能够支持实时控制与实时信息处理的操作系统。典型的实时系统有三种：过程控制系统、信息查询系统以及事务处理系统。过程控制系统主要用于生产过程的自动控制、自动驾驶及武器自动控制等；信息查询系统主要用于实时信息查询，即当计算机同时接收来自不同终端的提问和服务请求时，系统必须在很短的时间内做出响应；事务处理系统除能够对终端用户的实时请求做出及时响应外，还必须对系统中的数据文件及时更新，如火车或飞机订票系统、银行业务处理系统就是这类系统的典型代表。

从实现上看，实时操作系统分为硬实时系统与软实时系统两种类型。硬实时系统保证关键任务按时完成，这一目标要求系统内所有延迟都有限制，包括从获取存储数据到要求操作系统完成的任何操作都有严格的时间要求。硬实时系统一般没有绝大多数高级操作系统的功能，因为这些功能常常将用户与硬件分开，导致难以估计操作系统所需的运行时间。因此，硬实时系统与分时操作系统是相互矛盾的，两者不可混合使用。软实时系统是一种限制较弱的实时操作系统，这类系统中关键实时任务的优先级要高于其他任务的优先级。但软实时系统没有严格的时间界限，它在工业过程控制等领域的应用可能是很危险的。软实时系统实现时，需要提供硬实时系统不能支持的高级操作系统的功能，且可以与其他类型的系统混合使用。

2. 实时操作系统的主要功能和特征

实时操作系统主要具有以下三个功能。

（1）实时时钟管理。提供系统日期与时间以及定时和延时等时钟管理功能。

（2）过载保护。在支持多任务的实时操作系统中，实时任务启动的数目在某些时刻超出系统的处理能力时，系统要通过相应的措施，例如，延迟或丢弃不重要的任务来保证实时性强的重要任务能够及时得到处理。

（3）高可靠性和安全性。提供容错能力（如故障自动复位）和冗余备份（双机，关键部件）等。

实时操作系统主要具有以下 4 个特征。

（1）及时响应和处理。实时操作系统就是为缩短系统的响应和处理时间而设计的操作系统。因此设计操作系统时，特别是实时控制系统，必须首先考虑及时响应和处理。

（2）安全可靠。尽管批处理操作系统和分时操作系统也要求安全可靠，但实时操作系统对系统的安全性和可靠性要求更高。对过程控制系统尤其是重大控制项目，如航天航空、药品与化学反应、武器控制等，任何疏忽都可能导致灾难性的后果，因此系统中必须有相应的容错机制。对信息查询和事务处理系统，则要求保证信息与数据的完整性。

（3）交互能力有限。实时操作系统是人为干预较少的监督和控制系统，虽然也提供人机交互，但交互操作应根据不同的应用对象与不同的应用要求而加以限制。用户只能访问系统中特定的专用服务程序，不能像分时操作系统一样向终端用户提供多方面的服务。

（4）多路性。实时操作系统也具有多路性，过程控制系统一般具有现场多路采集、处理和控制执行的功能，信息查询和事务处理则允许多个终端用户同时向系统提出服务请求，每个用户都会得到独立的服务响应。

3. 分时操作系统和实时操作系统的区别

分时操作系统和实时操作系统主要具有以下三方面的区别。

（1）设计目标不同。分时操作系统为多用户提供一个通用的交互方式，实时操作系统则是为特殊用途提供的专用系统。

（2）交互性强弱不同。分时操作系统交互性强，实时操作系统交互性弱。

（3）响应时间要求不同。分时操作系统以用户能接受的响应时间为标准，实时操作系统则与受控对象及应用场合有关，响应时间变化范围很大。

1.4.4 微机操作系统

1. 微机操作系统的特点

微型计算机的出现引发了计算机产业革命，该计算机迅速进入社会的各个领域，拥有巨大的使用量和最广泛的用户群。配备在微型计算机上的操作系统称为微机操作系统，也称个人计算机（Personal Computer，PC）系统，一般指的是安装在个人计算机上的图形界面操作系统软件。微机操作系统具有以下 4 个特点。

（1）微机操作系统基本上是根据用户使用键盘和鼠标发出的命令进行工作的，对人的动作和反应在时序上的要求并不是很严格。

（2）从应用环境来看，微机操作系统面向复杂多变的各类应用。

（3）从开发界面来看，微机操作系统为开发人员提供了一个“黑箱”，让开发人员通过一系列标准的系统调用来使用操作系统的功能。

（4）微机操作系统相对于嵌入式操作系统来说，显得比较庞大、复杂。

2. 微机操作系统的分类

随着微机的 CPU 字长从 8 位、16 位、32 位，发展到 64 位，依次出现了 8 位、16 位、32 位及 64 位微机操作系统。按其性能可以划分成以下微机操作系统。

（1）单用户单任务操作系统

单用户单任务操作系统的含义是在同一时间只允许一个用户上机且只允许运行一个用户程序，计算机的所有资源归一个程序使用。在刚刚出现个人计算机的时候，从需要与别人共享小型机（分时系统）资源变为由一个人拥有个人计算机全部资源的感觉很好。由于个人计算机由一人独享，所以分时操作系统的许多功能就无须存在。因此个人计算机（微机）操作系统又回到了计算机最初的标准函数库，这就是单用户单任务操作系统，它是最简单的微机操作系统，主要配备在 8 位微机和 16 位微机上，其典型代表是 CP/M 和 MS-DOS，CP/M 主要配置在 8 位微机上，而 MS-DOS 则主要配置在 16 位微机上。

（2）单用户多任务操作系统

单用户多任务操作系统的含义是在同一时间只允许一个用户上机，但允许同时运行多个用户程序，人们在独享了个人计算机一段时间后发现，没有分时功能的操作系统使一些事情无法完成。这是因为虽然只有一个人在使用机器，但这个人可能想同时做几件事，例如，同时运行几个程序，而没有分时功能这是不可能的。于是，需要对微机操作系统进行改善，这样就将各种分时的功能又加到操作系统中，从而形成了单用户多任务操作系统。

在该系统中，由于多个并发执行的程序共享系统资源，因此系统的性能得到明显改善。目前，在 32 位微机上运行的操作系统主要是单用户多任务操作系统并支持分时操作，其中最具代表性的是 OS/2 和 Microsoft Windows 家族。

（3）多用户多任务操作系统

多用户多任务操作系统的含义是允许多个用户通过各自的终端同时使用一台主机，且允许每个用户同时运行多个程序，共享主机的各类资源。在大、中、小型计算机上配备的操作系统都是多用户多任务操作系统。目前占主流地位的 32 位微机也有不少配置了多用户多任务操作系统，其中最具代表性的是 UNIX 和 Linux。

近年来，微机操作系统得到了进一步发展，以 Windows、OS/2、Macintosh 和 Linux 为代表的新一代微机操作系统，具有图形用户界面（Graphic User Interface，GUI）、单用户多任务、多用户多任务、虚拟存储管理、网络通信支持、数据库支持、多媒体支持、应用编程支持 API 等功能。

3. 微机操作系统的特性

目前使用的微机操作系统具有以下 4 方面特性。

（1）开放性。支持不同系统互联，支持分布式处理和支持多 CPU 系统。

（2）通用性。支持应用程序的独立性与在不同平台上的可移植性。

（3）高性能。随着硬件性能的提升、64 位机的逐步普及以及 CPU 速度的进一步提高，微机操作系统中引进了以前在中、大型机上才能实现的技术，支持虚拟存储器、多线程及对称处理器 SMP，促使计算机系统性能大大提高。

（4）采用微内核结构。提供基本支撑功能的内核极小，大部分操作系统功能由内核之外运行的服务器（服务程序）来实现。

1.4.5 网络操作系统

随着社会进入信息化时代，计算机技术、通信技术及信息处理技术得到了快速发展并推动了计算机网络的出现，自 1980 年以来，计算机网络已经得到了飞速的发展。现代计算机网络的格局是，通过高速网络（含 Internet），将个人计算机群、工作站、批处理系统、分时系统、有时甚至是实时系统等计算机相互连接而成为一个大的计算机网络，实现网络上资源和信息的共享。网络操作系统以及将要介绍的分布式操作系统除具有传统操作系统应有的 CPU 管理、存储器管理、设备管理和文件管理功能外，还应提供以下 4 种功能。

（1）实现网络中各节点机之间的通信。

（2）实现网络中硬、软件资源的共享。

（3）提供多种网络服务软件。

（4）提供网络用户的应用程序接口。

1. 网络操作系统的工作模式

计算机网络指一些互联的自治计算机的集合。所谓自治计算机是指计算机具有独立处理能力，而互联则表示计算机之间能够实现通信和相互合作。通过计算机网络，可以将地理上分散的、具有独立功能的若干计算机与终端设备通过通信线路连接起来，实现数据通信与资源共享。网络操作系统主要有以下两种工作模式。

（1）客户机-服务器（Client/Server，C/S）模式

客户机-服务器模式中网络分成两类站点：一类作为网络控制中心或数据中心的服务器提供文件打印、通信传输、数据库等各种服务；另一类是本地处理与访问服务器的客户机。这是比较常见的 C/S 工作模式，其通用结构如图 1-14 所示。

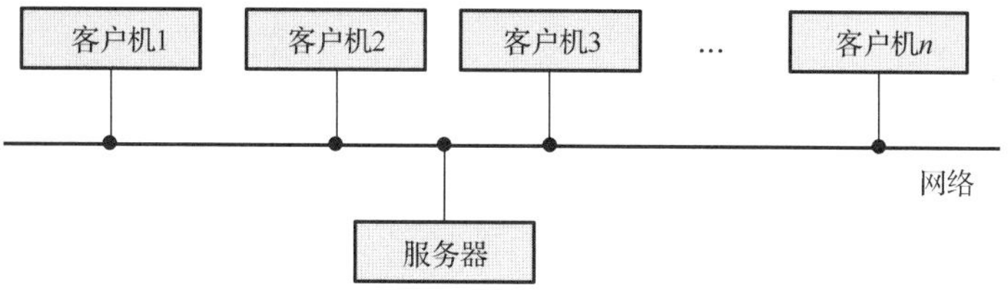

图 1-14 客户机-服务器系统的通用结构

服务器可大致分为计算服务器和文件服务器。计算服务器提供了一个接口，以接收用户所发送的执行操作请求，然后执行操作并将操作的结果返回给客户机。文件服务器则提供文件系统接口，以便客户机能够创建、更新、访问和删除文件服务器中的文件。

（2）对等（Peer-to-Peer）模式

在对等模式中，网络所有站点都是对等的，每个站点既可作为服务器，又可作为客户机。

2. 网络操作系统的功能

网络操作系统是计算机网络中最重要的系统软件，它能够控制计算机在网络中传送信息和共享资源，并能为网络用户提供各种所需的服务。网络操作系统具有以下 5 种功能。

（1）网络通信。在源主机和目标主机之间实现无差错的数据传输，这是计算机网络最基本的功能。

（2）资源管理。对网络中的所有软、硬件共享资源（文件、硬盘及打印机等）实施有效管理，协调多个用户使用共享资源，保证数据的安全性和一致性。

（3）网络服务。在（1）和（2）的基础上，为方便用户而直接向用户提供多种有效服务，如电子邮件服务、文件传输服务、共享硬盘服务以及共享打印服务等。

（4）网络管理。最基本的任务是安全管理，既要确保存取数据的安全性，又要保证系统出现故障时数据的安全性。此外，还包括对网络性能进行监视，对网络使用情况进行统计，以便为提高网络性能、进行网络维护和记账等提供必要的信息。

（5）互操作能力。现代网络操作系统都提供了在一定范围内的互操作功能。所谓互操作是指在客户机-服务器的局域网环境下，连接到服务器上的多种客户机和主机不仅能与服务器通信，而且还能以透明方式访问服务器上的文件系统。而在互联网环境下的互操作，是指不同网络之间的客户机不仅能通信，而且也能以透明的方式访问网络中的文件服务器。

目前，计算机网络操作系统主要有三大主流：UNIX、Linux 和 Windows。

1.4.6 多 CPU 操作系统

1. 多 CPU 操作系统引入的原因

要改善计算机系统的性能，除提高计算机元器件的速度外，另一条途径是改进计算机

系统的体系结构。最主要的方法是通过增加系统 CPU 的数量来实现任务的并行处理。

早期的计算机系统基本上都是单 CPU 系统。20 世纪 70 年代以后，打破了单 CPU 体系结构垄断的局面，出现了多 CPU 体系结构。近年来，推出的大、中、小型计算机，大多数采用了多 CPU 体系结构，甚至在高档微型计算机中也出现了这种趋势。引入多 CPU 系统（MPS）的原因主要有以下三点。

（1）增加系统的吞吐量。随着系统中 CPU 数量的增加，可以使系统在较短的时间内完成更多的工作。

（2）节省投资。在达到相同处理能力的条件下，采用具有 n 个 CPU 的系统要比使用 n 台独立的计算机更节省费用。这是因为这 n 个 CPU 是安装在同一个机箱内且使用同一个电源，并共享内存、打印机等资源。

（3）提高系统的可靠性。多 CPU 系统通常具有系统重构功能。当系统中的某个 CPU 发生故障时，系统能立即将在该 CPU 处理的任务迁移到其他一个或多个 CPU 上继续处理，整个系统仍然能够正常运行，只是系统性能有所降低。

可以从不同角度对多 CPU 系统分类。根据 CPU 之间耦合的紧密程度，可以将多 CPU 系统划分为紧密耦合多 CPU 系统与松散耦合多 CPU 系统。根据多 CPU 系统中 CPU 的功能是否相同，可以将多 CPU 系统划分为同构对称型多 CPU 系统（SMPS）与异构非对称型多 CPU 系统（AMPS）。

2. 多 CPU 操作系统的原理及特点

目前多 CPU 系统采用了两种芯片结构：多处理器和多核。多处理器指一个体系结构上放置多个 CPU，而多核则指在同一块芯片（CPU）上放置多个核（Core），即执行单元。多核和多 CPU 的区别是多核结构更加紧凑，成本在同等执行单元数量的情况下更少，功耗更低。

多 CPU 计算机的出现，打破了单 CPU 环境下的许多操作系统设计的正确性或可靠性。本书后面章节讲述的进程和内存管理的许多策略和机制都是针对单 CPU 环境的，这些策略和机制在多 CPU 环境下要么不能正确运行，要么效率太低，或两者兼而有之。

虽然在一台计算机里安装多个 CPU 能够提升计算机的性能，但基于多种原因，CPU 的执行单元并没有得到充分使用。如果 CPU 不能正常读取数据（计算机始终存在的总线/内存瓶颈），其执行单元的利用率就会明显下降。这是因为目前大多数执行线程缺乏 ILP（Instruction-Level Parallelism，指令级并行，即多条指令同时执行）支持，这些都造成了目前 CPU 的性能没有得到全部发挥。因此，英特尔公司（Intel Corporation）采用了超线程技术让一个 CPU 同时执行多重线程。超线程技术是在一个 CPU 上同时执行多个程序来共享这个 CPU 内的资源，它可以在同一时间内让用户程序使用芯片的不同部分，从而提高 CPU 的使用效率。

例如，当一台计算机里有两个 CPU 时，虽然采用超线程技术能同时执行两个线程，但它并不像两个真正的 CPU 那样每个 CPU 都有独立的资源。当两个线程都同时需要该 CPU 中的某一资源时，其中一个就要暂时停止并让出资源，直到另一个线程使用完该资源后才能继续。因此超线程的性能并不等于两个 CPU 的性能，解决这一问题的办法就是采用多核结构。多核结构就是在一个 CPU 中布置两个执行核，即两套执行单元，而其他部分则两个核共享。这样，由于布置了多个核其指令级并行才是真正的并行，而不是超线程结构的半并行。

此外，多个 CPU 是不可能同时启动的，必须有先后次序之分，因为不能使多个 CPU 同时执行 BIOS（基本输入输出系统）里面的指令（BIOS 不支持多线程），所以除一个 CPU 外，必须让其他 CPU 处于中断屏蔽状态，即 CPU 的启动是有次序的。因此在实际处理中有一个 CPU 被定为启动 CPU，而其他 CPU 则作为应用 CPU。

既然一个系统中有多个 CPU，则这些 CPU 之间总需要进行某种通信以实现任务协调。这种协调既可能是 CPU 本身的需要，也可能是运行在它们之上的进程和线程之间的需要。在多 CPU 之间通信自然也可以发送信号（见 3.3 节），不过这个信号不再是内存中的一个对象（变量），因为如果这样则无法及时引起另一个 CPU 的注意，而要引起其注意就要采用中断的方法（这与单 CPU 中的进程通信完全不同）。对称多 CPU 系统是通过高级可编程中断控制器（APIC）来协调这些 CPU 之间中断的机制并实现多 CPU 通信的。

在单 CPU 环境下，一次只能有一个程序正在执行；而在多 CPU 环境下，由于多个执行核或 CPU 的存在，多个程序可以真正地同时执行。那么如何保证程序执行的正确性呢？解决的方法仍然像单 CPU 系统那样，对涉及临界资源（见 3.1.3 节）的程序必须互斥执行，即保证该段程序的执行是原子操作（见 2.3.2 节）。不过这里的原子操作与单 CPU 环境下的原子操作有所不同，它必须保证跨越所有 CPU 的原子性，即一个 CPU 执行时，不允许另一个 CPU 执行此段程序（相当于单 CPU 环境下的临界区）。

多 CPU 环境下与单 CPU 环境下的最大不同是可以有多个线程或进程真正地同时执行。对于多 CPU 环境下的进程调度来说，就是使每个 CPU 有自己的就绪队列（见 2.2.2 节），该队列里面又可以按照不同的优先级分为多个子队列，就如同单 CPU 环境下的就绪队列一样。多 CPU 环境下，一个线程或进程可以排在任何一个 CPU 的就绪队列上，并且只允许排在其中一个 CPU 的就绪队列上，而不允许排在两个以上 CPU 的就绪队列上。对不同优先级线程或进程来说，调度策略也是优先级高的线程或进程优先调度，而在就绪队列中同一优先级子队列里，通常采用时间片轮转调度。

3. 多 CPU 操作系统的类型

多 CPU 操作系统目前有以下三种类型。

（1）主从式。主从式操作系统安装在一台拥有主 CPU 的主机上，用来管理整个系统的资源，并分配任务给从 CPU。

（2）独立监督式。与主从式操作系统不同，独立监督式操作系统中，每个 CPU 均有各自的管理程序（核心）。

（3）浮动监督式。该方式中有一台 CPU 作为执行操作系统全面管理功能的“主 CPU”，但根据需要，“主 CPU”是可浮动的，即可以从一台 CPU 切换到另一台 CPU。

1.4.7 分布式操作系统

1. 分布式系统简介

分布式系统是通过网络将多个分散的处理单元连接起来，并在分布式处理软件的支持下构成一个整体而形成的系统。在分布式系统中，系统的处理和控制分散在系统的各个处理单元上，系统的所有任务可以动态地分配到各个处理单元上执行。分布式系统在整个系统范围内实现资源的动态分配和管理，各个处理单元既高度自治，又相互协同，能够有效控制和协调多个任务的并行执行。若分布式系统的每个处理单元是计算机，则称其为分布式计算机系统；若处理单元只是 CPU 和存储器，则称其为分布式（处理）系统。分布式操作系统与处理和控制功能都高度集中在一台计算机上的单机操作系统相比，其主要区别在于资源管理、进程通信和系统结构等方面。

分布式系统中的各台计算机之间没有主从之分，且任意两台计算机都可以通过通信交换信息。系统的资源为所有用户共享，系统中的若干台计算机可以互相协作来完成一个共同的任务。在分布式系统中，有一个全局的操作系统称为分布式操作系统，它负责整个系统（包括每个处理单元）的资源分配、调度、任务划分、信息传输及协调控制等工作，并为用户提供统一的界面和标准接口。系统运行过程中每个操作具体在哪个处理单元上执行，使用哪个处理单元的资源都由分布式操作系统决定，用户无须知道。也就是说，系统的访问过程对用户是透明的，尽管分布式系统实际上由多个 CPU 组成，但在用户看来，就像是普通的单 CPU 系统。

2. 分布式系统发展的原因

分布式系统的迅速发展，主要有以下 4 个原因。

（1）它可以解决组织机构分散而数据需要相互联系的问题。

（2）如果一个组织机构需要增加新的相对自主的组织单位来扩充机构，则分布式数据库系统可以在对当前机构影响最小的情况下进行扩充。

（3）均衡负载的需要。采用使局部应用达到最大的原则来进行数据的分解，这使得各 CPU 之间的相互干扰降到最低。因此负载在各 CPU 之间进行分担也可以避免临界瓶颈。

（4）相同规模的分布式数据库比集中式数据库系统可靠性更高。

3. 分布式系统的功能

分布式系统除具有通常操作系统的主要功能外，还应该包括以下 5 种功能。

（1）分布式进程通信。由分布式操作系统所提供的一些通信原语（见 2.3.2 节）来实现。与计算机网络类似，分布式操作系统中必须有通信规程，计算机之间的发信、收信都将按规程进行。

（2）分布式文件系统。允许通过网络互联使不同计算机上的用户共享文件，即能让运行它的所有主机共享，并可以管理操作系统内核及文件系统之间的通信。

（3）分布式进程迁移。由进程原来运行的计算机（称为源计算机）向目的计算机（准备迁往的计算机）传送足够数量的有关进程状态的信息，使进程能在另一台计算机上运行。

（4）分布式进程同步。分布式系统中各 CPU 没有共享内存和统一的时钟，因此分布式进程同步必须对不同 CPU 上所发生的事件进行排序，还应该配置性能较好的分布式同步算法和机制。

（5）分布式进程死锁。在分布式系统中，也可能会因进程竞争资源而引起死锁（见 3.8 节）。因此，也需要对进程死锁进行预防和处理。

4. 分布式系统与网络系统的区别

对分布式系统来说，除具有网络操作系统的功能之外，还因各节点机不存在主从或层次关系，因此增加了控制机构的复杂性。首先，由于各节点的自治性，它们之间发生冲突的概率要高得多，使得同步问题变得更加复杂，死锁问题也难以处理；其次，由于系统透明性的要求，使得系统故障的检测与用户操作的检查都变得更加困难。分布式系统与网络系统的区别主要表现在以下 5 个方面。

（1）分布性。在分布式系统中有一个统一的分布式操作系统，由它统一管理整个分布式系统的资源；而网络系统中每个节点都可以有自己的网络操作系统。

（2）并行性。分布式操作系统可以将任务动态分配到不同的处理单元上并行处理；而网络操作系统中每个用户的任务通常在本地处理。

（3）透明性。分布式系统的访问过程对用户是透明的，例如，用户要访问某个文件，只需要提供文件名而不需要知道文件存放在哪个站点；而网络系统的访问过程对用户是不透明的，若用户要访问某个文件，则必须提供文件名和文件存放的位置。在分布式系统中，系统结构对用户是透明的，用户把整个系统看成是一个单一的计算机系统，完全看不到系统是由多台计算机构成的事实；而网络系统中，系统结构对用户是不透明的，用户确切知道系统是由多台计算机构成的这一事实。

（4）共享性。在分布式系统中，各站点的资源可以供全系统共享；而在网络系统中，一般只有服务器上的部分资源可以供全网共享。

（5）健壮性。分布式系统具有健壮性，若某站点出现故障，则在该站点上处理的任务可以自动迁移到其他站点完成；而网络系统的健壮性相对要差一些，若服务器出现故障，则有可能导致全网瘫痪。

著名的分布式操作系统包括由荷兰自由大学开发的 Amoeba，以及由 AT&T 公司 Bell（贝尔）实验室开发的 Plan 9 等。

1.4.8 嵌入式操作系统

随着信息技术的快速发展与 Internet 的广泛使用，出现了多种类型的信息电器产品，所有信息电器都与嵌入式（计算机）系统应用有关。在嵌入式（计算机）系统中，硬件不再以物理独立的装置和设备形式出现，而是大部分或者全部隐藏和嵌入到各种应用系统中，实现软、硬件的一体化。由于嵌入式系统的应用环境与其他计算机系统的应用环境存在较大的差别，因此推动了嵌入式软件和嵌入式操作系统的出现。

根据 IEEE（电气和电子工程师协会）的定义，嵌入式系统是“控制、监视或者辅助装置、机器和设备运行的装置”。从中可以看出嵌入式系统是软件和硬件的综合体，还可以涵盖机械等附属装置。目前国内一个普遍被认同的对嵌入式系统的定义是：以应用为中心，以计算机技术为基础，软、硬件可裁剪，适用于应用系统对功能、可靠性、成本、体积、功耗要求严格的专用计算机系统。

嵌入式操作系统是运行在嵌入式应用环境中，对整个系统以及所操作和控制的各种部件、装置等资源进行统一协调、处理、指挥和控制的系统软件。由于它仍然是一种操作系统，因此具有通用操作系统的功能，包括与硬件相关的底层软件及操作系统核心功能，功能强大的还提供图形界面、通信协议、小型浏览器等。但由于嵌入式操作系统硬件平台的局限性、应用环境的多样性与开发手段的特殊性，它与一般操作系统相比又有很大不同，主要区别和特点表现在以下 4 个方面。

（1）微型化。嵌入式操作系统运行的硬件平台可用内存少，往往不配置外存，微 CPU 字长短且运算速度有限，能够提供的资源较少，外部设备和被控制设备千变万化。因此无论从性能还是从成本角度考虑，都不允许它占用很多资源。即嵌入式操作系统的系统代码量要少，应在保证应用功能的前提下，以微型化作为出发点来设计嵌入式操作系统的结构与功能。

（2）可定制。嵌入式操作系统运行的平台多种多样，应用更是五花八门。因此嵌入式操作系统表现出专业化的特点，并要求它能运行在不同微 CPU 平台上，能针对硬件变化进行结构与功能的配置，以满足不同的应用需求。

（3）实时性。嵌入式操作系统广泛应用于过程控制、数据采集、传输通信、多媒体信息及要求迅速响应的场合，且实时响应要求严格。因此，实时性是其主要特点之一。

（4）易移植性。为了提高系统的易移植性，通常采用硬件抽象层（Hardware Abstraction Level，HAL）和板级支撑包（Board Support Package，BSP）的底层设计技术。HAL 提供了与设备无关的特性，能屏蔽硬件平台的细节和差异，向操作系统上层提供统一接口，保证了系统的可移植性。

嵌入式操作系统与应用环境密切相关，至今已有几十种嵌入式操作系统面世。按应用范围划分，可把它分成通用型嵌入式操作系统与专用型嵌入式操作系统，前者可适用多种应用领域，比较有名的有 Windows CE、VxWorks 和嵌入式 Linux；而后者则面向特定的应用场合，如适用于掌上计算机的 Plan OS、适用于移动电话的 Sysbian 等。

1.5 操作系统安全性概述

1.5.1 操作系统安全的重要性

随着计算机应用领域的不断扩展，人们对计算机系统的依赖越来越高。为了使用方便，越来越多的组织和个人将一些重要的信息保存在计算机系统中，并通过计算机网络进行信息传输。在这种情况下，如何确保信息在计算机中安全地存放，以及信息如何安全地在网络中传输，已成为重要且必须解决的问题。在影响信息安全的诸多因素中，操作系统的安全尤为重要，这是因为操作系统是计算机系统资源的管理者和人们使用计算机的接口，若没有相应的安全保护措施，整个计算机系统的安全自然得不到保证。没有操作系统的安全，就谈不上整个系统的安全，就不能解决计算机网络、数据库及其他各种应用中的信息安全问题。

操作系统安全是整个计算机系统安全的基础，也是计算机系统安全的必要条件。操作系统的安全包括对系统重要资源（存储器、文件系统）的保护和控制，是计算机系统安全的原始基石。现代操作系统允许资源共享，这就使被共享的资源成为攻击的首要目标，一旦攻破操作系统的防御，就获得了计算机系统保密信息的存取权。

操作系统的安全问题十分复杂，不仅与计算机系统软、硬件的安全性有关，而且受操作系统构建方式等多方面因素的影响。操作系统中往往存在着多个风险点，任何一个风险点出问题，都可能导致出现安全事故。尤其需要注意的是，操作系统的安全问题往往呈现出动态性特征，因为随着信息技术的发展，攻击者的攻击手段层出不穷，也许今天的主要攻击手段，到了明天就会被一种新的攻击手段替代。因此对待操作系统安全性问题，人们不可能找到一种一劳永逸的解决方案。

1.5.2 操作系统的安全观点

操作系统的安全性对不同的角色来说，其关注点也有所不同。

对于设计者来说，主要关注的问题有：操作系统的安全机制如何从一开始就纳入到操作系统中？操作系统中哪些资源需要保护？如何建立最可靠的安全机制？如何分层次、分步骤地实现安全机制？难度如何？用户是否对这些安全机制感兴趣？如何对操作系统的安全进行评价？是否对操作系统提供不同的安全级别以供用户选择等。

对于使用者来说，其关注的内容包括安全机制是否方便？费用如何？耗时多少？如何保护操作系统的资源？这些安全机制是否可靠？有没有漏洞？对安全漏洞有无后期修补措施等。这就要求在设计操作系统时通盘考虑，综合设计者和使用者所关注的内容，既要考虑与应用系统的安全机制无缝连接，也要考虑操作系统可能使用的各种安全机制。对于这些众多的安全性因素，往往需要采用系统工程的方法予以解决。例如，可以采用层次化方法对系统安全的功能按层次进行组织，即首先将操作系统的安全问题划分成若干个安全主题作为最高层；然后将各安全主题划分成若干个子功能作为次高层，依次划分下去，直至最低层为一组最小可供选择的安全功能，通过使用多层次的安全功能来保证整个操作系统各方面的安全。

目前在实现操作系统安全工程时，都遵循了适度安全准则，即根据实际需要实现适度的安全目标。这样做的理由是：① 对安全问题的全面覆盖难以实现；② 对安全问题进行全面覆盖所需要的资源和成本令人难以接受。

1.5.3 实现操作系统安全性的基本技术

面对各种安全威胁，操作系统必须采用有效的安全机制，以抵御人为恶意攻击可能对操作系统造成的危害，确保操作系统的安全。否则，来自操作系统本身的漏洞会使整个计算机系统的安全措施变得毫无用处。目前有效的安全机制主要有以下 7 个。

（1）身份鉴别。常作为计算机和网络安全的第一道防线，操作系统使用注册和登录机制对用户的身份进行核准和验证。

（2）存取控制。当主体访问一个客体时，操作系统根据该客体的存取控制表检查该主体是否有相应的访问权限。

（3）最小特权管理。为了操作系统安全，每个主体只能拥有与其操作相符的必要最小特权集，不能赋予用户、进程超越其执行任务所必须特权之外的任何其他特权。

（4）硬件保护。采用硬件方式对内存和进程运行进行保护。

（5）安全审计。对系统中有关安全的活动进行记录、检查及审核，即作为一种事后追踪的手段来保持操作系统的安全。

（6）入侵检测。这是一种积极主动的安全防护技术，即识别针对计算机系统或网络资源的恶意攻击企图和行为，并对此做出反应。

（7）数据加密。对系统中存储和传输的数据进行加密，只有被授权者才能对加密后的数据进行解密。这样，即使攻击者截获了数据也无法知道其内容，从而保证了系统信息资源的安全。

操作系统在最初设计时根本没想到有人会破坏计算机系统，当后来发现有人试图利用计算机进行非法操作时，就迫不得已修改操作系统来添加安全防范功能。每当操作系统提高安全措施，攻击者也会改进他们的攻击手段，这样循环往复，造成了操作系统安全水平和攻击者的攻击水平不断交替上升。随着人们不断提高对信息安全的重视程度，如何构建可靠、可用和安全的操作系统成为一个十分重要的课题。而对可靠、可用和安全的追求无疑将使操作系统变得更加复杂，操作系统的规模也随之不断地扩大，从 UNIX 的 1400 行代码，到 Windows XP 的 4000 万行代码，这完全是一种爆炸式增长。而爆炸式增长的后果就是操作系统设计已经变得极为复杂和困难，安全性越来越难以保证。关于操作系统安全性的讨论已经有专门的课程讲述，在此不做深入讨论。

1.6 操作系统运行基础

现代计算机系统结构如图 1-15 所示，它由 CPU 和若干设备控制器通过共同的总线相连而成，该总线提供了对共享内存的访问。每个设备控制器负责一种特定类型的设备，如磁盘控制器、视频控制器、键盘控制器等。CPU 与设备控制器可并发工作，并竞争使用内存，为了确保对共享内存的有序访问，需要提供内存控制器来实现对内存的同步访问控制。操作系统作为系统的管理程序，它的运行需要相应的硬件环境支持，下面主要介绍支持操作系统运行的 CPU 硬件特性、中断和系统调用等概念。

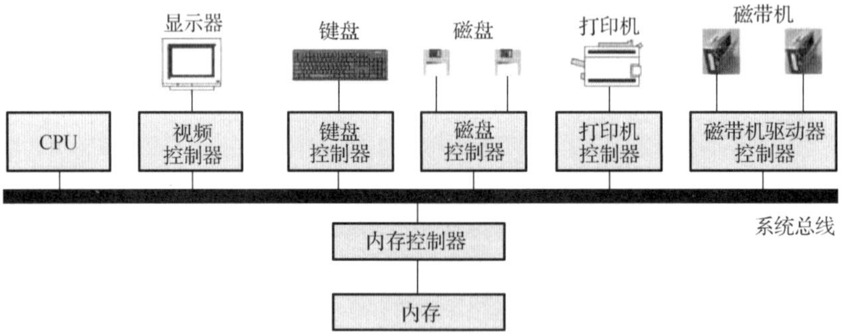

图 1-15　现代计算机系统结构

1.6.1 处理器及工作模式

1. 中央处理器

CPU（中央处理器）一般由集成在一片或几片大规模或超大规模集成电路中的运算器、控制器、寄存器和高速缓存构成。

运算器主要负责指令中的算术和逻辑运算，由算术逻辑单元（ALU）、累加寄存器、数据缓冲寄存器和条件状态寄存器等组成，运算器是计算机计算的核心。

控制器是计算机系统的控制中心，主要控制程序运行的流程，包括取指令、维护 CPU 状态、实现 CPU 与内存的交互等。

寄存器是 CPU 内部指令处理过程中暂存数据、地址以及指令信息的存储设备，在计算机的存储系统中它具有最快的访问速度。

高速缓存处于 CPU 和物理内存之间，一般由控制器中的内存管理单元（MMU）来管理，它的访问速度快于内存但低于寄存器。利用程序执行的局部性原理使得高速的指令处理和低速的内存访问得以匹配，从而提高了 CPU 的利用率。

一个计算机系统中可能只有一个 CPU，也可能有多个 CPU。只包含一个 CPU 的计算机系统称为单 CPU 系统，含有多个 CPU 的计算机系统称为多 CPU 系统。

CPU 内部的寄存器通常分为以下两类。

（1）用户可见寄存器

用户可见寄存器通常对所有程序都适用，包括系统程序和应用程序。这类寄存器由高级语言编译器（编译程序）通过算法分配并使用，以减少程序访问内存的次数。用户可见寄存器主要包括以下四种。

① 通用寄存器。可根据程序设计者指定的功能存放数据，或者作为某种寻址方式所需的寄存器使用。通用寄存器可参与算术、逻辑运算，并保存运算结果。

② 数据寄存器。用于存放操作数，通常被程序员分配给各种函数。

③ 地址寄存器。用于存放数据或指令的内存地址。

④ 条件码寄存器。条件码是 CPU 根据运算结果由硬件设置的位，用于保存 CPU 操作结果的各种标记。通过对条件码进行测试，可以使执行转入当前运行程序的不同分支。

（2）控制和状态寄存器

控制寄存器被 CPU 控制部件使用，主要用于控制 CPU 的操作。大部分控制寄存器对用户是不可见的，一部分控制寄存器可在某种特权模式（由操作系统使用）下访问。计算机系统中的控制寄存器主要包括以下 5 种。

① 程序计数器（PC）。记录将要取出的指令地址，程序计数器具有计数的功能，当遇到转移指令时 PC 的值可被修改。

② 指令寄存器（IR）。存储最近取出的且马上就要执行的指令。

③ 存储器地址寄存器（MAR）。存放欲访问的内存单元的地址。

④ 存储器数据寄存器（MDR）。存放欲存入内存中的数据或最近由内存中读出的数据。

⑤ 程序状态字寄存器（Program Status Word，PSW）。记录 CPU 的运行模式和状态信息等，如中断允许/禁止位、CPU 优先级、运行模式（内核态还是用户态）以及其他各种控制位等。

在支持多种中断的 CPU 中，通常还有一组中断寄存器，每个中断寄存器指向一个中断处理程序。

操作系统必须了解所有的寄存器，在多道程序运行环境下，操作系统经常需要暂停正在运行的程序，并启动另一个程序运行。为了保存和恢复被中断程序的现场信息，每次中断当前程序运行时，操作系统必须保存所有寄存器的内容。当被中断的程序再次运行时，则将这些所保存的寄存器内容重新装回到各寄存器中，由此恢复被中断程序中断时的现场信息，这样才能使该程序从中断处继续正常运行。

2. 特权指令

在多道程序环境下，为了保障计算机系统的运行安全，将计算机系统中的指令分为两类：特权指令和非特权指令。能引起系统损害的机器指令称为特权指令，否则称为非特权指令。在操作系统模式（内核态）下可执行特权指令和非特权指令，在用户模式（用户态）下只能执行非特权指令。在操作系统内核中，使用特权指令来对系统资源进行分配和管理，包括改变系统工作方式，检测用户的访问权限，修改虚拟存储管理的段表、页表（见 4.7 节），完成进程的创建和切换等。特权指令拥有最高权限，如果使用不当则可能导致系统崩溃。因此特权指令不直接提供给用户使用。

在单用户单任务的计算机系统中，因为运行程序不会影响其他程序（内存仅有该运行程序），所以不需要设置特权指令。在多任务的计算机系统中，特权指令是必不可少的，如中断屏蔽指令，建立存储保护指令，启动设备指令，修改虚拟存储管理的段表、页表等指令。特权指令主要有以下 4 种。

（1）有关 I/O 的指令。

（2）访问程序状态字寄存器的指令。

（3）存取特殊寄存器（如用于内存保护的寄存器）的指令。

（4）其他访问系统状态与直接访问系统资源的指令等。

特权指令的规定既保障了系统的安全，也使操作系统拥有了对计算机系统中所有软、硬件资源的控制权和管理特权。

3. CPU 状态

在 CPU 运行过程中，CPU 时而执行操作系统程序，时而执行用户程序。那么 CPU 如何知道当前执行的是哪种程序呢？这就依赖于 CPU 状态的标识。在多道程序环境下，操作系统引入程序状态字（PSW）来区分 CPU 的不同状态，即根据运行程序对资源和机器指令的使用权限将 CPU 设置为不同的工作状态。CPU 的工作状态也称 CPU 模式，多数系统将 CPU 的工作状态划分为两种：内核态和用户态。

（1）内核态

内核态也称为管态或核心态，是指操作系统程序运行的状态。当 CPU 处于内核态时，可以执行包括特权指令在内的全部指令并使用系统所有资源，当 CPU 处于内核态时具有改变 CPU 工作状态的能力。

操作系统的内核指令一般为特权指令。操作系统的内核是计算机上配置的底层软件，主要包括与硬件密切相关的模块，如系统时钟管理程序、中断处理程序与设备驱动程序等，以及一些操作系统中运行频率较高的程序，如进程管理、内存管理和设备管理的相关程序等。不同的操作系统，其内核的定义也有所不同，大多数操作系统的内核主要包括以下 4 方面内容。

① 时钟管理。时钟是计算机系统中最重要的外部设备，操作系统需要通过时钟为用户提供标准的系统时间。此外，通过时钟中断可以实现进程的切换，例如，在分时系统中，通过时间片轮转来实现进程的切换。

② 中断机制。在中断机制中只有小部分功能属于操作系统内核，这部分功能主要包括中断现场的保护与恢复、转移控制权到中断处理程序等。

③ 原语。操作系统的底层通常是一些可被调用的公用小程序，每个小程序完成一个规定的操作。这些小程序一般是操作系统中最接近硬件的部分，而且它们的运行具有原子性，即其运行过程不允许被中断，所以被称为原语（Atomic Operation）。

④ 用于系统控制的数据结构管理。系统中用来记录系统各种状态信息的数据结构有很多，如作业控制块、进程控制块、消息队列、缓冲区、内存分配表等，对这些数据结构的访问和维护必须由操作系统内核来完成。

（2）用户态

用户态也称为算态或目态，是指用户程序运行的状态。当 CPU 处于用户态时只能执行非特权指令，并且只能访问当前运行进程（运行的用户程序）的地址空间，这样才能有效地保护操作系统内核及内存中其他用户程序不受该运行进程（程序）的侵害。

（3）内核态与用户态的转换

中断和异常是 CPU 状态从用户态转换到内核态（核心态）的唯一途径。用户程序在执行中发生中断或异常时，CPU 响应中断或异常并交换程序状态字（暂停用户程序的执行，准备执行相应的中断处理程序），此时会导致 CPU 的状态从用户态转换为内核态。而中断或异常处理的程序（中断处理程序）则运行在内核态下。

在操作系统层面上，通常关心的是内核态和用户态的软件实现和切换。当 CPU 处于内核态时，可以通过修改程序状态字（PSW）直接进入用户态运行。当 CPU 处于用户态时，如果需要切换到内核态，则一般是通过访管指令或系统调用来实现。访管指令或系统调用是一条具有中断性质的特殊机器指令，用户程序使用它们通过中断进入内核态来运行操作系统程序完成指定的操作。访管指令或系统调用的主要功能表现在以下三个方面。

① 通过中断实现从用户态到内核态的改变。

② 在内核态下由操作系统代替用户完成其请求（用户指定的操作）。

③ 操作系统完成指定操作后再通过修改程序状态字（PSW）由内核态切换回用户态。

（4）程序状态字（PSW）

程序状态字寄存器是计算机系统的核心部件，也是控制器的一部分，主要为处理中断而设置。中断发生时，系统中断当前运行程序的执行，并将该程序的 PSW 及运行现场信息保存于内存，然后取出新程序（中断处理程序）的 PSW 来响应中断。新的 PSW 指出，为处理该中断所应执行的中断处理程序，据此 CPU 执行这个中断处理程序。一旦此中断处理程序执行完毕，系统又从内存取回所保存的被中断程序的 PSW 及运行现场信息，复原被中断程序的运行环境，然后恢复被中断程序的执行。

每个 CPU 都有专门的程序状态字寄存器来存放 CPU 的状态信息。一个程序占用 CPU 运行时，该程序的 PSW 将送入程序状态字寄存器，程序状态字寄存器用来存放两类信息：一类是反映当前指令执行结果的各种状态信息，称为状态标志，如进位标志位（CF）、溢出标志位（OF）、结果正负标志位（SF）、结果是否为 0 标志位（ZF）、奇偶标志位（PF）等；另一类存放控制信息，称为控制状态，如中断标志位（IF）、CPU 的工作状态位（内核态还是用户态）等。

PSW 主要用来控制指令的执行顺序，并保留与运行程序相关的各种信息。不同 CPU 中控制寄存器的组织方式可能不同，CPU 中可以不设置专门的程序状态字寄存器，但总会有一组控制寄存器与状态寄存器实际上承担着程序状态字寄存器的作用。

1.6.2 中断技术

中断（Interrupt）机制是实现多道程序并发执行的重要条件，也是现代计算机系统的重要组成部分。中断是指程序在执行过程中 CPU 对系统发生的某个事件做出的一种反应。中断具有以下三个特点。

（1）中断是随机的。

（2）中断是可恢复的。

（3）中断是自动处理的。

中断发生时，CPU 暂停正在执行的程序并保存其运行现场信息，然后自动转去执行相应的中断处理程序，中断处理完成后返回被中断程序的断点处（同时恢复为被中断程序所保存的现场信息）继续执行或者重新调度其他程序执行。在计算机系统中引入中断的目的主要有两个：一是解决 CPU 与 I/O 设备的并行工作问题；二是实现实时控制。中断在计算机系统中的应用越来越广泛，它可以用来处理系统中的任何突发事件，如请求系统服务、程序出错、硬件故障和网络通信等。用户程序执行系统调用，或者出现 I/O 通道和设备（见第 5 章）产生的内部和外部事件时，都需要通过中断机制产生中断信号来启动系统内核工作。

1. 中断分类

根据中断源和中断事件的性质，可以将中断划分为不同的类型，如图 1-16 所示。

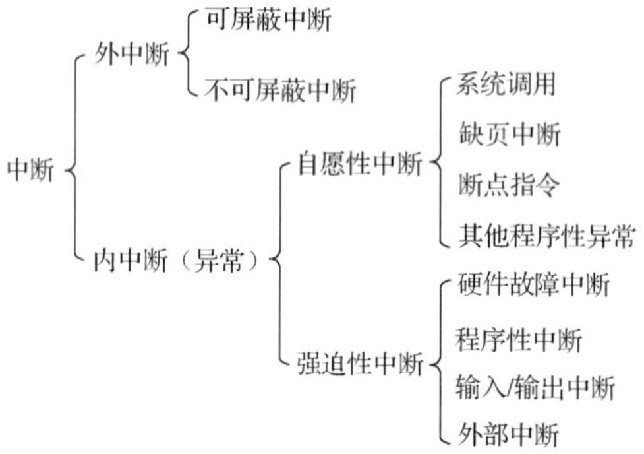

图 1-16　中断分类

（1）外中断。通常指硬中断，指来自 CPU 之外的外部设备通过硬件请求方式产生的中断，如被 I/O 设备触发的中断。外中断是一种强迫性中断，主要包括外部中断、I/O 中断等。由于外中断是由随机发生的异步事件引起的，它与 CPU 当前正在执行的任务无关，因此通常也称为异步中断。

外中断可以发生在用户态，也可以发生在内核态。不同的外中断通常具有不同的优先级，当 CPU 处理高一级的中断时，会部分或全部屏蔽较低优先级的中断，外中断一般在两条机器指令之间响应。外中断又可分为不可屏蔽中断和可屏蔽中断。不可屏蔽中断在当前指令执行结束后，就会无条件立即予以响应；可屏蔽中断则根据中断允许标志位是否允许来决定 CPU 是否响应中断。可屏蔽中断通常用于 CPU 与外设之间的数据交换。

（2）内中断。通常也称为异常（Exception），是由 CPU 在执行指令过程中检测到一个或多个错误或异常条件引起的，用于表示 CPU 执行指令时本身出现算术溢出、0 作除数、取数时的奇偶校验错、访存（访问内存）指令越界或执行了一条所谓的“异常指令”（用于实现系统调用）等情况。这时中断当前执行的程序，转到相应的错误处理程序或异常处理程序。最早的中断和异常并没有区分，随着中断发生原因和处理方式差别的越发明显，才有了中断和异常的区分。内中断由 CPU 中控制器里的硬件中断装置产生，中断处理程序所提供的服务是当前运行程序所需要的，如内存访问错误、单步调试和被 0 除等。内中断处理程序在当前运行进程（程序）的上下文中执行。

内中断不可屏蔽，一旦发生必须立即响应处理。内中断通常发生在用户态，允许在指令执行期间进行响应并且允许多次响应。

根据中断事件的性质，可以将内中断划分为两大类：强迫性中断和自愿性中断。

① 强迫性中断。与当前运行程序的执行完全异步，中断是由随机事件和外部请求所引发的，引起强迫性中断的事件不是当前运行程序所期待的。强迫性中断事件主要包括硬件故障中断、程序性中断、外部中断和 I/O 中断等。

② 自愿性中断。用户程序在运行过程中请求操作系统为其提供某种功能服务，通过执行一条访管指令而引起的中断，称为“访管中断”或“陷阱”（Trap）。常见的自愿性中断有创建进程、分配内存、打开文件、信号量操作、发送或接收消息等。自愿性中断事件是当前运行程序所期待的，是用户在程序中有意安排的中断，它表示用户程序对操作系统的某种需求。当用户需要操作系统提供某种服务时，就使用访管指令或系统调用（见 1.6.3 节）产生自愿性中断来达到需求的目的。

访管中断是通过执行访管指令而产生的中断。用户程序执行时，如果执行的是访管指令就产生一个访管中断，并通过陷入指令将 CPU 的状态从用户态转换为内核态，然后将处理权移交给操作系统中的一段特殊代码（系统调用子程序），这一过程称为陷入。访管指令在用户态下执行，它包括两个部分：操作码和访管参数。操作码指出该指令是访管指令；访管参数则描述具体的访管要求。不同的访管参数对应不同的中断服务要求，就像机器指令的操作码一样，操作系统通过分析访管指令中的访管参数，调用相应的系统调用子程序为用户服务，系统调用功能完成后再返回用户态继续运行用户程序。

不同类型的中断具有不同的优先级。一般情况下，上述各种中断优先级从高到低的顺序依次为：硬件故障中断、自愿性中断、程序性中断、外部中断和 I/O 中断。

大部分内中断是由软件方法产生的，通过软件方法来模拟硬件中断，以实现宏观上异步执行效果的中断称为软中断，如“信号量”是一种软中断机制，是操作系统内核（或其他进程）对某个进程的中断。Windows 系统中由内核发出用于启动线程调度、延迟过程调用的 Dispatch/DPC 和 APC 等中断也是软中断的典型应用。

2. 中断向量

每个中断有一个唯一的与其对应的中断向量号（通常为中断类型号），并按照中断向量号从小到大的顺序放在中断向量表中。因此，根据中断向量号可以得到该中断向量在中断向量表中的位置。

中断向量表一般存放在内存中的固定区域。例如，较为简单的 PC-DOS 系统的中断向量表，占用了系统内存最低端的 1KB 空间，共存储了 256 个中断向量，如图 1-17 所示。

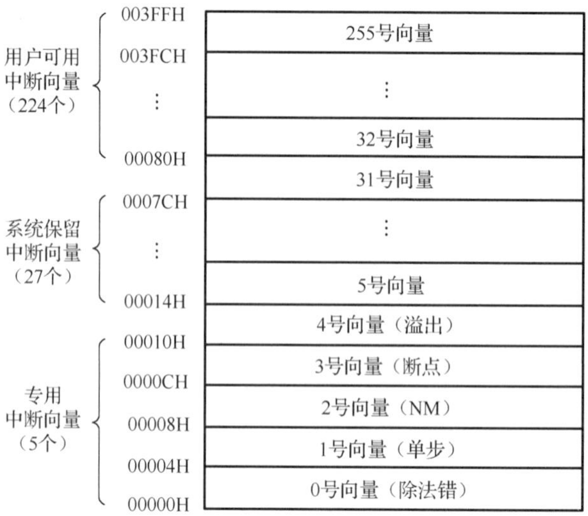

图 1-17　早期的 PC-DOS 系统中断向量表

系统调用的中断向量在访管指令中给出，其他中断或异常的中断向量一般是由计算机硬件或操作系统预先分配和设置的。因此系统可以根据中断向量的不同，来为不同的中断请求提供不同的中断服务。

3. 中断响应与处理

中断系统是现代计算机系统的核心组成部分，通常由两部分组成：硬件中断装置和软件中断处理程序。硬件中断装置是中断系统的机制部分，负责捕获中断源发出的各种中断请求，并以一定方式响应中断源，然后将 CPU 控制权交给特定的中断处理程序；软件中断处理程序是中断系统的策略部分，负责辨别中断类型并执行相应的中断处理操作。

（1）中断响应

在硬件中断装置中，使用中断寄存器保存来自各个中断源的中断请求。中断寄存器的每一位称为一个中断位，当用户程序需要系统提供服务时就向 CPU 发出中断请求，设置对应的中断位。

CPU 接收到来自于不同中断源的中断请求后，需要及时地响应中断。某一时刻可能有多个中断源向 CPU 提出中断请求，但在任何时刻 CPU 只能响应一个中断。因此，中断系统需要按照各个中断源的优先级选择具有高优先级的中断进行响应。

CPU 如何发现中断信号呢？为了发现系统中的中断信号，在 CPU 的控制部件中设置了一个能检测中断的硬件机构——中断扫描机构，该机构在每条指令执行周期内的最后一个机器周期扫描中断寄存器，查询是否有中断信号到来。若无中断信号，则 CPU 继续执行下一条指令；若有中断信号，则硬件中断装置将该中断位按规定编码（中断码）送入程序状态字寄存器中相应的位，并通过交换中断向量引出中断处理程序，如图 1-18 所示。

（2）中断处理

无论是外中断还是内中断，CPU 响应和处理中断的过程基本相同，即根据中断源的“中断向量”，找到中断处理程序在内存中的入口地址，然后执行相应的中断处理程序。现代计算机系统的中断处理过程如下。

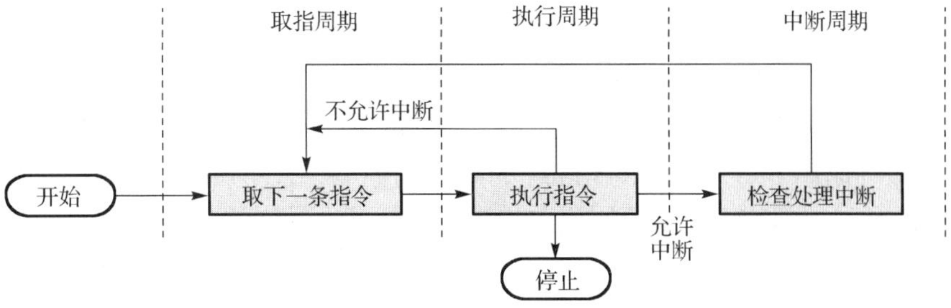

图 1-18 中断发现过程

① 保护被中断进程的现场信息。为了在中断处理结束后能使进程正确地返回到中断点，系统必须保存当前 CPU 的程序状态字 PSW 和程序计数器 PC（存放程序中下一条将要执行指令的存储地址）等内容。

② 分析中断原因，转去执行相应的中断处理程序。在多个中断请求同时发生时，处理优先级最高的中断源发出的中断请求。

③ 恢复被中断进程的现场信息，CPU 继续执行原来被中断的进程。

中断处理过程包括硬件操作和中断处理程序操作两部分。CPU 在响应中断请求之后到执行中断处理程序之前需要经历一个过渡期，这就是中断周期。在中断周期中，由硬件进行关中断、保存断点、寻找中断处理程序入口地址等操作。一个简单的 I/O 中断处理流程如图 1-19 所示。其中，CS 为代码段寄存器，PC 为程序计数器。

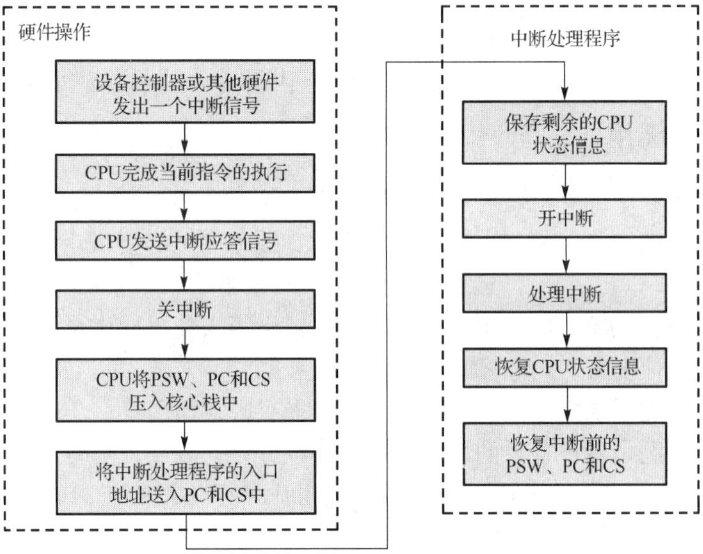

图 1-19 简单的 I/O 中断处理流程

中断处理是中断执行的主要部分。不同中断源的中断服务要求是不同的，因此所对应的中断处理程序也不同，操作系统内核通过调用中断处理程序完成用户请求的服务。中断处理结束后，为了能重新返回到被中断程序的断点处继续执行，需要在中断处理程序的最后安排一条中断返回指令，并通过该指令将保存在核心栈中的 PC、CS 和 PSW 弹出，从而恢复被中断程序断点处的地址和 PSW 等内容（恢复断点处现场信息），使得 CPU 能够转到被中断程序的断点处继续正常运行。

对于不同类型的中断，中断处理结束后执行的去向可能会不一样。对于内中断，异常处理程序结束的返回点将随异常类型的不同而不同；对于用户程序执行指令出错而产生的程序性中断（如除 0 操作），异常处理一般不会回到原用户程序；对于访管中断，异常处理结束后返回到原用户程序执行当前访管指令的下一条指令处继续执行；而对缺页故障（见第 4 章），异常处理结束后会返回原用户程序执行发生异常的那条指令去重新执行。

4. 多重中断

当 CPU 正在执行一个中断处理时，如果有另一个优先级更高的中断请求到达，则 CPU 为响应这个更紧迫的新中断请求，而使正在运行的中断处理程序中断运行，这个过程称为中断嵌套。允许在中断处理过程中响应新的中断请求称为多重中断。

在支持多重中断的计算机系统中，若某一时刻系统中有多个中断源同时发出中断请求，那么中断系统应如何响应这些中断请求呢？为了使系统能及时响应并处理所有中断源的中断请求，中断硬件系统会根据中断事件的紧迫程度将中断源分为若干个级别，称为中断优先级。中断源的中断优先级决定了其被响应的优先顺序，中断事件的紧迫程度通常根据中断源得不到响应可能产生错误的严重程度来确定。在不丢失中断请求的前提下，系统把紧迫程度相当的中断源归为同一个中断优先级。中断优先级的确定通常由计算机的硬件排队电路实现。例如，在 PC 机中最多允许 256 个中断或异常，共分为 5 类，它们的响应顺序从高到低依次是：复位、异常、软件中断、不可屏蔽中断和可屏蔽中断。

多重中断的处理原则是当多个不同优先级的中断同时发生时，CPU 按照中断优先级由高到低的顺序响应各个中断源，并且规定：高优先级中断可以中断低优先级中断的中断处理程序的运行，正在运行的中断处理程序不能被新的同级或低优先级的中断请求所中断。

1.6.3 系统调用

操作系统作为介于计算机硬件和应用软件之间的一个层次，隐藏了底层硬件的物理特性差异和复杂的处理细节，并向上层提供方便、有效和安全的接口，那么用户以什么方式来使用这些接口呢？

对于现代计算机系统，用户可以通过键盘、鼠标等来使用操作系统提供的命令接口和图形接口，这是一种既简单又普遍的计算机使用方式。

但是操作系统提供的命令接口和图形接口功能有限，而用户在学习、生活、工作中要求计算机处理的问题是各种各样的。因此还需要软件设计开发人员编写应用软件，来满足用户的各种应用需求，所以操作系统必须提供用户编程使用的接口。此外，从事编译系统、数据库系统等系统软件的开发人员也要使用这些接口。目前，程序接口是通过系统调用（System Call）来实现的。

程序的运行空间分为用户空间和内核空间，在逻辑上它们之间是相互隔离的。因此在用户空间（用户态）运行的用户程序不能直接访问内核空间（内核态）的内核数据，也无法直接调用执行在内核空间的内核函数；否则，系统的安全性和可靠性就得不到保证。系统调用是操作系统提供给用户程序的特殊接口，用户程序通过系统调用通知系统自己需要执行内核空间的内核函数。此时由系统实现用户态到内核态的切换，并代替用户程序在内核空间执行内核函数及访问内核数据，待执行完内核函数后再由系统完成内核态到用户态的切换，从而继续执行用户程序。为保护系统内核数据不被破坏，同时又为用户程序提供一个良好的运行环境，操作系统内核提供了一组具有特定功能的内核函数，并通过一组称为系统调用的接口呈现给用户使用。

1. 系统调用概念

系统调用包含以下两个方面的含义。

（1）在操作系统内核中设置了一组用于实现各种系统功能的子程序（内核函数）。

（2）用户程序在用户态执行中需要系统内核提供服务时能够使用这组子程序。

操作系统把系统调用子程序（内核函数）组织在内核中且运行在内核态下，用户程序不能直接访问。操作系统设计了一条特殊的指令称为访管指令（如 DOS 中的 int 21H，UNIX 中的 trap 等是供汇编语言程序使用的访管指令），用户程序通过这条访管指令来调用内核的系统调用子程序。

系统调用通常也称为“陷阱”，它的执行过程与普通函数的调用很相似，但用户态运行的程序只有通过系统调用才能进入操作系统内核，而普通函数调用则由函数库或用户自己提供且只能运行于用户态。

访管指令的主要功能已在前面介绍过，那么系统调用的主要功能表现在以下三个方面。

（1）产生一个访管中断，把 CPU 工作状态由原来的用户态切换到内核态。

（2）执行对应的系统调用子程序（内核函数）。

（3）系统调用子程序运行完成后将 CPU 工作状态切换回用户态。

访管指令通常采用主程序-子程序的关系模式，按调用-返回方式实现（有的系统采用基于消息传递的通信方式实现）。CPU 在执行用户程序的访管指令时，用户程序暂停执行，CPU 转去执行该系统调用对应的系统调用子程序，该系统调用子程序执行完成后将结果返回给用户程序并恢复用户程序的运行，即继续执行用户程序中位于该访管指令之后的后续指令。

2. 系统调用的实现过程

系统调用的实现机制主要依靠计算机硬件，一般用汇编代码描述，并通过库函数使其他程序能够使用，如 C 语言程序。不同机器的系统调用命令格式和功能定义可能有所不同，但处理流程基本相同。操作系统把系统调用中的各子程序进行统一编号，称为功能号。对于已经公开的系统调用，它们的功能号（如果是高级语言接口，则对应的是函数名）、所实现的功能、入口参数、返回结果等详细说明写成一份专门的文档，连同操作系统软件一起提交给用户，用户在编写程序时可以参考这份说明文档。

如图 1-20 所示，各系统调用子程序的地址与功能号登记在入口地址表中，CPU 执行用户程序中的系统调用后进入访管指令的处理程序。系统调用的实现过程如下。

（1）系统产生软中断，CPU 由用户态切换为内核态，保存用户程序的现场信息。

（2）分析功能号并在入口地址表中查找对应的系统调用子程序（内核函数），有时还需要进行安全控制检查。

（3）执行系统调用子程序并得到结果。

（4）恢复用户程序的现场信息，CPU 切换回用户态并返回结果，必要时进行安全检查。

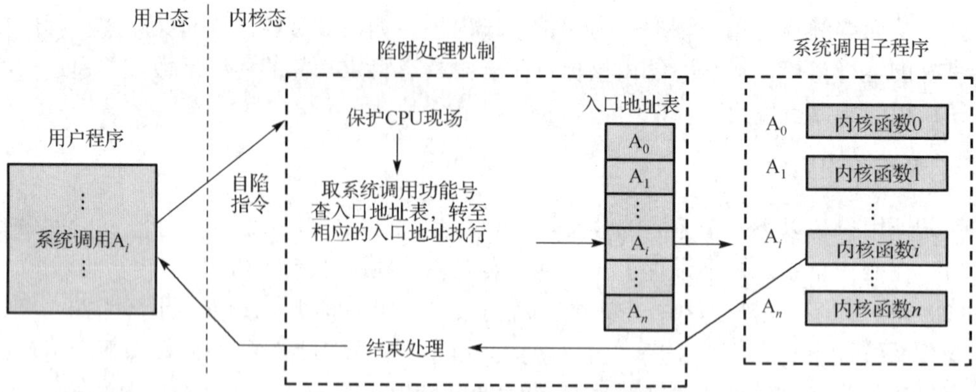

图 1-20　系统调用实现过程示意

在多任务操作系统中，系统调用子程序供多个用户共享使用，并且可能存在多个用户程序同时调用同一个系统调用的情况。操作系统还需要设计专门的管理和控制机制，以保证彼此调用都能各自独立地正确运行。

此外，对单用户、单任务操作系统（如 DOS）来说，只有在一个系统调用执行完成后，才能开始另一个系统调用，即“内核不可重入”。

3. 系统调用与一般用户子程序的区别

系统调用作为子程序与用户编写的程序中的子程序有哪些区别？从操作系统角度来看，它们所处的 CPU 工作状态不同，系统调用运行在内核态下，而用户子程序则运行在用户态下；系统调用的执行产生中断即访管中断（陷阱），而用户子程序的运行则不会产生中断；系统调用子程序的代码与调用者的程序代码是分开的、各自独立的，而用户子程序代码与调用者的程序代码在同一进程地址空间；不同用户程序可以共享使用同一个系统调用，而用户子程序通常不能由其他用户程序调用。

此外，操作系统还提供了一组实用程序，如编辑器、计算器等，它与操作系统没有很大关系，但却是人们管理、使用计算机不可缺少的功能，所以操作系统设计人员实现了这些功能，连同操作系统软件一起提供给用户。系统调用与操作系统实用程序的区别是系统调用不能单独运行（由用户程序调用），并且运行在内核态下，而实用程序可以单独运行并且运行在用户态下。

习　题　1

一、单项选择题

1. 从用户的观点看，操作系统是________。
   A. 用户与计算机之间的接口
   B. 控制和管理计算机资源的软件
   C. 合理地组织计算机工作流程的软件
   D. 由若干层次的程序按一定的结构组成的有机体
2. 操作系统在计算机系统中位于________之间。

A. CPU 和用户　　B. CPU 和内存
C. 计算机硬件和用户　　D. 计算机硬件和软件

3. 下列选项中，________不是操作系统关心的主要问题。
A. 管理计算机裸机
B. 设计、提供用户程序与计算机硬件系统的界面
C. 管理计算机系统资源
D. 高级程序设计语言的编译程序

4. 操作系统的逻辑结构不包含________。
A. 混合型结构　　B. 单内核结构
C. 分层式结构　　D. 微内核结构

5. 相对于单内核结构，采用微内核结构的操作系统具有许多优点，但________并不是微内核的优势。
A. 使系统更高效　　B. 想添加新服务时不必修改内核
C. 使系统更安全　　D. 使系统更可靠

6. 操作系统的三种基本类型是________。
A. 批处理操作系统、分时操作系统及网络操作系统
B. 分时操作系统、实时操作系统及分布式操作系统
C. 批处理操作系统、分时操作系统及实时操作系统
D. 网络操作系统、批处理操作系统及分时操作系统

7. 现代操作系统的基本特征是________、资源的共享和操作的异步性。
A. 多道程序设计　　B. 中断处理
C. 程序的并发执行　　D. 实现分时与实时处理

8. 若把操作系统看作计算机资源的管理者，下列的________不属于操作系统所管理的资源。
A. 程序　　B. 内存　　C. CPU　　D. 中断

9. 批处理操作系统首先要考虑的问题是________。
A. 灵活性和可适应性　　B. 交互性和响应时间
C. 周转时间和系统吞吐量　　D. 实时性和可靠性

10. ________不是分时操作系统的基本特征。
A. 同时性　　B. 独立性　　C. 实时性　　D. 交互性

11. 在设计实时操作系统时，________不是重点考虑的问题。
A. 及时响应、快速处理　　B. 高安全性
C. 高可靠性　　D. 提高系统资源的利用率

12. 下面叙述中正确的是________。
A. 批处理作业必须有作业控制信息
B. 分时操作系统不一定都具有人机交互功能
C. 从响应时间的角度看，实时操作系统与分时操作系统差不多
D. 由于采用了分时技术，用户可以独占计算机资源

13. ________操作系统允许在一台主机上同时连接多台终端，多个用户可以通过各自的终端同时交互地使用计算机。

A．网络　　B．分布式　　C．分时　　D．实时

14．操作系统的不确定性是指________。

A．程序运行结果的不确定性　　B．程序运行次序的不确定性

C．程序多次运行时间的不确定性　　D．A～C 都是

15．多道程序设计技术是指________。

A．在实时系统中并发运行多个程序

B．在分布式系统中同一时刻运行多个程序

C．在一台 CPU 上同一时刻运行多个程序

D．在一台 CPU 上并发运行多个程序

16．当 CPU 执行操作系统内核代码时，称处理机处于________。

A．自由态　　B．用户态　　C．内核态　　D．就绪态

17．操作系统有效的安全机制不包括________。

A．身份鉴别　　B．硬件保护　　C．入侵检测　　D．计算机病毒防治

18．CPU 执行的指令被分为两类，其中一类称为特权指令，只允许________使用。

A．操作员　　B．联机用户　　C．操作系统　　D．用户程序

19．中断的概念是指________。

A．暂停 CPU 执行　　B．暂停 CPU 对当前运行程序的执行

C．停止整个系统的运行　　D．使 CPU 空转

20．用户程序在用户态下使用系统调用引起的中断属于________。

A．硬件故障中断　　B．程序中断

C．访管中断　　D．外部中断

21．系统调用是________。

A．用户编写的一个子程序　　B．高级语言中的库程序

C．操作系统中的一条命令　　D．操作系统向用户程序提供的接口

22．当操作系统完成用户请求的系统调用功能后，应使 CPU________工作。

A．维持在用户态　　B．从用户态转到内核态

C．维持在内核态　　D．从内核态转到用户态

23．中断系统一般是由相应的________组成的。

A．硬件　　B．软件　　C．硬件和软件　　D．A～C 都不是

24．计算机系统中判断是否有中断事件发生应在________。

A．进程切换时　　B．执行完一条指令后

C．执行 P 操作后　　D．由用户态转入内核态时

25．在中断发生后，进入中断处理的程序属于________。

A．用户程序　　B．可能是应用程序也可能是操作系统程序

C．操作系统程序　　D．既不是应用程序也不是操作系统程序

26．中断处理和子程序调用都要压栈以保护现场，中断处理一定会保存而子程序调用不需要保存其内容的是________。

A．程序计数器　　B．程序状态字寄存器

C．数据寄存器　　D．地址寄存器

二、判断题

1．采用多道程序设计的系统中，系统中的程序道数越多则系统的效率越高。

2．应用软件是加在裸机上的第一层软件。

3．操作系统特征之一的“不确定性”是指程序运行结果是不确定的。

4．多道程序设计可以缩短系统中程序的执行时间。

5．操作系统的所有程序都必须常驻内存。

6．分层式结构的操作系统必须建立模块之间的通信机制，所以系统效率高。

7．微内核结构操作系统具有较高的灵活性和扩展性。

8．操作系统内核不能使用特权指令。

9．通常将 CPU 模式分为内核态（核心态）和用户态，这样做的目的是为了提高运行速度。

10．从响应的角度看，分时操作系统与实时操作系统的要求相似。

11．使计算机系统能够被方便地使用和高效地工作是操作系统的两个主要设计目标。

12．操作系统的存储管理就是指对磁盘存储器的管理。

13．分时操作系统允许两个以上的用户共享一个计算机系统。

14．实时操作系统只能用于控制系统而不能用于信息管理系统。

15．当 CPU 处于用户态时，它可以执行所有的指令。

16．访管指令为非特权指令，在用户态下执行时会将 CPU 转换为内核态。

17．系统调用与程序级的子程序调用是一致的。

18．用户程序有时也可以在内核态下运行。

19．执行系统调用时会产生中断。

20．系统调用返回时，由内核态变为用户态执行用户程序。

21．中断的处理是由硬件和软件协同完成的，各中断处理程序是操作系统的重要组成部分，所以对中断的处理是在内核态下进行的。

三、简答题

1．什么是操作系统，它有什么基本特征？

2．什么是多道程序设计技术？多道程序设计技术的特点是什么？

3．操作系统是随着多道程序设计技术的出现逐步发展起来的，要保证多道程序的正常运行，在技术上需要解决哪些基本问题？

4．如何理解操作系统的不确定性？

5．分时操作系统形成和发展的主要动力是什么？

6．批处理、分时和实时操作系统各有什么特点？

7．分时操作系统和实时操作系统有什么区别？设计适用实时环境的操作系统的主要困难是什么？

8．什么是分布式操作系统？它与网络操作系统有何不同？试说明分布式操作系统或网络操作系统在传统的操作系统管理模式上需要哪些改进。

9．简述操作系统内核及其功能。

10．简述分层式结构与单内核结构的异同。

11．简述微内核操作系统的主要特点。

12．处理机为什么要区分内核态和用户态两种操作方式？在什么情况下进行两种方式的转换？

13．在用户与操作系统之间存在哪几种类型的接口？它们的主要功能是什么？

14．简述中断处理过程。

15．叙述系统调用的概念和操作系统提供系统调用的原因。

16．简述系统调用的实现过程。

第 2 章

处理器管理

处理器（CPU）是计算机系统最重要的资源。计算机系统的功能是通过 CPU 运行程序指令来体现的，计算机系统的工作方式主要由 CPU 的工作方式决定，因此 CPU 管理成为操作系统的核心功能。为了提高 CPU 的利用率，使计算机系统的资源得到充分利用，操作系统引入了多道程序设计的概念。多道程序设计是指同时把多个程序放入计算机中的内存，并允许它们交替执行，从而共享计算机系统的软、硬件资源。当正在运行的程序因某种原因（如输入输出请求）而暂停执行时，CPU 就立即转去执行另一道程序。这样，不仅 CPU 得到充分利用，而且还提高了输入输出设备（I/O 设备）和内存的利用率。但是多道程序设计也引发了一系列问题，主要包括：如何正确反映内存中各程序在运行时的活动规律及状态变化（运行还是非运行）、对资源的竞争、运行程序之间的通信、程序间的合作与协调以及如何合理地分配 CPU 等。这些年来，随着各种各样的多 CPU 系统的出现，CPU 的管理就更趋复杂。

为了有效地管理 CPU，操作系统引入了进程（Process）的概念，即以进程为基本单位来实现 CPU 的分配与执行。随着并行处理技术的发展，为了进一步提高系统的并行性，实现进程内部的并发执行，操作系统又引入了线程（Thread）的概念。这样，CPU 的管理最终归结为对进程和线程的管理。

2.1 进程的概念

2.1.1 程序的顺序执行

在使用计算机完成各种任务时，总是使用“程序”这个概念。程序是一个在时间上严格按先后次序操作实现算法功能的指令序列，程序本身是静态的，一个程序只有经过运行才能得到最终结果。一个具有独立功能的程序独占 CPU 运行，直到获得最终结果的过程称为程序的顺序执行。在单道程序设计环境中（任何时候内存仅存放一个程序运行），程序总是顺序执行的。例如，用户要求计算机完成一道程序的运行时，通常是先输入用户的程序和数据，然后运行程序进行计算，最后将计算的结果打印出来。假设系统中有两个程序要投入运行，每个程序都由三个程序段 I、C 和 P 组成。其中，I 表示从输入设备上读入程序和所需的数据到内存中，C 表示 CPU 执行程序的计算过程，P 表示在打印机上打印出程序的计算结果。在单道程序环境下，每个程序的这三个程序段只能一个接一个地顺序执行，也就是输入、计算和打印三者串行工作，并且前一个程序段执行结束后，才能开始后一个程序段的执行。也就是说，这三个程序段存在着前趋关系，后一个程序段必须在前一个程序段执行完成后方可开始执行。由于是单道程序环境，因此这两个程序是依次被调入内存的。两个程序的执行顺序如图 2-1 所示。

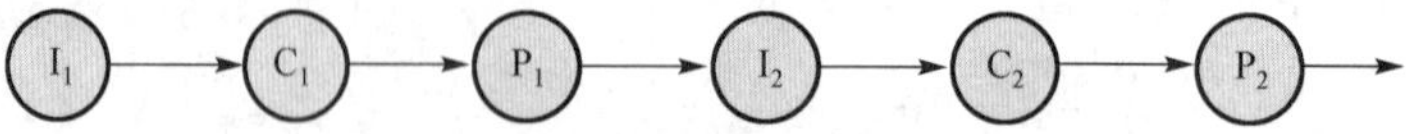

图 2-1　程序段顺序执行的前趋关系图

由上述顺序程序的执行情况可以看出，程序的顺序执行具有以下三个特点。

（1）顺序性。当程序在 CPU 上执行时，CPU 按程序规定的顺序严格执行程序的操作，每个操作都必须在前一个操作结束后才能开始。除人为的干预造成计算机暂时停顿外，前一个操作的结束就意味着后一个操作的开始。程序和计算机执行程序的活动严格一一对应。

（2）封闭性。程序运行时独占全机资源，程序运行的结果仅由初始条件和程序本身的操作决定，程序一旦开始运行，其运行结果不会受到外界因素的影响。也就是说，程序是在完全封闭的环境下运行的。

（3）可再现性。程序运行的结果仅与初始条件有关，而与运行的时间和速度无关。只要初始条件相同，当程序重复运行时，无论是从头至尾不间断地运行，还是断断续续地运行，都将获得相同的结果。

概括地说，顺序性是指程序的各部分都能严格按照程序所规定的逻辑次序顺序地运行。封闭性是指程序一旦开始运行，其运行结果只取决于程序本身，除人为改变计算机运行状态或发生机器故障外，不受外界因素的影响。可再现性是指当同一个程序以相同的初始条件重复执行时，必将获得相同的运行结果。

单道程序的顺序性、封闭性和可再现性，给程序的编制、调试带来了极大的方便，但缺点是 CPU 与外部设备之间不能并行工作，资源利用率低，计算机系统效率不高。

2.1.2　程序的并发执行

在计算机硬件引入通道（见 5.2.1 节）和中断机构后，就使得 CPU 与外部设备之间，以及外部设备与外部设备之间可以并行操作，使得多道程序设计成为可能。这样，在操作系统的管理下，可以在内存中存放多个用户程序。在同一时刻，有的程序占用 CPU 运行、有的程序通过外部设备传递数据。从宏观上看是多个程序同时运行，从微观上看它们是在交替执行（对单个 CPU 而言）。

如果多个程序在执行时间上是重叠的，即使这种重叠很小，也称这些程序是并发执行的。程序在执行时间上的重叠是指一个程序的第一条指令的执行是在另一个程序的最后一条指令执行完成之前开始的。这样，在一个时间段内就可能有多个程序都处于正在执行但尚未运行结束的阶段。注意，在多道程序设计环境下，多个程序可以在单 CPU 上交替执行，也可以在多个 CPU 上并行执行。程序的并发执行通常是指多个程序在单个 CPU 上的交替执行。

对单 CPU 系统而言，在一段时间内可以有多个程序在同一个 CPU 上运行，但任一时刻只能有一个程序占用 CPU 运行。因此，多道程序的并发执行是指多个程序在宏观上的并行，微观上的串行。程序并发执行时，不同程序之间（确切地说是各进程之间）的执行顺序由于受到程序间制约关系、资源使用限制等诸多因素的影响而无法事先确定。

程序的并发执行实质上是程序间的并发，CPU 与 I/O 设备之间的并行。由于在并发执行中，不同程序的程序段之间不存在像图 2-1 中程序段之间的前趋关系，因此第一个程序的计算任务可以在第二个程序的输入任务完成之前进行，也可以在第二个程序的输入任务完成之后进行，甚至为了节省时间也可以同时进行。因为输入任务主要使用的是输入设备，而计算任务主要使用的是 CPU，所以对一批程序进行处理时可以使它们并发执行。对于图 2-2 所示的四个程序的并发执行，第 i+1 个程序的输入程序段 I_{i+1}，第 i 个程序的计算程序段 C_i，以及第 i–1 个程序的输出程序段 P_{i-1} 在时间上是重叠的，这表明在对第 i–1 个程序进行输出打印的同时，可以对第 i 个程序进行计算以及对第 i+1 个程序进行输入，即 P_{i-1}、C_i 和 I_{i+1} 可以并发执行。

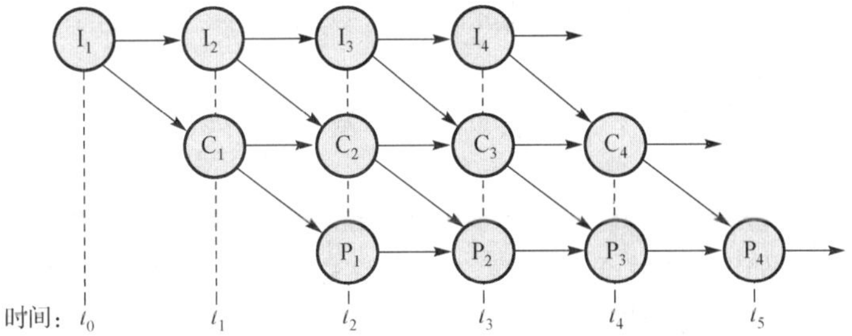

图 2-2　程序段并发执行的前趋关系图

由图 2-2 可以看出，程序 2 中 C_2 的执行必须要在 I_2 执行完成的基础上，同时还需要程序 1 的 C_1 也执行完成并释放 CPU 使用权。因此，程序 2 的运行已不再是一个封闭的环境了，并发执行使得制约的条件增加了。也就是说，并发执行的程序除每个操作都必须在前一个操作结束后才能开始之外，还要受到本程序之外的其他程序和系统资源（如 CPU 和 I/O 设备）的制约。

因此，程序并发执行环境下的计算机资源（硬件或软件资源），已不再被某一个用户程序所独占，而是由多个并发执行的程序所共享。这种资源共享一方面提高了资源的利用率，另一方面却引发了多个并发程序对资源的竞争。

另外，并发程序对资源的共享与竞争，又会导致程序执行环境与运行速度的改变，从而可能产生程序运行结果不唯一问题。

我们通过一个火车售票系统来说明并发程序运行结果的不唯一性。假定该系统连有两个终端，顾客通过终端购票。P1 和 P2 表示这两个售票终端的程序，它们共享同一个票源数据库。两终端的程序如下。

```
终端 1:
void P1()
{
   int x1;
   x1=从票源数据库查询所求购的票;
①--if(x1>=1)
   {
```

```
终端 2:
void P2()
{
   int x2;
   x2=从票源数据库查询所求购的票;
   if(x2>=1)
   {
```

```
            x1=x1-1;
            将修改后的x1写回票源数据库;
            售出一张票;
        }
        else
            显示无票可售;
    }
```

```
            x2=x2-1;
            将修改后的x2写回票源数据库;
            售出一张票;
        }
        else
            显示无票可售;
    }
```

假设有两顾客分别通过终端 1 和终端 2 购买相同的票，并且该票仅剩一张。如果两顾客不同时购票则一切正常，后来者将买不到票。如果恰好两人同时购票，且首先执行终端 1 的 P1 在①处被中断，即此时 x1 为 1，只是还未执行 if 语句进行售票操作。这时，CPU 转向执行终端 2 的 P2，由于此时的票源数据库并未修改，故 x2 为 1，即将该票售给顾客。然后 CPU 又回到终端 1 的程序 P1 被中断的①处继续执行，又将同一张票卖给了另一顾客，即出现了和不同时购票完全不同的结果。从运行过程可以看出，该错误的出现与 P1 和 P2 推进的速度有关。

由此可见，多道程序环境下程序并发执行出现了与单道程序环境下程序顺序执行不同的特性。

（1）间断性。多个程序在并发执行时共享系统资源，导致并发执行的程序之间产生了相互制约的关系。例如图 2-2 中，当程序 2 的 I_2 完成输入后，如果程序 1 的 C_1 尚未完成，则程序 2 的 C_2 无法进行，这使得程序 2 必须暂停执行。当程序 1 的 C_1 完成后，则程序 2 的 C_2 又可以继续执行。也就是说，相互制约将导致并发执行的程序（并发程序），具有“执行—暂停—执行”这种间断性活动规律。

（2）失去了封闭性。程序在并发执行时，多个程序共享系统中的所有资源，因此这些资源的使用状态由多个程序来改变，使程序的运行失去了封闭性。某程序在向前推进时，必然会受到其他程序的影响。例如，系统仅有一台打印机且这一资源已被某个程序占用时，其他要使用该打印机的程序必须等待。

（3）不可再现性。程序并发执行时，由于失去了封闭性，其计算结果不再完全由程序本身和初始条件决定，还与程序并发执行的速度有关，因此使程序的执行失去了可再现性。这种不可再现性除指并发程序的运行结果不确定外，还指并发程序的执行速度和运行轨迹也是不确定的。由于系统资源的状态受到多个并发程序的影响，并且每次执行时参与并发执行的程序个数、执行的顺序以及各程序运行时间的长短都在发生着变化，因此同一个程序重复执行时将很难重现完全相同的执行过程。

2.1.3 进程

1. 进程的定义

在单道程序环境下，程序与 CPU 执行的活动是一一对应的。在多道程序环境下，程序的并发执行破坏了程序的封闭性和可再现性，程序与 CPU 执行的活动之间不再一一对应。程序是完成某一特定功能的指令序列，是一个静态的概念，而 CPU 的执行活动则是程序的执行过程，是一个动态的概念。例如，在分时系统中，一个编译程序可以同时为几个终端用户服务，该编译程序就对应多个动态的执行过程。又如，同一个程序在一段时间内可以多次被执行，而且是并发执行，则这些并发执行的动态过程也无法简单地用程序加以区别。此外，由于资源共享和程序的并发执行，又会导致在各个程序活动之间存在相互制约的关系，而这种制约关系也无法在程序中反映出来。可见，程序这个静态的概念已无法正确描述并发程序的动态执行。因此，必须引入一个新的概念来反映并发程序的执行特点。

（1）能够描述并发程序的执行过程——“计算”。

（2）能够反映并发程序“执行—暂停—执行”这种交替执行的活动规律。

（3）能够协调多个并发程序的运行及资源共享。

因此20世纪60年代，MULTICS系统的设计者与以E.W.Dijkstra（迪杰斯特拉）为首的THE系统的设计者开始广泛使用“进程”（Process）这一新概念来描述程序的并发执行。进程是现代操作系统中一个最基本也是最重要的概念，掌握这个概念对于理解操作系统实质，分析、设计操作系统都具有非常重要的意义。但遗憾的是，至今为止对这一概念尚无一个非常确切的、令人满意的、统一的定义。不同的人站在不同的角度，对进程进行了不同的描述。下面是历史上曾经出现过的几个较有影响的关于进程的定义。

（1）行为的规则称为程序，程序在CPU上执行时的活动称为进程（E.W.Dijkstra）。

（2）一个进程是一系列逐一执行的操作，而操作的确切含义则有赖于以何种详尽程度来描述进程（Per Brinch Hansen）。

（3）进程是这样的计算部分，它可以与别的进程并发执行（S.E.Madnick和J.T.Donovan）。

（4）进程是一个独立的可以调度的活动（E.Cohen和D.Jofferson）。

（5）进程是一个抽象实体，当它执行某个任务时，将要分配和释放各种资源（P.Denning）。

（6）顺序进程（有时称为任务）是一个程序与其数据集一起顺序通过CPU的执行所发生的活动（Alan C.Shaw）。

1978年，我国操作系统方面的研究人员在庐山召开的全国操作系统学术会议上，对进程给出如下定义：进程是一个可并发执行的、具有独立功能的程序关于某个数据集合的一次执行过程，也是操作系统进行资源分配和保护的基本单位（注：现在保护已改为调度）。

以上进程的定义，虽然侧重点不同，但都是正确的，而且本质是一致的，即都强调进程是一个动态的执行过程这一概念。虽然进程这一概念尚未完全统一，但长期以来“进程”这个概念却已广泛而成功地用于许多系统中，成为构造操作系统不可缺少的强有力工具。

2. 进程的结构

虽然得到了很多关于进程的定义，但这些定义似乎都过于抽象。我们需要知道的是，在计算机中，以及在操作系统中，进程到底是什么样的？我们把这个操作系统中更具体、更形象的进程称为进程实体。需要说明的是，很多情况下我们并不严格区分进程和进程实体，一般可根据上下文来判断。

通常的程序是不能并发执行的。为了使程序及它所要处理的数据能独立运行，应为之配置一个数据结构，用来存储程序向前推进的执行过程中所要记录的有关运行信息，即该进程动态执行的相关资料。这个数据结构称为进程控制块，即PCB（Process Control

Block）。由此得到：

$$进程实体 = 程序段+相关数据段+PCB$$

在组成进程实体的这三部分中，程序段即用户所要执行的语句序列是必须有的。相关数据段是指用户程序要处理的数据，数据量可大可小。需要说明的是，有些进程的数据是包含在程序中的，这时就没有相关数据段。由于 PCB 包含进程执行的相关资料，所以必须通过 PCB 才能了解进程的执行情况。

进程的概念比较抽象，而进程实体的结构可具体表征为图 2-3。

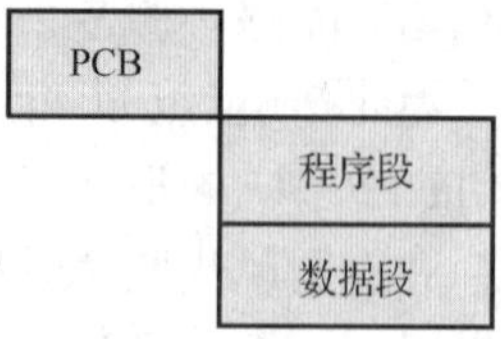

图 2-3 进程实体的结构示意

3. 进程的特征

进程作为系统中的一个实体具有以下 5 个特征。

（1）动态性。进程的实质是程序的一次执行，因此进程是动态的。既然是一次执行，就表明进程有生命期，具有“创建—运行—消亡”这样一个过程。

（2）并发性。多个进程实体在一段时间内能够并发执行。引入进程的目的也正是为了使内存中的多个程序能够在执行时间上重叠，以提高系统资源的利用率。

（3）独立性。每个进程都是一个独立运行的基本单位，也是系统进行资源分配和调度的基本单位。

（4）异步性。各进程按各自独立的、不可预知的速度向前推进。对单 CPU 系统而言，任何时刻只能有一个进程占用 CPU，进程获得了所需要的资源即可执行，得不到所需资源则暂停执行。因此，进程具有“执行—暂停—执行”这种间断性活动规律。

（5）结构性。为了描述和记录进程运行的变化过程，满足进程独立运行的要求以及能够反映、控制并发进程的活动，系统为每个进程配置了一个进程控制块 PCB。因此，从结构上看，每个进程都由程序段、数据段以及 PCB 这三部分组成。

4. 进程与程序的区别

程序就像是一个乐谱，任何时候你都可以翻阅它，但乐谱本身是静态的。进程则可以看作依照乐谱的一次演奏，这个演奏有开始有结束（具有生命期），并随着时间的流逝，演奏的音乐不复存在；也就是说，这个演奏过程本身是动态的，即使是重新演奏这个乐谱也绝不是刚刚逝去的那段音乐（不是刚刚执行过的进程，而是开始一个新进程）。

如果说进程就是正在执行的程序，那么这种说法是不完整的，因为进程是程序在 CPU 上的一次执行过程，所以进程除包括正在执行的程序和数据段外，还包括此次执行的“环境”信息，如 CPU 状态、核心栈数据以及该程序在内存的存储空间等，而这些信息都保存在进程控制块 PCB 中。因此，进程与程序是两个密切相关而又不同的概念，其区别主要表现在以下 5 个方面。

（1）程序是指令的有序集合，是一个静态的概念，其本身没有任何运行的含义；进程是程序在 CPU 上的一次执行过程，是一个动态的概念。

（2）程序作为软件资料可以长期保存；而进程则有生命期，它因创建而诞生，因调度而执行，因得不到资源而暂停执行，因撤销而消亡。

（3）进程是一个独立运行的基本单位，也是系统进行资源分配和调度的基本单位；而程序作为静态文本既不运行，也不分配和调度。

（4）进程与程序之间无一一对应关系。既然进程是程序的一次执行，那么一个程序的多次执行可以产生多个进程，而不同的进程也可以包含同一个程序。

（5）程序是记录在介质（如磁盘）上指令的有序集合，而进程则由程序段、数据段和 PCB 这三部分组成。

2.2 进程的状态及转换

2.2.1 两状态进程模型

操作系统的一个主要职责就是控制进程的执行。为了有效地设计操作系统，我们必须了解进程的运行模型。

最简单的模型是基于这样一个事实上，进程要么正在执行，要么没有执行。这样，一个进程就有两种状态：运行（Running）和非运行（Not-running），如图 2-4(a)所示。当操作系统产生一个进程之后，将该进程加到非运行系统中，这样操作系统就知道该进程的存在，而该进程则等待机会执行。每隔一段时间，正在运行的进程就会被中断运行，此时分派程序将选择一个新进程投入运行，被中断运行的进程则由运行状态变为非运行状态，而投入运行的进程则由非运行状态变为运行状态。

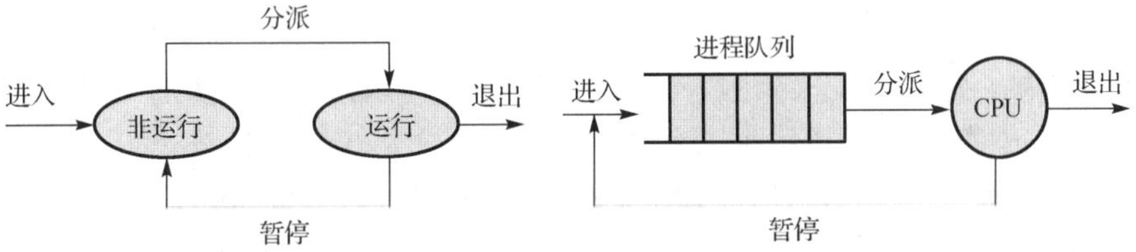

(a) 状态转换图　　(b) 进程队列图

图 2-4　两状态进程模型

尽管这个模型很简单，但已经显示出操作系统设计的一些复杂性了。每个进程必须以某种方式来标识，以便操作系统能够对其进行跟踪。也就是说，必须有一些与进程相关的信息，包括进程的当前状态以及进程实体在内存中的地址等。那些非运行状态的进程存放在一个排序队列中等待分派程序的调度运行。图 2-4(b)给出了一种进程运行模型，该模型中有一个进程队列，队列中的每一项是一个指向进程的指针。

分派程序的行为可以用队列图示的方式描述。当正在执行的进程中断执行时，就被放入进程队列等待下一次运行。如果进程结束或运行失败，它就会被注销而退出系统。无论哪种情况出现，分派程序都会选择一个新的非运行状态进程投入运行。

2.2.2 进程的三态模型

如果所有进程都已准备好执行，则图 2-4(b)给出的排队原则是有效的，队列按先进先出（First-in First-out）原则排列，CPU 依次从队列选中进程投入运行，但这种调度运行方式是存在先天缺陷的。在等待执行的进程队列中，有一些非运行状态的进程在等待 CPU 的执行；而另一些非运行状态的进程除等待 CPU 之外还需要等待 I/O 的完成，在 I/O 尚未完成之前，即使分派程序将 CPU 分派给它们，这些进程也无法执行（这些进程称为阻塞进程）。因此分派程序不能只是在进程队列中选择等待时间最长的进程，而是应该扫描整个进程队列寻找未被阻塞且等待时间最长的进程。

因此自然而然是将非运行状态又分为两种状态：就绪（Ready）和阻塞（Blocked）。三状态进程模型如图 2-5 所示。

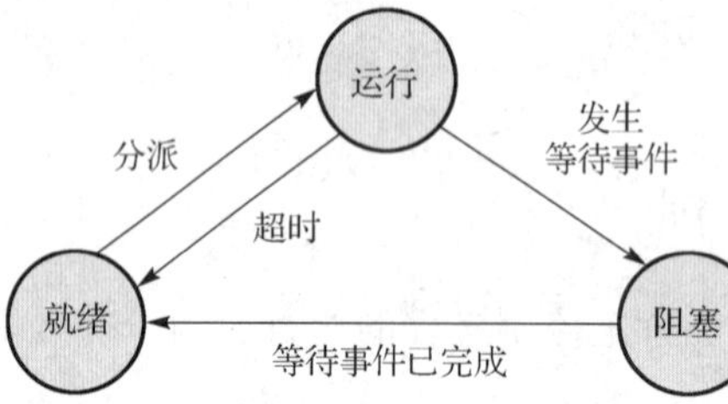

图 2-5　三状态进程模型

这样，运行中的进程就具有了三种基本状态：运行、阻塞和就绪。这三种状态构成了最简单的进程生命周期模型。进程在其生命周期内处于这三种状态之一，其状态将随着自身的推进和外界环境的变化而发生改变，即由一种状态变迁到另一种状态。

（1）运行状态。进程获得了 CPU 和其他所需要的资源，目前正在 CPU 上运行。对单 CPU 系统而言，只能有一个进程处于运行状态。

（2）阻塞状态。进程运行中发生了某种等待事件（如发生了等待 I/O 的操作）而暂时不能运行的状态。处于该状态的进程不能去竞争 CPU，因为此时即使把 CPU 分配给它也无法运行。处于阻塞状态的进程可以有多个。

（3）就绪状态。进程获得了除 CPU 之外的所需资源，一旦得到 CPU 就可以立即投入运行。不能运行的原因还是因为 CPU 资源太少，只能等待分配 CPU 资源。在系统中处于就绪状态的进程可能有多个，通常是将它们组成一个进程就绪队列。

进程的各个状态变迁如图 2-5 所示。此后，我们将用功能更加完善的进程调度程序取代分派程序，“超时”通常也用“时间片到”取代。对图 2-5 来说，进程状态变迁应注意以下 5 点。

（1）进程由就绪状态变迁到运行状态是由进程调度程序（分派程序）完成的。也就是说，一旦 CPU 空闲，进程调度程序就立即依据某种调度算法从进程就绪队列中选择一个进程占用 CPU 运行。

（2）进程由运行状态变迁到阻塞状态，通常是由运行进程自身提出的。当运行进程申请某种资源得不到满足时（发生等待事件），就主动放弃 CPU 而进入阻塞状态并插入到进程阻塞队列中。这时，进程调度程序就立即将 CPU 分配给另一个就绪进程运行。

（3）进程由阻塞状态变迁为就绪状态总是由外界事件引起的。因为处于阻塞状态的进程没有任何活动能力，所以也无法改变自身的状态。通常是当阻塞状态进程被阻塞的原因得到解除时（等待事件已完成），由当前正在运行的进程来响应这个外界事件的请求，唤醒相应的阻塞状态进程，将其转换为就绪状态并插入到进程就绪队列中，然后该运行进程继续完成自身的任务。

（4）进程由运行状态变迁为就绪状态通常在分时操作系统中出现，即系统分配给运行进程所使用的 CPU 时间片用完，这时进程调度程序将 CPU 轮转给下一个就绪进程使用，由于被取消 CPU 使用权的进程仅仅是没有了 CPU，而其他所需资源并不缺少，即满足就绪状态的条件，因此转为就绪状态并插入到进程就绪队列中。

（5）进程不能由阻塞状态直接变迁到运行状态。由于阻塞进程阻塞的原因被解除（即等待事件已完成）后就满足了就绪状态的条件，因此将该阻塞进程由进程阻塞队列移至进程就绪队列，并将其状态改为就绪。

此外还要注意的是，虽然进程有三个基本状态，但对每个进程而言，其生命期内不一定都要经历这三个状态。对于一些计算性的简单进程，运行很短的时间就结束了，也就无须进入阻塞状态，所以个别进程可以不经历阻塞状态。

2.2.3　进程的五态模型

1. 进程的产生

当需要创建一个新进程时，系统为该进程分配一个进程控制块（PCB），并为该进程分配内存空间，且装入该进程对应的程序和有关数据。这时，一个新进程就产生了。

通常有 4 种事件会导致新进程的产生：① 在一个批处理环境中，为了响应一个任务的要求而产生进程。② 在一个交互式环境中（如分时操作系统），当一个新用户企图登录时会产生进程。在这两种情况下，进程的产生均由操作系统负责。③ 操作系统代替用户程序产生进程。例如，如果用户想要打印文件，操作系统就产生一个打印进程来对打印进行管理。④ 由用户程序来产生多个进程。传统上，进程都是由操作系统产生并对用户及用户程序透明，然而允许一个进程产生另一个进程是有用的。例如，一个用户程序进程可以产生一个进程，用来接收用户程序产生的数据，并将这些数据组织起来放入一个表中以便后面分析使用。新进程同原来的用户程序进程并行运行，当有新数据产生时就被激活，这种安排对用户程序的结构化非常有益。

当一个进程生成另一个进程时，生成进程称为父进程，而被生成进程称为子进程。通常情况下，这些相关进程需要相互通信并且相互协作。

2. 进程的终止

当一个进程执行到自然结束点，或出现不可克服的错误而不得不取消时，或被拥有特定权限的进程取消时，该进程被终止其状态转换为终止状态。处于终止状态的进程不能再被调度执行，与其相关的数据信息由操作系统临时保存。终止一个进程时，系统需要逐步释放为其分配的系统资源，最后释放其 PCB。这时，系统将该进程的状态设为终止态，以方便进行相应的收尾工作。

进程的五态模型如图 2-6 所示。

引入了创建状态和终止状态后，系统又增加了三个新的进程状态变迁。

（1）由空到创建状态。执行一个程序时系统为其创建一个新进程，新进程的状态为创建状态。新进程的创建最初发生在操作系统初始化时，即由系统初始化程序为系统创建第一个进程，然后由父进程通过进程创建的系统调用来创建其子进程。

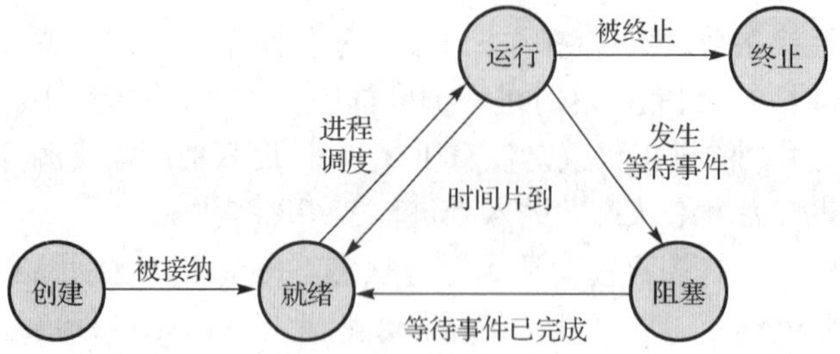

图 2-6　五状态进程模型

（2）由创建状态变迁到就绪状态。当新创建进程的初始化工作完成后，系统将其状态转变为就绪状态，并将其插入到进程就绪队列中。

（3）运行状态变迁到终止状态。当前运行的进程运行结束或被取消，进程的状态从运行状态转换为终止状态。

2.2.4　进程的挂起

1. 挂起状态的引入

前面讨论的五状态进程模型中，新创建的进程一旦被系统接纳就一直存在于内存中，直到被终止。在这种情况下，一方面随着系统中进程数量的不断增多，系统内存资源会变得越来越紧张；另一方面，由于 CPU 的速度远高于 I/O 的速度，这使得内存中经常会出现大部分进程都在等待 I/O 操作而 CPU 却空闲的现象。当内存中没有就绪进程时，为了减少 CPU 的空闲时间，可以采用交换技术（见第 4 章）将内存中暂时不能运行的某些进程挂起，释放其所占用的内存资源，以便重新接纳一个新进程或外存上已具备运行条件的进程进入内存的进程就绪队列。进程挂起（也称换出）是指在内存中的进程被暂时移出保存到外存中（如磁盘）的过程。当某个进程被挂起时，若被挂起的进程处于运行状态则停止执行；若被挂起的进程处于就绪状态则暂时不参加进程调度。引起进程挂起的原因大致有以下三种。

（1）用户的请求。如果用户发现运行程序中有错误，为了调试、检查和修改程序或数据，用户可能会挂起相应的进程。

（2）父进程的请求。有时父进程希望挂起自己的某个子进程，以便进行某种检查或修改，或协调不同子进程之间的行为。如在程序调试过程中挂起某些进程。

（3）操作系统的原因。操作系统引起的挂起情况可分为以下三种。

① 交换：当操作系统发现系统的内存资源已经不能满足运行进程的需要时，可以将当前不重要的进程挂起，以达到平衡系统负载的目的。

② 出现问题或故障时：当系统出现故障时，操作系统会暂时将系统中涉及该故障的进程挂起（换出），等故障恢复后，再将这些进程恢复到挂起前的状态（换入，由外存调入到内存）。

③ 操作系统的需要：为监视系统的活动，操作系统可以挂起和激活（将外存中的进程调入到内存）一些记录系统资源使用状况的进程和用户进程活动的记账进程。

2. 具有挂起状态的进程状态转换

引入挂起状态后，需要实现进程在挂起（即在外存）状态和非挂起（即在内存）状态之间进行转换。由于被挂起的进程不能被调度运行，因此通常将挂起状态称为静止状态，而将非挂起状态称为活动状态。根据挂起前进程所处的状态，可以将挂起状态分为：静止就绪状态和静止阻塞状态。系统通常将具有相同状态的进程组成一个或多个队列。为了区别，将进程基本状态中的就绪状态改称为活动就绪状态，阻塞状态改称为活动阻塞状态。图 2-7 描述了引入挂起状态后的进程转换关系。

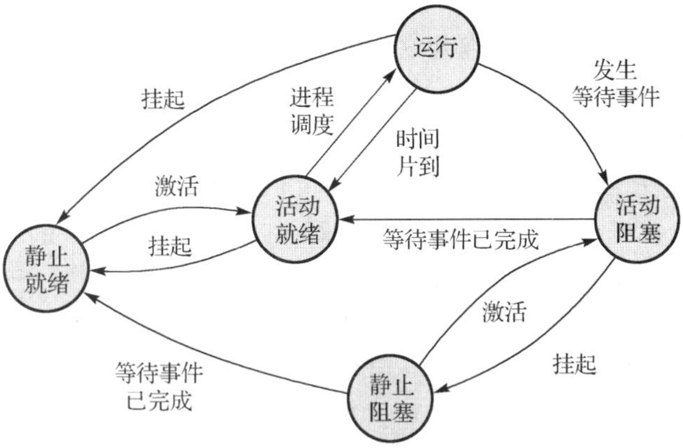

图 2-7 具有挂起状态的进程状态转换

与图 2-5 相比，图 2-7 多了状态之间的 6 种转换关系，而这 6 种转换关系说明如下。

（1）活动阻塞态挂起变为静止阻塞态。主要有两种情况会发生这种挂起（进程由内存换出至外存）状态变化：① 若当前不存在活动就绪进程，则至少有一个活动阻塞进程由内存对换至外存成为静止阻塞进程，以腾出内存空间，从外存调入一个静止就绪进程使其变为活动就绪进程（保证内存中至少有一个活动就绪进程，可供进程调度程序调度运行以免 CPU 空闲）；② 操作系统根据当前的资源状况和性能要求，可以将某些活动阻塞进程换出至外存成为静止阻塞进程。

（2）静止阻塞态激活变为活动阻塞态。一般在满足两个条件的情况下，系统可以激活（进程由外存换入至内存）一个静止阻塞态进程，使之成为活动阻塞进程。即：① 操作系统已经得知导致该进程阻塞的事件即将结束；② 内存中已经有了一大块空闲的空间。

（3）静止阻塞态变为静止就绪态。当在外存上的静止阻塞进程所需资源得到满足或者等待的事件已经完成时，该进程由静止阻塞态变为静止就绪态（但仍然在外存）。

（4）静止就绪态激活变为活动就绪态。主要有三种情况会发生这种激活（进程由外存换入至内存）状态变化：① 外存上的静止就绪进程具有比内存中的活动就绪进程更高的优先级；② 内存中已经有了一大块空闲的空间；③ 当前内存中没有活动就绪进程。

（5）活动就绪态挂起变为静止就绪态。这种状态变化主要是由于系统调节负荷（即内存紧张）的需要，或者是系统优化性能的需求，而将某些目前暂不需要运行的活动就绪进程由内存换出至外存。

（6）运行态挂起（由内存换出至外存）变为静止就绪态。这种状态变化主要是运行进程出现了错误或异常，或者是对运行进程进行分析的需要。

可见，只有处于活动就绪态的进程，才能参与进程调度得到 CPU，并在获得 CPU 后立即投入运行，而处于静止就绪态的进程只有先成为活动就绪态（由外存调入到内存）

后，才可能被进程调度程序选中而获得 CPU 运行。具有挂起状态的系统虽然提高了内存的利用率，但同时也使管理更加复杂，且增加了系统的开销。

2.2.5 进程控制块

1. 进程控制块产生的原因

此前，已经多次提到了进程控制块（PCB），但得到的 PCB 信息只是片段的、不完整的。在这里重点讨论 PCB 的内容。

CPU 的主要功能就是执行驻留在内存中进程（程序）里的指令。为了提高效率，CPU 可以同时执行多个进程。从 CPU 的角度来看，CPU 总是按照一定的次序来执行进程中程序的指令序列，这个次序是通过改变程序计数器（PC）的值来实现的。随着时间的推移，程序计数器会指向不同进程的程序。由于在任意时刻 CPU 只能执行一条指令，因此任意时刻在 CPU 上执行的进程只有一个，到底执行哪个进程的哪条指令是由程序计数器指定的。也就是说，在物理层面上所有进程共用一个程序计数器。

从逻辑层面上看，每个进程可以执行，也可以暂停执行而将 CPU 切换到其他进程去执行，之后的某个时刻又得到 CPU 而恢复该进程的执行。这样，每个进程就需要以某种方式记住暂停执行时该进程下一条将要执行的指令位置，这样当其再次执行时才能从这个位置恢复执行。因此从这个角度看，每个进程都要有自己的逻辑计数器来记录该位置。但问题不仅仅是运行地址这么简单，恢复执行的操作还包括恢复暂停执行那一时刻的所有 CPU 现场信息，例如，那一时刻未计算完成的中间结果，那一时刻的程序状态字内容等。

进程的物理基础是程序，进程在 CPU 上运行首先要解决的问题是为进程实体分配合适的内存。由于多个进程可能同时并存于内存中，因此进程的存储还要考虑如何让多个进程共享同一内存而不发生冲突。

此外，操作系统如何获取各个进程的状态信息，以便 CPU 在多个进程之间交替运行，这也是进程实现所要解决的另一个问题。

因此，操作系统需要为进程定义一种能够描述和控制进程运行的数据结构，这就是进程控制块（PCB）。即 PCB 是操作系统中最重要的数据结构之一，因为它是进程存在的唯一标志。PCB 中存放着操作系统所需的用于描述进程当前情况的全部描述信息，以及控制进程运行的全部控制信息和相关的资源信息。在几乎所有的多道程序操作系统中，进程的 PCB 都是全部或部分常驻内存，操作系统通过 PCB 而感知进程的存在，并且根据 PCB 对进程实施控制和管理。

2. 进程控制块中的信息

不同的操作系统对进程的管理和控制机制是不同的，因此不同系统中 PCB 中信息的多少也不同，但多数系统中的 PCB 都包含以下信息。

（1）进程标识符。每个进程都必须有唯一的进程标识符，也称进程的内部名。

（2）进程的当前状态。它表明进程当前所处的状态，并作为进程调度程序分配 CPU 的依据，仅当进程处于就绪状态时才可以被调度执行。若进程处于阻塞状态，还需要在 PCB 中记录阻塞的原因，以供唤醒原语（见 2.3 节）唤醒进程时使用。

（3）进程中的程序段与数据段地址。用于将 PCB 和与之对应的进程在内存或外存的程序段及数据段联系起来。

（4）进程资源清单。列出进程所拥有的除 CPU 之外的资源记录，如打开的文件列表和拥有的 I/O 设备等。资源清单用于指出资源的需求、分配和控制信息。

（5）进程优先级。通常是一个表示进程使用 CPU 优先级别的整数。进程调度程序根据优先数的大小来确定优先级的高低，并把 CPU 控制权交给优先级最高的就绪进程。

（6）CPU 现场保护区。当进程因某种原因放弃使用 CPU 时，需要将当时（执行的断点处）的 CPU 各种状态信息保护起来（暂存于内存中操作系统的内核区），以便该进程再次得到 CPU 时，能够恢复当时的 CPU 各种状态，即复原当时的运行现场和环境，使得该进程可以不受影响地由断点处恢复运行。被保护的 CPU 现场信息通常有程序状态字 PSW、程序计数器 PC 的内容，以及通用寄存器的内容和用户栈指针等。

（7）进程同步与通信机制。用于实现进程之间的互斥、同步和通信所需的信号量、信箱或消息队列的指针等（见第 3 章）。

（8）PCB 队列指针或链接字。用于将处于同一个状态的进程连接成一个队列，链接字中存放该进程所在队列中的下一个进程 PCB 的首地址。

（9）与进程相关的其他信息。如进程的家族信息、进程所属的用户、进程占用 CPU 的时间以及进程记账信息等。

3. 进程控制块的组织方式

在一个系统中，通常可能有多个进程同时存在，所以就拥有多个 PCB。为了能对 PCB 进行有效的管理和调度，就要用适当的方法把这些 PCB 组织起来。目前常用的 PCB 组织方式有以下三种。

（1）线性表方式。无论进程的状态如何，将所有的 PCB 连续地存放在内存的系统区（内核空间），这种方式适用于系统中进程数目不多的情况。按线性方式组织 PCB 的情况见图 2-8。

PCB_1	PCB_2	PCB_3	…	PCB_n

图 2-8　按线性方式组织 PCB

（2）链接表方式。系统按照进程的状态将进程的 PCB 链成队列，从而形成进程就绪队列、进程阻塞队列、进程运行队列等（单 CPU 系统进程运行队列仅有一个 PCB）。按链接表方式组织 PCB 的情况见图 2-9。如果想要对阻塞进程进行更有效的管理，就需要更清晰地对阻塞状态的进程加以分类，即可以按照进程阻塞原因的不同形成多个进程阻塞队列。

链接表方式组织 PCB 可以很方便地对同类 PCB 进行管理，操作简单，但是要查找某个进程的 PCB 就比较麻烦，因此只适用于小系统中进程数比较少的情况。

（3）索引表方式。系统按照进程的状态分别建立就绪索引表、阻塞索引表等，通过索引表来管理系统中的进程。按索引表方式组织 PCB 的情况见图 2-10。

索引表方式组织 PCB 可以很方便地查找到某个进程的 PCB，因此适用于进程数较多的情况，但是索引表需要占用一定的内存空间。

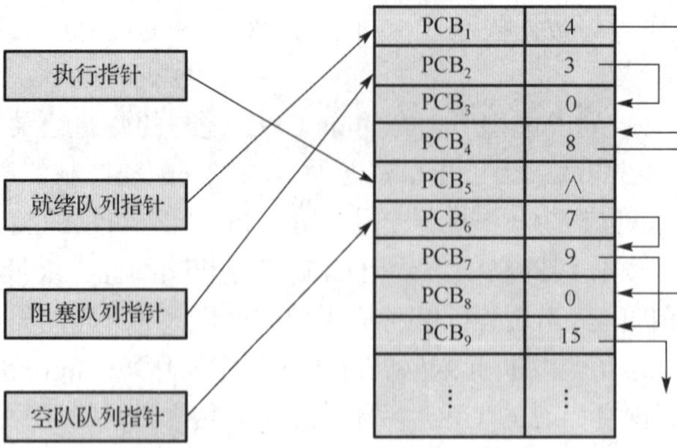

图 2-9　按链接方式组织 PCB

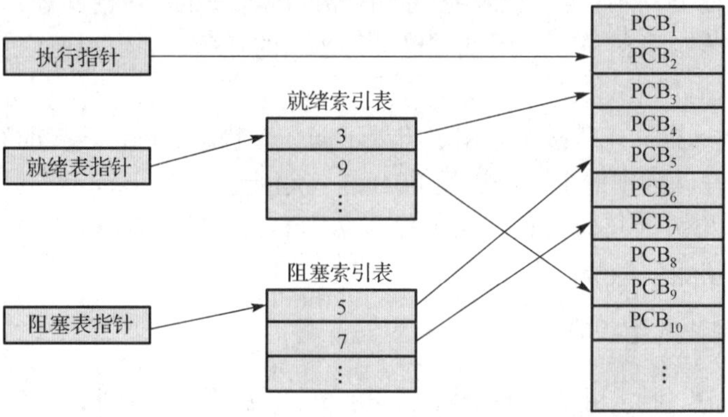

图 2-10　按索引方式组织 PCB

由于操作系统是根据 PCB 对进程实施控制和管理的，因此进程状态的变迁也是根据 PCB 中的状态信息来实现的。

2.3 进程控制

进程具有由创建而产生、被调度而执行、因撤销而消亡的生命周期。因此操作系统要有对进程生命周期的各个环节进行控制的功能，这就是进程控制。进程控制的职能是对系统中的全部进程实施有效的管理，主要是对一个进程进行创建、撤销以及在某些进程状态之间进行转换控制。通常允许一个进程创建和控制另一个进程，前者称为父进程，后者称为子进程，子进程又可创建其子孙进程，从而形成一个树形结构的进程家族，这种树形结构使得进程控制更加灵活方便。

2.3.1 进程切换

进程切换的实质是回收当前运行进程对 CPU 的控制权，并将 CPU 控制权转交给新调度的就绪进程。

1. 进程上下文

除进程实体之外，进程的运行还需要其他硬件和软件环境的支持，如程序状态字

PSW、段表、页表（见第 4 章）等数据结构。一个进程运行时，CPU 所有寄存器中的内容、进程的状态以及运行栈中的内容被称为进程的上下文。进程上下文是操作系统用来管理和控制进程的内部数据集合，进程在其上下文中运行。进程上下文可分成以下三部分。

（1）系统级上下文。操作系统内核进程使用的进程上下文信息集合，主要包括 PCB 与逻辑地址到物理地址转换的核心数据结构，如段表、页表及核心栈等。

（2）寄存器上下文。CPU 中所有寄存器的信息集合，如通用寄存器、指令寄存器、程序状态字寄存器和栈指针等。栈指针可以是指向核心栈的指针，也可以是指向用户栈的指针。

（3）用户级上下文。用户进程访问和修改的进程上下文信息集合，主要包括进程的程序段、数据段、用户栈和共享存储区。用户级上下文占用进程的虚拟地址空间，交换到外存的分页或分段（内存中的信息暂存于外存，见第 4 章）仍然是进程用户级上下文的组成部分。

当内核进行进程切换时，它需要保存当前运行进程的进程上下文，以便再次执行该进程时，能够恢复到进程被切换前的运行现场和环境而继续正常运行。发生进程切换时，新、旧进程进行上下文切换。

2. 进程切换的时机

进程切换是中断驱动的，引起进程切换的中断可分为以下三种。

（1）中断。中断发生时，操作系统保存当前运行进程（称为旧进程）的现场信息，调度新进程运行。

（2）异常。当 CPU 在一条指令执行时，检查到有一个或多个预定义的条件或错误产生时就会产生异常，这时，终止当前运行进程的执行，CPU 转去执行异常处理程序。

（3）系统调用。系统调用是对操作系统服务的一种显式请求。阻塞型系统调用发生时，则当前运行进程被阻塞，此时 CPU 转去执行进程调度程序。

中断发生时，操作系统暂停当前运行进程的执行，将 CPU 的执行模式切换到内核态，并通过执行进程调度程序选中一个新的就绪进程准备投入运行，这时需完成新、旧进程上下文的切换。

3. 进程上下文切换

进程切换发生时，当前运行进程让出其占用的 CPU，由操作系统保存当前运行进程（旧进程）的上下文环境，并设置被进程调度程序选中的就绪进程（新进程）的上下文环境，这一过程称为进程的上下文切换。

进程的上下文环境包括中断处理可能改变的所有信息，以及恢复被中断进程运行时需要的所有信息。进程切换时，操作系统将旧进程的寄存器上下文保存到核心栈的一个上下文层。当中断返回时，由操作系统内核从核心栈中恢复为旧进程所保存的上下文。进程切换主要包括以下 6 个步骤。

（1）当前运行进程（旧进程）被中断时，保存其 CPU 现场信息。

（2）对被中断的当前运行进程进行 PCB 更新，包括改变进程状态和其他相关信息。

（3）将被中断的当前运行进程的 PCB 移入适当的队列（因时间片到则移入进程就绪队列，因某事件发生则移入相应的进程阻塞队列）。

（4）由进程调度程序选中一个就绪进程（新进程），为其设置执行的上下文环境并对其 PCB 进行更新。

（5）修改新进程的地址空间，更新新进程的内存管理信息。

（6）恢复被选中的新进程最后一次进程上下文切换时所保存的 CPU 现场信息。

进程上下文切换时，当前运行进程（旧进程）对 CPU 的控制权被回收，其状态转变为就绪态或阻塞态。

2.3.2 进程控制原语

进程控制主要是实现对进程状态的转换，这种转换是通过一组原语来实现的。进程控制原语主要有创建、撤销、阻塞和唤醒等原语。

1. 原语

一个操作可以依次分解成几个具体实施的动作，如果这几个动作的执行不会被分割或中断，且这些动作要么全部执行，要么一个都不执行，则称这个操作具有原子性。

什么是原语（Primitive）？一个特殊的程序段称为原语，同时意味着这段程序的执行具有原子性，也就是说这段程序的所有指令要么全部执行，要么一个都不执行。CPU 一旦开始了第一条指令的执行，接下来只能执行这段程序的后续指令，直到其所有指令全部执行完成，在此期间不允许转去执行其他程序，即此程序段中的任何两条相邻指令的执行不可被分割或中断。

原语中的指令执行具有很高的要求，如果原语中某一条指令的执行没有成功，那么该原语中之前已经执行的指令操作要全部废除，并恢复到未执行该原语前的状态。原语的主要作用是保证系统运行的一致性。

原语也称广义指令，可将原语中的几条指令看作一个整体，即构成一条“广义”上的指令。

2. 进程的创建原语

进程的存在是以 PCB 为标志的，因此创建一个新进程的主要任务是为进程建立一个 PCB，并将调用者提供的有关信息填入到该 PCB 中，然后将其插入到进程就绪队列。

所以创建一个新进程的过程是首先申请 PCB 空间，给新进程分配一个唯一的进程标识符；其次为新进程分配内存资源，如果新进程的程序段或数据段不在内存，则将它们从外存调入到为该进程分配的内存中，接下来为新进程分配其他必需的资源；然后初始化新进程的 PCB，包括进程控制信息、CPU 的状态信息（如程序计数器、系统栈指针等）和信号量等；最后把新进程的 PCB 插入到系统中的进程就绪队列。创建原语用函数 Creat 表示如下。

```
int Creat(int n,int k, List *s,List *r)      //创建原语
{
   lock out interrups;                   //关中断
   Get(NewPCB,FreeQueue);                //从空闲 PCB 队列 FreeQueue 申请一个空闲 PCB
   NewPCB->id=n;                         //为新进程分配唯一的进程标识符 n
   NewPCB->priority=k;                   //置新进程的优先级为 k
   GetMemory(NewPCB);                    //为新进程申请分配内存资源
```

```
    GetResouce(NewPCB,r);          //按资源清单 r 为新进程分配其他资源
    Init_PCB(NewPCB,s);            //按初始化清单 s 初始化新进程的 PCB
    NewPCB->status="ready";        //新进程的状态置为“就绪”
    NewPCB->parents=EP();          //新进程的父进程为当前执行进程
    NewPCB->children=NULL;         //新进程的子进程初始为空
    nsert(ReadyQueue,NewPCB);      //新进程 PCB 插入进程就绪队列 ReadyQueue
    unlock interrupts;             //开中断
    return(n);                     //新进程的标识符 n 返回给当前执行进程
}
```

函数中的关中断和开中断是为了保证原语操作的不可中断性和不可分割性。

3. 进程的撤销原语

进程完成了自己的任务之后应当退出系统而消亡，系统要及时回收它所占用的全部资源，以便供其他进程使用，这是通过撤销原语完成的。

撤销原语的实现过程是：根据提供的欲被撤销进程的名字，在 PCB 链中查找对应的 PCB，若找不到要撤销的进程名字，则转入异常终止处理程序；若被撤销的进程就是当前运行进程，则立即终止该进程的运行并置调度标志为真。然后从 PCB 链中撤销该进程及其所有子孙进程（因为仅撤销该进程可能导致其子进程与进程家族脱离，成为难以控制的进程），最后释放该进程的 PCB、所占用的内存空间以及其他资源。

撤销原语撤销的是标志进程存在的 PCB 而不是进程的程序段，这是因为一个程序段可能是几个进程的一部分，即可能有多个进程在共享该程序段。撤销原语用函数 Destroy 表示如下。

```
void Destroy(string name)          //撤销原语
{
    lock out interrups;            //关中断
    int i=0,dispatch=0;            //置重新调度标志 dispatch 的初值为假
    i=Search(PCB_List,name);       //据进程名 name 在 PCB 链中查找其进程标识符
    if(i==0)                       //i 等于 0 则未找到要撤销进程的 PCB
      Unusual_Stop();              //转异常终止处理
    else                           //找到要撤销进程的 PCB
    {
      if(i.status=="excute"  )     //被撤销的进程 i 是运行进程
      {
        dispatch=1;                //置重新调度标志为真
        stop(i);                   //终止进程 i 的执行
      }
      Destroy(Progeny(i));         //撤销进程 i 的所有子孙进程
      free(i.resouce);             //释放进程 i 占用的全部资源
      Remove(i);                   //如果 i 为终止执行的进程则置执行指针 EP 为空
                         //否则从进程就绪队列或进程阻塞队列中移去进程 i 的 PCB
      Insert(FreeQueue,i);         //将进程 i 的 PCB 插入到空闲 PCB 队列
    }
    if(dispatch==1)                //当重新调度标志为真时
    {
```

```
        unlock interrupts;          //开中断
        Scheduler();                //进程调度程序调度一就绪进程运行
    }
    else
        unlock interrupts;          //开中断
}
```

4. 进程的阻塞原语

一个正在运行的进程因其所申请的资源未得到满足，而被迫变成阻塞状态等待阻塞事件的完成，进程的这种状态变化是通过运行进程本身调用阻塞原语来实现的。

阻塞原语的实现过程是首先中断 CPU 对当前运行进程的执行，将运行进程的 CPU 现场信息放到内存该进程 PCB 中的 CPU 状态保护区，然后将该运行进程置为阻塞状态，并把它插入到进程阻塞队列中。接下来系统执行进程调度程序将 CPU 分配给另一个就绪进程。阻塞原语用函数 Block 表示如下。

```
void Block()                        //阻塞原语
{
    lock out interrups;             //关中断
    i=Ep();                         //获得当前运行进程的进程标识符 i
    Store(i_PCB);                   //将 i 的 CPU 现场信息暂存于 i 的 PCB 中
    i.status="block";               //置 i 的状态为“阻塞”
    Insert(BlockQueue,i);           //进程 i 的 PCB 插入进程阻塞队列 BlockQueue
    unlock interrupts;              //开中断
    Scheduler();                    //进程调度程序调度一就绪进程运行
}
```


5. 进程的唤醒原语

当某个等待的事件已完成（如某个资源被释放），由完成该等待事件的进程调用唤醒原语，从而唤醒进程阻塞队列中等待该事件完成的阻塞进程。

唤醒原语的基本功能是把除 CPU 之外的一切资源都得到满足的进程置成就绪状态。执行时，首先找到被唤醒进程的内部标识，让该进程脱离进程阻塞队列，并将其状态改为就绪状态；然后插入到进程就绪队列等待调度运行。唤醒原语函数 Wakeup 表示如下。

```
void Wakeup(List r)                 //唤醒原语
{
    lock out interrups;             //关中断
    i=Search(BlockQueue,r) ;        //根据已释放的资源 r 查找 r 阻塞队列的队首进程
    Remove(i);                      //从 r 阻塞队列的队首移出进程 i
    GetResouce(i_PCB,r);            //将资源 r 分配给进程 i
    i.status="ready";               //置 i 的状态为“就绪”
    insert(ReadyQueue,i);           //将进程 i 的 PCB 插入到进程就绪队列
    unlock interrupts;              //开中断
}
```

若进程调度采用抢占式调度（见 2.5.2 节）策略，则为了保证具有最高优先级的进程，在由阻塞态变为就绪态时能够立即被调度执行，还需比较被唤醒进程与当前正在运行

进程的优先级，如果被唤醒进程的优先级高，则在开中断后还应执行一次进程调度程序 Scheduler，将 CPU 分配给刚唤醒的更高优先级进程。

6. 进程的挂起和激活原语

所谓挂起，是指暂时将一个进程由内存换出至外存；而激活则是指解除挂起状态，将解除挂起的进程由外存重新调入到内存。

如果出现了引起进程挂起的事件，例如，内存资源已经不能满足进程运行的需要，系统因内存中的进程过多而负荷过重，用户进程请求将自己挂起，父进程请求将自己的某个子进程挂起，系统出现故障等，系统就使用挂起原语将处于阻塞状态的进程或指定的进程（可为就绪态或运行态）挂起。进程挂起原语的执行过程如下。

（1）根据被挂起进程的进程标识符，从 PCB 集合中查找该进程的 PCB，找到后从中读出该进程的状态。

（2）修改 PCB 中的进程状态。若该进程处于活动就绪状态就将它修改为静止就绪状态；若处于活动阻塞状态就将它修改为静止阻塞状态；若处于运行状态就将它修改为静止就绪状态。

（3）将被挂起进程的 PCB 复制到指定的内存区域，以便用户或父进程考察该进程的运行情况。

（4）将被挂起进程的非常驻部分从内存换出至外存的对换区。

（5）若被挂起进程挂起前为运行态（正在运行），则执行进程调度程序从活动就绪队列中选中一个进程占用 CPU 运行。

如果出现了激活事件，例如，系统资源尤其是内存资源已经比较充裕，或者用户或父进程要求激活指定进程（挂起进程）等，系统就使用激活原语将指定的进程（挂起进程）激活。进程激活原语的执行过程如下。

（1）将被激活的进程由外存调入到内存。

（2）修改该进程的状态。若该进程的现行状态是静止就绪，则将其修改为活动就绪；若该进程的现行状态是静止阻塞，则将其修改为活动阻塞。

（3）若系统采用抢占式调度策略且被激活的进程其状态为活动就绪，还需比较被激活进程与当前正在运行进程的优先级，如果被激活进程的优先级高则需重新进行进程调度，即暂停当前运行进程的执行，而将 CPU 分配给刚激活的优先级更高的活动就绪进程。

2.4 处理器调度

CPU 是计算机最重要的资源之一。由于在多道程序系统中会出现多个进程同时共享 CPU 资源，这必然导致多个进程对 CPU 的竞争。那么，如何把 CPU 分配给众多处于就绪状态进程中的某一个，使得这种分配下 CPU 的利用率最高，且又保证各进程都能顺利运行，这就是 CPU 调度所要解决的问题。由于 CPU 调度性能的优劣，将直接影响 CPU 的利用率和整个计算机系统的性能，因此 CPU 调度就成为操作系统的核心功能之一。CPU 调度主要涉及作业调度和进程调度。

2.4.1 作业与进程的关系

作业是用户提交给操作系统完成的一个独立任务，是要求计算机所做工作的集合。每个作业必须经过若干相对独立且相互关联的加工步骤才能得到结果，其中每个加工步骤称为作业步。例如，一个作业可分成编译、链接、装入和运行这 4 个作业步，上一个作业步的输出往往是下一个作业步的输入。作业由用户组织，作业步由用户指定，当一个作业被作业调度程序选中进入内存并且投入运行时，操作系统将为此用户作业生成相应的用户进程以便完成其任务。作业与进程的区别表现在以下 4 个方面。

（1）作业是用户向计算机提交任务的任务实体。在用户向计算机提交作业后，系统将该作业放入外存中的后备作业队列等待作业调度。而进程则是完成用户任务的执行实体，是向系统申请分配资源的基本单位。任何一个进程，只要它被创建，总是有相应的部分存在于内存中。

（2）一个作业可以由多个作业步组成，即同时对应多个进程，并且至少由一个进程组成；反之则不成立。

（3）作业的概念主要用在批处理系统中，如 UNIX 这样的分时系统中就没有作业的概念。而进程的概念则用在几乎所有的多道程序系统中，在现代操作系统中进程又被细化为线程，也就是一个进程下有多个能够独立运行的更小单位。

（4）作业调度的主要功能是检查系统是否满足作业的资源要求，以及按照一定的算法来把外存后备作业队列中的作业调入内存，为其创建进程并插入到进程就绪队列等待进程调度。进程调度则是根据一定的算法把 CPU 分配给进程就绪队列中的某个进程并让其执行。

1. 批处理系统中作业与进程的关系

在批处理系统中，一个作业的完成要经过作业提交、作业后备（收容）、作业执行和作业完成 4 个阶段。用户可以通过磁带机或磁鼓提交批处理作业，多个批处理作业进入系统后被依次存放在外存上，由系统为各批处理作业创建作业控制块（JCB），并将各作业的 JCB 排成一个队列（称为后备作业队列）来等待作业调度程序的调度。在系统控制下，作业调度程序根据后备作业队列中的 JCB 信息，逐个调度作业到内存中执行。批处理系统最能体现出作业是进程的任务实体，进程是作业的执行实体。没有作业进程就无事可做，而没有进程则作业无法完成。图 2-11 给出了一个批处理作业从预输入到缓输出需要经历的 4 种状态。

（1）提交状态。此时作业的信息正在由输入设备预输入到外存。

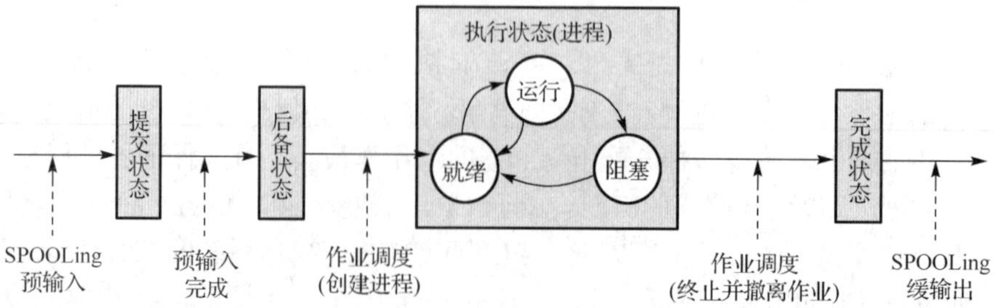

图 2-11　作业的状态变迁

（2）后备状态。此时作业预输入结束且已放入外存，但尚未被作业调度程序选中调入内存执行。

（3）执行状态。作业已被选中进入内存，并生成进程参与进程的“就绪—运行—阻塞”的三态微观调度。

（4）完成状态。作业已运行结束，甚至已经撤离，但正在等待缓冲输出运行的结果。

在图 2-11 中，批处理作业由系统的 SPOOLing（见 5.4.2 节）输入进程将作业存入磁盘上的输入井中，形成后备作业队列并等待作业调度程序的调度。作业调度程序一般也作为独立的进程运行，在后备作业队列中的批处理作业通常称为后备作业。作业调度程序每调度一道后备作业时，就先为该作业创建一个根进程，并由根进程通过执行作业控制语言解释程序来解释该作业的作业说明书。根进程在执行过程中可以产生作业步子进程，子进程也可以创建自己的子孙进程，这些进程并发执行协调完成作业的具体任务。因此一个作业在执行过程就转换成了一组执行实体——进程簇。当根进程在执行过程遇到作业说明书中“撤除作业”语句时，则将该作业由执行状态改为完成状态，并将作业及其相关运行结果存入磁盘的输出井，最后由作业终止进程完成该作业执行结果的输出，并回收该作业所占用的系统资源，同时删除与该作业相关的数据结构，如作业控制块（JCB）和作业在输出井中的相关信息。此外，作业终止进程在撤除一道作业后，还可向作业调度程序请求新的作业调度。

2. 分时系统中作业与进程的关系

在分时系统中，作业的提交方法、组织形式与批处理作业差别较大。系统启动时通过与系统连接的终端，为每个终端创建一个终端进程来接收终端用户的作业处理要求。终端进程执行命令解释程序，从终端设备读入用户提交的命令并解释执行。因此在分时系统中用户可以通过命令解释程序来逐条输入命令，提交一个作业或作业步。分时系统的作业提交是一次用户上机交互的过程，因此可以把终端进程的创建看作一个交互作业的开始。分时系统通过命令解释程序应答式地逐条输入命令，对于每一条终端命令，系统为其创建一个子进程，如果当前提交的是一条后台命令，则可以与下一条中断命令并行处理。各个子进程在运行过程中可以根据自己的需要，再创建自己的子孙进程。终端命令对应的进程结束后，对命令的处理也随之结束。

2.4.2　CPU 的三级调度

在支持交换调度的系统中，CPU 调度的层次可分为三级：高级调度、中级调度和低级调度。高级调度又称为作业调度，中级调度又称交换调度，低级调度又称为进程调度。图 2-12 描述了三级调度之间的关系。

通俗地讲，三级调度中的作业调度是宏观调度，进程调度是微观调度。例如，从一个班级的学生中挑选几个同学去参加辩论会，班上的同学“宏观”来看，这几个同学都已经去进行辩论了，即都处于辩论的“运行”状态（作业的执行状态）。而具体到辩论会场，即从“微观”来看，这几个同学有的正在辩论（相当于进程的运行状态），有的正在准备辩论（相当于进程的就绪状态），有的正在写辩论稿，未写好则不能辩论（相当于进程的阻塞状态）。

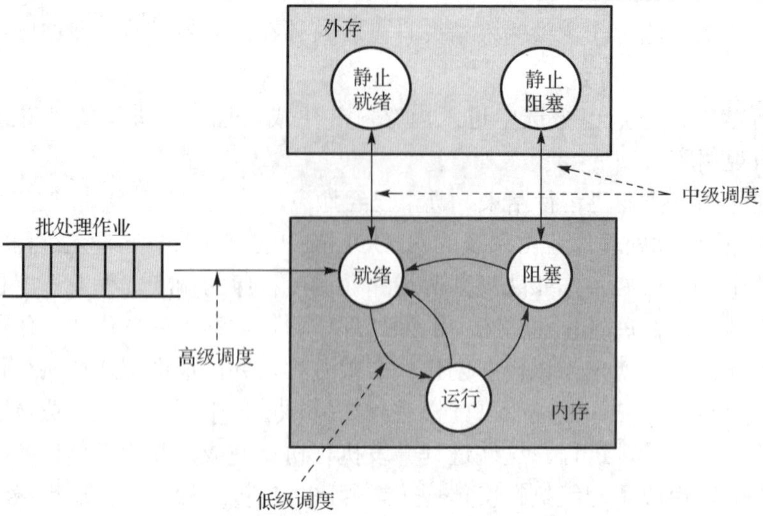

图 2-12　三级调度模型

1. 高级调度

高级调度又称作业调度或宏观调度，其功能是按一定的调度算法把外存上处于后备作业队列中的作业调入内存，为它们分配所需的资源并创建进程，然后将新创建的进程插入到系统的进程就绪队列中。在作业运行结束时，回收分配给作业的系统资源，撤销相应的数据结构（如作业控制块 JCB）。对批处理作业来说，高级调度的功能主要包括以下 5 个方面。

（1）选择作业。作业调度程序根据 JCB 提供的作业资源需求、系统资源的使用状况及多道程序规定的道数，决定选择哪个作业进入内存。

（2）分配资源。进程是作业的执行实体，同时又是系统进行资源分配的基本单位。在为作业创建进程之前，作业调度程序通过系统的设备管理和内存管理模块，为作业分配相应的资源。

（3）创建进程。作业被装入内存时，作业调度程序为该作业创建相应的用户进程，建立 PCB 并将其插入到进程就绪队列中。

（4）作业控制。作业在执行过程中按作业说明书的要求来执行，作业的启动、作业步之间的衔接、数据的输入/输出、程序由外存调入内存和异常处理等均由作业调度程序参与完成。

（5）回收资源。作业完成规定的任务正常结束或因发生错误而终止执行时，作业调度程序做好作业的撤除和善后工作，如回收分配给作业的各种资源，撤销 JCB 及输出出错信息等。

2. 中级调度

中级调度又称交换调度，其主要功能是在内存资源紧张的情况下，从内存中暂不运行的进程中选择一个或数个进程挂起，即由内存调至外存（换出），从而使外存上具备运行条件的就绪进程能够及时调入内存运行。当以后内存出现空闲时，再将挂起的进程激活由外存重新调入内存（换入）以参与进程的调度与运行。注意，换出至外存的进程可以是就绪进程也可以是阻塞进程，由于换至外存后处于挂起状态（即静止就绪或静止阻塞状态），因此不能参与低级调度（进程调度）。

中级调度的主要目的是为了对系统负荷（主要指内存资源）起到短期平滑和调整的作用，以便提高内存利用率和系统吞吐量。

3. 低级调度

低级调度又称进程调度或微观调度，其主要功能是按照一定的调度算法将 CPU 分派给进程就绪队列中的某个进程。执行低级调度功能的程序称为进程调度程序，由它实现进程间的切换。低级调度（进程调度）是执行频率最高的调度，也是操作系统中最基本的调度，是操作系统的核心部分。

上述三级调度中，低级调度是各类操作系统都必须具备的功能。在多道批处理系统中，既有高级调度（作业调度），又有低级调度（进程调度），也可以采用中级调用。在分时系统或具有虚拟存储器（见第 4 章）的操作系统中，为了提高内存利用率和作业吞吐量，一般没有高级调度，只有低级调度，并且专门引入了中级调度。

在不支持线程的操作系统中，低级调度的对象是进程，在支持线程的系统环境中，低级调度的对象是线程。为方便描述，下面关于低级调度的描述均以进程为对象。

2.4.3 处理器调度队列模型

下面介绍常用的三种 CPU 调度队列模型。

1. 仅有进程调度的调度队列模型

在分时系统中，通常采用仅有进程调度的 CPU 调度队列模型，如图 2-13 所示。

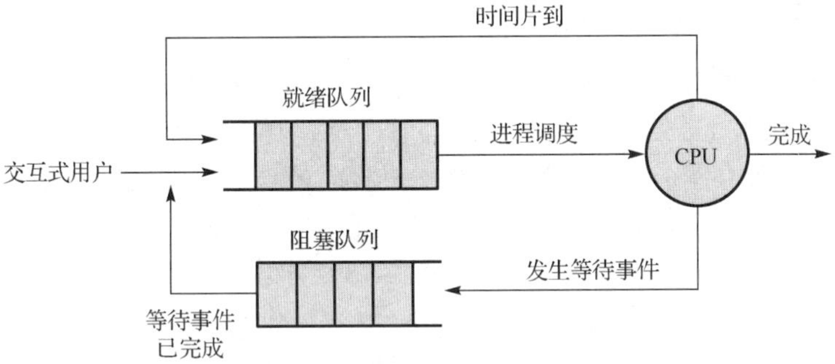

图 2-13　仅有进程调度的 CPU 调度模型

分时系统允许多个联机终端用户按时间片轮流使用一台计算机系统，系统为每个用户终端建立一个相应的进程，刚建立的进程处于就绪状态，并排在进程就绪队列的队尾。进程调度程序按轮转法，为进程就绪队列的队首进程分配一个时间片，让其占用 CPU 运行。进程运行时可能出现以下三种情况。

（1）进程运行完成。进程在分配给它的一个时间片之内完成了任务，则系统回收它所占用的 CPU，该进程进入完成状态。

（2）时间片到。如果进程在分配给它的一个时间片内还未完成任务，则系统回收它所占用的 CPU，并把该进程排到进程就绪队列的队尾等待下一次调度。

（3）发生等待事件。如果进程在运行中出现了等待事件（如 I/O 请求），则系统回收它所占用的 CPU 并将其插入到进程阻塞队列中，直到等待的事件完成，再唤醒该进程使其由阻塞状态变为就绪状态，同时将其从进程阻塞队列移出并排到进程就绪队列的队尾。

2. 具有高级和低级调度的调度队列模型

在多道批处理系统中，一般采用两级调度的 CPU 调度队列模型，如图 2-14 所示。其中作业调度程序的任务是从外存上的后备作业队列中挑选作业，为选中的作业分配所需的资源并建立相应的进程，然后将其调入内存并插入到进程就绪队列中，作业调度为作业分配的是一台虚拟的逻辑 CPU（作业调入内存后即认为已经运行）。进程调度的任务是从进程就绪队列中选择一个进程，并让其占用 CPU 运行，进程调度为进程分配的是真实的物理 CPU。进程在运行中因发生等待事件而进入进程阻塞队列，可以根据等待事件的不同，设置多个进程阻塞队列，当等待事件完成后，相应的阻塞进程被唤醒而进入进程就绪队列。

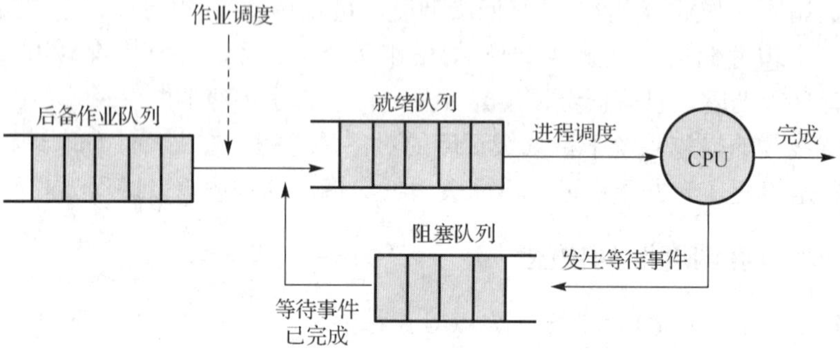

图 2-14　具有两级调度的 CPU 调度队列模型

3. 同时具有三级调度的调度队列模型

在同时具有多道批处理和分时处理的系统中，为了调整系统的工作负荷而引入了中级调度。在这种系统中，进程的就绪状态分为两种：活动就绪（就绪进程在内存中）和静止就绪（就绪进程在外存中），具有活动就绪的进程才能被进程调度程序调度。进程的阻塞状态也分为两种：活动阻塞（阻塞的进程在内存中）和静止阻塞（阻塞的进程在外存中）。具有三级调度的 CPU 调度队列模型如图 2-15 所示。

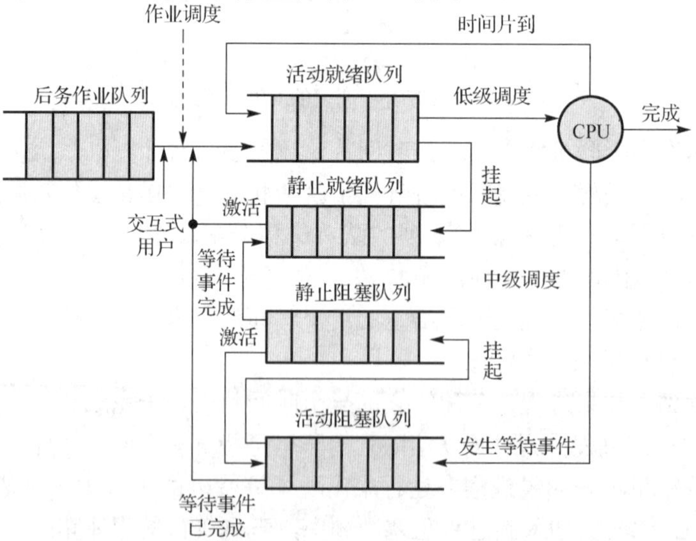

图 2-15　具有三级调度的 CPU 调度模型

图 2-15 是图 2-12 的另一种表现形式，也是图 2-7 的具体实现（仅缺少由运行态到静止就绪的挂起转换）。

2.4.4 进程调度的方式和时机

1. 进程调度方式

为了实现不同的 CPU 调度目标，不同系统可以使用不同的进程调度方式。一般来说，进程的调整方式可分为非抢占式（非剥夺式）调度和抢占式（剥夺式）调度两类。

（1）非抢占式调度。在使用非抢占式调度方式的系统中，进程调度算法选中一个进程后就会让该进程一直运行下去，直到该进程运行结束自动释放 CPU 的使用权；或者在运行过程中因发生某等待事件而阻塞时，才将 CPU 的使用权返还给进程调度程序。非抢占式调度的优点是实现简单、系统开销小。但系统出现了紧急事件时不能立即处理，即实时性差。因此，非抢占式调度方式不适用于实时系统和分时系统。

（2）抢占式调度。在没有发生等待事件的情况下也允许进程调度程序暂停当前运行进程的执行，并按照某种原则将当前运行进程占用的 CPU 分配给另一个更重要、更紧迫的进程使用。在这种调度方式下，被暂停运行的进程其他所需资源均已满足而只是被剥夺了 CPU 的使用权，故其状态应由运行状态返回到就绪状态，并将其 PCB 插入到进程就绪队列。常用的抢占原则主要有以下两种。

① 高优先级原则。这种抢占原则允许拥有更高优先级的进程抢占当前运行进程所使用的 CPU。在使用高优先级抢占原则的系统中，如果有更高优先级的就绪进程到达时，则进程调度程序立即暂停当前运行进程的执行（由运行态变为就绪态），然后将 CPU 分配给这个拥有更高优先级的就绪进程使用。

② 时间片原则。在分时系统中各就绪进程按照时间片轮流执行，当运行进程的时间片到时，则进程调度程序立即暂停当前运行进程的执行（由运行态变为就绪态），然后将 CPU 分配给下一个就绪进程。

因此抢占式调度方式适合于大多数实时系统以及所有分时系统。抢占式调度能够防止一个进程较长时间占用 CPU，尤其是能够满足实时系统对响应时间的要求，且能获得较好的响应时间。但是，抢占式调度会增加系统中进程切换的频率，与非抢占式调度相比则增加了进程切换的开销。

2. 进程调度的时机

进程调度程序调度性能的优劣将直接影响 CPU 的利用率，因此什么时候运行进程调度程序是操作系统处理进程调度的关键。进程调度的原则是始终使 CPU 处于忙状态，一旦 CPU 空闲就立即进行调度。引起进程调度程序运行的时机主要有两个：一个是当前运行进程执行结束而终止，或因等待某个事件的完成而无法继续执行，这时就需要启动进程调度程序来选择一个新的就绪进程投入运行；另一个是在抢占式调度系统中，进程就绪队列中出现了优先级更高的进程，或当前运行进程的时间片已经用完，这时需要剥夺当前运行进程的 CPU 使用权，并将其分配给更高优先级的就绪进程或以时间片为单位轮转的下一个就绪进程。引起进程调度的原因主要有以下 4 个。

（1）创建一个新进程后。创建一个新进程后父进程和子进程都处于就绪状态，这时需要确定是父进程先运行还是子进程先运行，即可以由进程调度程序来选择。

（2）运行进程终止。运行进程正常结束时需要向系统发出一个“进程结束”的系统调用。这时进程调度程序运行，并从进程就绪队列中选择一个新的就绪进程，然后将 CPU 分配给它。

（3）运行进程阻塞。当运行进程因发生了某种等待事件（如 I/O 请求）或阻塞在某个信号量（信号量概念见第 3 章）时，进程调度程序则调度另一个就绪进程运行。

（4）支持抢占式调度的系统中，即使没有新的就绪进程出现，为了让所有就绪进程能够轮流使用 CPU，也会在下面两种情况下引起进程调度。

① 时间片到。发现当前运行进程时间片到时引起进程调度，将 CPU 分配给下一个就绪进程。

② 进程的优先级发生变化。在按优先级调度的系统中，当进程优先级发生变化时引起进程调度。

现代操作系统在以下三种情况下不允许进行进程的调度和切换。

（1）中断处理过程中。由于中断处理通常不属于某一进程，因此不应作为进程的程序段而被剥夺 CPU。

（2）进程在操作系统内核的临界区（临界区和临界资源概念见第 3 章）中。用户进程通过陷入进入操作系统内核，为实现对临界区的互斥访问，通常以加锁方式防止其他进程进入该临界区。为了加快对临界资源的释放，在该用户进程访问临界资源期间不允许切换到其他进程去执行。

（3）在需要完全屏蔽中断的原子操作执行过程中。操作系统中常用的原子操作加锁、开锁、中断现场保护和恢复等，原子操作在执行过程中不允许进行进程切换。

3. 进程调度实现

出现进程调度后，主要完成的任务是进程切换。

（1）保存当前运行进程的现场信息。当运行进程因某种原因（如时间片到或等待 I/O）需要放弃 CPU 时，进程调度程序将运行进程的 CPU 现场信息保存到内存该进程 PCB 中的 CPU 状态保护区。

（2）选择即将运行的进程。进程调度程序根据某种调度算法从进程就绪队列中挑选一个进程，把它的状态由就绪状态改为运行状态，并准备将 CPU 分配给它。

（3）为新选中的进程恢复现场。将选中进程在内存 PCB 保存的 CPU 现场信息送入 CPU 的各寄存器，然后将 CPU 的使用权交给选中的进程，使它从上次中断运行的断点处恢复正常运行。

例 2.1 在单 CPU 系统中，进程的三种基本状态变迁如图 2-16 所示。是否会发生以下的状态变迁？（1）2→1；（2）3→2；（3）4→1；（4）3→1。

【解答】 （1）正在运行的进程因时间片到由运行状态变为就绪状态（即变迁 2），必然会引起一个就绪进程被调度执行，即产生变迁 1。

（2）正在运行的进程因等待某事件发生（如 I/O 请求），由运行状态变为阻塞状态（即变迁 3），必然会引起一个就绪进程被调度执行（即变迁 1），但绝不会出现该运行进程同时又由运行状态变为就绪状态（即变迁 2）的情况，即只能产生一个状态变化。因此 3→2 不可能发生。

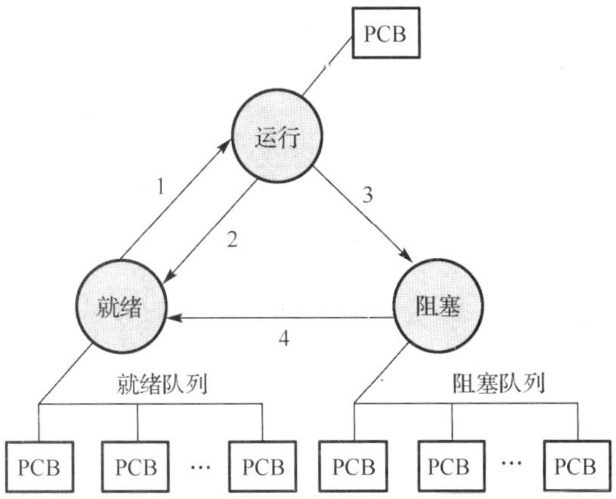

图 2-16 带有 PCB 组织示意的进程基本状态变迁

（3）在抢占式调度方式下，若有一进程由阻塞状态变为就绪状态（即变迁 4）且该进程的优先级最高，这时就会引起该进程再由就绪状态变为运行状态（变迁 1）而投入运行。

（4）正在运行的进程因资源请求未得到满足（发生等待事件），由运行状态变为阻塞状态（即变迁 3），则必然会引起一个就绪进程被调度执行，即由就绪状态变为运行状态（变迁 1）。

2.5 单处理器调度算法

对操作系统而言，进程或作业调度的实质是进行资源分配，而这主要涉及 CPU 的分配与调度。CPU 的调度算法就是根据系统的资源分配策略设计出来的一种资源分配算法，在 CPU 的调度中，究竟采用何种调度策略以及使用何种调度算法，取决于操作系统的类型和设计目标。

在批处理系统中，系统的主要设计目标是增加系统的吞吐量及提高资源的利用率，因此 CPU 的调度可以使用先来先服务调度算法；分时系统的设计目标重点考虑响应时间和使用计算机的公平性，CPU 的调度通常采用基于时间片的轮转调度算法；在实时系统中，要保证系统对随机发生的外部事件能够及时做出响应，则 CPU 的调度通常采用高优先级的抢占式调度算法。在此，我们重点介绍单 CPU 的调度算法。

2.5.1 调度原则

1. 面向系统的准则

从系统角度看，调度算法的选择需要满足操作系统设计目标的要求，主要有以下 4 方面准则。

（1）吞吐量。系统单位时间内完成工作的一种度量称为吞吐量。系统吞吐量不仅与作业的平均长度有关，还与系统采用的调度算法有关。一个好的调度算法应尽可能使单位时间内系统完成的作业数达到最多。

（2）CPU 利用率。某段时间内 CPU 处于忙状态时间的百分比。不同的时间段，CPU

的利用率有所不同。CPU 利用率是影响系统性能的一个重要指标，主要应用于低级调度，但对单用户系统或实时系统来说，该准则就显得不那么重要。CPU 利用率的计算公式为

$$\text{CPU利用率} = \frac{\text{CPU有效工作时间}}{\text{CPU总的运行时间}}$$

$$\text{CPU 总运行时间} = \text{CPU 有效工作时间} + \text{CPU 空闲等待时间}$$

（3）系统资源平衡利用。在一些大、中型系统中，调度策略不仅要保证系统能够获得较高的 CPU 利用率，还要尽可能使系统中的其他资源都处于忙碌状态，如内存、外存和 I/O 设备等。

（4）公平性。在没有用户和系统提出特殊要求时，系统中的各个调度对象都应被平等对待。

2. 面向用户的准则

衡量作业调度的一个标准是作业平均周转时间。作业的平均周转时间越短，则系统的效率越高、吞吐能力越强。批处理系统的调度性能除用作业周转时间衡量外，还用作业带权周转时间衡量。为满足用户要求，调度算法应遵循以下 4 方面准则（下面出现的公式同样适用于进程）。

（1）周转时间。一个作业的周转时间是指该作业由提交到完成所花费的时间，即作业 i 周转时间为

$$T_i = \text{作业 } i \text{ 完成时间} - \text{作业 } i \text{ 提交时间}$$

也可表示为

$$T_i = \text{作业 } i \text{ 运行时间} + \text{作业 } i \text{ 等待时间}$$

而作业带权周转时间则为作业周转时间与作业运行时间的比值，即作业 i 带权周转时间为

$$W_i = \frac{\text{作业 } i \text{ 周转时间 } T_i}{\text{作业 } i \text{ 运行时间}} = 1 + \frac{\text{作业 } i \text{ 等待时间}}{\text{作业 } i \text{ 运行时间}}$$

N 个作业的平均周转时间是 N 个作业周转时间的平均值 T，即作业的平均周转时间为

$$T = \frac{1}{N}\sum_{i=1}^{N} \text{作业 } i \text{ 周转时间 } T_i$$

N 个作业的平均带权周转时间是 N 个作业带权周转时间的平均值 W，即作业的平均带权周转时间为

$$W = \frac{1}{N}\sum_{i=1}^{N} \text{作业 } i \text{ 带权周转时间 } W_i$$

（2）响应时间。指从用户通过键盘提交一个请求开始，直到系统首次产生响应为止的时间间隔。响应时间是分时系统选择调度算法的重要准则之一，分时系统通常较少考虑周转时间。

（3）截止时间。截止时间是实时系统选择调度算法的重要准则，它可以是某实时任务（作业或进程）必须开始的最迟时间，也可以是某实时任务必须完成的最迟时间。在实时

要求较高的系统中，调度算法的选择必须满足截止时间的要求。

（4）优先权准则。通过给不同的任务设定不同的优先级，并根据优先级的高低进行调度，以便让某些紧急的任务能够得到及时处理，这就是优先权准则。在某些特殊要求的系统中（如实时系统），往往还需要选择抢占式调度方式，才能保证紧急任务得到及时处理。优先权准则可以应用于批处理系统、分时系统和实时系统。

2.5.2 常用调度算法

1. 先来先服务调度算法（FCFS）

先来先服务（First Come First Service）算法是一种最简单的调度算法，可以应用于高级调度（作业调度）也可以应用于低级调度（进程调度）。高级调度时，FCFS 调度算法按照作业进入后备作业队列的先后顺序选择作业进入内存，即先进入后备作业队列的作业被优先选择进入内存，然后为选中的作业创建进程并分配该作业所需资源。低级调度时，FCFS 调度算法每次从内存的进程/线程就绪队列中选择一个最先进入的进程/线程，然后由进程/线程调度程序将 CPU 分配给它并使其运行。

FCFS 调度算法是一种非抢占式调度算法，当某进程/线程占用了 CPU 后就一直运行，直到该进程/线程运行结束才放弃 CPU，或在运行中因发生某等待事件被阻塞而放弃 CPU。

FCFS 调度算法实现简单，在等待时间上保证了一定的公平性，但也存在明显的缺陷，即没有考虑作业的类型或进程/线程执行时间的长短，使得短作业或 I/O 进程/线程等待时间过长。也就是说，FCFS 更适合于处理多个 CPU 繁忙型（计算型）的作业或进程/线程，表 2.1 以进程为例，列出了进程 P1、P2、P3 和 P4 到达系统的时间、运行的时间和开始执行的时间，并给出了采用 FCFS 调度算法获得的各进程完成时间、等待时间、周转时间和带权周转时间。

表 2.1　FCFS 调度算法下的进程运行情况表

进程	到达时间	运行时间	开始时间	完成时间	等待时间	周转时间	带权周转时间
P1	0	1	0	1	0	1	1
P2	1	100	1	101	0	100	1
P3	2	1	101	102	99	100	100
P4	3	100	102	202	99	199	1.99
平均周转时间				$T = (1+100+100+199)/4 = 100$			
平均带权周转时间				$W = (1+1+100+1.99)/4 = 26$			

从表 2.1 可以看出，FCFS 调度算法有利于计算型进程，而不利于占用 CPU 时间较短的 I/O 型进程。在单 CPU 系统中，当一个计算型进程正在占用 CPU 运行时，所有的 I/O 型进程都必须等待（因此无法启动 I/O 设备工作，即 I/O 设备得不到充分利用）。计算型进程释放 CPU 时，这些就绪的 I/O 型进程各自占用 CPU 短暂地运行后（仅完成启动 I/O 设备的工作）就可能阻塞（等待 I/O 操作的完成），因此插入到相应的 I/O 阻塞队列中等待。如果这时计算进程也阻塞了（假定系统中只有一个计算进程），就会在系统中出现没有等待执行的就绪进程而使 CPU 空闲，从而造成 CPU 得不到充分利用的极端情况出现。在使用 FCFS 调度算法的系统中，作业的平均周转时间与进程提交给系统的顺序有关。在表 2.1

中，如果 P3 在 P2 之前提交，即 P3 的到达时间为 1 而 P2 的到达时间为 2，其他条件保持不变，则平均周转时间就降低到 75.25。因此优先提交短进程的 FCFS 调度算法能够获得更好的平均周转时间。

FCFS 调度方法现在已很少作为主要的调度算法单独使用，尤其是在分时系统和实时系统中，通常是与其他调度算法结合使用。如在优先级调度策略中，对优先级相同的进程则按 FCFS 调度方法进行调度。

2. 短作业/短进程优先调度算法（SJF/SPF）

到银行办理储蓄业务的人都知道，如果排队人群中有一个需要办理很多业务的人排在前面，那么排在他后面的人都要等待很长时间，如果让这个人排在后面，则在他之前的人不受影响。所以应尽可能让业务量少的人先办理业务，而业务量多的人暂时让一让，这样平均效率要高得多（等待时间少得多）。这就是短作业/短进程优先（Short Job First/Short Process First）的调度思想。

短作业优先（SJF）调度算法每次从后备作业队列中，选择估计运行时间最短的作业进入内存，并创建相应的进程。SJF 调度算法也可以应用于低级调度，将 SJF 应用于进程调度时，则称为短进程优先调度（SPF）。短进程优先调度算法每次从进程就绪队列中选择估计运行时间最短的进程，由进程调度程序将 CPU 分配给它使其投入运行。当两个或两个以上作业/进程具有相同的估计运行时间时，SJF/SPF 调度算法则按照 FCFS 算法进行调度。

SJF/SPF 调度算法是一种非抢占式调度算法，某作业的进程一旦获得了 CPU，就一直运行到进程完成或因某事件阻塞而放弃 CPU。所以 SJF/SPF 调度算法不适合分时系统或实时系统。

与 FCFS 调度算法相比，SJF/SPF 调度算法更加偏向短作业/短进程，使得系统在单位时间内完成的作业/进程数增加，能够获得更好的平均周转时间和平均带权周转时间。表 2.2 比较了 FCFS 与 SPF 调度算法的平均周转时间与平均带权周转时间。

表 2.2 FCFS 与 SPF 调度算法的平均周转时间与平均带权周转时间对比

进程执行情况 / 调度算法	进程	P1	P2	P3	P4
	到达时间	0	1	2	3
	运行时间	4	3	5	2
FCFS	开始时间	0	4	7	12
	完成时间	4	7	12	14
	等待时间	0	3	5	9
	周转时间	4	6	10	11
	带权周转时间	1	2	2	5.5
	平均周转时间	T= (4+6+10+11)/4 = 7.75			
	平均带权周转时间	W = (1+2+2+5.5)/4 = 2.625			
SPF	开始时间	0	6	9	4
	完成时间	4	9	14	6
	等待时间	0	5	7	1
	周转时间	4	8	12	3
	带权周转时间	1	2.67	2.4	1.5
	平均周转时间	T=(4+8+12+3)/4=6.75			
	平均带权周转时间	W= (1+2.67+2.4+1.5)/4=1.89			

短作业/短进程优先调度算法没有考虑长作业或运行时间较长的进程。当后备作业队列或进程就绪队列中总有短作业或短进程进入时，长作业或长进程就会因长期得不到调度而出现饥饿现象（见 3.1.2 节）。这就像前述银行储蓄中，业务量大的人始终让业务量少的人先办理业务，而业务量少的人却源源不断地来，这样到银行下班时业务量大的人也未能办理业务。

短作业/短进程优先调度方法能有效地降低作业/进程的平均等待时间，提高系统的吞吐量，但缺点是用户提供的估计运行时间不一定准确，此外长作业/长进程有可能长时间等待而得不到运行。

3. 时间片轮转调度算法（RR）

时间片轮转（Round Robin）调度算法主要用于低级调度。在采用时间片轮转调度算法的系统中，进程/线程就绪队列总是按进程/线程到达系统时间的先后次序进行排队，进程/线程调度程序按先来先服务的原则，选择就绪队列中的第一个进程/线程，将 CPU 分配给它执行。进程/线程每次使用 CPU 的时间只能是一个时间片，当运行进程/线程用完规定的时间片时必须放弃 CPU 的使用权。这时，进程/线程调度程序又将 CPU 分配给当前就绪队列的第一个进程/线程，而放弃 CPU 的进程/线程，则回到就绪队列的队尾，等待下次轮转到自己时再投入运行。所以只要是处于就绪队列中的进程/线程，按时间片轮转法调度将迟早会获得 CPU 而得到运行，并不会发生无限期等待的情况。

如果某个正在运行的进程/线程其时间片尚未用完，但却因发生某事件（如 I/O 请求）而被阻塞，这时就不能把该进程/线程返回到就绪队列的队尾，而是将其插入到相应的阻塞队列中。只有阻塞它的等待事件已经结束（完成），才能重新返回到就绪队列的队尾，等待再次被调度执行。

时间片轮转调度算法的核心是时间片。如果时间片很长，则可能大多数进程/线程都能在一个时间片内完成，这时时间片轮转调度算法实际上已退化为 FCFS 调度算法；如果时间片很短，则 CPU 真正用于运行用户进程/线程的时间就很少，这样会导致进程/线程频繁切换，从而使大量的 CPU 时间消耗到系统处理时钟中断，以及运行进程/线程调度程序上。一个理想的时间片长短通常设计成略长于一次典型交互所需要的时间，即能够使运行进程/线程产生一个输入/输出请求。为了考虑不同类型作业的需求，还可以采用可变的时间片长短。

时间片轮转调度方式实际上是一种基于时钟的抢占式调度算法。在使用该调度算法的系统中，系统周期性地产生时钟中断。当时钟中断发生时，运行进程/线程使用的 CPU 被剥夺，该进程/线程重新回到就绪队列的队尾。

4. 高响应比优先调度算法（HRRF）

高响应比优先（Highest Response Ratio First）调度算法实际上是一种基于动态优先数的非抢占式调度算法，可以应用于作业调度，也可以应用于进程/线程调度。按照高响应比优先调度算法，每个作业或进程/线程都拥有一个动态优先数，该优先数不仅是作业或进程/线程运行时间（估计值）的函数，还是其等待时间的函数。高响应比优先调度算法中的优先数通常也称为响应比 R_p，其定义为

$$R_p = \frac{响应时间}{运行时间} = \frac{运行时间+等待时间}{运行时间} = 1 + \frac{等待时间}{运行时间}$$

高响应比优先调度算法在每次调度作业/进程运行时，都要计算后备作业队列中每个作业的响应比，或者计算进程就绪队列中每个进程的响应比，然后选择最高响应比的作业/进程投入运行。当然，初始时短作业/短进程的响应比一定比长作业/长进程的响应比高，但随着等待时间的增加，长作业/长进程的响应比会随之提高，只要等待一定时间，长作业/长进程就会因成为响应比最高者而获得运行。

高响应比优先调度算法既照顾了短作业/短进程，又不使长作业/长进程等待时间过长，是先来先服务调度算法和短作业/短进程优先调度算法的一种很好的折中调度方案。但缺点是需要估计每个作业或进程/线程的运行时间，而且每次调度时都要计算后备作业队列中所有作业或进程就绪队列中所有进程的响应比，这需要耗费不少的 CPU 时间。表 2.3 给出了四个进程 P1、P2、P3 和 P4 在高响应比优先调度下的周转时间、带权周转时间和平均周转时间。从平均周转时间来看，短作业/短进程优先最短，高响应比优先次之，而先来先服务最长。

表 2.3 采用高响应比优先（HRRF）调度的进程执行示例

进程		P1	P2	P3	P4
到达时间		0	2	3	4
运行时间		3	6	4	2
响应比 R_p	第一次计算	1	-	-	-
	第二次计算	-	1.17	1	-
	第三次计算	-	-	2.5	3.5
开始时间		0	3	11	9
完成时间		3	9	15	11
等待时间		0	1	8	5
周转时间		3	7	12	7
带权周转时间		1	1.17	3	3.5
平均周转时间		$T = (3+7+12+7)/4=7.25$			
平均带权周转时间		$W = (1+1.17+3+3.5)/4=2.17$			

5. 优先级调度算法

优先级调度算法既可用于高级调度，也可用于低级调度，还可用于实时系统。若调度的对象为作业，优先级调度算法每次从后备作业队列中选择优先级最高的作业调入内存，为其分配相应的资源并创建进程放入到进程就绪队列。若调度的对象为进程，则优先级调度算法每次从进程就绪队列中选择优先级最高的进程，为其分配 CPU 而投入运行。如果有多个优先级最高的作业/进程，则可结合先来先服务或短作业/短进程优先调度策略。

（1）静态优先级

作业/进程在进入系统或创建时被赋予一个优先级，该优先级一旦确定则在其整个生命期内不再改变。对于作业，其优先级可依据费用来确定；对于进程，其优先级主要依据进程的类型（系统进程还是用户进程）、进程的资源需求（资源需求少的进程优先级高）、时间需求（短进程优先）和用户要求来确定。

静态优先级的优点是比较简单，系统开销小；缺点是不够公平也不太灵活，有可能出现低优先级的作业/进程长时间得不到调度的情况。

（2）动态优先级

动态优先级在调度对象（作业/进程）刚进入系统时，也需要依据某种原则为其赋予一个优先级。但随着时间的推进，不同调度对象的优先级在不断地进行动态调整。如当进程获得某种资源时，其优先级被动态提高使其能更快地获得 CPU 投入运行，以避免资源浪费。又如当进程处于就绪状态时，其优先级随着等待 CPU 的时间增长而提高，而占有 CPU 的进程其优先级则随着使用 CPU 时间的增长而降低，这样来保证系统的公平性。

动态优先级的优点是公平性好、灵活、资源利用率高，既可以防止有些调度对象长期得不到调度，又可以防止有些调度对象长期占用 CPU。

在采用优先级法的低级调度中，又分为抢占式和非抢占式两种调度方式。

（1）抢占式优先级调度。这种方式下具有最高优先级的就绪进程/线程首先得到 CPU 运行，并在运行过程中允许被具有更高优先级的就绪进程/线程抢占 CPU。抢占式优先级调度算法能更好地满足紧迫性任务的要求，通常应用于要求比较严格的实时系统中，但会增加系统中进程/线程切换的开销。

（2）非抢占式优先级调度。某个就绪进程/线程一旦获得 CPU 就会一直运行下去，直到该进程/线程完成或因某等待事件发生而阻塞，才放弃 CPU 的使用权。非抢占式优先级调度算法通常用于批处理系统中。

6. 多级反馈队列调度算法（MLFQ）

前面介绍的各种低级调度算法或多或少都存在一定的局限性。先来先服务调度算法倾向于长进程，因此会使得短进程的等待时间过长；短进程优先调度算法和高响应比优先调度算法，要事先估计各进程大致的运行时间，否则将无法完成调度。多级反馈队列（Multi-Level Feedback Queue）调度算法考虑了这些因素，并对时间片轮转调度算法和优先级调度算法进行了综合和改进，形成了这种基于时间片抢占式动态优先级调度算法。

多级反馈队列调度算法为就绪状态的进程设置多个队列，第 1 级队列的优先级最高但时间片最少，以下各级队列的优先级逐次降低但时间片却逐次增加，通常向下一级其时间片增加一倍。各级队列均按先来先服务（FCFS）原则排序。多级反馈队列调度示意如图 2-17 所示（图 2-17 省略了进程运行中发生等待事件的情况）。

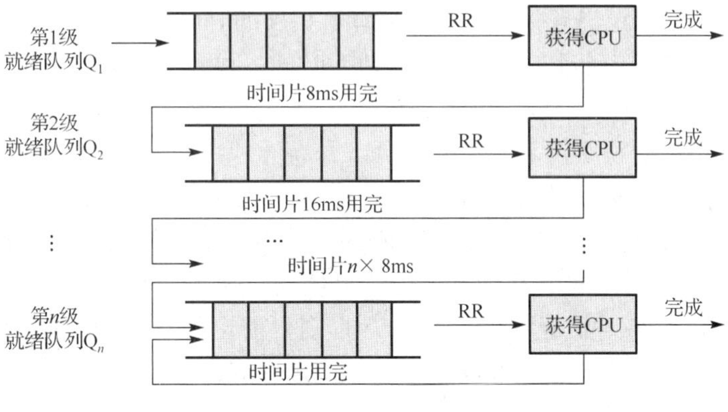

图 2-17　多级反馈队列调度示意

多级反馈队列的调度方法如下。

（1）设置多个进程就绪队列，每个进程就绪队列对应一个优先级，且按队列逐级降低，就绪队列 Q_1 的优先级最高。每个队列执行的时间片长度也不同，原则是优先级越低则时间片越长。

（2）新进程（就绪状态）进入内存后，先放入进程就绪队列 Q_1 的队尾。运行按时间片轮转法（RR）调度，若按队列 Q_1 设置的时间片未能运行完，则下放到进程就绪队列 Q_2 的队尾，队列 Q_2 同样按时间片轮转法调度。如此下去，最终可降至 Q_n 队列，Q_n 队列可按时间片轮转算法或先来先服务算法进行调度，直到完成。

（3）仅当前面较高优先级的队列均为空时，才能调度后面较低优先级队列中的进程运行。如果进程运行中有新进程进入更高优先级的队列，则新进程将抢占 CPU，被抢占 CPU 的进程则回到原队列的队尾。

多级反馈队列调度算法的主要优点是：① 短进程能够得到优先处理，因为短进程通常在优先级较高的几个队列中即被执行完毕；② 系统开销不大，因为运行时间长的进程主要将在优先级较低的队列中运行，由于这些队列的时间片较长，因此引起进程的切换就相对较少，也即开销较小；③ 对分时系统来说，用户提交的大多是 I/O 型进程/线程，而多级反馈队列第一级队列的时间片设计应为略长于大多数 I/O 进程/线程产生一个 I/O 请求所需的时间，即交互型请求通常能够在第一个进程就绪队列中完成。所以多级反馈队列算法适用于同时支持分时、实时和批处理的通用操作系统。

多级反馈队列调度算法的主要缺点是：如果优先级较高的队列一直不为空，则优先级较低队列中的进程可能长时间得不到运行，即会导致饥饿（见 3.1.2 节）的发生。

2.5.3 实时调度

实时调度是为了完成实时处理任务而分配 CPU 的调度方法，它的基本要求是保证计算机在规定的时间内对外部事件的请求做出响应。使用实时调度的实时操作系统具有及时响应、高可靠性、专用性、少人工干预等特征，被广泛应用于工业控制、信息通信、网络传输、媒体处理等领域。在实时系统中，存在一个或多个实时任务，它们反映或控制某个或某些外部事件，带有某种程度的时间紧迫性。

实时调度与非实时调度的区别表现在以下 4 个方面。

（1）实时调度所调度的任务有完成时限，而非实时调度则没有。所以实时调度算法的正确与否不仅与算法的逻辑有关，也与调度算法调度的时限有关。

（2）实时调度要求有较快的进程/线程切换时间，而非实时调度的进程/线程切换时间较长。

（3）非实时调度强调资源利用率（批处理系统）或用户共享 CPU（分时系统），实时调度则主要强调在规定的时限范围内完成对相应对象的控制。

（4）实时调度为抢占式调度，而非实时调度除分时系统外则很少采用抢占式调度。

根据对截止时间的要求，实时任务分为硬实时任务和软实时任务两种。对硬实时任务，系统必须满足任务对截止时间的要求，否则可能出现难以预料的后果。对软实时任务，也有一个截止时间，要求任务也能够在截止期限到来之前得到处理，但偶尔违反截止期限并不会带来致命的错误。

根据实时任务是否具有周期性，还可以将实时任务分为周期性实时任务和非周期性实时任务。周期性实时任务以固定的时间间隔出现；非周期性实时任务的出现时间则无明显周期性，但必须遵守一个开始截止时间或完成截止时间。

要进行实时调度，系统需要向调度程序提供有关实时任务的信息，如就绪时间、开始截止时间或完成截止时间、任务处理时间、资源要求和任务优先权等。

并不是所有系统都可以进行实时调度。一个系统中往往有多个实时任务，若 CPU 的处理能力不强，则可能因 CPU 忙不过来使某些实时任务不能得到及时处理，从而导致发生难以预料的后果。在单 CPU 情况下，若系统有 m 个周期性的硬实时任务，它们的处理时间和周期分别为 C_i 和 T_i（$i = 1, 2, 3, \cdots, m$），则只有满足以下条件实时系统才是可调度的。

$$\sum_{i=1}^{m}\frac{C_i}{T_i}\leqslant 1$$

满足该条件则意味着系统能够及时处理实时任务，不满足该条件则可能会出现 CPU 忙不过来的情况。

按照实时任务性质的不同，可以将实时调度算法分为硬实时调度算法和软实时调度算法。

按照调度方式的不同，可以将实时调度算法分为抢占式实时调度算法和不可抢占式实时调度算法。不可抢占式实时调度算法比较简单，容易实现，常用在一些要求不严格的实时系统中。抢占式实时调度算法具有良好的时间响应性能，调度延迟可以降到毫秒级以下，常用在要求严格的实时系统中。

根据调度的时间可以将实时调度算法分为静态调度算法和动态调度算法。静态调度通常是在系统配置过程中就决定了所有任务的执行时间，而动态调度则在系统运行过程中根据实际情况灵活决定任务的执行时间。静态调度无论是单 CPU 调度还是分布式调度，一般以比率单调（RMS）调度算法为基础，而动态调度则以最早截止时间优先（EDF）调度算法和最短空闲时间优先（LSF）调度算法为基础。

（1）比率单调（Rate Monotonic Scheduling）调度算法。该算法的任务优先级是按照任务周期来确定的。那些执行周期短的任务具有较高的优先级，而执行周期长的任务其优先级较低。调度程序总是将 CPU 分配给当前优先级最高的进程/线程，且进程/线程执行过程中，允许更高优先级的新进程/线程抢占当前运行进程/线程所使用的 CPU。

比率单调调度算法实现简单、系统开销小、灵活性较好，是实时调度的基础性算法，缺点是 CPU 的利用率低。

（2）最早截止时间优先（Earliest Deadline First）调度算法。该算法也称截止时间驱动调度算法，是一种动态调度算法。它根据任务的截止时间来动态确定任务的优先级，截止时间越短则优先级越高，这种调度算法更多用于抢占式调度。调度使用的进程就绪队列可以按照任务截止时间的早晚进行排队，具有最早截止时间的进程排在最前面并最先获得 CPU 执行。每当有新进程到达时，系统就检查新进程的截止时间是否比当前运行进程的截止时间更早（即任务更紧迫），以决定是否剥夺（抢占）当前运行进程的 CPU 及其他资源。

（3）最短空闲时间优先（Least Slack First）调度算法。该算法也称为最小松弛度（Least Laxity）优先调度算法，它也是一种动态调度算法。最短空闲时间优先指在进行调度时，任务的优先级根据任务的空闲时间动态确定，任务的空闲时间越短则任务的优先级越高。

任务空闲时间 = 任务截止时间 – 任务剩余时间 – 当前时间

最短空闲时间优先调度算法主要用于抢占式调度。调度使用的进程就绪队列可以按照任务空闲时间的长短进行排队，具有最短空闲时间的进程排在最前面，并最先获得 CPU 执行。每当有新进程到达时，系统就检查新进程的空闲时间是否比当前运行进程的剩余时间更短（更加紧迫），以决定是否剥夺（抢占）当前运行进程的 CPU 及其他资源。

最短空闲时间优先调度算法在每个调度时刻都要计算任务的空闲时间，并根据计算的结果改变任务的优先级，因此系统开销较大，实现起来也相对麻烦。

2.6 线程

进程就如同我们在一台旧电视上看节目，如果两个频道正在直播不同的精彩节目，我们只能在这两个频道之间来回切换选择观看的内容（这种切换相当于进程的切换）。这就是进程的缺点，它在一个时段内只能做一件事情，如果想同时做两件或多件事情，进程就不够用了。

此外，如果进程在执行过程中因等待输入数据而阻塞，且这时进程还有一些不依赖于输入数据的其他工作可做，但由于进程的阻塞而无法进行。

线程（Thread）就是为了解决进程上述两个缺陷而提出来的。如新电视可以将两个频道或多个频道电视节目同时显示在一个屏幕上，这就是线程的方式。又如，当我们使用文字处理软件如 Microsoft Word 时，实际上是打开了多线程，这些线程一个负责显示，一个接收输入，一个定时进行存盘。这些线程一起运转，使我们感觉到输入和显示同时发生，而不是键入一些字符，等待一会儿才显示到屏幕上，在我们不经意间，文字处理软件还能自动存盘（此时可能会感到计算机接收输入的速度变慢）。

2.6.1 线程的引入

在操作系统中引入进程后，使原来不能并发执行的程序转变成能够并发执行的进程，从而改善了资源的利用率和系统吞吐量。此时，进程在系统中承担了两个角色，它既是拥有资源的基本单位，又是独立调度、独立运行的基本单位。然而，正是由于进程同时扮演了两个角色，使得进程并发执行要付出很大的时空开销，导致它不可能具有很高的并发执行程度。这是因为，要使进程能够并发执行，操作系统必须进行以下一系列的操作。

（1）创建进程。要使程序能够并发执行，首先要为它创建进程，而系统在创建进程过程中，需要为该进程分配它所需要的除 CPU 之外的所有资源，如分配内存空间、分配 I/O 设备、建立相应的进程控制块 PCB。

（2）进程切换。进程并发执行过程中，随时有可能进行进程切换。而在进程切换时要保存被中断运行的进程其 CPU 现场信息，并为新选中的进程设置其运行的 CPU 环境（恢复其 CPU 现场信息），整个过程要花费较多的 CPU 时间。

（3）撤销进程。进程运行结束后需要撤销进程，而在撤销进程过程中必须先对该进程所占用的资源进行回收，然后撤销其进程控制块 PCB。

上述操作要占用不少 CPU 时间，对资源的占用也要付出相应的代价。换句话说，进程作为资源的拥有者在创建、切换及撤销过程中，都要耗费系统很大的时空开销。因此系统中并发执行的进程在数量上不宜过多，进程切换的频率也不宜过高。也就是说，进程的并发执行程度不能太高。

为了使多个进程（程序）能够更好地并发执行同时又尽量减少系统的开销，一个很自然的想法是将进程所承担的两个角色由操作系统分开，承担资源分配的实体不再作为独立运行的实体，而作为调度、分派基本单位的运行实体也不再是拥有资源的实体。这样做的好处是运行实体可以“轻装上阵”，而承担资源分配的实体也不会频繁切换。正是在这种想法的指导下，导致了线程的出现。

另一方面，多 CPU 计算机系统的出现为提高计算机的运行速度和吞吐量提供了良好的硬件条件，但要使各个 CPU 协调运行并充分发挥它们的并行处理能力，还必须配置良好的多 CPU 操作系统。由前面介绍可知，进程在创建、切换、撤销过程中开销太大，另外，在没有线程的情况下，增加一个 CPU 并不能提高一个进程的执行速度，但如果分解为多个线程，则可以让不同的线程同时运行在不同的 CPU 上，从而提高进程的执行速度。因此，在多 CPU 系统中进程已不再适合作为独立运行的实体，而以线程作为独立运行单位，则可充分发挥多个 CPU 的并行处理能力。

2.6.2　线程的概念

线程可以简单地理解为 CPU 调度和执行的最小单元。线程的定义有以下 4 种不同的提法。

（1）进程内的一个执行单元。

（2）进程内的一个可独立调度的实体。

（3）线程是进程中一个相对独立的控制流序列。

（4）线程是执行的上下文。

在引入线程的操作系统中，进程是资源分配的实体，而线程是进程中能够并发执行的实体，是能够被系统独立调度和分派的基本单位。线程除具有为保证其运行而必不可少的资源外，基本不拥有系统资源。一个进程可以包含若干个线程，同属于一个进程的所有线程共享该进程的全部资源。线程具有以下 4 个属性。

（1）线程属于轻型实体，基本不拥有系统资源，只拥有为保证其运行而必不可少的资源。如仅有一个线程控制块（TCB）、程序计数器（PC）、一组寄存器及堆栈等。

（2）线程是独立调度和分派的基本单位，也是能够独立运行的基本单位。

（3）同一个进程中的所有线程共享该进程所拥有的全部资源。如同一个进程的所有线程使用相同的地址空间（即进程的地址空间），可以访问该进程的所有文件、定时器和信号量等。

（4）线程并发执行程度高，不但同一个进程内部的多个线程可以并发执行，而且属于不同进程的多个线程也可以并发执行。

与进程类似，线程也有生命周期，也存在执行、就绪和阻塞这三种基本状态，这是因为线程完全继承了进程的运行属性，因此线程的三种状态含义与转换关系也与进程相同。

由于线程不是资源的拥有单位，因此挂起状态对单个线程没有意义。如果某个进程因挂起被换出内存，则它的所有线程由于共享地址的原因也必须全部对换出去。由此可见，挂起状态是进程级状态而不是线程级状态。与此类似的是，进程终止将导致该进程中所有线程的终止。

多线程操作系统中，在创建新进程的同时也为该进程创建了一个线程，且被称为初始化线程。初始化线程可以根据需要调用线程创建函数或者使用系统调用来创建新的线程。线程执行过程中若发生某种等待事件，则会将自己阻塞起来；若等待事件已完成，则相关线程会唤醒因等待该事件而阻塞的线程。在线程生命期结束时需要终止线程，有两种终止方式：一种是线程完成了自己的工作后正常终止；另一种是线程在执行过程中出现了某种错误或由于某种原因被其他线程强行终止。也有一些系统线程，一旦被建立起来就一直运行下去而不再被终止，这类线程一般用于在后台为其他线程提供服务。

在大多数操作系统中，线程被终止后并不立即释放它所占用的系统资源，只有进程中的其他线程执行了“分离函数”后，被终止的线程才与资源分离。只要线程尚未释放资源则仍然可以被其他线程调用，从而使被终止的线程恢复运行。

因此，在操作系统中引入线程后，进程已不再是一个执行实体而只是资源分配的实体。这时，进程扮演的角色是为它包含的多个线程提供资源。如提供用户地址空间、线程间的互斥与同步机制（见第 3 章）、已打开的文件、已申请到的 I/O 设备、地址映射表等。一个进程可以包含若干个线程且至少包含一个线程，而一个线程只能属于一个特定的进程。

在多线程操作系统中，为了使并发的多个线程能够有条不紊地运行，操作系统必须提供用于实现线程间互斥与同步的机制。一般多线程操作系统提供的同步机制有以下 4 种：互斥锁、读写锁、条件变量和计数信号量等。

（1）互斥锁仅允许每次使用一个线程来执行特定的代码或者访问特定的数据（类似于 3.2.1 节的测试与设置指令 TS）。

（2）读写锁允许对受保护的共享资源进行并发读取和独占写入。若要修改资源，线程必须首先获取互斥的写锁，只有释放了所有的读锁之后，才允许使用互斥的写锁（类似于 3.4.3 节的读者-写者问题）。

（3）条件变量会一直阻塞线程，直到特定的条件为真（类似于进程互斥与同步的管程机制，见 3.6 节）。

（4）计数信号量通常用来协调对资源的访问，达到指定的计数时信号将阻塞；使用计数可以限制访问某个信号的线程数量（类似于进程互斥与同步的信号量机制，见 3.3 节）。

2.6.3　线程与传统进程的比较

线程具有许多传统进程所拥有的特性，因此有人将它称为轻量级进程，而将传统进程称为重量级进程。线程与传统进程相比则有不少相似之处。

（1）二者都有标识符（ID）、一组寄存器、状态、优先级及所要遵循的调度策略。

（2）进程有一个进程控制块（PCB），线程也有一个线程控制块（TCB）。

（3）进程中的线程共享该进程的资源，子进程也共享父进程的资源，线程和子进程的创建者可以对线程和子进程实施某些控制。如创建者可以撤销、挂起、激活被创建者，以及修改被创建者的优先级，线程和子进程可以改变其属性并创建新的线程和子进程。

传统进程不涉及线程概念，它由进程控制块、程序和数据空间、用户栈和核心栈等组成。在具有多线程结构的进程中，尽管进程仍然具有进程控制块和与本进程关联的程序和数据空间，但每个线程有各自独立的线程控制块、用户栈和核心栈以及线程状态信息。具有多线程结构的进程模型和传统进程的模型如图 2-18 所示。

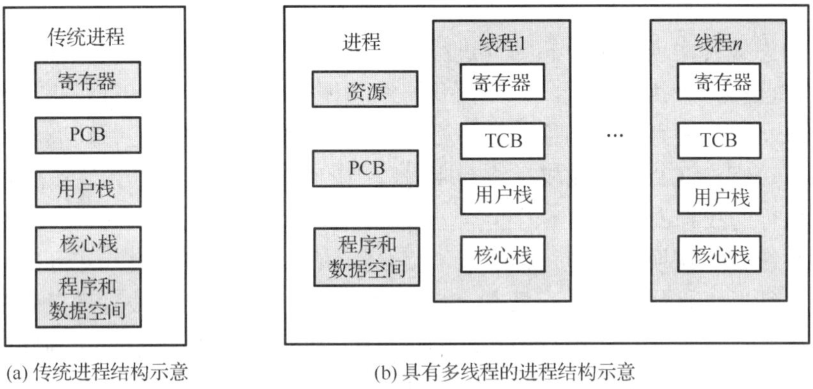

图 2-18　传统进程和具有多线程的进程结构示意

线程与传统进程主要存在以下 5 个差异。

（1）传统进程除是调度和分派的基本单位外，还是资源分配的基本单位。而在引入线程的操作系统中，线程只是调度和分派的基本单位。

（2）在引入线程的系统中，不仅同一个进程中的多个线程可以并发执行，而且属于不同进程中的多个线程也可以并发执行（也称为进程并发执行），线程并发执行的程度高于传统进程并发执行的程度。

（3）创建和撤销一个线程所花费的时空开销远小于创建和撤销一个传统进程所花费的时空开销。尤其是线程间彼此切换所需的时间远少于传统进程间切换所需要的时间。

（4）传统进程是系统资源分配的基本单位，而线程基本不拥有资源，但可以使用它所隶属进程的资源，如程序段、数据段、打开的文件及 I/O 设备等。不同进程的地址空间是相互独立的，而属于同一个进程的所有线程共享同一个地址空间（该进程的地址空间）。

（5）由于不同进程具有各自独立的数据空间，因此要进行数据传递只能通过通信方式进行，这种方式相对费时而且不方便。但在多线程操作系统中，一个进程的数据空间被该进程的所有线程所共享，一个线程的数据可以直接被属于同一个进程的其他线程所使用，因此数据传递既方便又快捷。

2.6.4　线程实现原理

进程在 CPU 上实现并发，而 CPU 由操作系统管理。因此进程的实现只能由操作系统内核来进行。但线程就不同了，因为线程隶属进程，除操作系统可以管理线程外，当然也可以由进程直接管理线程。因此线程存在着内核态与用户态两种实现方法。

（1）内核态线程实现。操作系统要管理线程，就要保存线程的有关资料，即将线程控制块（TCB）放在操作系统内核空间。这样，操作系统内核就同时存在进程控制块（PCB）和线程控制块（TCB）。操作系统依据 PCB 和 TCB 提供的信息对线程进行各种类似于进程的管理。操作系统管理线程最重要的优点是：编程简单，因为线程的复杂性由操作系统承担，用户在编程时无须管理线程的调度，即无须担心线程什么时候执行，什么时候阻塞；另一个优点是：如果一个线程阻塞，操作系统可以从容地调度另一个线程执行，因为在内核态下操作系统能够监控所有的线程。内核态的缺点是效率低，因为每次线程切换都要陷入到内核由操作系统来进行调度，而从用户态陷入到内核态是要花费 CPU 时间的。此外，操作系统需要维护线程表，这又要占用内核稀缺的内存资源。

（2）用户态线程实现。用户态如何进行线程调度呢？就是除正常执行任务的线程外，还需要用户自己写一个执行系统，即专门负责线程调度的线程。当运行进程因发生某个等待事件要阻塞自己并进行进程切换时先暂不切换，而是看该进程中是否还有其他线程可以执行。如果有，则将 CPU 控制权交给受阻进程中的执行系统线程，由它来调度受阻进程中另一个可执行的线程占用 CPU 运行。这种做法称为“第二次机会”，即当运行进程要阻塞时，操作系统并不切换到其他进程运行，而是给该进程第二次机会（实际上可以有多次机会）让其继续运行。如果该进程只有一个线程，或该进程的所有线程都已阻塞，这种情况下才切换到其他进程运行。用户态实现的优点是灵活，因为操作系统无须知道线程的存在，所以在任何操作系统都能应用；其次是线程切换快，因为切换仅在用户态进行而无须陷入到内核态（核心态）。用户态实现也有两个缺点：一个缺点是：需要修改操作系统，使其在进程切换时不立即切换到其他进程，而是调用受阻进程中的执行系统线程，但这个缺点因改动范围较小而并不严重；另一个严重的缺点是：操作系统在用户态下，调用受阻进程中的执行系统线程做法违反了软件应遵循的层次架构原则（上层程序调用下层服务），即这种调用是下层功能调用了上层功能（操作系统在下，执行系统线程在上）。

（3）混合式线程实现。鉴于用户态和内核态的线程实现都存在缺陷，所以现代操作系统将二者结合起来使用，称为混合式线程。用户态的执行系统线程负责进程内部线程在非阻塞时的切换；内核态的操作系统则负责阻塞线程的切换，即同时实现内核态和用户态管理。其中内核态线程较少，而用户态线程较多，每个内核态线程可以服务一个或多个用户态线程。在分配线程时，可将需要执行阻塞操作的线程设为内核态线程，而将不会执行阻塞操作的线程设为用户态线程。这样，就可以兼顾内核态和用户态的优点而避免其缺点。

习　题　2

一、单项选择题

1．以下对进程的描述中，错误的是________。

A．进程是动态的概念　　B．进程执行需要 CPU

C．进程是有生命期的　　D．进程是指令的集合

2．以下关于进程的描述中，正确的是________。

A．进程获得 CPU 运行是通过调度得到的

B．优先级是进程调度的重要依据，一旦确定就不能改变

C．在单 CPU 系统中，任何时刻都有一个进程处于运行状态

D．进程申请 CPU 得不到满足时，其状态变为阻塞

3．进程最基本的特征是________。

A．动态性和并发性　　B．顺序性和可再现性

C．不可再现性　　D．执行过程的封闭性

4．一个进程是________。

A．由 CPU 执行的一个程序　　B．一个独立的程序+数据集

C．PCB 结构、程序和数据的组合　　D．一个独立的程序

5．在单 CPU 系统中实现并发技术后，________。

A．各进程在某一个时刻并发运行，CPU 与 I/O 设备间并行工作

B．各进程在一个时间段内并发运行，CPU 与 I/O 设备间串行工作

C．各进程在一个时间段内并发运行，CPU 与 I/O 设备间并行工作

D．各进程在某一个时刻并行运行，CPU 与 I/O 设备间串行工作

6．在多道程序环境下，操作系统分配资源以________为基本单位。

A．程序　　B．指令　　C．进程　　D．作业

7．当一个进程处于正等着________状态时，称为阻塞状态。

A．输入一批数据　　B．进程调度

C．分给它一个时间片　　D．进入内存

8．以下进程状态转变中，________转变是不可能发生的。

A．运行→就绪　　B．运行→阻塞　　C．阻塞→运行　　D．阻塞→就绪

9．当________时，进程从运行状态转变为就绪状态。

A．进程被调度程序选中　　B．时间片到

C．等待某一事件　　D．等待的事件结束

10．一个进程的某个基本状态可以从其他两种基本状态转变过来，这个基本状态一定是________。

A．运行状态　　B．阻塞状态　　C．就绪状态　　D．完成状态

11．进程状态由就绪态转换为运行态是由________引起的。

A．中断事件　　B．进程状态转换

C．进程调度　　D．为程序创建进程

12．一个进程被唤醒意味着________。

A．该进程一定重新占用 CPU

B．它的优先级变为最大

C．其 PCB 移至进程就绪队列的队首

D．进程变为就绪状态

13．下列选项中，降低进程优先级的合理时机是________。

A．进程的时间片用完　　B．进程刚完成 I/O 而进入进程就绪队列

C．进程长期处于进程就绪队列中　　D．进程从就绪状态转为运行状态

14．进程自身决定________。

A．从运行状态到阻塞状态　　B．从运行状态到就绪状态

C．从就绪状态到运行状态　　D．从阻塞状态到就绪状态

15．以下可能导致一个进程从运行状态变为就绪状态的事件是________。

A．一次 I/O 操作的结束　　　　B．运行进程正在计算

C．运行进程结束　　　　D．出现更高优先级进程进入进程就绪队列

16．一次 I/O 操作的结束有可能导致________。

A．一个进程由阻塞变为就绪　　　　B．几个进程由阻塞变为就绪

C．一个进程由阻塞变为运行　　　　D．几个进程由阻塞变为运行

17．________必会引起进程的切换。

A．一个进程创建后进入进程就绪队列

B．一个进程从运行态变为就绪态

C．一个进程从阻塞态变为就绪态

D．A～C 都不对

18．对进程的管理和控制使用________。

A．指令　　B．原语　　C．信号量　　D．信箱

19．进程调度主要负责________。

A．选一个作业进入内存　　　　B．选一个进程占用 CPU

C．建立一个新进程　　　　D．撤销一个进程

20．进程被创建后即进入进程________排队。

A．就绪队列　　B．阻塞队列　　C．运行队列　　D．A～C 都不对

21．下面叙述中，________不是创建进程所必须的。

A．由进程调度程序为进程分配 CPU

B．建立一个 PCB

C．为进程分配内存

D．将 PCB 链入进程就绪队列

22．以下关于父进程和子进程的叙述中，正确的是________。

A．父进程创建了子进程，因此父进程运行完了子进程才能运行

B．父进程和子进程可以并发执行

C．撤销子进程时应同时撤销父进程

D．撤销父进程时应同时撤销子进程

23．操作系统中的三级调度是指________。

A．CPU 调度、资源调度和网络调度

B．CPU 调度、设备调度和存储器调度

C．作业调度、进程调度和资源调度

D．作业调度、进程调度和中级调度

24．当一进程运行时，系统可基于某种原则强行将其撤下并把 CPU 分配给其他进程。这种调度方式是________。

A．非抢占方式　　　　B．抢占方式

C．中断方式　　　　D．查找方式

25．在单 CPU 的多进程系统中，进程切换时什么时候占用 CPU 以及占用多长时间取决于________。

A．进程相应程序段的长度　　B．进程总共需要运行时间的多少

C．进程自身和进程调度策略　　D．进程完成什么功能

26．作业的周转时间是________。

A．作业等待时间　　B．作业执行时间

C．作业等待时间+作业执行时间　　D．A～C 都不对

27．现有 3 个同时到达的作业 J1、J2 和 J3，它们的执行时间分别为 T_1、T_2 和 T_3，且 $T_1<T_2<T_3$。系统按单道方式运行且采用短作业优先算法，则平均周转时间是________。

A．$T_1+T_2+T_3$　　B．$(T_1+T_2+T_3)/3$

C．$(3T_1+2T_2+T_3)/3$　　D．$(T_1+2T_2+3T_3)/3$

28．一个作业 8:00 到达系统，估计运行时间为 1 小时。若从 10:00 开始执行该作业，其响应比是________。

A．2　　B．1　　C．3　　D．0.5

29．有 3 个作业 J1、J2 和 J3，其运行时间分别是 2、5 和 3 小时，假定它们同时到达并在同一台 CPU 上以单道方式运行，则平均周转时间最小的执行序列是________。

A．J1、J2、J3　　B．J3、J2、J1

C．J2、J1、J3　　D．J1、J3、J2

30．在进程调度算法中，对短进程不利的是________。

A．短进程优先调度算法　　B．先来先服务算法

C．高响应比优先算法　　D．多级反馈队列调度算法

31．对于 CPU 调度中的高响应比优先算法，通常影响响应比的主要因素是________。

A．程序长度　　B．静态优先数　　C．运行时间　　D．等待时间

32．下列选项中，满足短进程优先且不会发生饥饿现象的调度算法是________。

A．先来先服务　　B．响应比高者优先

C．时间片轮转　　D．非抢占式短进程优先

33．为了优先照顾紧急或重要的进程，应采用________调度算法。

A．先来先服务　　B．时间片轮转法

C．优先级　　D．高响应比优先

34．在引入线程的操作系统中，资源分配的基本单位是___①___，CPU 分配的基本单位是___②___。

A．程序　　B．作业　　C．进程　　D．线程

35．下面关于线程的叙述中，正确的是________。

A．线程是比进程更小的能够独立运行的基本单位

B．引入线程可以提高程序并发执行的程度，可以进一步提高系统的效率

C．线程的引入增加了程序执行的时空开销

D．一个进程一定包含多个线程

36．下面关于线程的叙述中，正确的是________。

A．内核态线程的切换都需要内核的支持

B．线程是资源的分配单位而进程是调度和分配的单位

C．不管系统中是否有线程，线程都是拥有资源的独立单位

D．在引入线程的系统中，进程仍然是资源分配和调度分派的基本单位

二、判断题

1. 不同的进程必然对应不同的程序。
2. 并发是并行的不同表述，其原理相同。
3. 程序在运行时需要很多系统资源，如内存、文件、设备等，因此操作系统以程序为单位分配系统资源。
4. 进程在运行中可以自行修改自己的进程控制权。
5. 程序的并发执行是指同一时刻有两个以上的程序，它们的指令在同一 CPU 上执行。
6. 进程控制块（PCB）是用户进程的私有数据结构，每个进程仅有一个 PCB。
7. 当一个进程从阻塞态变为就绪态时，一定有一个进程从就绪态变为运行态。
8. 进程状态的转换是由操作系统完成的，对用户是透明的。
9. 进程从运行态变为阻塞态是由于时间片中断发生。
10. 当条件满足时，进程可以由阻塞态直接转换为运行态。
11. 当条件满足时，进程可以由就绪态转换为阻塞态。
12. 进程可以自身决定从运行态转换为阻塞态。
13. 在抢占式进程调度下，现运行进程的优先级不低于系统中所有进程的优先级。
14. 优先级是进程调度的重要依据，一旦确定就不能改变。
15. 先来先服务调度算法对短进程有利。
16. 在任何情况下采用短作业优先调度算法都能够使作业的平均周转时间最小。
17. 时间片的大小对轮转法的性能有很大影响，时间片太短会导致系统开销增加。
18. 在分时系统中，进程调度都采用优先级调度算法为主，短进程优先调度算法为辅。
19. 在单 CPU 上的进程就绪队列和进程阻塞队列都只能有一个。
20. 某进程被唤醒后立即投入运行，因此系统采用的一定是抢占式进程调度。

三、简答题

1. 操作系统中为什么要引入进程的概念？为了实现并发进程之间的合作和协调工作以及保证系统的安全，操作系统在进程管理方面应做哪些工作？
2. 试比较进程和程序的区别。
3. 简述作业和进程的区别。
4. 进程和线程的主要区别是什么？
5. 请给出当运行进程状态改变时操作系统进行切换的步骤。
6. 为什么说多级反馈队列调度算法能较好地满足各类用户的需要？
7. 分析作业、进程、线程三者之间的关系。
8. 处理器有哪三级调度？分别在什么情况下发生，它们各自完成什么工作？

四、应用题

1. 将一组进程分为四类，如图 2-19 所示，各类进程之间采用优先级调度，而各类进程的内部采用时间片轮转调度。请简述 P1、P2、P3、P4、P5、P6、P7、P8 进程的调度过程。
2. 有 5 个待运行作业为 A、B、C、D、E，各自估计运行时间为 9、6、3、5、x（未定），试问采用哪种运行次序可以使平均响应时间最短？

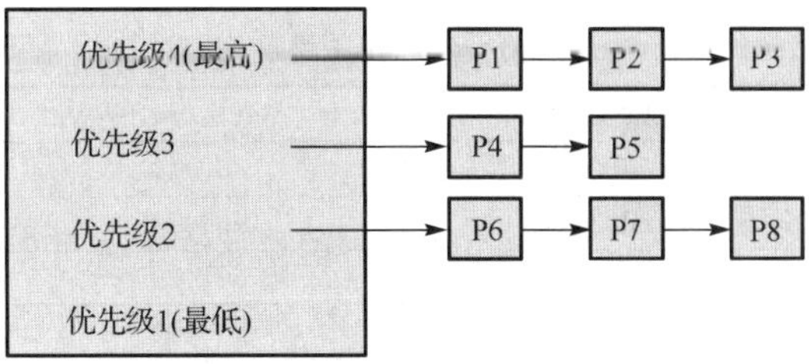

图 2-19 优先级调度示意

3．在一单道批处理系统中，一组作业的提交时间和运行时间如表 2.4 所示。试计算以下 3 种作业调度算法的平均周转时间 T 和平均带权周转时间 W。

（1）先来先服务；（2）短作业优先；（3）高响应比优先。

表 2.4 作业提交时刻和运行时间表

作业	提交时间	运行时间
1	8.0	1.0
2	8.5	0.5
3	9.0	0.2
4	9.1	0.1

4．表 2.5 所示给出了作业 1、2、3 的提交时间和运行时间，试求采用先来先服务调度算法和短作业优先调度算法下的作业平均周转时间。针对本题，是否还有缩短作业平均周转时间的更好调度策略？

表 2.5 作业提交时刻和运行时间表

作业	提交时间	运行时间
1	0.0	8.0
2	0.4	4.0
3	1.0	1.0

5．某多道程序设计系统配有一台 CPU 和两台外设 I01 和 I02，现有 3 个优先级由高到低的作业 J1、J2 和 J3 都已装入内存，它们使用资源的先后顺序和占用时间分别是：

（1）J1：I02（30ms），CPU（10ms），I01（30ms），CPU（10ms）。

（2）J2：I01（20ms），CPU（20ms），I02（40ms）。

（3）J3：CPU（30ms），I01（20ms）。

CPU 调度采用抢占式的优先级算法，忽略其他辅助操作时间，回答下列问题：

（1）分别计算作业 J1、J2 和 J3 从开始到完成所用的时间。

（2）3 个作业全部完成时 CPU 的利用率。

（3）3 个作业全部完成时外设 I01 的利用率。

6．有一个具有两道作业的批处理系统，作业调度采用短作业优先的调度算法，进程调度采用以优先数为基础的抢占式调度算法，有如表 2.6 所示的作业序列（表中所列作业优先级即为进程优先数，数值越小优先级越高）。

（1）列出所有作业进入内存时间及结束时间。

（2）计算作业的平均周转时间。

表 2.6　作业有关情况表

作业	到达时间	估计运行时间	优先数
A	10:00	40 分钟	5
B	10:20	30 分钟	3
C	10:30	50 分钟	4
D	10:50	20 分钟	6

第 3 章

进程同步与通信

多个并发执行的进程在运行过程中共享系统中的 CPU、内存、I/O 设备和文件等资源，系统资源的共享使得一个进程的执行可能会受到来自其他进程直接或间接的制约。为了协调进程之间的制约关系，达到资源共享和进程合作，就需要实现进程的互斥与同步。协调进程之间的关系是通过进程之间的通信机制来实现的，低级通信主要是通过控制进程的执行速度来保证进程之间的互斥与同步，高级通信则要在进程之间传送大量的数据。此外，进程的并发执行还会带来一个严重问题——死锁。

3.1 进程同步的基本概念

3.1.1 并发进程的关系

人们经过大量的实践和分析后发现，多个并发执行的进程存在两种类型的关系：无关和相关。无关的进程之间在并发执行后，可以保证程序的可再现性，只有相关的进程之间并发执行后，才可能破坏程序的可再现性。对于相关的并发进程，则存在着以下两种相互制约的关系。

（1）间接制约关系。一组（两个或多个）进程共享一种资源，且该资源一次仅允许一个进程使用。当一个进程正在访问或使用该资源时，就会制约其他进程对该资源的访问或使用，否则可能造成执行结果的错误。并发进程之间的这种制约关系称为间接制约关系。

例如，有两个并发执行的进程 P1 和 P2，如果在进程 P1 提出打印请求时，系统已经将唯一的打印机分配给了进程 P2，则进程 P1 只能阻塞等待，直到进程 P2 释放了打印机才将进程 P1 唤醒；否则，如果允许进程 P1 抢夺进程 P2 对打印机的使用权，就会出现打印结果混乱的情况。

像打印机这种在一段时间内只能由一个进程使用的资源称为独占资源或互斥资源。多个并发进程对互斥资源的共享导致进程之间出现了间接制约关系。间接制约的存在使得多个并发进程不能同时访问互斥资源，只有其他进程没有占用该互斥资源时，当前运行的进程才能访问它。也就是说，一个进程通过共享互斥资源来暂时限制（间接制约）其他进程的运行。

（2）直接制约关系。这种制约关系是由任务协作引起的，几个进程相互协作完成一项任务，这些进程因任务性质的要求必须按事先规定好的顺序依次执行，才能使任务得到正确的处理，否则就可能造成错误的结果。在直接制约关系中，一个进程的执行状态直接决定（直接制约）了相互协作的另一个或几个进程能否执行。

例如，在包裹自动分拣计算机系统中，分拣筐一次只能存放一个包裹，拣入进程选择包裹放入分拣筐，拣出进程则从分拣筐中取出包裹，拣入进程和拣出进程相互协作完成包裹的分拣任务。正常情况下分拣系统将有条不紊地工作，但可能会出现在分拣筐中包裹未取走之前拣入进程又将包裹放入分拣筐中；也可能会出现分拣筐中无包裹时，拣出进程要从分拣筐中取走包裹。因此，必须事先规定好拣入进程和拣出进程的执行顺序，在拣出进程未取走分拣筐中存放的包裹之前，不允许执行拣入进程；当分拣筐为空且拣入进程未将包裹放入分拣筐之前，不允许执行拣出进程。使得拣入进程和拣出进程彼此直接制约对方的运行，相互协调地完成既定任务。

一组进程如果存在间接制约或直接制约关系，那么它们在并发执行时，微观上的轮流交替运行就要受到限制。这时，就需要操作系统合理地控制它们的工作流程，以保证执行结果的正确性。

3.1.2 进程的互斥与同步

由于间接制约关系是由共享互斥资源引起的，所以进程对互斥资源的访问必须以互斥方式进行。而相互合作进程之间的直接制约关系，决定了必须采用进程同步的方法来对合作进程的执行顺序进行协调，顺利完成各自的任务。

进程同步与进程互斥的相关概念如下。

（1）进程同步。进程间的同步是指某些进程之间在逻辑上的相互制约关系。也就是说，若干进程为完成一个共同的任务而相互合作，由于合作的每个进程都是以各自独立的、不可预知的速度向前推进，这就需要相互合作的进程在某些协调点处来协调它们的工作。当一个合作进程到达此协调点后，在未得到其他合作进程发来的消息之前则阻塞自己，直到其他合作进程给出协调信号后，才被唤醒再继续执行。进程之间这种相互合作等待对方消息的协调关系就称为进程同步。

（2）进程互斥。进程互斥是指某一资源同一时间只允许一个进程对其进行访问，这种访问具有唯一性和排他性。进程互斥通常是进程之间争夺互斥资源而引起的，在这种情况下，任何时刻都不允许两个及两个以上的并发进程同时执行那段访问该互斥资源的程序代码。

互斥的实现还会产生两个额外的控制问题：饥饿（Starvation）和死锁（Deadlock）。

（1）饥饿。一个进程所申请的资源总是被优先于自己的其他进程所占有，而长时间处于不能被调度执行的状态（长时间处于就绪或阻塞状态），人们将这种现象称为“饥饿”。例如，系统中有三个周期性执行的进程：P1、P2 和 P3，其中 P1 正在占用 CPU 执行，而 P2 和 P3 处于就绪状态。如果三个进程对 CPU 竞争的结果是 P1 释放 CPU 后，将其分配给 P2 运行，而 P2 释放 CPU 后又将其分配给 P1 再次运行，如此循环往复，这就使得处于就绪状态的进程 P3 长时间不能被调度执行，这就是饥饿状态。

（2）死锁。一个进程集合中已经占有部分资源的两个或两个以上进程，还需要获得已被其他进程占有的资源才能够继续执行，有可能出现某些进程相互之间都在等待对方占有的资源而无法运行的局面，即在进程集合中的这些进程处于永远的阻塞状态，这就是“死锁”。例如，有两个进程 P1 和 P2 在执行过程中都需要使用互斥资源 R1 和 R2，且资源 R1

和 R2 均只有一个。假设在某时刻 P1 占用了 R1 又要申请使用 R2，而 P2 占用了 R2 又要申请使用 R1，这时 P1 因申请已被 P2 占用的 R2 而阻塞，P2 则因为申请已被 P1 占用的 R1 而阻塞，从而出现 P1 和 P2 因相互等待对方资源而始终无法运行的死锁状态。

进程同步与进程互斥的相似之处是进程互斥实际上是进程同步的一种特殊情况，即逐次使用互斥资源，这也是对进程使用资源次序的一种协调（同步）。因此可以将进程互斥和进程同步统称为进程同步。

进程同步与进程互斥的区别是进程互斥是由互斥资源引起的，即各进程之间共享互斥资源的使用权。这种竞争没有确定的必然联系，哪个进程竞争到互斥资源的使用权，则该资源就归哪个进程使用，而获得所需资源的进程就可以获得 CPU 继续执行，直到它不再需要该资源时才放弃该资源的使用权，而那些未申请到互斥资源的进程则不能执行，直到得到所申请的互斥资源。也即，进程互斥是通过互斥资源来制约各进程执行的，这种互斥无法事先指定进程对资源的访问顺序，即访问是无序的。进程同步则是指相互协作的并发进程之间存在着必然的联系，若当前运行进程执行过程中需要进行同步时，在没有得到协同工作的其他合作进程发来的同步消息之前，当前运行进程则不能继续向前推进（运行）。在进程同步中，虽然互斥资源仍然制约着进程的执行，但协调各进程向前推进的只能是进程同步，即通过进程同步来协调和制约各合作进程的执行，所以进程同步是在互斥的基础上（大多数情况），通过对资源的有序访问去完成一个共同的任务。

例 3.1　下面活动中，每个活动分别属于同步与互斥关系的哪一种，并说明其理由。

（1）若干同学去图书馆借书。

（2）两队举行篮球比赛。

（3）流水线生产的各道工序。

（4）商品生产和社会消费。

【解答】　（1）属于互斥关系，因为书是互斥资源，一次只能借给一个同学。

（2）属于互斥关系，篮球只有一个并且是互斥资源，两队都要争夺。

（3）属于同步关系，各道工序协调合作完成任务，即每道工序的开始都依赖于前一道工序的完成。

（4）属于同步关系，商品没有生产出来则消费无法进行，已生产的商品没有消费完则无须再生产。

3.1.3　临界资源与临界区

系统中同时存在着许多进程，它们共享各种资源。然而有许多资源在某一时刻只能允许一个进程使用，如打印机、磁带机等硬件设备，以及软件中的变量、队列等数据结构。如果多个进程同时使用这类资源就会造成混乱，因此必须保护这些资源，避免两个或多个进程同时访问这些资源。把一段时间内只允许一个进程使用的资源称为临界资源。

几个进程若共享同一个临界资源，则它们必须以相互排斥的方式来使用这个临界资源，即当一个进程正在使用某个临界资源且尚未使用完毕时，其他进程必须延迟对该资源的使用；当使用该资源的进程将其释放后，其他进程才可使用该资源。也就是说，任何其他进程不得强行插进去使用这个临界资源，否则将会造成信息混乱或操作出错。

所以对临界资源的访问必须互斥进行，即各进程对同一临界资源进行操作的程序段

（代码段）也应互斥执行，只有这样才能保证对临界资源的互斥访问。把进程中访问临界资源的代码段称为临界区（Critical Section）。

以进程 P1 和进程 P2 共享一个公用变量（共享变量）S 为例，假设进程 P1 需要对变量 S 进行加 1 操作，而进程 P2 需要对变量 S 进行减 1 操作。进程 P1 和进程 P2 示意如下。

```
进程 P1:                              进程 P2:
① register1 = S;                     ④ register2 = S;
② register1 = register1+1;           ⑤ register2 = register2-1;
③ S = register1;                     ⑥ S = register2;
```

假设 S 的当前值是 1，如果先执行进程 P1 的语句①、②、③，然后再执行进程 P2 的语句④、⑤、⑥，则最终公用变量（也称共享变量）S 的值是 1。同理，如果先执行进程 P2 的语句④、⑤、⑥，然后再执行进程 P1 的语句①、②、③，则最终公用变量 S 的值仍是 1。但是，如果交替执行进程 P1 和进程 P2 的语句，如执行语句的次序为①、②、④、⑤、③、⑥，则此时得到的最终公用变量 S 的值为 0。如果改变语句交替执行的顺序，还可得到 S 值为 2 的答案，这表明程序的执行已经失去了可再现性。为了防止这种错误的出现，解决此问题的关键是把公用变量 S 作为临界资源处理。也就是说，要让进程 P1 和进程 P2 互斥地访问公用变量 S。

由于对临界资源的使用必须互斥进行，所以进程在进入临界区时首先要判断是否有其他进程在使用此临界资源，如果有，则该进程必须等待；如果没有，则该进程才能进入临界区执行临界区代码，同时还要关闭临界区以防止其他进程进入。当进程使用完临界资源时，要开放临界区以便其他进程进入。因此使用临界资源的代码结构为

进入区

临界区

退出区

有了临界资源和临界区的概念，进程之间的互斥可以描述为禁止两个或两个以上的进程同时进入访问同一临界资源的临界区。此时，临界区就像一次仅允许一条船进入的船闸，而进程就像航行的船只。要进入船闸必须先开启闸门（进程在进入临界区前必须先经过进入区来占有临界区的使用权），一旦有船只进入船闸就关闭闸门防止其他船只进入（进程进入临界区后阻止其他进程进入临界区）。当船离开船闸时则再次开启闸门，以便其他船只进入船闸（进程离开临界区时要经过退出区，通过退出区来释放临界区的使用权，以便其他进程进入临界区）。

为了实现进程互斥地进入自己的临界区可以采用软件方法，但更多的是在系统中设置专门的同步机构来协调各进程间的运行。无论采用何种同步机制，都应该遵循以下 4 条准则。

（1）空闲让进。无进程处于临界区时意味着临界资源处于空闲状态，这时若有进程要求进入临界区应立即允许进入。

（2）忙则等待。当已有进程进入其临界区时则意味着某临界资源正在使用，所有其他欲访问该临界资源的进程，试图进入各自临界区时必须等待，以保证各进程互斥地进入访问同一个临界资源的临界区。

（3）有限等待。若干进程要求进入访问同一个临界资源的临界区时，应在有限时间内使一个进程进入临界区，即不应出现各进程相互等待而都无法进入临界区的情况。

（4）让权等待。当进程不能进入其临界区时，应立即释放所占有的 CPU，以免陷入“忙等”（进程在占有 CPU 的同时又一直等待），保证其他可执行的进程获得 CPU 运行。

3.2 进程互斥方法

3.2.1 实现进程互斥的硬件方法

采用硬件方法实现进程互斥，就是通过计算机提供的一些机器指令来实现进程的互斥。实现进程互斥本质上是实现临界区互斥，而实现临界区互斥的关键又是正确地设置进入区和退出区。机器指令是指在一个指令周期内执行完成的指令，而专用机器指令的执行则不会被中断。使用专用机器指令可以在没有其他指令干扰的情况下，获得临界区是否使用的状态信息。专用机器指令通过设置控制临界区访问的布尔型变量，来控制多个进程对临界区的互斥访问。常用的专用机器指令有 3 个：开关中断指令、测试与设置指令以及交换指令。

1. 开关中断指令

开关中断指令又称为硬件锁，使用它来实现进程互斥最简单。具体方法是进程在进入临界区之前，先执行“关中断”指令来屏蔽掉所有中断，进程完成临界区的任务后，再执行“开中断”指令将中断打开。由于单 CPU 系统中的进程只能交替执行，因此一旦在进入临界区之前屏蔽掉所有中断，计算机系统就不再响应中断，因此也就不能调度其他进程运行。这样，进程在进入临界区后就一直占用 CPU，而其他进程则因中断被屏蔽也无法被调度执行，故不能进入临界区。利用开、关中断指令实现进程互斥的程序结构如下。

```
cobegin                              //伪代码 cobegin 和 coend 表示其间的进程可以并发执行
  process Pi()                       //i=1,2,3,…,n
  {
      …                              //与临界资源无关的代码
    lock out interrupts;             //关中断
    临界区;
    unlock interrupts;               //开中断
      …                              //与临界资源无关的剩余代码
  }
coend
```

使用开关中断的指令实现进程互斥只适合单 CPU 系统，且存在以下缺点：如果关中断的时间过长，会使系统效率下降，若关中断不当，有可能导致系统无法正常调度进程运行。

2. 测试与设置指令（Test and Set，TS）

采用 TS 方法则要为每个临界资源设置一个整型变量 s，可以将它看成一把锁。若 s 的值为 0（开锁状态），则表示没有进程访问该锁对应的临界资源；若 s 的值为 1（关锁状态），则表示该锁对应的临界资源已被某个进程占用。测试与设置指令用函数描述如下。

```
int TS(int s)
{
  if(s)
    return 1;
  else
  {
    s=1;
    return 0;
  }
}
```

利用 TS 指令可以实现临界区的开锁和关锁原语操作。在进入临界区之前先用 TS 指令测试 s，若 s 等于 0 则表明没有进程使用临界资源，于是本进程可以进入临界区，否则必须循环测试直至 s 的值为 0。当前运行进程执行完临界区代码在退出临界区时必须将 s 重新置为 0，以表示将该临界资源的锁重新打开以便其他进程使用。由于 TS 指令执行过程不能被中断（专用机器指令），因此使用本方法可以保证实现进程互斥的正确性。利用 TS 指令实现进程互斥的程序结构如下。


```
int s=0;
cobegin
  process Pi()                 //i=1,2,3,…,n
  {
       …                       //与临界资源无关的代码
   while(TS(s));               //进入区
   临界区;
   s=0;                        //退出区
       …                       //与临界资源无关的剩余代码
   }
coend
```

3. 交换指令（Swap）

交换指令（Swap）的功能是交换两个字的内容，可以用以下函数描述。

```
void Swap(int *a,int *b)
{
  int temp=*a;
  *a=*b;
  *b=temp;
}
```

若要使用交换指令来实现进程互斥，则需要为每个临界资源设置一个整型的全局变量 s。若 s 的值为 0 则表示没有进程在临界区；若 s 的值为 1 则表示有进程在临界区（即正在访问临界资源）。此外，还要为每个进程设置一个整型局部变量 key，只有当 s 的值为 0 并且 key 的值为 1 时，本进程才能进入临界区。进入临界区后，s 的值为 1 且 key 的值为 0，退出临界区时，应将 s 的值置为 0。使用交换指令实现进程互斥的程序结构如下。

```
int s=0;                          //s 为全局变量
cobegin
  process Pi()                    //i=1,2,3,…,n
  {
      …                           //与临界资源无关的代码
    int key=1;                    //key 为局部变量
    do{                           //进入区
        Swap(&s,&key);
    }while(key);
    临界区;
    s=0;                          //退出区
      …                           //与临界资源无关的剩余代码
  }
coend
```

例如，若没有进程在临界区，则全局变量 s 值为 0。进程 Pi 执行中先置 key 值为 1，然后进入 do 循环。在 do 循环中，先执行交换指令 Swap，交换 s 与 key 的值，即 s 为 1，key 为 0，此时 do 语句的循环条件“while(key)”为假，故结束 do 循环进入临界区。因此有进程在临界区时全局变量 s 的值为 1。这时，若有另一个进程想要进入临界区，则在执行中先置 key 值为 1，然后进入 do 循环执行交换指令 Swap 交换 s 与 key 值，由于此时 s 和 key 值均为 1，故交换后其值没有改变，也即 do 语句的循环条件“while(key)”始终为真，故继续执行 do 循环而无法向前推进。只有在临界区的进程退出临界区，并执行了语句“s=0;”使全局变量 s 的值变为 0 后，反复执行 do 循环等待进入临界区的另一个进程，才能在执行 Swap 指令时交换 s 与 key 的值，使 key 值变为 0，结束 do 循环而进入临界区。

虽然使用 TS 和 Swap 指令可以方便地实现进程互斥，但它们都存在以下缺点：当一个进程还在访问临界区时，其他欲进入临界区的进程，只能不断地循环测试 s 的值，显然，不断循环测试 s 造成了 CPU 浪费，这就是“忙等”。也就是说，上述两种方法都没有遵循“让权等待”的原则。

3.2.2　实现进程互斥的软件方法

可以使用多种软件方法来实现进程互斥，在此仅介绍有代表性的两种方法。

1. 两标志进程互斥算法

两标志进程互斥算法的基本思想是：为访问临界资源的两个并发进程，分别设置了两个标志 T1 和 T2，表示与该标志对应的进程是否在临界区。若 Ti（i=1，2）等于 0，则表示进程 Pi（i=1，2）没有在临界区；若 Ti（i=1，2）等于 1，则表示进程 Pi（i=1，2）在临界区。每个进程在进入临界区之前，先判断临界区是否已被另一进程访问，若被另一进程访问，则本进程等待，否则本进程进入临界区。该算法描述如下。

```
    进程 P1:                                 进程 P2:
…                                        …
while(T2);    //检查 P2 是否在临界区        while(T1);    //检查 P1 是否在临界区
T1=1;         //设置 P1 在临界区标志        T2=1;         //设置 P2 在临界区标志
```

```
临界区;                                  临界区;
T1=0;         //设置P1不在临界区标志     T2=0;        //设置P2不在临界区标志
…                                        …
```

这个方法实现起来比较简单，即总是先检查对方是否在临界区的标志，只有对方不在临界区时，才可设置本进程在临界区标志，但这个检查过程有可能被中断，从而导致两个进程在分别检测对方标志后同时进入临界区。也就是说，当 T1 和 T2 都为 0 时，分别执行语句“while(T2);”和“while(T1);”后，再执行语句“T1=1;”和“T2=1;”，这样，进程 P1 和 P2 就都进入了临界区。一种改进的方法是先设置自己的标志，然后再检测对方的标志。改进后的算法描述如下。

```
      进程P1:                                 进程P2:
…                                        …
T1=1;         //设置P1在临界区标志       T2=1;        //设置P2在临界区标志
while(T2);    //检查P2是否在临界区       while(T1);   //检查P1是否在临界区
临界区;                                  临界区;
T1=0;         //设置P1不在临界区标志     T2=0;        //设置P2不在临界区标志
…                                        …
```


算法改进后，又可能出现两进程同时设置在临界区标志，即分别先执行语句“T1=1;”和“T2=1;”后，然后再执行语句“while(T2);”和“while(T1);”，这样就导致并发执行的两个进程 P1 和 P2 都不能进入临界区。因此，两标志算法不能很好地解决两个进程同时到达的问题。

2. 三标志进程互斥算法

三标志进程互斥算法又称 Peterson 算法，其基本思想是设置 3 个标志 T1、T2 和 T，其中 T1 和 T2 的作用与两标志进程互斥算法相同，而 T 是一个公共标志，用来表示允许进入临界区的进程标号。若进程希望进入临界区，则先设置自己的标志 Ti（i=1,2），然后再检测公共标志 T，若 T 等于 i（i=1,2），则表示允许进程 Pi（i=1,2）进入临界区。Peterson 算法较好地解决了两个进程同时到达时进程互斥进入临界区的问题。该算法描述如下。

```
      进程P1:                              进程P2:
…                                     …
T1=1;     //设置P1在临界区标志        T2=1;    //设置P2在临界区标志
T=2;      //允许P2进入临界区          T=1;     //允许P1进入临界区
while(T2==1&&T==2);                   while(T1==1&&T==1);
临界区;                               临界区;
T1=0;     //设置P1不在临界区标志      T2=0;    //设置P2不在临界区标志
…                                     …
```

例如，设 T1 和 T2 初值为 0 并假定进程 P1 先执行，即置 T1 值为 1，T 值为 2，这时执行 while 循环语句，因 T2 值为 0 而使条件“T2==1&&T==2”为假而结束循环，P1 进入临界区。如果这时进程 P2 开始执行，即分别置 T2 和 T 为 1，这时执行 while 循环语句因条件“T1==1&&T==1”为真，而继续循环测试。直到进程 P1 退出临界区并执行了语句“T1=0;”之后，这时进程 P2 在循环执行 while 语句时，因 T1 值为 0 而使条件“T1==1&&T==1”为假，所以结束循环并进入临界区。也可能出现这种情况，即进程 P1

分别执行了“T1=1;”和“T=2;”语句，然后进程 P2 分别执行了“T2=1;”和“T=1;”语句，这时最后赋给 T 的值是 1，故进程 P2 执行 while 语句因条件“T1==1&&T==1”中的 T1 和 T 都为真，继续循环测试。而进程 P1 执行 while 语句因条件“T2==1&&T==2”中的 T 等于 2 为假，而结束循环并进入临界区。也就是说，当进程 P1 和 P2 同时到达都要求进入临界区且都执行 while 语句时，此时 T1 和 T2 值为 1（都为真），所以由 T 决定哪个进程进入临界区，即 T 等于 1 时，禁止 P2 进入临界区而使 P1 进入临界区；T 等于 2 时，则禁止 P1 进入临界区而使 P2 进入临界区。因此三标志法不会出现两进程都不能进入临界区或者都进入临界区的情况。

3.3 信号量机制

虽然前面介绍的硬件方法和软件方法都能解决进程互斥问题，但这些方法都存在着一定的缺陷，如循环测试等待将耗费大量的 CPU 时间而陷入“忙等”。为了克服这些缺陷，可以使用信号量（Semaphore）机制来实现进程的互斥与同步。信号量机制最先由荷兰计算机科学家 E.W.Dijkstra（迪杰斯特拉）在 1965 年提出，该方法使用信号量及有关的 P、V 操作原语（P 和 V 分别来源于荷兰文“发信号”和“等待”单词的第一个字母）来解决进程的互斥与同步问题。

3.3.1 信号量

在操作系统中，信号量代表了一类物理资源，它是相应物理资源的抽象。具体实现时，信号量被定义成具有某种类型的变量，通常为整型或结构体类型，即信号量可分为整型信号量和结构体信号量。信号量除初始化外，在其他情况下其值只能由 P 和 V 两个原语操作才能改变。

1. 整型信号量

最初，E.W.Dijkstra 将信号量定义为一个整型变量。若信号量为 S，则 P 操作原语和 V 操作原语可以分别描述如下。

```
int S;
P(S):  while(S<=0);
       S=S-1;

V(S):  S=S+1;
```

整型信号量机制中的 P 操作，只要信号量 $S\leqslant 0$ 就会不间断循环测试。因此该机制没有遵循“让权等待”原则，而使进程处于“忙等”状态。针对这种情况，人们对整型信号量机制进行了扩充，增加了一个进程阻塞队列，从而出现了结构体型信号量。

2. 结构体型信号量

结构体型信号量分为资源信号量和控制信号量两种。资源信号量用于系统互斥资源（如打印机等）的互斥管理，它涉及系统互斥资源的分配与回收；控制信号量则用于除系统互斥资源之外的进程同步与互斥控制，它不涉及系统互斥资源的分配与回收。

结构体型信号量被定义成具有两个分量成员的结构体类型数据结构。结构体型信号量可描述如下。

```
typedef struct
{
   int value;
   struct PCB *L;            //struct PCB 为 PCB 对应的结构体类型
                             //L 为指向进程阻塞队列的指针
} Semaphore;
Semaphore S;
```

结构体型信号量中的一个分量成员是一个整型变量，它代表当前相应资源的可用数量，或用于进程同步与互斥控制的信号量；另一个分量成员是一个队列指针，指向因等待同类资源的进程阻塞队列，或同步与互斥控制中该信号量的进程阻塞队列。

当结构体型信号量作为资源信号量时，指针 S.L 指向因等待同类资源的进程阻塞队列（由各进程的 PCB 组成）的队首。S.value 的初值是一个非负整数，它代表着系统中某类资源的数量。随着该类资源不断地被分配，S.value 的值也随之发生变化，会出现以下三种情况。

（1）当 S.value＞0 时，S.value 表示该类资源当前的可用数量。

（2）当 S.value = 0 时，S.value 表示该类资源为空。

（3）当 S.value＜0 时，S.value 的绝对值表示因等待该类资源而阻塞的进程个数。

当结构体型信号量作为控制信号量时（包括对临界区和共享变量的互斥控制），S.value 的值用来控制是否允许进程继续执行。当 S.value≥0 时，当前运行进程继续执行；当 S.value＜0 时，当前运行进程被阻塞而放弃执行，此时 S.value 的绝对值表示被阻塞于 S 信号量的进程个数。指针 S.L 用来指向进程在 S 信号量的进程阻塞队列。

若 S.value 的初值为 1，则表示在同步与互斥控制中只允许各进程互斥执行，或用于临界区的控制。这种情况下结构体型信号量又称为“互斥信号量”。

结构体型信号量 S 的 P(S)原语操作可以用函数描述如下。

```
void P(Semaphore S)
{
   lock out interrupts;             //关中断
   S.value=S.value-1;
   if(S.value<0)                    //S.value<0 时阻塞当前运行进程 i 的运行
   {
      i.status="block";             //置运行进程 i 的状态为“阻塞”
      Insert(BlockQueue,i);         //将进程 i 插入到进程阻塞队列 S.L 中
      unlock interrupts;            //开中断
      Scheduler();                  //执行进程调度程序调度另一就绪进程运行
   }
   else
   {
      if(S 是资源信号量)
         GetResouce(i_PCB,一个 S 资源);       //将资源 S 分配给进程 i
      unlock interrupts;            //开中断
   }
}
```

P(S)操作的物理含义是：① 在申请和释放诸如打印机这类互斥资源的操作中，执行一次 P(S)操作相当于申请一个资源 S。若 S.value 值大于 0，则意味着系统中有资源 S。此时 S.value 减 1 表示将一个资源 S 分配给当前运行进程，即资源 S 的可用数量减少了一个，而当前运行进程请求资源 S 得到满足后则继续执行。若 S.value 减 1 后其值小于 0 时，表示已经没有资源 S 可用，立即将当前运行进程阻塞起来（放弃 CPU）并插入到指针 S.L 所指的进程阻塞队列中，然后由进程调度程序调度另一就绪进程运行，此时 S.value 减 1 后的绝对值表示等待资源 S 的阻塞进程又多了一个。② 在进程同步与互斥操作中，S 代表同步与互斥的信号量。若 S.value 减 1 后其值大于或等于 0，则表示当前运行进程不需同步或互斥而继续执行；若 S.value 减 1 后其值小于 0，则当前运行进程必需同步或互斥，即被阻塞于信号量 S 而放弃执行，然后由进程调度程序调度另一就绪进程运行。显然，结构体型信号量机制采用了“让权等待”策略。

V(S)原语操作可以用函数描述如下。

```
void V(Semaphore S)
{
   lock out interrupts;              //关中断
   S.value=S.value+1;
   if(S 是资源信号量)
      free(资源 S)                   //将资源 S 从当前运行进程回收到系统
   if(S.value<=0)                    //进程阻塞队列中有阻塞进程
   {
      Remove(i);                     //从 S.L 所指的进程阻塞队列中移出队首进程 i
      if(S 是资源信号量)
         GetResouce(i_PCB,一个 S 资源);        //将资源 S 分配给进程 i
      i.status="ready";              //置进程 i 的状态为“就绪”
      Insert(ReadyQueue,i);          //将进程 i 插入到进程就绪队列中
   }
   unlock interrupts;                //开中断
}
```

V(S)操作的物理含义是：① 在申请和释放互斥资源的操作中，执行一次 V(S)操作相当于释放一个资源 S，于是执行 S.value 加 1 的操作（系统回收一个资源 S）。若 S.value 加 1 后其值仍然小于或等于 0，则表明仍然有处于阻塞状态的进程在等待资源 S，于是将 S.L 所指进程阻塞队列上的第一个阻塞进程唤醒并将刚回收的资源 S 分配给它，然后将其移入到进程就绪队列中。② 在进程同步与互斥操作中，若 S.value 加 1 后其值仍然小于或等于 0，则表明有处于阻塞状态的进程在等待信号量 S 的唤醒，此时将 S.L 所指进程阻塞队列上的第一个阻塞进程唤醒，并移到进程就绪队列中。

注意，S 作为同步与互斥信号量时不涉及资源的分配与回收。

由于结构体型信号量具有整型信号量不能替代的优点，因此在操作系统中广泛使用它来解决进程之间的互斥与同步问题。本书后面提到的信号量若无特殊说明，均指结构体型信号量。

3.3.2　使用信号量实现进程互斥

利用信号量机制可以很容易地实现多个并发进程以互斥的方式进入临界区（即以互斥方

式访问临界资源），其方法是首先为要进入的临界区设置一个互斥信号量 mutex，将 mutex.value 初值设置为 1，然后将各进程的临界区（访问临界资源的那段代码）置于 P(mutex)和 V(mutex)之间。程序模型如下。

```
Semaphore mutex;
mutex.value=1;
cobegin
  process Pi()                    //i=1,2,3,…,n
  {
      …                           //与临界资源无关的代码
    P(mutex);
    临界区;
    V(mutex);
      …                           //与临界资源无关的剩余代码
  }
coend
```


例如，有两个进程 P1 和 P2 要访问某一临界资源，它们各自的临界区（即各自访问这个临界资源的程序代码）为 L1 和 L2。可设 S 为这两个进程的互斥信号量，其 S.value 的初值为 1。这时，只需把临界区置于 P(S)和 V(S)之间即可实现两进程的互斥。

```
进程 P1:                进程 P2:
…                       …
P(S);                   P(S);
L1;                     L2;
V(S);                   V(S);
…                       …
```

由于信号量 S.value 的初值为 1，故进程 P1 执行 P 操作后，S.value 的值由 1 减为 0，表明临界资源已分配给进程 P1，当前剩余的临界资源为空，此时可进入 P1 的临界区 L1（执行 L1）。若这时进程 P2 请求进入临界区 L2，也同样是先执行 P 操作使 S.value 的值减 1，即由 0 变为–1，故进程 P2 因未分配到临界资源而被阻塞。当进程 P1 退出临界区 L1（L1 执行完毕）并执行了 V 操作后，则释放临界资源使 S.value 值加 1，即由–1 变为 0，这时将回收的临界资源分配给进程 P2，同时唤醒阻塞进程 P2，使进程 P2 进入临界区 L2（执行 L2）。当进程 P2 退出临界区 L2（L2 执行完毕）并执行了 V 操作后，又释放临界资源使 S.value 值加 1，即由 0 变为 1。先执行进程 P2 后执行进程 P1 时也可做类似分析。

注意，系统中各进程虽然可以各自独立地向前推进，但在访问临界资源时则必须协调，以免出错。这种协调的实质是当出现资源竞争的冲突时，就将原来并发执行的多个进程在 P、V 操作的协调下变为依次顺序执行，当资源竞争的冲突消除后又恢复为并发执行。这就像与单线桥相连的多条铁路一样，多列火车在未上桥前都可以各自独立地运行，但通过单线桥（临界资源）时，就只能在调度员的协调下逐个过桥（互斥过桥），过桥后又可恢复各自的独立运行。

此外，在利用信号量机制实现进程互斥时仍需注意，对同一信号量如 mutex 所进行的 P(mutex)和 V(mutex)操作必须成对出现。缺少 P 操作将会导致系统混乱，对临界资源进行互斥访问将得不到保证；而缺少 V 操作将会使临界资源永远不会被释放，导致因等待该资源而阻塞的进程不再被唤醒。

3.3.3 使用信号量实现进程同步

若干进程为完成一个共同的任务而相互合作，这就需要相互合作的进程在某些协调点处（即需要同步的地方），插入对信号量的 P 操作或V操作，以便协调它们的工作（实现进程间的同步）。实际上，进程的同步是采用信号应答方式来进行的。

例如，在公共汽车上，司机和售票员各司其职地工作（各自相当于一个独立运行的进程）。司机只有等售票员关好车门后才能启动汽车，售票员只有等司机停好车后才能开车门，即两者必须密切配合、协调一致，他们的同步活动如图 3-1 所示。

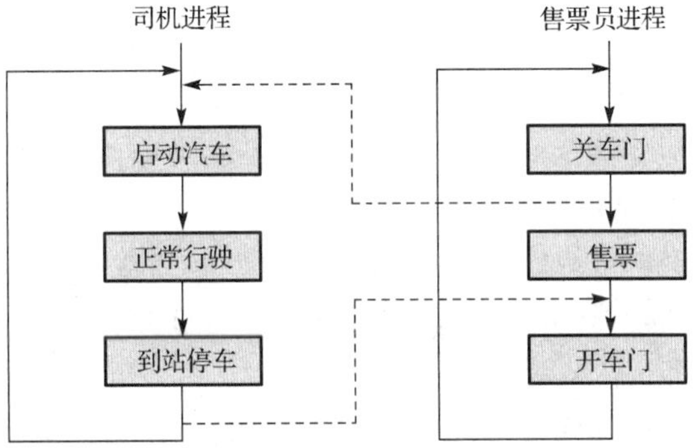

图 3-1 司机进程和售票员进程的同步活动示意

设置信号量 Start 来控制是否可以启动汽车，即作为是否允许司机启动汽车的信号量；信号量 Open 控制是否可以开车门，即作为是否允许售票员开车门的信号量。它们的初值均为 0（汽车未启动且车门已打开），表示不允许司机启动汽车也不允许售票员开车门（车门已打开，无须开车门）。当关车门后应用 V 操作给 Start.value 加 1 使司机可启动汽车，因此司机在启动汽车之前应用 P 操作给 Start.value 减 1，看是否能启动汽车。若售票员已关车门（即 V 操作已给 Start.value 加过 1，Start.value 值已由 0 变为 1），则司机启动汽车的 P 操作将使 Start.value 减 1 后其值由 1 变为 0，即司机可以启动汽车正常行驶；若售票员未关车门（即 Start.value 值仍为 0，未执行过 V 操作），则司机启动汽车的 P 操作将使 Start.value 减 1 后其值由 0 变为–1，启动汽车被阻止（阻塞）。当汽车到站停车后，司机应该用 V 操作给 Open.value 加 1 使售票员可以开车门，因此售票员开车门之前，则应用 P 操作给 Open.value 减 1，看是否允许开车门。若已到站停车（即 V 操作已给 Open.value 加过 1，Open.value 值已由 0 变为 1），则开车门的 P 操作将使 Open.value 减 1 后其值由 1 变为 0，即售票员可以开车门；若未到站（即 Open.value 值仍为 0，未执行过 V 操作），则售票员开车门的 P 操作将使 Open.value 减 1 后其值由 0 变为–1，开车门被阻止（阻塞）。程序模型如下。

```
Semaphore Start,Open;
Start.value=0,Open.value=0;
cobegin
   process 司机()
```

```
    {
       while(1)
       {
          P(Start);
          启动汽车;
          正常行驶;
          到站停车;
          V(Open);
       }
    }
    process 售票员()
    {
       while(1)
       {
          关车门;
          V(Start);
          售票;
          P(Open);
          开车门;
       }
    }
coend
```


P、V 操作解决了因进程并发执行而引起的资源竞争问题，以及多个进程协作完成任务的同步问题。也就是说，对所有的相关进程都可以通过信号量及相应的 P、V 操作来协调它们的运行。P、V 操作也解决了因进程并发执行而带来的不可再现性问题，使得进程的并发执行真正得以实现。

多个进程合作完成一个任务，这些合作进程的执行存在一定的次序，有的可以并发执行，有的则需按先后次序执行。如进程 P1～P4 存在如图 3-2 所示的运行次序，则可画出如图 3-3 所示的进程间制约关系的前趋图。其中，有向边上的字母代表信号量，有向边的起始端进程在执行结束时，要对该信号量实施 V 操作，而有向边的结束端进程在执行之前则要对该信号量实施 P 操作，这样就确保了多个合作进程按事先约定的顺序执行。

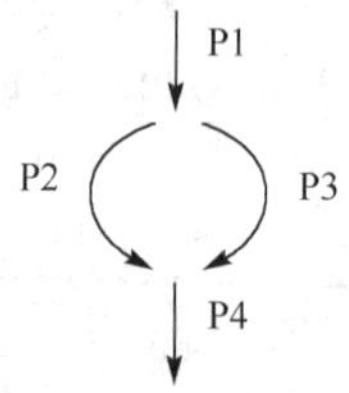

图 3-2　进程执行的先后次序

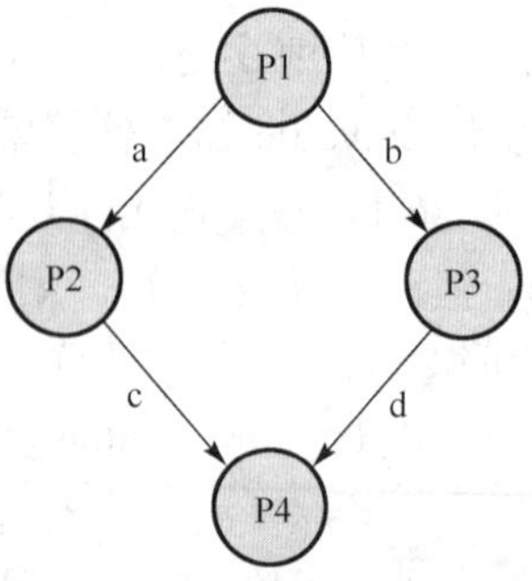

图 3-3　进程间制约关系的前趋图

按图 3-3 次序并发执行的程序描述如下。

```
Semaphore a,b,c,d;
a.value=0,b.value=0,c.value=0,d.value=0;
cobegin
  process P1()
          { P1;V(a);V(b); }
  process P2()
          { P(a);P2;V(c); }
  process P3()
          { P(b); P3;V(d); }
  process P4()
          { P(c);P(d);P4; }
coend
```

例 3.2 进程的状态转换如图 3-4 所示。假设现在有两个进程 P1 和 P2，CPU 每次只能运行一个进程。当 P1 和 P2 都处于就绪状态时为初态，当 P1 和 P2 都处于阻塞状态时为终态。

（1）用前趋图描述所有可能出现的状态关系。

（2）用 P、V 操作来模拟操作系统实现对状态变迁的管理。

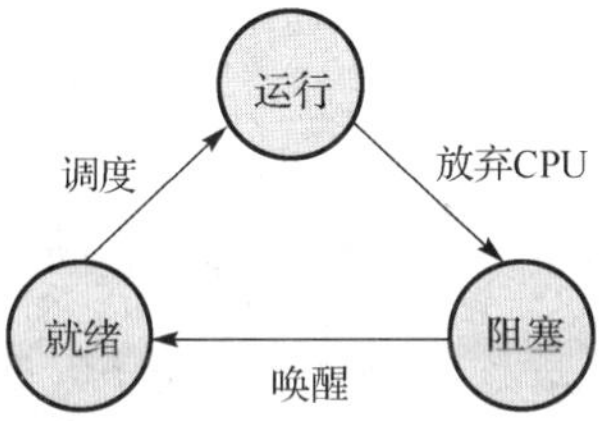

图 3-4 进程状态转换图

【解答】（1）设 P1 进程的 3 个状态为：A 代表就绪，B 代表运行，C 代表阻塞；设 P2 进程的 3 个状态为：m 代表就绪，n 代表运行，p 代表阻塞。则可能出现的状态如下。

Am	An	Ap
Bm		Bp
Cm	Cn	Cp

也就是说，不存在 Bn 状态（即 P1 和 P2 都执行）。对可能存在的状态用前趋图描述如图 3-5 所示。

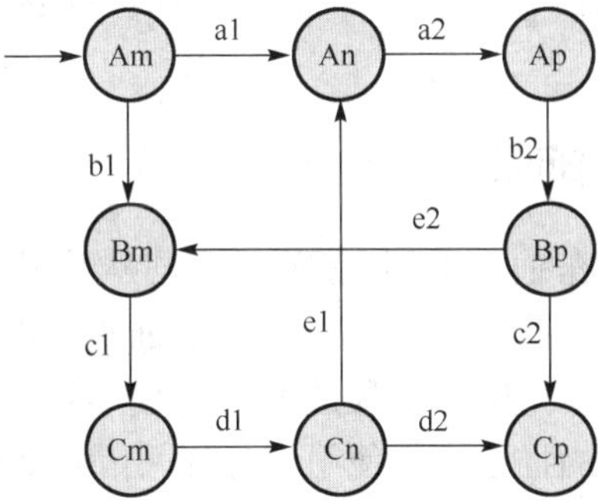

图 3-5 前趋图描述的状态关系（有向边上的符号为信号量）

（2）用 P、V 操作实现对状态变迁管理的程序如下。

```
Semaphore a1,a2,b1,b2,c1,c2,d1,d2,e1,e2;
a1.value=0,a2.value=0,b1.value=0,b2.value=0;
c1.value=0,c2.value=0,d1.value=0,d2.value=0;
e1.value=1,e2.value=1;
char s;
```

```
cobegin
   process Monitor()
   {
      s='Am';              //'Am'为初态
      while(1)
        switch(s)
        {
           'Am': { V(a1);V(b1);if(P1.status=="excute") s='Bm';
                    if(P2.status=="excute") s='An';break; }
           'An': { P(a1);P(e1);V(a2);s='Ap';break; }
           'Ap': { P(a2);V(b2);s='Bp';break; }
           'Bm': { P(b1);P(e2);V(c1);s='Cm';break; }
           'Bp': { P(b2);V(c2);if(e2==0) V(e2);
                    if(P1.status=="block") s='Cp';
                    if(P2.status=="ready") s='Bm';break; }
           'Cm': { P(c1);V(d2);s='Cn';break; }
           'Cn': { P(d1);V(d2);if(e1==0) V(e1);
                    if(P1.status=="ready") s='An';
                    if(P2.status=="block") s='Cp';break; }
           'Cp': { Destroy(P1); Destroy(P2);goto L1; }    //'Cp'为终态
        }
   L1:  ;
   }
coend
```


3.4 经典互斥与同步问题

在研究如何实现进程互斥与同步的过程中，已经提出了一系列经典的进程互斥与同步问题。了解这些问题的解决办法，可以更好地理解进程互斥与同步的原则和具体实现方法。

3.4.1 生产者–消费者问题

1965 年，E.W.Dijkstra 在他著名的论文《协同顺序进程》（Cooperating Sequential Process）中用生产者–消费者问题（Producer-Consumer Problem）对并发程序设计中进程同步的最基本问题，即对多进程提供（或释放）以及使用计算机系统中软硬件资源（如数据、I/O 设备等）进行了抽象的描述，并使用信号灯（信号量）的概念解决了这一问题。

在生产者–消费者问题中，所谓消费者是指使用某一软硬件资源的进程，而生产者是指提供（或释放）某一软硬件资源的进程。

现在，生产者–消费者问题已经抽象为一组生产者向一组消费者提供产品，生产者与消费者共享一个有界缓冲池，生产者向其中投放产品，消费者从中取出产品消费。生产者–消费者问题是一个著名的进程同步问题，是许多相互合作进程的一种抽象。如在输入时，输入进程是生产者，计算进程是消费者；在输出时，计算进程是生产者，打印进程是消费者。

把一个长度为 n 的缓冲池（$n>0$，n 为缓冲池中缓冲区的个数）与一群生产者进程 P1、P2、…、Pm 和一群消费者进程 C1、C2、…、Ck 联系起来，如图 3-6 所示。只要缓冲池未满，生产者就可以把产品送入空缓冲区；只要缓冲池未空，消费者就可以从满缓冲区中取出产品进行消费。生产者和消费者的同步关系将禁止生产者向一满缓冲区中投放产品，也禁止消费者从一空缓冲区中取出产品。

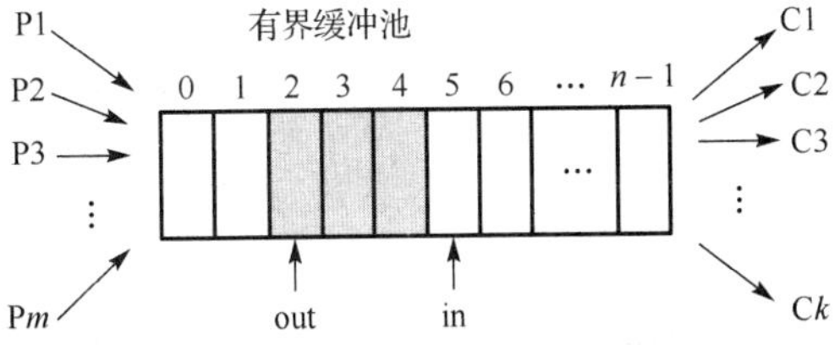

图 3-6　生产者-消费者问题示意

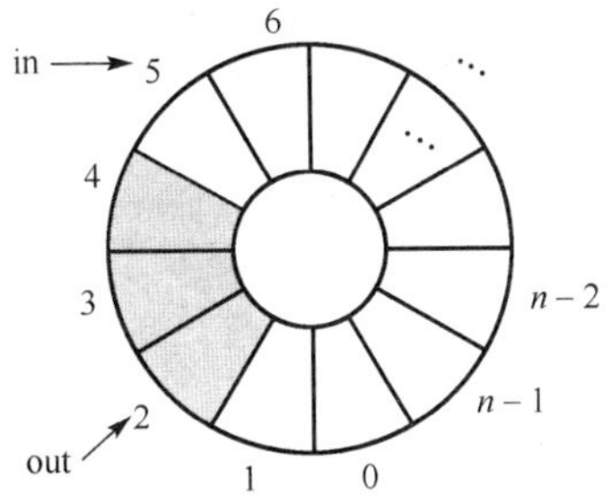

图 3-7　循环队列构成的环形缓冲池

用一个具有 n 个数组元素的一维数组 B 来构成循环队列，并用该数组模拟有界缓冲池，即每个数组元素代表一个缓冲区，如图 3-7 所示。

解决的方法是首先考虑生产者，只有空缓冲区存在时才能将产品放入空缓冲区，即需设置空缓冲区个数的信号量 empty，并且 empty.value 的初值为 n（初始时缓冲池中有 n 个空缓冲区）；其次考虑消费者，只有放入产品的满缓冲区存在时，才能从满缓冲区中取出产品，即需设置放入产品的满缓冲区个数信号量 full，并且 full.value 的初值为 0（初始时缓冲池中没有放入产品的满缓冲区）。此外，缓冲池也是一个临界资源，故需设置一个互斥信号量 mutex 来保证多个进程互斥使用缓冲池资源（mutex.value 的初值为 1）。

当两个或多个进程使用初值为 1 的信号量（称为互斥信号量）时，可以保证任何时刻只能有一个进程进入临界区。如果每个进程在进入临界区前都对信号量执行一个 P 操作，而在退出临界区时对该信号量执行一个 V 操作，就能实现多个进程互斥的进入各自的临界区（访问临界资源的那段程序代码）。

生产者-消费者问题的实现程序如下。

```
item B[n];              //item 表示缓冲池的类型，数组 B 用来模拟 n 个缓冲区
Semaphore mutex,empty,full;
mutex.value=1,empty.value=n,full.value=0;
int in=0;               //缓冲区指针，指向当前可投放产品的一个空缓冲区
int out=0;              //缓冲区指针，指向当前可取出产品的一个满缓冲区
item product;           //product 代表一个产品
cobegin
  process Producer_i()               //i=1,2,3,…,m
  {
    while(1)
    {
      product=produce();    //函数 produce 产生一个产品赋给 product
      P(empty);             //请求空缓冲区来投放产品
      P(mutex);             //请求独占缓冲池的使用权
```

```
            B[in]=product;        //将产品投放到由指针 in 所指的空缓冲区中
            in=(in+1)%n;          //缓冲区循环队列中将指针 in 移至下一个空缓冲区
            V(mutex);             //释放对缓冲池的使用权
            V(full);              //装有产品的满缓冲区个数增加一个
                          //若有阻塞的消费者进程则唤醒进程阻塞队列上第一个消费者进程
        }
    }
    process Consumer_j()                    //j=1,2,3,…,k
    {
        while(1)
        {
            P(full);              //请求消费满缓冲区中所放的产品
            P(mutex);             //请求独占缓冲池的使用权
            product=B[out];       //从指针 out 所指满缓冲区中取出产品赋给 product
            out=(out+1)%n;        //缓冲区循环队列中将指针 out 移至下一个满缓冲区
            V(mutex);             //释放对缓冲池的使用权
            V(empty);             //空缓冲区个数增加一个
                          //若有阻塞的生产者进程则唤醒进程阻塞队列上第一个生产者进程
            consume();            //通过函数 consume 进行产品消费
        }
    }
coend
```


在生产者进程中，首先用 P(empty)测试是否有空缓冲区，若没有则等待；若有则通过 P(mutex)和 V(mutex)原语以互斥方式将产品投放到指定的空缓冲区中。由于投放产品后增加了一个满缓冲区，故生产者进程最后执行 V(full)操作使满缓冲区个数增 1。如果此时有因取不到产品而阻塞的消费者进程存在，则这个 V(full)将唤醒进程阻塞队列上的第一个消费者进程。

在消费者进程中，首先用 P(full)测试是否有放入产品的满缓冲区，若无则阻塞等待；若有则通过 P(mutex)和 V(mutex)原语以互斥方式从指定的满缓冲区中取出产品。由于取出产品后增加了一个空缓冲区，故消费者进程最后执行 V(empty)操作使空缓冲区个数增 1；如果此时有因无空缓冲区(即所有缓冲区都装满产品）放产品而被阻塞的生产者进程存在，则这个 V(empty)将唤醒进程阻塞队列上的第一个生产者进程。

当程序中出现多个 P 操作时，其出现次序的安排是否正确将会给进程的并发执行带来很大影响。如上面程序中，我们调整消费者进程 P(full)和 P(mutex)的次序，即先执行 P(mutex)，然后执行 P(full)。如果当前的情况是消费者进程正在执行，且缓冲池中没有满缓冲区（即 full.value 值为 0），那么消费者进程先执行 P(mutex)并因 mutex.value 值由 1 变为 0，而允许独占缓冲池的使用权，但接下来执行 P(full)却因 full.value 值由 0 变为−1 而阻塞。这时，如果生产者进程要将产品放入空缓冲区（缓冲池中全部为空缓冲区，即 empty.value 值为 n)，则先执行 P(empty)，并因 empty.value 值由 n 变为 n−1 而并不阻塞，接下来的执行 P(mutex)则因 mutex.value 值由 0 变为−1 而阻塞（缓冲池的使用权已被消费者进程所占用）。也就是说，在这种状态下生产者进程和消费者进程都无法执行，即进入了“死锁”状态。如果调整生产者进程 P(empty)和 P(mutex)的次序，也容易出现“死锁”。

那么，如何确定多个 P 操作的次序呢？我们知道信号量 mutex 是所有生产者进程和消费者进程的互斥信号量，而 empty 仅是生产者进程使用的信号量，full 则是消费者进程使用的信号量。因此 mutex 明显比 empty 和 full 重要。我们称 mutex 为公用信号量，而 empty 和 full 为私用信号量。也就是说，如果你占有了大家都要使用的紧缺资源（公用信号量控制的资源）使得其他人都不能使用，但你自身所需要的资源（私用信号量控制的资源）又得不到满足，那么你和大家只好都一起等待。因此一定要先满足自身的要求（先请求私用信号量），然后再满足大家都使用的要求（后请求公用信号量）。这样，即使你不能满足自身的要求，但也不会阻止其他人对资源的请求。

3.4.2 哲学家进餐问题

在提出生产者-消费者问题后，E.W.Dijkstra 针对多进程互斥地访问有限资源（如 I/O 设备）的问题又提出并解决了一个被称之为“哲学家进餐”（Dining Philosopher）的多进程同步问题。

哲学家进餐问题是 E.W.Dijkstra 在 1965 年秋为埃因霍温（Eindhoven）技术大学的学生出的一个考题，原题为五胞胎进餐问题，不久便以牛津大学教授 Hoare（霍尔）所取的名字——“哲学家进餐问题”而闻名。经过中国化的哲学家进餐问题可以做这样的描述：5 个哲学家同坐在一张圆桌旁，每个人的面前放着一碗面条，碗的两旁各摆放着一只筷子。假设哲学家的生活除了吃饭就是思考问题（这是一种抽象，即对该问题而言，其他活动都无关紧要），而吃饭的时候需要左手拿一只筷子，右手拿一只筷子，然后开始进餐（见图 3-8）。吃完后再将筷子放回原处，继续思考问题。那么，一个哲学家的活动进程可表示为：

（1）思考问题；

（2）饿了停止思考，左手拿一只筷子（如果左侧哲学家已持有它，则需要等待）；

（3）右手拿一只筷子（如果右侧哲学家已持有它，则需要等待）；

（4）进餐；

（5）放右手筷子；

（6）放左手筷子；

（7）重新回到思考问题状态（1）。

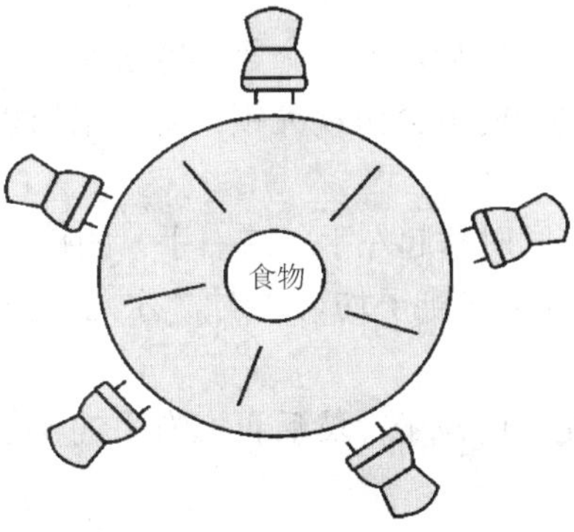

图 3-8 5 个哲学家进餐问题示意

现在的问题是如何协调 5 个哲学家的活动进程，使得每个哲学家最终都可以进餐。

分别考虑下面的两种情况。

（1）按哲学家的活动进程，当所有的哲学家都同时拿起左手筷子时，则所有的哲学家都将拿不到右手的筷子，并处于等待状态，那么哲学家都将无法进餐，最终饿死。

（2）将哲学家的活动进程修改一下，变为当右手的筷子拿不到时，就放下左手的筷子，这种情况不一定没有问题。因为可能在一个瞬间，所有的哲学家都同时拿起左手的筷子，则自然拿不到右手的筷子，于是都同时放下左手的筷子，等一会，又同时拿起左手的筷子，如此这样永远重复下去，则所有的哲学家都将无法进餐。

以上两个方面的问题，其实反映的是程序并发执行时进程同步的两个问题，一个是死锁，另一个是饥饿。

在哲学家进餐问题中，筷子应作为临界资源使用，因此需为每支筷子设置一个互斥信号量，其初值均为 1。每个哲学家在进餐之前，必须借助互斥信号量的 P 原语进行以下两个操作：取左边的筷子和取右边的筷子。进餐完毕后，必须借助互斥信号量的 V 原语放下手上的两支筷子。一种解决问题的方法用程序描述如下。

```
Semaphore chopstick[5];
for(int i=0;i<5;i++)
   chopstick[i].value=1;
cobegin
   process Philosopher_i()              //i=0,1,2,3,4
   {
      while(1)
      {
         think();                       //思考
         P(chopstick[i]);               //拿起左手的筷子
         P(chopstick[(i+1)%5]);         //拿起右手的筷子
         eat();                         //进餐
         V(chopstick[i]);               //放回左手的筷子
         V(chopstick[(i+1)%5]);         //放回右手的筷子
      }
   }
coend
```

上述解法有可能引起死锁。例如，若每个哲学家各拿了一支左手（或右手）的筷子，则再去拿右手（或左手）的筷子时就会出现死锁。可以采用以下方法中的一个来预防出现死锁。

（1）最多允许 4 位哲学家同时拿起左手（或右手）的筷子。

（2）仅当哲学家的左、右两支筷子均可用时，才允许他同时拿起左、右手的两支筷子；否则一支筷子也不拿。

（3）奇数号哲学家先取左手的筷子，然后再取右手的筷子；而偶数哲学家先取右手的筷子，然后再取左手的筷子。

（1）的程序如下。

```
Semaphore mutex,chopstick[5];
mutex.value=4;
```

```
for(int i=0;i<5;i++)
   chopstick[i].value=1;
cobegin
   process Philosopher_i()                 //i=0,  1,  2,  3,  4
   {
      while(1)
      {
         think();                          //思考
         P(mutex);                         //最多允许 4 个哲学家申请筷子
         P(chopstick[i]);                  //拿起左手的筷子
         P(chopstick[(i+1)%5]);            //拿起右手的筷子
         V(mutex);                         //已拿到两个筷子，解除申请
         eat();                            //进餐
         V(chopstick[i]);                  //放回左手的筷子
         V(chopstick[(i+1)%5]);            //放回右手的筷子
      }
   }
coend
```


（2）的解法是采用 AND 信号量机制。AND 同步机制的思想是将进程需要的所有资源一次性全部分配给该进程，但只要有一个资源不能分配给该进程，则其他所有资源也不分配给该进程。用 AND 信号量机制求解哲学家进餐问题的程序如下（SP 和 SV 分别为 AND 信号量机制的 P 操作和 V 操作）。

```
Semaphore chopstick[5];
for(int i=0;i<5;i++)
   chopstick[i].value=1;
cobegin
   process Philosopher_i()         //i-0,  1,  2,  3,  4
   {
      while(1)
      {
         think();                                    //思考
         SP(chopstick[i],chopstick[(i+1)%5]);        //同时拿起左、右手的两只筷子
         eat();                                      //进餐
         SV(chopstick[i],chopstick[(i+1)%5]);//同时放回左、右手的两只筷子
      }
   }
coend
```

（3）的程序如下。

```
Semaphore chopstick[5];
for(int i=0;i<5;i++)
   chopstick[i].value=1;
cobegin
   process Philosopher_i()                 //i=0,  1,  2,  3,  4
   {
      while(1)
```

```
        {
            think();                              //思考
            if(i%2==1)                            //如果是奇数号哲学家
            {
                P(chopstick[i]);                  //拿起左手的筷子
                P(chopstick[(i+1)%5]);            //拿起右手的筷子
            }
            else                                  //如果是非奇数号哲学家
            {
                P(chopstick[(i+1)%5]);            //拿起右手的筷子
                P(chopstick[i]);                  //拿起左手的筷子
            }
            eat();                                //进餐
            V(chopstick[i]);                      //放回左手的筷子
            V(chopstick[(i+1)%5]);                //放回右手的筷子
        }
    }
coend
```


为了提高系统的处理能力和机器的利用率，并发程序被广泛地使用，因此必须彻底解决并发程序中死锁和饥饿问题。于是人们将 5 个哲学家问题推广为更一般性的 n 个进程和 m 个共享资源的问题，并在研究过程中给出了解决这类问题的不少方法和工具，如 Petri 网、并发程序语言等工具，这些内容超出了本书讨论的范围，有兴趣的读者可以参阅相关文献。

3.4.3 读者-写者问题

读者-写者问题（Reader-Writer Problem）是有一个数据文件可以被多个进程共享，各进程共享数据文件的方式不同。有的进程只是从文件中读取信息，这类进程称为“读者进程”。有的进程写信息到文件中或者又读又写，这些进程统称为“写者进程”。为了不使文件内容混乱，要求各进程在使用文件时必须遵守以下规定。

（1）允许多个读者进程同时读文件（读操作不改变文件信息）。

（2）不允许写者进程与其他进程同时访问文件（写操作可能改变文件信息而造成信息读取的混乱）。

读者-写者问题中的进程之间存在三种制约关系：① 读者之间允许同时读；② 读者与写者之间需要互斥；③ 写者与写者之间也需要互斥。

为了解决读者进程、写者进程之间的同步，需要设置如下的信号量和变量。

（1）读互斥信号量 rmutex。用于使读者进程互斥地访问公用变量（共享变量）count，且 rmutex.vaule 的初值为 1。

（2）写互斥信号量 wmutex。用于实现写者进程与读者进程的互斥，以及写者进程与写者进程的互斥，且 wmutex.value 的初值为 1。

（3）公用变量 count。用于记录当前正在读文件的读者进程个数，且 count 的初值为 0，仅在 count 的值为 0 时才允许写者进程访问文件。

读者-写者问题的程序描述如下。

```
Semaphore rmutex,wmutex;
rmutex.value=1,wmutex.value=1;
int count=0;
cobegin
  process Reader_i()              //i=1,2,3,…,m
  {
    P(rmutex);                    //申请对 count 的访问权
                                  //如果有读者正访问 count 则阻塞自己
    if(count==0) P(wmutex);       //是第一个读者则阻塞写者进入
                                  //如果已有写者进入则阻塞自己
    count++;                      //读者个数加 1
    V(rmutex);                    //释放对 count 的访问权
    读文件操作;
    P(rmutex);                    //申请对 count 的访问权
    count--;                      //读者个数减 1
    if(count==0) V(wmutex);       //最后一个读者离开则允许写者进入
                                  //如果有被阻塞的写者则唤醒阻塞的第一个写者
    V(rmutex);                    //释放对 count 的访问权
  }
  process Writer_j()              //j=1, 2, 3, …, n
  {
    P(wmutex);                 //无读者、写者时进入且阻塞后来的读者、写者进入
                               //有其他读者、写者正进行文件操作则阻塞自己
    写文件操作;
    V(wmutex);              //若有被阻塞的读者、写者则唤醒阻塞的第一个读者或写者
  }
coend
```

在读者进程中，若已有其他进程在读文件（count 大于 0），则本进程自然可以读。若本进程是第一个读者进程（count 等于 0），则必须用 P(wmutex)原语判断是否已有写者进程正在访问文件，如果有写者进程正在访问文件，则本进程被阻塞；若没有，则本进程开始读文件，且同时也禁止任何写者进程对文件进行访问，此时读者进程计数 count 值加 1。当本进程读完文件后，则退出读操作，这时读者进程计数 count 值减 1。由于公用变量 count 是临界资源，因此必须位于 P(rmutex)和 V(rmutex)之间来保证访问 count 的互斥性。当最后一个读者进程（count 值减到 0 时）退出读操作时，必须使用 V(wmutex)原语唤醒因等待写访问而阻塞的第一个写者进程（如果有的话），如果没有阻塞的写者进程，则此时允许写者进程访问文件。

写者进程比较简单，首先使用 P(wmutex)原语来测试是否允许本进程进行写文件操作，若不允许，则本进程被阻塞；若允许，则本进程开始写文件，同时阻塞其他读者进程或写者进程进入。当写文件操作完成后，则必须使用 V(wmutex)原语唤醒因等待此次写操作而阻塞的第一个读者进程或写者进程（如果有的话），若没有这样的进程则允许后续到达的读者进程或写者进程继续进行读写操作。

注意，若读者进程正在进行读操作，则其后到达的读者进程或写者进程执行的过程分析比较容易。我们只对写者进程正在进行写操作时，其余读者进程或写者进程需要读操作

或写操作进行分析。如果一个写者进程正在进行写操作，假定此时没有其他写者进程提出写请求，则其后第一个提出读请求的读者进程将在执行“if(count==0) P(wmutex);”语句时，被阻塞在 wmutex 信号量上，而后续提出读请求的读者进程都将在执行“P(rmutex);”原语时，被阻塞在 rmutex 信号量上。同样，如果一个写者进程正在进行写操作时，又有其他写者进程提出写要求，则这些写者进程在执行“P(wmutex);”原语时，被阻塞在 wmutex 信号量上。当写者进程的写操作执行完后，则通过执行 “V(wmutex);”原语唤醒阻塞在 wmutex 信号量上所有读者进程或写者进程中的第一个被阻塞进程，若没有被阻塞进程则允许后续到达的读者进程或写者进程继续进行读写操作。

上面给出的算法属于读者优先算法，即只要有读者存在，写者将被延迟，且只要有一个读者进程在进行读文件操作，后续源源不断的读者进程都将被允许访问文件，从而可能引起写者进程长时间的等待而处于饥饿状态。在实际系统中更希望写者进程优先，即当读者进程正在读文件时，如果有写者进程请求写操作，这时应禁止其后到达的所有读者进程的读请求，待该写者进程到达之前已进行读操作的那些读者进程读操作完毕后，立即让该写者进程进行写操作。只有在无写者进程请求写文件的情况下，才允许后续到达的读者进程进行读操作。为了提高写者进程的优先级，可以增加一个信号量 W，即当有写者进程提出写请求时，通过信号量 W 来封锁其后到达的读者进程的读请求（当然也封锁其后到达的写者进程）。写者优先的程序描述如下。


```
Semaphore w,rmutex,wmutex;
w.value=1,rmutex.value=1,wmutex.value=1;
int count=0;
cobegin
  process Reader_i()              //i=1, 2, 3, …, m
  {
    P(w);                        //无写者进入或无写者请求时可进入，有则阻塞自己
    P(rmutex);                    //申请对 count 的访问权
    if(count==0) P(wmutex);       //是第一个读者则阻塞写者进入
                                  //如果已有写者进入则阻塞自己
    count++;                      //读者个数加 1
    V(rmutex);                    //释放对 count 的访问权
    V(w);                         //允许其他读者进入
    读文件操作;
    P(rmutex);                    //申请对 count 的访问权
    count--;                      //读者个数减 1
    if(count==0) V(wmutex);       //最后一个读者离开则允许写者进入
                                  //如果有被阻塞的写者则唤醒阻塞的第一个写者
    V(rmutex);                    //释放对 count 的访问权
  }
  process Writer_j()              //j=1, 2, 3, …, n
  {
    P(w);                         //阻止后续到达的读者和写者进入
    P(wmutex);                    //申请对文件操作的独占权
                                  //有其他读者、写者正进行文件操作则阻塞自己
    写文件操作;
    V(wmutex);                    //释放对文件操作的独占权
    V(w);                    //若有被阻塞的读者、写者则唤醒阻塞的第一个读者或写者
  }
coend
```

有了信号量 P(w)，则当写者进程到达并执行了 P(w)原语后，如果没有任何其他读者进程或写者进程正进行读、写操作，则该写者进程进行写操作，其后到达的所有读者进程或写者进程都将因这个 P(w)原语的执行而被阻塞。如果有其他读者进程或写者进程正进行读、写操作，则该写者进程在执行 P(w)原语后被阻塞，直到进行读、写操作的其他读者进程或写者进程读写操作完毕后，最后退出读写文件操作的那个进程将通过 V(wmutex)原语唤醒该写者进程，让其进行写操作。当该写者进程写操作结束后，又通过 V(w)原语唤醒阻塞在 w 信号量上所有读者进程或写者进程中的第一个被阻塞进程（如果有的话）。

注意，写者优先并不是说写者进程总是比读者进程优先，实际上是置读者进程和写者进程平等的地位，即谁先请求谁优先。

3.4.4　睡眠理发师问题

睡眠理发师问题（Sleeping-Barber Problem）描述为：有一个理发师、一把理发椅和 n 把供等候理发顾客坐的椅子。如果没有顾客则理发师就在理发椅子上睡觉，当一个顾客到来时，则必须唤醒理发师进行理发，若理发师正在理发时又有顾客到来，如果有空椅子可坐，则该顾客就坐下来等候，如果没有空椅子可坐就离开理发厅。

可以将睡眠理发师问题看作是 n 个生产者（顾客）和一个消费者（理发师）问题。顾客作为生产者，每到来一个就使公用变量 rc 加 1（记录需要理发顾客的人数），以便让理发师理发（消费）至最后一个顾客（产品）。第一个到来的顾客应负责唤醒理发师，如果不是第一个到达的顾客，则在有空椅子的情况下坐下等待，否则离开理发厅（该信息可由公用变量 rc 获得）。而理发师进程则在被唤醒后给顾客理发，理完一个顾客后若仍有顾客等待（rc 不为 0），则唤醒等待的顾客继续理发，如果没有顾客等待，则理发师继续睡眠直到下次到来的顾客唤醒他。

因此需设置一个信号量 mutex 来互斥访问公用变量 rc，设置一个信号量 wakeup 用于第一个顾客唤醒理发师，设置一个信号量 wait 使后续到达的顾客等待（即阻塞），以便理发师唤醒他并给他理发，分别设置信号量 cut 和 go 用于同步理发师对顾客的理发，cut 防止顾客还未坐在理发椅上理发师就结束了理发，go 防止顾客未理完发就离开了理发厅。信号量的使用和信号量的初值设置说明如下。

（1）由于公用变量 rc 是临界资源，因此必须放置于 P(mutex)和 V(mutex)之间来保证访问 rc 的互斥性，并且 P(mutex)和 V(mutex)必须成对出现。下面的顾客进程中，访问 rc 之前有一个 P(mutex)，但是访问 rc 之后却有三个出口，所以这三个出口之前都应有 V(mutex)。第一个和第三个出口之前还有 P(wait)，由于 P(wait)可能造成顾客进程阻塞，因此必须将 V(mutex)置于 P(wait)之前，否则因没有执行 V(mutex)而使其他顾客进程无法访问公用变量 rc，也即无法理发。

（2）在顾客进程未到达时，理发师进程执行 P(wakeup）应变为睡眠（阻塞）状态等待第一个顾客将其唤醒，所以 wakeup.value 的初值为 0。所有顾客等待理发师理发时，应执行 P(wait)将自己阻塞起来，所以 wait.value 的初值也为 0。而 mutex 是互斥访问公用变量 rc 的信号量，故 mutex.value 的初值为 1。

（3）理发师进程每次只从 wait 阻塞队列中唤醒第一个顾客进行理发（如果有的话）。

睡眠理发师问题实现程序如下。

```
Semaphore wakeup,wait,mutex;
wakeup.value=0,wait.value=0,cut.value=0;
go.value=0,mutex.value=1;
```

```
int rc=0;
cobegin
  process Customer_i()                    //i=1, 2, 3, …, m
  {
    P(mutex);                             //申请对 rc 的访问权
    rc++;                                 //等待理发顾客人数加 1
    if(rc==1)                             //是第一个到达的顾客
    {
      坐在理发椅上;
      V(wakeup);                          //第一个顾客到来时唤醒理发师
      V(mutex);                           //释放对 rc 的访问权
      P(wait);                            //阻塞自己等待理发师唤醒
      V(cut);                             //让理发师給自己理发
      P(go);                              //等待理发结束
    }
    else                                  //不是第一个到达的顾客
      if(rc>n+1)                          //顾客已无椅子可坐(1 人理发, n 人坐椅子)
      {
        rc--;                             //该顾客需离开理发厅
        V(mutex);                         //释放对 rc 的访问权
      }
      else                                //不是第一个到达的顾客但有空椅子可坐
      {
        坐在空椅子上;
        V(mutex);                         //释放对 rc 的访问权
        P(wait);                          //阻塞自己等待理发师唤醒（排队等待）
        坐在空椅子上;
        V(cut); //                        //让理发师給自己理发
        P(go);                            //等待理发结束
      }
    离开理发厅;                           //理完发或无空椅子可坐
  }
  process Barber()
  {
    P(wakeup);                            //无等待理发的顾客则理发师睡眠
    while(1)
    {
      P(mutex);                           //申请对 rc 的访问权
      if(rc!=0)                           //有等待理发的顾客
      {
        V(wait);                          //唤醒 wait 阻塞队列上第一个顾客
        P(cut);                           //等待顾客坐在理发椅上
        給顾客理发;
        V(go);                            //理发结束，允许该顾客离开理发厅
        让被唤醒的顾客坐在理发椅上理发;
        rc--;                             //理完发则等待理发顾客人数减 1
        V(mutex);                         //释放对 rc 的访问权
      }
      else
      {
        V(mutex);                         //释放对 rc 的访问权
```

```
                P(wakeup);                    //已无等待理发的顾客则理发师睡眠
            }
        }
    }
coend
```

注意，对顾客进程来说，仅当理发师忙时等待（阻塞）一会，当理发师唤醒他给他理完发后，该顾客进程就结束了，而理发师进程的操作始终在睡眠和理发之间转换，永不终止。

3.5 经典互斥与同步问题的应用

3.5.1 缓冲区数据传送问题

设有进程 A、B 和 C，分别调用函数 get、copy 和 put 对缓冲区 S 和 T 进行操作。其中，get 负责把数据块输入到缓冲区 S 中，copy 负责从缓冲区 S 中取出数据块，并复制到缓冲区 T 中，put 负责从缓冲区 T 中取出数据输出打印，如图 3-9 所示。试描述进程 A、B 和 C 的实现算法。

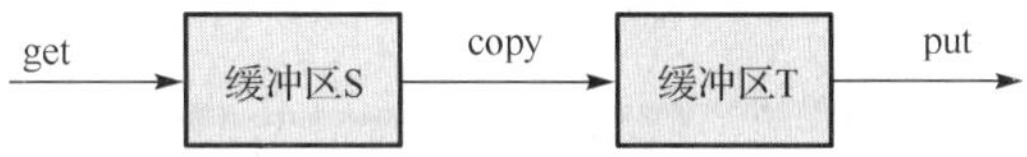

图 3-9　缓冲区数据传送示意

由于本题缓冲区有两个，所以除同步关系外，进程 A 与进程 B 之间、进程 B 与进程 C 之间还分别存在互斥使用缓冲区 S 和缓冲区 T 这样的关系，即两个缓冲区应视为临界资源。仔细分析可以发现，进程 A 与进程 B 不可能同时申请缓冲区 S，因为缓冲区 S 为空时，只有进程 A 可以提出申请并使用；而缓冲区满时，只有进程 B 可以提出申请并使用。因此，通过同步机制就可以使进程 A 与进程 B 互斥地使用缓冲区 S。进程 B 与进程 C 之间的关系也完全类似进程 A 与进程 B 之间的关系。三进程之间制约关系的前趋图如图 3-10 所示。

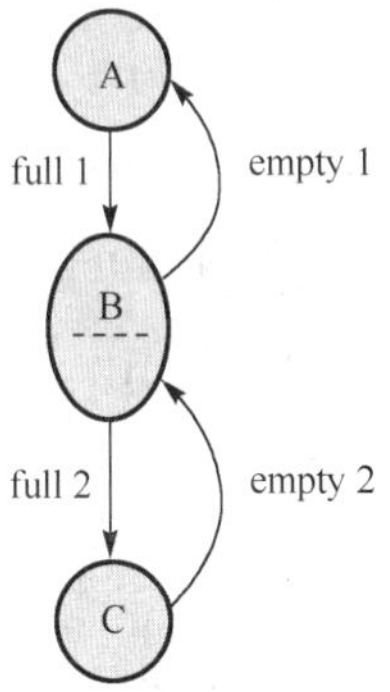

图 3-10　三进程之间制约关系的前趋图

从图 3-10 可以看出，进程 A 是生产者，进程 B 对进程 A 来说是消费者，而对进程 C 来说又是生产者，即进程 B 兼有消费者和生产者双重功能，进程 C 对进程 B 来说是消费者。此外，为了在进程初启时保证按制约关系同步进行，信号量 empty1.value 和 empty2.value 的初值应置为 1。缓冲区数据传送问题的实现程序描述如下。

```
Semaphore empty1,empty2,full1,full2;
empty1.value=1,empty2.value=1;
full1.value=0,full2.value=0;
cobegin
```

```
    process A()
    {
      while(1)
      {
        P(empty1);          //测试缓冲区 S 是否非空，非空则阻塞进程 A
        get();              //将数据块输入到缓冲区 S
        V(full1);           //通知进程 B 可取出 S 中数据块，若进程 B 阻塞则唤醒它
      }
    }
    process B()
    {
      while(1)
      {
        P(full1);           //测试缓冲区 S 是否有数据，无数据则阻塞进程 B
        P(empty2);          //测试缓冲区 T 是否非空，非空则阻塞进程 B
        copy();             //从缓冲区 S 中取出数据复制到缓冲区 T
        V(empty1);          //通知进程 A 缓冲区 S 为空，若进程 A 阻塞则唤醒它
        V(full2);  //通知进程 C 可取出缓冲区 T 中数据打印，若进程 C 阻塞则唤醒它
      }
    }
    process C()
    {
      while(1)
      {
        P(full2);           //测试缓冲区 T 是否有数据，无数据则阻塞进程 C
        put();              //取出缓冲区 T 中数据打印
        V(empty2);          //通知进程 B 缓冲区 T 为空，如进程 B 阻塞则唤醒它
      }
    }
coend
```


由图 3-10 和程序可以看出，对于有向边来说，凡入边到达进程的，一律执行 P 操作，凡由进程出来的出边，一律执行 V 操作。并且是在进程的开始执行 P 操作，在进程的最后执行 V 操作。

3.5.2 吃水果问题

桌上有一个盘子，可以放入一个水果。父亲总是放苹果到盘子中，而母亲则总是放香蕉到盘子中，一个儿子专等吃盘中的香蕉，而一个女儿专等吃盘中的苹果。

由于父亲和母亲可以同时向盘子放水果，所以盘子是临界资源，应设置一互斥信号量 mutex 来实现放水果的互斥，即 mutex.value 初值为 1。此外，父亲和女儿、母亲和儿子之间存在同步关系，故分别设置信号量 apple 和 banana 来分别实现这种同步关系，并且 apple.value 和 banana.value 的初值均为 0。父亲、母亲、女儿和儿子 4 个进程的同步示意如图 3-11 所示。

吃水果问题的实现程序描述如下。

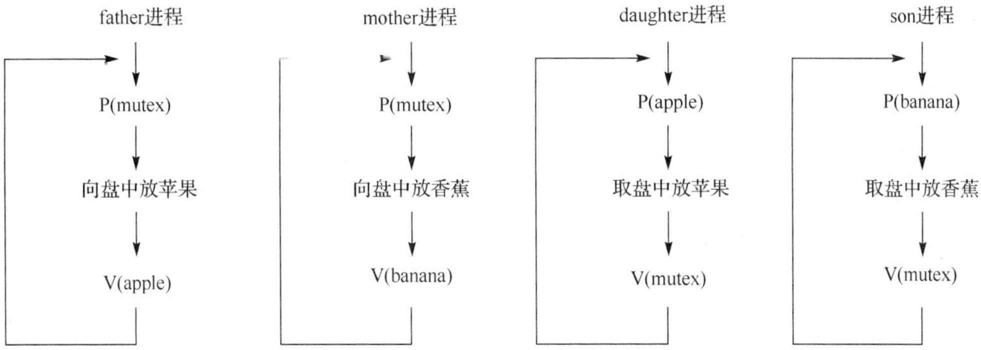

图 3-11　父亲、母亲、女儿和儿子 4 个进程的同步示意

```
Semaphore apple,banana,mutex;
apple.value=0,banana.value=0,mutex.value=1;
cobegin
  process father()
  {
    while(1)
    {
      P(mutex);          //测试是否盘子被占用，若是则阻塞自己
      向盘中放苹果;
      V(apple);          //通知女儿可以取盘中的苹果，若女儿被阻塞则唤醒她
    }
  }
  process mother()
  {
    while(1)
    {
      P(mutex);          //测试是否盘子被占用，若是则阻塞自己
      向盘中放香蕉;
      V(banana);         //通知儿子可以取盘中的香蕉，若儿子被阻塞则唤醒他
    }
  }
  process daughter()
  {
    while(1)
    {
      P(apple);          //测试是否盘子有苹果，若无则阻塞自己
      取盘中的苹果;
      V(mutex);          //释放盘子使用权，若父母有阻塞者则唤醒之
    }
  }
  process son()
  {
    while(1)
    {
      P(banana);         //测试是否盘子有香蕉，若无则阻塞自己
      取盘中的香蕉;
      V(mutex);          //释放盘子使用权，若父母有阻塞者则唤醒之
    }
  }
coend
```

注意，由于只有父母二人使用互斥信号量 mutex 且初值为 1，因此最多只有一人阻塞。

3.5.3 汽车过桥问题

有桥如图 3-12 所示，车流如图 3-12 箭头所示。桥上不允许两车交会，但允许同方向多辆车依次通行（即桥上可以有多个同方向的车）。用 P、V 操作实现交通管理以防止桥上堵车。

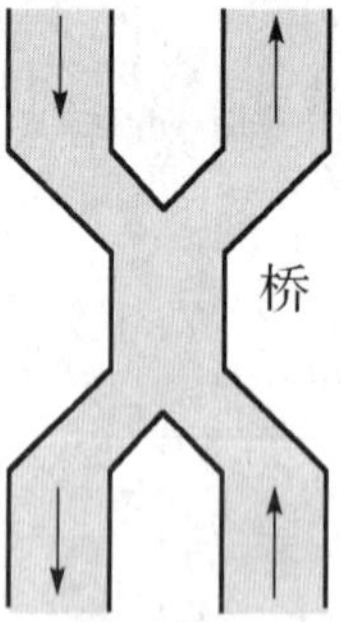

图 3-12 汽车过桥示意

解决的一种方法是如果某一方向的车先到，则让该方向的车过桥。但可能会出现该方向的车源源不断地到达、过桥，使得另一方向的车处于饥饿状态。最好的解决方法是参考读者-写者问题中的写者优先算法，即桥上允许同一方向的多辆车依次过桥，如果此时对方有车提出过桥，则阻塞本方还未上桥的后续车辆，待桥上本方的车辆过完后，对方的车辆开始过桥。过桥程序如下。

```
Semaphore mutex1,mutex2,wait;
mutex1.value=1,mutex2.value=1,wait.value=1;
int count1=0,count2=0;
cobegin
  process N_i()                  //i=1,2,3,…,m
  {
    P(wait);                 //若对方车辆提出过桥请求时阻止本方后续车辆上桥
    P(mutex1);                          //申请对 count1 的访问权
    if(count1==0) P(mutex2);     //是己方第一个上桥车辆则阻塞对方车辆上桥
                                        //如果对方车辆已上桥则阻塞自己
    count1++;                //己方过桥车辆加 1
    V(mutex1);               //释放对 count1 的访问权
    V(wait);                 //允许后续到达的车辆请求过桥
    车辆过桥;
    P(mutex1);               //申请对 count1 的访问权
    count1--;                //己方过桥车辆减 1
    if(count1==0) V(mutex2);
                             //如果是己方最后一个车辆完成过桥则允许对方车辆上桥
                             //如果有被阻塞的对方车辆则唤醒对方被阻塞的车辆过桥
    V(mutex1);               //释放对 count1 的访问权
  }
  process S_j()                  //j=1,2,3,…,n
  {
    P(wait);                 //若对方车辆提出过桥请求时阻止本方后续车辆上桥
    P(mutex2);                          //申请对 count2 的访问权
    if(count2==0) P(mutex1);     //是己方第一个上桥车辆则阻塞对方车辆上桥
                                        //如果对方车辆已上桥则阻塞自己
    count2++;                //己方过桥车辆加 1
    V(mutex2);               //释放对 count2 的访问权
    V(wait);                 //允许后续到达的车辆请求过桥
    车辆过桥;
    P(mutex2);               //申请对 count2 的访问权
```

```
        count2--;               //己方过桥车辆减 1
        if(count2==0) V(mutex1);
                                //如果是己方最后一个车辆完成过桥则允许对方车辆上桥
                                //如果有被阻塞的对方车辆则唤醒对方被阻塞的车辆过桥
        V(mutex2);              //释放对 count2 的访问权
    }
coend
```

3.6 管程机制

前面介绍的信号量机制虽然是一种有效的进程互斥与同步机制，但实现进程同步的 P 操作和 V 操作可能分布在整个程序中，这不仅给编程和进程管理带来麻烦，而且 P 操作执行次序的不当也可能会导致死锁。为了解决信号量机制带来的不便而引入了管程同步机制。

管程（Monitor）是一种新的进程互斥与同步机制，它能够提供与信号量同等的功能。使用管程机制可以将分散在各进程中的同步操作集中起来统一控制和管理，进程通过调用管程中的过程或函数可以更方便地实现进程的互斥与同步（包括对临界资源的互斥使用），同时也可以减少错误的发生。

3.6.1 条件变量与管程结构

1. 条件变量

为了避免多个进程在管程中出现“忙等”现象，管程提供了条件变量机制，让暂时不能进入管程的进程阻塞或挂起等待。条件变量（Condition Variable）是管程提供的一种进程同步机制，它能够在多个进程之间传递信号，并解决管程内进程可能出现的“忙等”问题。

条件变量是封装在管程内的一种数据结构，它对应一个进程阻塞队列，并只能被管程中的过程（函数）访问，且是管程内的所有过程（函数）的全局变量。条件变量只能通过 wait 和 signal 两个原语进行控制，而 wait 和 signal 原语总是在某个条件变量（如 X）上执行，表示为 X.wait 或 X.signal。X.wait 操作的作用是使本进程阻塞在条件变量 X 上，X.signal 操作的作用是：若有进程被阻塞在条件变量 X 上，则将第一个阻塞进程唤醒。

如果一个管程内的过程（函数）在某个条件变量 X 上执行 wait 原语（即 X.wait），则调用该过程（函数）的进程被阻塞（放弃 CPU），且退出管程并移到 X 对应的进程阻塞队列（称为进程被阻塞在条件变量 X 上）。这时，在管程外等待访问临界资源的第一个进程就会进入管程（获得 CPU 执行）。

如果一个进程调用管程内的某个过程（函数），在条件变量 X 上执行 signal 原语（即 X.signal），若当前仍有进程被阻塞在 X 上的话， 就将第一个阻塞进程唤醒；若当前没有进程被阻塞，则 X.signal 操作没有任何作用（相当于一个空操作）。

条件变量与信号量似乎相似，但却明显不同。首先，与信号量具有值的概念不同，条件变量没有关联的值；其次，在管程中执行 signal 操作时，如果相应的进程阻塞队列中没有阻塞进程，则本次操作为空操作，即什么也不做，而在信号量中则不会出现这种情况，V 操作在进程阻塞队列中没有阻塞进程时，也必须对信号量进行加 1 操作（资源个数增 1）。

在管程的实际使用中可能会出现这样的问题，当某进程执行了 signal 操作后，在相应条件变量队列上等待的一个进程则恢复执行。这时，就可能出现两个进程都在管程中执行的情况。例如，两个进程 P 和 Q，进程 P 在条件变量 C 上执行 signal 操作，而 Q 是条件变量 C 进程阻塞队列上的第一个进程，那么进程 P 执行 signal 操作后进程 Q 将被唤醒，从而出现进程 P 和 Q 都在管程中执行的情况。为避免进程 P 和进程 Q 同时在管程中，可以采用下面两种策略。

（1）进程 P 执行 signal 操作后先阻塞自己而让进程 Q 先执行，直到进程 Q 退出管程或因等待另一条件而阻塞时再执行进程 P。

（2）进程 P 执行 signal 操作后继续执行，直到进程 P 退出管程或因等待另一条件而阻塞时再执行进程 Q。

2. 管程结构

管程发明人之一 Hansen（汉森）给管程的定义是：一个管程定义了一个数据结构和在该数据结构上执行的一组过程（函数），这组过程（函数）能够同步进程和改变管程中的局部数据。管程具有以下 5 个性质。

（1）管程中不仅有数据而且有对数据的操作，即管程是一种扩展了的抽象数据类型。

（2）管程这种扩展了的抽象数据类型的描述对象是互斥资源，因此管程实际上是互斥资源的管理模块。

（3）作为一个软件模块，管程应符合模块化的要求，即管程应是一个基本程序单位，并可以被单独编译。

（4）管程中的数据结构只能被管程中的过程（函数）使用，管程内的数据结构和过程（函数）的具体实现在外部是不可见的。

（5）为了实现对互斥资源的共享，管程应有互斥与同步机制。

管程主要由三部分组成：① 局部于管程内的数据结构；② 管程内共享数据的初始化语句；③ 一组对管程内数据结构进行访问的调用过程（函数）。管程的模块结构如图3-13所示。

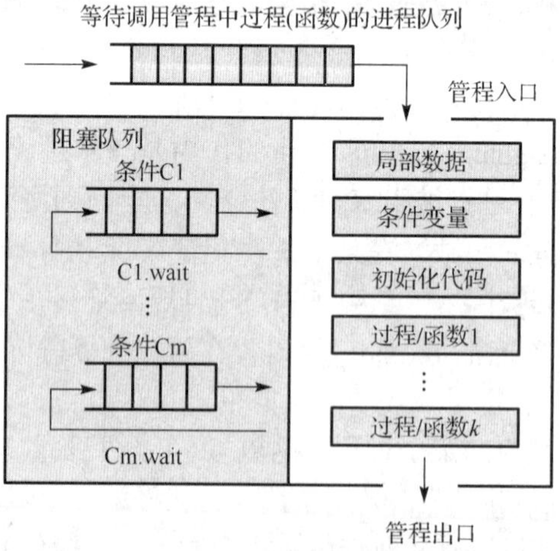

图 3-13　管程结构示意

管程内的共享数据结构必须互斥访问，因此在这里把管程形象地描述为只有一个入口和一个出口的程序结构。任何时刻只允许一个进程进入管程，其他试图进入管程的进程只能在管程外等待。管程内的进程访问完共享的数据结构后，可以顺利退出管程，但也可能因为执行 wait 操作而阻塞在某个条件变量的进程阻塞队列上。

管程被请求或释放互斥资源的进程所调用，使用管程实现进程同步具有以下三个特点。

（1）管程内的数据结构只能由管程定义的过程（函数）访问，任何外部过程（函数）都不能访问它们。同样局部于管程的过程（函数）也只能访问管程内的数据结构。因此可以把管程看作是一个围墙，它把公用变量和对公用变量操作的一组过程（函数）保护起来，所有要访问管程内数据的进程都必须经过管程才能进入临界区，而管程每次只允许一个进程进入，从而实现了多个进程对临界区的互斥访问。

（2）任何时刻只能有一个进程在管程中执行，其他申请进入管程的进程必须阻塞等待。

（3）一个外部过程（函数）只有通过调用管程内的一个过程（函数）才能进入管程。

根据图 3-13 管程的结构，可以在形式上将一个管程描述如下。

```
monitor 管程名
{
   公用变量说明;
   条件变量说明;
   初始化语句;
   define 管程内定义的，管程外可以调用的过程或函数名列表;
   use 管程外定义的，管程内将要调用的过程或函数名列表;
   过程或函数 1 定义;
   过程或函数 2 定义;
          ⋮
   过程或函数 k 定义;
}
```

3.6.2 生产者-消费者问题的管程解决方法

在生产者-消费者问题中，生产者进程生产完一个产品后，如果缓冲池中所有的缓冲区都装满产品，则生产者进程被阻塞。同样，消费者进程需要消费一个产品时，如果此时缓冲池中所有的缓冲区都为空，则消费者进程被阻塞。因此在生产者-消费者问题的管程结构中，需要设置两个不同的阻塞队列，即引入两个条件变量 notfull 和 notempty 来分别对应这两种不同的阻塞条件。

实现生产者-消费者进程同步的管程 Producer_consumer 描述如下。

```
monitor Producer_consumer
{
   item B[n];                     //模拟缓冲池
   int in=0,out=0,count=0;
   condition notfull,notempty;          //定义两个条件变量
   define put,get;                //函数 put 和 get 在管程内定义，在管程外也可调用
   void put(item x)               //将产品投放到缓冲池中
   {
      if(count==n)
         notfull.wait;            //若缓冲池满则阻塞自己并挂到 notfull 阻塞队列上
      B[in]=x;                    //将产品投放到 in 指向的空缓冲区中
      in=(in+1)%n;                //指针 in 指向下一个空缓冲区
```

```
        count++;                     //满缓冲区个数加 1
        notempty.signal;
                        //唤醒 notempty 阻塞队列上第一个消费者进程（如果有的话）
    }
    void get(item *x)            //从缓冲池中取出一个产品放到 x 所指的地址中
    {
        if(count==0)
          notempty.wait          //若缓冲池空则阻塞自己并挂到 notempty 阻塞队列上
        *x=B[out];               //由 out 指向的满缓冲区中取出产品赋给*x
        out=(out+1)%n;           //指针 out 指向下一个满缓冲区
        count--;                 //满缓冲区个数减 1
        notfull.signal;
                         //唤醒 notfull 阻塞队列上第一个生产者进程（如果有的话）
    }
}
```

使用管程解决生产者-消费者问题的方法如下。


```
cobegin
  process producer_i()                    //i=1,2,3,…,m
  {
     item x;
     x=produce();                         //生产一个产品放入变量 x 中
     Producer_consumer.put(x);            //由管程实现将一个产品放入缓冲池
  }
  process consumer_j()                    //j=1,2,3,…,n
  {
     item x;
     Producer_consumer.get(&x);           //由管程实现从缓冲池中取出一个产品
     consume(&x);                         //消费产品*x
  }
coend
```

生产者进程 producer_i 通过调用管程内函数 Producer_consumer.put 向缓冲池中投放一个产品。put 函数首先检查缓冲池是否已全部装满产品（count 值是否为 n），若 count 值为 n，则通过“notfull.wait”调用 wait 原语，将该生产者进程挂到条件变量 notfull 的阻塞队列上，否则将产品放入由指针 in 所指的空缓冲区中。此时满缓冲区的个数 count 值增 1，最后通过“notempty.signal”来调用 signal 原语，唤醒 notempty 阻塞队列上第一个被阻塞的消费者进程，如果 notempty 阻塞队列为空，则 signal 原语什么也不做。

消费者进程 consumer_j 通过调用管程内的函数 Producer_consumer.get 从缓冲池中取出产品。get 函数首先检查缓冲池是否为空（count 值是否为 0），若 count 值为 0，则通过“notempty.wait”调用 wait 原语，将该消费者进程挂到条件变量 notempty 的阻塞队列上，否则由指针 out 所指的缓冲区取出产品。此时满缓冲区个数 count 值减 1，接下来通过“notfull.signal”来调用 signal 原语，唤醒 notfull 阻塞队列上第一个被阻塞的生产者进程，如果 notfull 阻塞队列为空，则 signal 原语什么也不做。至此，函数 get 执行完返回到消费者进程 consumer_j，消费者进程则通过函数 consume 消费由函数 get 取出的产品。

由此，可以看出管程所构造的完全不同于信号量的互斥与同步。虽然管程机制中的两个原语 wait 和 signal 看起来与信号量机制的 P 操作原语和 V 操作原语十分相像，但 wait 和 signal 仅隶属于管程中的条件变量而且没有值的概念，即省去了像 P、V 操作要设置信号量，并给信号量赋初值的工作，使用起来更加简单、易行。

3.6.3　哲学家进餐问题的管程解决方法

为了避免用信号量解决哲学家进餐问题可能出现的死锁情况，可以使用管程来对多个哲学家进餐的进程进行互斥与同步。为了解决哲学家进餐问题，需要建立一个命名为 dining_philosophers 的管程。在该管程中，使用了一个枚举类型来表示哲学家的三种状态：thinking（思考）、hungry（饥饿）和 eating（吃饭），并为每个哲学家设置了一个条件变量 self[i]（i=0, 1, 2, 3, 4）。此外，还设置了 test、pickup 和 putdown 三个函数。

（1）test(i)。测试哲学家 i 是否已具备用餐条件，仅当哲学家 i 饥饿且他左、右的哲学家都不用餐时，哲学家 i 才具备用餐条件，若已具备用餐条件，则通过 signal 原语让他准备用餐。

（2）pickup(i)。在哲学家 i 申请用餐时调用，先用 test(i)测试哲学家 i 是否已具备用餐条件，若不具备用餐条件，则使用 wait 原语阻塞哲学家 i。

（3）putdown(i)。在哲学家 i 用餐完毕后调用，它通过调用 test 函数分别检查其左邻和右邻的两个哲学家是否已具备用餐条件，若已具备用餐条件则令其准备用餐。

dining_philosophers 管程描述如下。

```
monitor dining_philosophers
{
  enum status { thinking,hungry,eating };
  enum status state[5];          //记录5个哲学家的当前状态
  condition self[5];             //为每个哲学家均设置一个条件变量self[i]
  for(int i=0;i<5;i++)
    state[i]=thinking;           //初始时5个哲学家均设为思考状态
  define pickup,putdown;
                      //函数pickup和putdown在管程内定义在管程外也可调用
  void test(int i)               //测试哲学家i是否已具备用餐条件
  {
    if(state[(i-1)%5]!=eating&&state[i]==hungry
              &&state[(i+1)%5]!=eating)
    {
      state[i]=eating;           //已具备用餐条件则置哲学家i为吃饭状态
      self[i].signal;            //如果哲学家i在self[i]阻塞队列上则唤醒他
    }
  }
  void pickup(int i)             //哲学家i申请用餐
  {
    state[i]=hungry;             //先置哲学家i为饥饿状态
    test[i];                     //测试哲学家i是否已具备用餐条件
    if(state[i]!=eating) self[i].wait;
                      //如果哲学家i不具备用餐条件则阻塞在self[i]阻塞队列上
```

```
    }
    void putdown (int i)            //哲学家 i 用餐完毕
    {
       state[i]=thinking;           //置哲学家 i 为思考状态
       test[(i-1)%5];               //测试哲学家 i-1 是否已具备用餐条件
       test[(i+1)%5];               //测试哲学家 i+1 是否已具备用餐条件
    }
}
```

使用管程解决哲学家进餐问题的方法如下。

```
cobegin
   process philosopher_i()          //i=0, 1, 2, 3, 4
   {
      while(1)
      {
         think();                              //哲学家 i 正在思考
         dining_philosophers.pickup(i);        //用管程实现哲学家 i 申请用餐
         eat();                                //哲学家 i 正在用餐
         dining_philosophers.putdown(i);       //用管程实现哲学家 i 结束用餐
      }
   }
coend
```


3.6.4 读者-写者问题的管程解决方法

用管程 Reader_Writer 实现读者-写者问题的描述如下。

```
monitor Reader_Writer
{
   int a,n=0;                       //n：在阻塞队列上的读者个数计数
   int count=0;                     //正在进行读操作的读者个数计数
   int flag1=0;                     //是否有读者进行读操作的标志（0：无，1：有）
   int flag2=0;                     //是否有写者进行写操作的标志（0：无，1：有）
   condition notread,notwrite;      //定义条件变量
   define read,write;       //函数 read 和 write 在管程内定义,在管程外也可调用
   void read()
   {
      if(flag2==0)                  //无写者进行操作时
      {
         count++;                   //进行读操作的读者计数加 1
         if(count==1)               //是第一个进行读操作的读者
            flag1=1;                //置有读者进行读操作的标志
         读文件操作;
         count--;                   //进行读操作的读者计数减 1
         if(count==0)               //无读者进行操作时
         {
            lag1=0;                 //置无读者进行读操作的标志
            notwrite.signal;        //唤醒阻塞队列上的第一个写者(如果有的话)
         }
      }
```

```
      else
      {
         n++;                            //被阻塞读操作的读者计数加 1
         notread.wait;                   //有写者进行操作则该读者被阻塞
      }
   }
   void write()
   {
      if(flag1==0&&flag2==0)             //无读者和写者进行操作时
      {
         flag2=1;                        //置有写者进行写操作标志
         写文件操作;
         flag2=0;                        //置无写者进行写操作标志
         notwrite.signal;                //唤醒阻塞队列上的第一个写者(如果有的话)
         if(flag2==0)                    //无写者进行写操作时
            for(a=0;a<n;a++)
               notread.signal;           //唤醒阻塞队列上的所有读者(如果有的话)
         n=0;                            //被阻塞读操作的读者计数清零
      }
      else
         notwrite.wait;                  //有读者或写者进行操作则该写者被阻塞
   }
}
```


使用管程解决读者-写者问题的方法如下。

```
cobegin
   process reader_i()                    //i=1,2,3,…,m
   {
      Reader_Writer.read();
   }
   process writer_j()                    //j=1,2,3,…,k
   {
      Reader_Writer.write();
   }
coend
```

上述算法是读者优先算法。当进行写操作的写进程操作结束时，则仅唤醒阻塞队列上的第一个写者进程（如果有的话），即按阻塞先后次序依次来唤醒被阻塞的写进程。同时唤醒阻塞队列上的所有读者进程（如果有的话），因为这些读者进程都可以同时读。

3.6.5　睡眠理发师问题的管程解决方法

睡眠理发师问题采用的方法是所有要理发的顾客都阻塞在 notsit 阻塞队列上，理发师理发时每次从 notsit 阻塞队列上唤醒一个顾客进行理发，直至 notsit 阻塞队列上为空时，则睡眠休息。用管程 Sleeping_Barber 实现睡眠理发师问题的描述如下。

```
monitor Sleeping_Barber
{
   int count=0;                          //理发顾客计数
   condition notsleep,notsit,cut,go;     //定义条件变量
   define cut,sleeping;   //函数 cut 和 sleeping 在管程内定义在管程外也可调用
```

```
    void cut()
    {
      count++;                          //等待理发的顾客计数加 1
      if(count==1)                      //是第一个到达理发厅的顾客
      {
        坐在理发椅上;
        notsleep.signal;                //如理发师睡眠则唤醒之
        notsit.wait;                    //阻塞自己等待理发师唤醒
        cut.signal;                     //让理发师给自己理发
        go.wait;                        //等待理发结束
      }
      else
        if(count>n+1)                   //顾客已无椅子可坐
          count--;                      //该顾客需离开理发厅
        else                            //顾客不是第一个到达但有椅子可坐
        {
          坐在空椅子上;
          notsit.wait;                  //阻塞自己等待理发师唤醒
          坐在理发椅上;
          cut.signal;                   //让理发师给自己理发
          go.wait;                      //等待理发结束
        }
      离开理发厅;                        //理完发或无空椅子可坐
    }
    void sleeping()
    {
      while(1)
      {
        if(count!=0)                    //有顾客等待理发
        {
          notsit.signal;                //唤醒 notsit 阻塞队列上的第一个顾客
          cut.wait;                     //等待顾客坐在理发椅上
          给顾客理发;
          go.signal;                    //理发结束，允许该顾客离开理发厅
          count--;                      //等待理发的顾客计数减 1
        }
        else
          notsleep.wait;                //无等待理发的顾客则理发师睡眠
      }
    }
}
```


使用管程解决睡眠理发师问题的方法如下。

```
cobegin
  process Gustomer_i()                  //i=1,2,3,…,m
  {
    Sleeping_Barber.cut();
  }
  process Barber ()
  {
```

```
      Sleeping_Barber.sleeping();
    }
coend
```

3.6.6 吃水果问题的管程解决方法

用管程 Eat_fruit 实现放水果和取水果的描述如下。

```
monitor Eat_fruit
{
   int flag=0;       //flag 等于 0 盘中无水果,等于 1 盘中有苹果,等于 2 盘中有香蕉
   condition notfull,notempty[2];          //定义条件变量
   define put,get;                  //函数 put 和 get 在管程内定义在管程外也可调用
   void put(int k)                           //将水果放入盘中
   {
      if(flag>0)                             //盘中已有水果
         notfull.wait;         //将当前执行的父亲或母亲进程挂到 notfull 阻塞队列
      flag=k;                        //盘中无水果时记录要放入盘中的水果编号
      放入 k 号水果到盘中;                      //放入水果
      notempty[k-1].signal;  //若有等待 k 号水果的儿子或女儿进程被阻塞则唤醒之
   }
   void get(int k)                           //从盘中取出水果
   {
      if(flag!=k)                    //盘中无水果或者有水果但与所取水果不符
         notempty[k-1].wait          //阻塞当前执行的儿、女进程并挂到相应的阻塞队列
      从盘中取出 k 号水果;              //盘中水果与所取水果相符则取出水果
      flag=0;                        //置盘为空标志
      notfull.signal;                //若有等待放水果的父、母进程被阻塞则唤醒之
   }
}
```


使用管程解决吃水果问题的方法如下。

```
cobegin
   process father()
   {
      拿一个苹果;
      Eat_fruit.put(1);              //由管程实现将苹果放入盘中
   }
   process mother()
   {
      拿一个香蕉;
      Eat_fruit.put(2);              //由管程实现将香蕉放入盘中
   }
   process daughter ()
   {
      Eat_fruit.get(1);              //由管程实现从盘中取出苹果
      吃苹果;
   }
```

```
    process son ()
    {
      Eat_fruit.get(2);           //由管程实现从盘中取出香蕉
      吃香蕉;
    }
coend
```

注意，条件变量 notempty 设为数组形式，实为两个条件变量，即女儿或儿子进程阻塞时将分别挂到 notempty[0].wait 或 notempty[1].wait 阻塞队列上，因此当放入水果到盘中后，唤醒的总是需要盘中水果的儿子进程或女儿进程，这样就保证唤醒的儿子进程或女儿进程能够及时取出盘中的水果。如果只使用一个条件变量 notempty，则可能出现这种情况，即初始时盘为空，然后依次执行儿子进程和女儿进程，因盘为空，则儿子进程和女儿进程就依次挂到 notempty.wait 阻塞队列上，这时若执行父亲进程将苹果放入盘中，此时唤醒 notempty.wait 阻塞队列上挂着的第一个进程即儿子进程，但儿子进程执行时，则因为盘中水果与所取水果不符而再次阻塞在 notempty.wait 队列上，这时无论执行父亲进程还是母亲进程，都因盘中已有水果而无法再放入水果，而被阻塞在 notfull.wait 队列上，即造成了所有进程都被阻塞，而无法执行的死锁局面出现。

管程除众多优点外，也存在着以下两点不足。

（1）管程对编译器的依赖性。因为管程需要编译器将互斥原语（P、V 操作）加在管程的开始和结尾（管程一次仅允许一个进程访问，因此是临界资源），但对许多程序设计语言来说，并没有实现管程的机制。

（2）管程只能在单台计算机上发挥作用。由于那些直接支持管程的原语并没有提供计算机之间的信息交换方法，因此管程无法在多 CPU 计算机环境下或者网络环境下发挥作用。

3.7 进程通信

同步与通信是并发进程交互的两个基本要求。进程同步主要解决临界区问题，而进程通信主要指进程之间的信息交换。虽然信号量机制解决了进程的互斥与同步问题，但没有解决如何在进程之间传递大量信息的问题。

3.7.1 进程通信的概念

进程的特征之一是进程的独立性，这是操作系统为了方便进程管理所做出的一种限制。一个进程不能访问另一个进程的程序（代码）或数据，以保证进程之间不会相互干扰，但由此也造成了进程之间无法直接交换数据，而需要借助进程通信机制来实现。

虽然进程之间不能直接交换数据，但可以采用如图 3-14 所示的两种方案来实现在进程之间传递数据（进程 A 把一组数据传送给进程 B）。

（1）发送、接收双方经过事先约定，利用磁盘等外存设备由发送进程 A 把要交换的数据写入外存的指定区域，接收进程 B 从该区域读取数据。这种方案实现简单，只需要操作系统的文件系统即可，但通信过程却需要 I/O 操作。

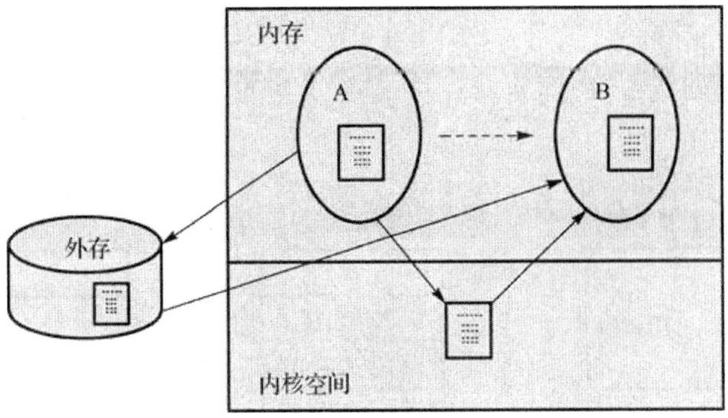

图 3-14　进程之间两种通信方案示意

（2）利用内核运行在内核态的特点，发送进程 A 通过内核程序，将数据写入内核空间指定的区域，接收进程 B 则通过另一组内核程序从内核指定区域中读取数据，并写入接收进程 B 的内存数据空间，从而实现数据从进程 A 传送到进程 B。这种方案需要操作系统专门的系统调用来实现，数据传送不需要 I/O 操作（全部在内存中完成），因此速度快。

根据进程之间交换信息量的大小，又可以将进程通信分为以下两种。

（1）低级通信。进程之间一次只能传送很少的信息。前面已经介绍过的信号量方式，就是实现进程互斥与同步的低级通信。低级通信的优点是速度快；缺点是传递的信息量少、效率低，通信过程对用户不透明，因此编程较复杂。低级通信主要是作为互斥与同步的工具来使用，即通过在各进程之间交换简单的数据来实现彼此的联系，以便协调各进程的运行。所以也将 P、V 原语称为低级通信原语。

（2）高级通信。进程间一次可以传送大量的信息。优点是通信效率高，通信过程对用户透明，编程相对较简单。高级通信的目的不仅是为了控制进程的执行速度，而且是为了交换大量的信息。进程间的高级通信分为如下三种。

① 共享内存通信方式。通信双方利用共享的内存区来实现进程间通信。

② 消息传递通信方式。利用操作系统提供的消息传递系统来实现进程间通信，进程间以消息为单位来进行信息交换。由于这种通信方式是直接使用操作系统提供的通信命令（原语）来进行通信，从而隐藏了进程通信的实现细节，大大降低了编程的复杂性并得到了广泛应用。消息传递通信根据实现方式的不同，又可进一步分为消息缓冲通信方式（直接通信方式）和信箱通信方式（间接通信方式）。

③ 共享文件通信方式。通信双方利用共享一个文件来实现进程间通信。该通信方式又称为管道通信，而被共享的文件称为管道。

高级通信方式既适用于集中式操作系统（传统操作系统），又适用于分布式操作系统。

3.7.2　共享内存通信方式

共享内存通信方式是指在内存中划出一块内存区作为共享数据区，称为共享内存分区，要通信的进程双方将自己的虚拟地址空间（见 4.1.1 节）映射到共享内存分区上（如图 3-15 所示）。通信时，发送进程将需要交换的信息写入该共享内存分区中，接收进程从该共享内存分区中读取信息，从而实现进程之间的通信。也即，共享内存通信方式不用进行数据移动，两个需要交换信息的进程可通过对同一个共享数据区进行写入和读出操作来相互通信，而这个共享数据区实际上是每个相互通信进程的一个组成部分，因此它是进程之间最快捷、最有效的一种通信方式。UNIX、Windows、OS/2 等操作系统都采用了这种通信方式。

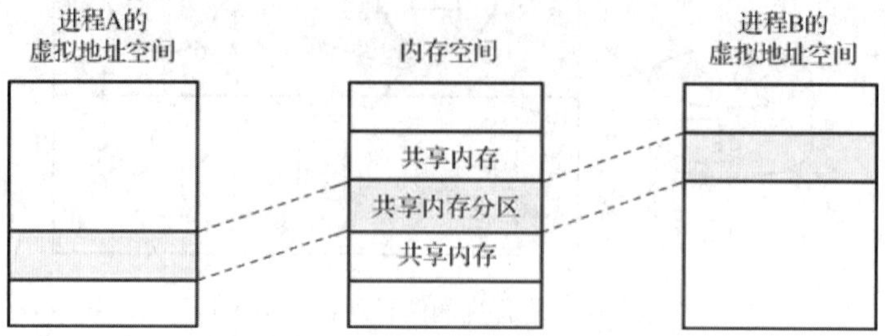

图 3-15　共享内存通信方式示意

当进程要利用共享内存与另一个进程通信时，必须先通过系统调用“创建”来向系统申请使用共享内存的一块分区。若系统中已经建立了相应的共享内存分区，则该系统调用返回这个共享内存分区的描述符；若尚未建立，则为该进程建立一个指定大小的共享内存分区。

进程建立了共享内存分区或已获得了其描述符后，还必须通过系统调用“附接”将该共享内存分区连接到自己的虚拟地址空间上，并指定该内存分区的访问属性，即指明该分区是只读还是可读可写。此后，这个共享内存分区就成为该进程虚拟地址空间的一部分，进程可以采用与访问其他虚拟地址空间一样的方法对其进行访问。当进程不再需要该共享内存分区时，再通过系统调用“断接”把该共享内存分区与进程断开。

使用共享内存通信方式，可以实现多个进程之间的信息交换，但如何实现对共享内存分区的互斥使用则由编程人员完成。

3.7.3　消息缓冲通信方式

消息缓冲通信方式由 Hansen 在 1973 年首先提出来，后来被广泛应用于本地进程之间的通信。消息缓冲通信属于直接通信方式。若采用消息缓冲通信方式，则发送进程利用发送命令（原语）直接将信息发送到接收进程的消息队列，而接收进程则利用接收命令（原语）从自己的消息队列中取出消息。进程间信息交换以消息为单位。

Hansen 提出的消息缓冲通信技术很大程度上是受到生产者-消费者问题的启发，即在生产者-消费者问题中，是通过共享缓冲区来实现生产者进程和消费者进程之间的信息传递。Hansen 进一步认为可以利用内存中的公用消息缓冲区来实现任意两个进程之间的信息交换。与生产者-消费者问题类似，往缓冲区发送消息的一方被称为消息的发送者进程（简称发送者），从缓冲区接收消息的一方被称为消息的接收者进程（简称接收者）。

对于发送者，在通信中存在两种可能的行为：① 发送完消息后不等消息被接收者接收就继续前进；② 发送完消息后阻塞自己，直到收到接收者的回答消息后才继续前进。

对于接收者，也存在两种可能的行为：① 若有消息则接收这个消息后继续前进，若无消息则必须等待消息的到来（即阻塞自己）；② 若有消息则接收这个消息后继续前进，若无消息则放弃接收消息而继续前进。

根据发送者和接收者采取的不同行为，可以把进程之间的通信分为单向通信和双向通信。单向通信发送者发送完消息后，不等消息被接收者接收就继续前进，接收者接收到消息后也不给发送者发送回答信息。双向通信发送者发送完消息后阻塞自己，直到收到接收者的回答信息后才继续前进，接收者未收到消息前也阻塞自己，直到接收到发送者发来的消息后给发送者发送一个回答信息。可见，双向通信可用于进程之间需要紧密同步的情况。

消息缓冲机制除发送者和接收者外，最重要的就是消息缓冲区，消息缓冲区是指内存中暂存消息的缓冲区。消息缓冲机制一次成功的通信过程主要有以下 4 个步骤。

（1）发送者在发送消息前，先在自己的内存空间设置一个发送区，把欲发送的消息填入其中。

（2）发送者申请一个消息缓冲区，将已准备好的消息从发送区送到该消息缓冲区，并将发送者进程的名字、消息的开始地址以及消息的长度（通常以字节或字为单位）等信息填入该消息缓冲区中，然后把该消息缓冲区挂到接收进程的消息链上。

（3）接收者在接收消息前先在自己的内存空间设置相应的接收区。

（4）接收者摘下消息链上的第一条消息，将该消息从消息缓冲区复制到接收区，然后释放该消息缓冲区。

当然，以上的发送和接收过程只是一个理想的成功过程，实际上还需要考虑以下 4 个问题。

（1）接收进程的消息链是临界资源，即对消息队列的操作是临界区，应保证发送和接收操作满足互斥性。

（2）前述通信过程的第（4）步要求接收者摘下消息链上的第一条消息，而此时消息缓冲区中可能没有消息存在。

（3）消息链上也可能挂有多条消息，则如何管理消息链上的多条消息。

（4）可能同时存在多个发送者申请消息缓冲区，也就是说消息缓冲区也是临界资源。

通过对以上问题的分析，我们发现可能出现问题的步骤是通信过程的第（2）步和第（4）步。由于高级通信的实现细节被操作系统所隐藏（对用户透明），也就是说操作系统把第（2）步封装为发送原语 send，把第（4）步封装为接收原语 receive，并且解决了上述所有可能出现的问题。

在消息缓冲通信方式中，消息缓冲区由操作系统负责管理，其数据结构描述如下。

```
struct messagebuffer
{
   int sender;                          //发送进程标识符
   int size;                            //消息长度
   char text[MAXSIZE];                  //消息正文，MAXSIZE 为数组 text 的长度
   struct messagebuffer *next;          //next 为指向下一个消息缓冲区的指针
}
```

由指针 next 将消息缓冲区组成了一个消息队列，消息队列也是临界资源。在使用消息缓冲机制进行通信时，发送进程和接收进程必须以互斥方式访问消息队列，于是设置了一个互斥信号量 mutex。mutex.value 的初值为 1，用来保证对消息队列访问的互斥性。另外，有可能消息的发送速度和接收速度并不一样，因此必须在发送进程与接收进程之间进行同步。为此，设置一个资源信号量 sm，sm.value 的初值为 0，用来表示消息队列中现有

消息缓冲区的数量。这些信号量与消息队列的队首指针 mq 一起存放在进程的 PCB 中，具体描述如下。

```
struct PCB
{
   …                                          //PCB 中其他内容
   struct messagebuffer *mq;                  //消息队列的队首指针
   Semaphore mutex;                           //互斥信号量
   Semaphore sm;                              //资源信息量
}
```

发送进程调用发送原语 send(receiver,a)，将发送区 a 中存放的消息发送至接收进程 receiver（内部标识符假定为 j）。发送原语先将发送的消息复制到申请的消息缓冲区，再将消息缓冲区挂接在接收进程 j 的消息队列的队尾。由于消息队列属于临界资源，因此对它的访问必须介于 P(j.mutex)和 V(j.mutex)两个原语之间。消息缓冲区的挂接操作将使接收进程 j 的消息队列增加一个装满消息的缓冲区，于是在发送原语的最后安排了 V(j.sm）操作，其目的一方面是使进程 j 的消息个数加 1；另一方面是若进程 j 因等待该消息而阻塞的话，则将其唤醒。发送原语 send 可描述如下。


```
void send(receiver,a)
{
   lock out interrupts;        //关中断
   getbuffer(a.size,i);        //根据消息 a 的长度 size 申请一个空消息缓冲区 i
   i.sender=a.sender;          //将发送区 a 的内容复制到消息缓冲区 i
   i.size=a.size;
   i.text=a.text;
   i.next=NULL;
   getid(PCBset,receiver,j);  //从 PCB 集合中获得接收进程的标识符 j
   P(j.mutex);                 //互斥使用 j 的消息队列
   Insert(j.mq,i);             //将消息缓冲区 i 挂接在进程 j 的消息队列的队尾
   V(j.mutex);                 //释放对 j 的消息队列的使用权，允许其他进程访问
   V(j.sm);            //进程 j 的消息个数加 1，若进程 j 因等待该消息被阻塞则唤醒它
   unlock interrupts;          //开中断
}
```

接收进程调用接收原语 receive(b)，将消息队列队首的消息缓冲区中的数据复制到接收进程的消息接收区 b。接收原语先判断接收进程的消息队列中是否存在消息缓冲区，若不存在则接收进程阻塞；否则摘下消息队列队首的消息缓冲区，再将其内容复制到接收进程的接收区 b 内，最后将该消息缓冲区占用的内存释放。由于消息队列属于临界资源，因此对它的访问必须介于 P(j.mutex)和 V(j.mutex)两个原语之间。接收原语 receive 可描述如下。

```
void receive(b)
{
   lock out interrupts;        //关中断
   j=internal name;            //将接收进程的内部标识符存放到变量 j 中
   P(j.sm);                    //若 j 的消息队列中有消息缓冲区则继续，否则阻塞进程 j
```

```
        P(j.mutex);                    //互斥使用 j 的消息队列
        Remove(j.mq,i);                //从 j 的消息队列中取出第一个消息缓冲区 i
        V(j.mutex);                    //释放对 j 的消息队列的使用权，允许其他进程访问
        b.sender=i.sender;             //将消息缓冲区 i 的内容复制到消息接收区 b 中
        b.size=i.size;
        b.text=i.text;
        Releasebuff(i);                //释放消息缓冲区 i 占用的内存
        unlock interrupts;             //开中断
    }
```

使用发送原语 send 和接收原语 receive 实现消息缓冲通信的过程如图 3-16 所示。在图 3-16 中，我们特意使接收进程 B 的消息链上已有一个消息，即进程 A 发给进程 B 的消息是进程 B 消息链上的第二个消息。因此进程 B 首先将第一个消息复制到消息接收区 b 中，待处理后才能将第二个消息（进程 A 发给进程 B 的消息）复制到消息接收区 b 中。

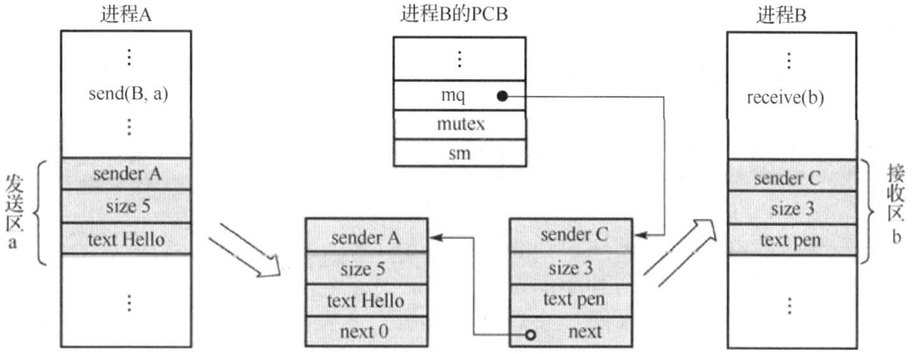

图 3-16　消息缓冲通信示意

3.7.4　信箱通信方式

信箱通信方式又称为间接通信方式，指进程之间的通信要借助于被称为信箱的共享数据结构实体，来暂时存放发送进程发送给接收进程的消息。发送进程使用投递原语 deposit 将消息发送到信箱中，接收进程利用读取原语 remove 从信箱中取出对方发送给自己的消息。这时的消息被形象地称为信件，信件可以在信箱中安全存放，供核准进程随时读取。采用信箱通信的最大好处是：发送方和接收方不必直接建立联系，也没有处理时间上的限制；发送方可以在任何时间发送信件，接收方也可以在任何时间取走信件。这种通信方式得到了广泛的应用，无论是在单机系统中还是在互联网环境中，目前人们常用的 E-Mail 就是采用这种方式收发信件的。

信箱本质上是一个具有一定存储容量的存储区域，它作为通信双方收发共享的数据结构用于信件的存放。每个信箱都有唯一的标识符，信箱的结构由信箱头和信箱体两部分组成。信箱头包含信箱容量、信箱属性、信件格式、信箱的资源、互斥信号量、指向当前可存放信件位置的指针等。信箱体分成若干个信格，每个信格用来存放一封信件。信箱通信方式如图 3-17 所示。

要实现信箱通信，操作系统或用户进程首先需要用创建信箱原语来创建一个信箱，创建者是信箱的拥有者。由操作系统创建的信箱称为公用信箱，这种信箱可供系统中所有核

准进程发送信件或读取发给自己的信件。由用户进程创建的信箱称为私用信箱，这种信箱只允许拥有者从中读取信件，其他进程只能发送信件到该信箱。若用户进程在创建信箱时或创建信箱后，指明信箱可被哪些进程所共享，则拥有者和共享者都能从信箱中读取发送给自己的信件，这类信箱有人称为共享信箱。如果创建信箱的进程不再需要信箱，也可以调用撤销信箱原语撤销该信箱，但公用信箱在系统运行期间始终存在。

图 3-17　信箱通信示意

通信过程中，发送进程和接收进程各自独立地工作，如果信件发送快而接收慢，则信箱会溢出；相反，如果信件发送慢而接收快，则信箱会变空。因此为了避免信件丢失和错误地送出信件，信箱通信应具有以下同步规则。

（1）若发送信件时信箱已满，则发送进程应转变成等待信箱的阻塞状态，直到信箱有空信格时才被唤醒。

（2）若取信件时信箱中已无信件，则接收进程转变成等待信件的阻塞状态，直到有信件时才被唤醒。

下面以私用信箱为例，来描述信箱机制的通信过程，主要有以下 4 个步骤。

（1）接收者创建属于自己的私用信箱。

（2）发送者产生一封信件（即一个消息）。

（3）发送者把信件投入接收者的私用信箱。

（4）接收者从自己的私用信箱中读取信件。

这个过程也是理想化的，实际上需要考虑以下两个问题。

（1）第（3）步发送者发送信件时可能信箱已满。

（2）第（4）步接收者读取信件时可能信箱已空。

因此，可能出现问题的步骤在第（3）步和第（4）步。同样，由于高级通信的实现细节被操作系统所隐藏，也就是说操作系统把第（3）步封装为投递原语 deposit，把第（4）步封装为读取原语 remove，这样就解决了上述可能出现的问题。

我们用 emptynum 代表为空的信格数，且 emptynum.value 初值为 n（n 个空信格），mesnum 代表已存入信箱的信件数，且 mesnum.value 初值为 0（未存入信件），它们分别作为投递原语和读取原语的私用信号量。

投递原语 desposit 描述如下。

```
void deposit(boxname,msg)
{
   lock out interrupts;            //关中断
   P(emptynum);                    //有空信格否，无则阻塞自己
   选择标志位为空的信格;
   把信件 msg 放入该空信格中;
   置该信格的标志位为满;
   V(mesnum);                      //信件多了一个，若有接收者进程被阻塞则唤醒之
```

```
    unlock interrupts;                  //开中断
}
```

读取原语 remove 描述如下。

```
void remove(boxname,msg)
{
    lock out interrupts;                //关中断
    P(mesnum);                          //有信件否，无则阻塞自己
    选择标志位为满的信格；
    把该满信格中的信件放入 msg 中；
    置该信格的标志位为空；
    V(emptynum);                    //空信格多了一个，若有发送者进程被阻塞则唤醒之
    unlock interrupts;                  //开中断
}
```

由于每个信格都有其标志位，因此调用这两个原语的进程之间不存在互斥问题（不会去访问同一个信格），而只存在进程同步的制约关系。

3.7.5 管道通信方式

由于内存容量有限，使用共享内存通信方式交换的信息量受到一定限制，为了传输大量数据，可以采用管道通信（即共享文件通信）的方式。

所谓管道，是指连接在两个进程之间的一个打开的共享文件，也称为 pipe 文件，专门用于进程之间进行数据通信。发送进程可以源源不断地从管道一端写入数据流，且每次写入的长度是可变的；接收进程可以从管道的另一端读出数据，读出的长度也是可变的。管道通信方式如图 3-18 所示。

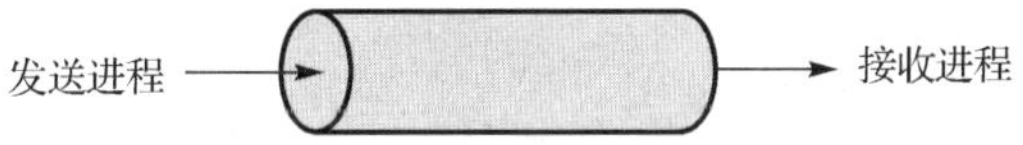

图 3-18　管道通信示意

管道与一般文件相比又有些特殊，主要体现在以下三个方面。

（1）管道专门用于通信。

（2）管道只能单向传送数据。

（3）在对管道进行读写操作过程中，发送进程和接收进程所需要的同步与互斥都由系统自动进行，即对用户是透明的。

管道通信首先出现在 UNIX 操作系统中，作为 UNIX 的一大特色，管道通信一出现立即引起了人们的兴趣。由于管道通信的有效性，一些系统在 UNIX 之后相继引入了管道技术，使管道通信成为一种重要的通信方式。下面，我们按无名管道和有名管道分别予以介绍。

1. 无名管道

在早期的 UNIX 版本中只提供了无名管道，无名管道是利用系统调用 pipe 建立起来的无路径名的无名文件，并且是一个临时文件。无名管道在物理上则由文件系统的高速缓冲区（高速缓存 Cache 中的一个区域）构成，而且很少启动外部设备。使用无名管道通信

时，是通过使用临时文件的方式来实现进程之间的批量数据传输。当通信进程不再需要此无名管道时，由系统关闭并回收与它相关联的索引节点（见 6.3.1 节）。由于无名管道是一个临时文件，当该临时文件被关闭后，无名管道就不再存在。

由于无名管道是一个临时文件，它只能用系统调用 pipe 所返回的文件描述符来标识。因此只有调用 pipe 的进程及其子孙进程才能识别此文件描述符，并利用该无名管道进行通信。所以通过无名管道通信的所有进程必须是父子关系，或者是祖先进程和子孙进程的关系，若通信双方不满足同一家族这个条件，则不能建立直接通信联系。

此外要说明的是，通过文件系统看不到无名管道的存在（即对用户透明）。一般文件在使用前需要用系统调用 open 打开，而无名管道建立后就可以直接使用（写和读）。

2. 有名管道

为了克服无名管道在使用上的不足，UNIX 系统中增加了有名管道，它可以实现无家族关系进程之间的通信。

与无名管道是一个临时文件不同，有名管道被建立后在磁盘上有一个对应的目录项和索引节点。也就是说，有名管道是具有路径名并可在文件系统中长期存在的真实文件，它不能与文件系统中的任何文件重名，并且在文件系统中也可以看到该有名管道。此外，对有名管道的访问也与一般文件一样，需要先用系统调用 open 打开。

由于有名管道是一个真实文件，因此其他进程可以感知它的存在，并能利用其路径名来访问该有名管道实现进程之间的通信。有名管道不仅可用于进程之间的本地通信，而且可用于网络环境下的不同计算机之间的进程通信。

有名管道虽然可以实现无家族关系进程之间的通信，但通信的双方只能是单方向的。由于通信只与管道直接联系，因此进程之间不知道通信的对方是谁，也不能对发来的数据进行选择性地接收。

管道通信的基础是文件系统，所以管道的创建、打开、读写及关闭等操作都借助于文件系统的原有机制来实现，而发送进程和接收进程使用管道的方式则通过引入通信协调机制来解决。在对管道文件进行读写操作过程中，发送进程和接收进程需要按照以下方式实施正确的互斥与同步，以确保通信的正确性。

（1）当一个进程正在对管道进行读写操作时，其他进程必须等待（阻塞）。

（2）当发送进程将一定数量的数据写入管道后就阻塞自己，直到管道中的数据被接收进程取走后再由接收进程将它唤醒。而接收进程在接收数据时，若管道为空则阻塞自己，直到发送进程将数据写入管道后再由发送进程将它唤醒。

此外在使用管道通信时，发送进程和接收进程还必须以某种方式来确定对方的存在，只有双方存在才有通信的必要。

管道通信的优点是传送数据量大，并且管道通信机制中的互斥与同步都由操作系统自动进行（对用户透明），因此使用方便；缺点是通信速度较慢（有名管道实际上是一个磁盘文件，因此通信中的数据传送需要启动外部设备）。

3.8 死锁

1965 年，E.W.Dijkstra 在研究银行家算法时首次提出了死锁问题。此后，死锁问题成为计算机研究的一个热点问题，不仅因为死锁问题在计算机操作系统中所处的重要地位，还因为对死锁的研究涉及并行程序的终止性问题等。Havender 和 Lynch 等人对死锁问题的研究有重要贡献并推动了其发展。

下面先通过交通堵塞的例子来了解死锁的概念。一个十字路口有东西南北 4 个方向的车流，假设没有红绿灯也没有交警指挥，并且假设 4 个方向的排头车辆几乎同时到达十字路口，为了防止撞车都停了下来，即形成了如图 3-19 所示的交通死锁。可见交通死锁的含义是两辆或两辆以上的车辆中，每一辆车都在等待另一辆车释放道路资源而无法前进。

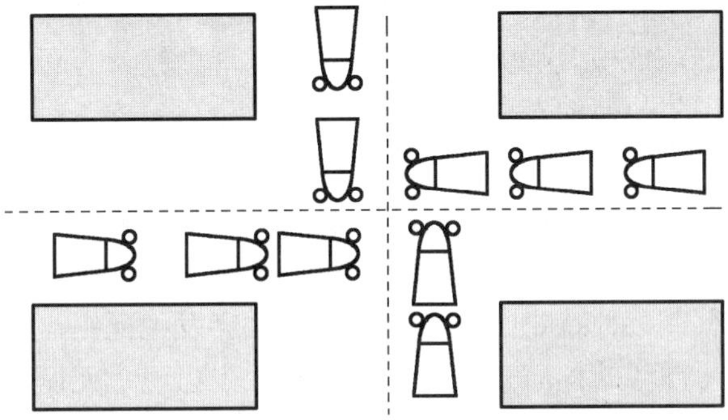

图 3-19　交通死锁示意

仔细研究交通死锁，发现导致交通死锁的原因在于 4 个方向的车流共享了一个资源，即道路。由于道路资源的匮乏，导致车流对道路的竞争，加上缺乏管理或者管理不善（无交警协调指挥）造成了交通死锁。但是并非满足这些条件就一定会发生交通死锁，交通死锁只是一个小概率事件。我们希望通过制定规则（如设置红绿灯规则等）来预防交通死锁，也可以不让车辆上道路（或经过评估仅当不会产生交通死锁时才允许车辆上道路）来避免交通死锁，即使发生了交通死锁，也应该能通过交警的指挥和协调来解除死锁。

3.8.1　产生死锁的原因和必要条件

进程并发执行过程中共享着系统资源，不同资源的属性不同，进程共享的方式也不同。可以将系统资源分为两类：可抢占资源和不可抢占资源。

（1）可抢占资源。某进程获得这类资源后，该资源可以再被系统或其他进程抢占。CPU 就是这类资源的代表，正在执行的进程所使用的 CPU 可以被具有更高优先权的新就绪进程抢占，内存也常作为可抢占性资源使用。例如，存储管理程序可以将一个进程从一个内存区域移到另一个内存区域，即抢占了该进程原来占有的内存区。从死锁角度看，一般不会因为竞争可抢占资源而使系统进入死锁状态。

（2）不可抢占资源。某进程获得这类资源后，该资源不能再被其他进程所抢占，只能在进程使用完毕后由该进程自己释放，否则可能导致进程所做工作的出错或失败。前面所说的临界资源都是不可抢占的。不可抢占资源又可进一步分为不可抢占的软件资源，如信号、消息和设备缓冲区中存储的数据信息等；以及不可抢占的硬件资源，如打印机、磁带机等。从死锁角度看，要特别小心对不可抢占资源的竞争，这种竞争很可能使系统进入死锁状态。因此讨论死锁时所指的资源通常是不可抢占资源。

由于不可抢占资源只能互斥使用，故必然是互斥资源。如打印机既是互斥资源又是不可抢占资源，而 CPU 虽然是互斥资源但却是可抢占资源。即不可抢占资源必然是互斥资源，而互斥资源却不一定是不可抢占资源，因此不可抢占资源只是互斥资源的一个子集。同理，临界资源只能互斥使用，所以也是互斥资源，而且临界资源只能由使用它的进程释放，故也属于不可抢占资源。

在多道程序环境中多个进程并发执行并共享资源，显著提高了系统资源的利用率和系统的处理能力，但多个进程并发执行也存在着一种危险——死锁。所谓死锁，是指多个进程在并发执行过程中因争夺不可抢占资源而造成的一种僵局。当这种僵局状态出现时，其中一组进程或所有进程都处于永远等待（阻塞）状态。若无外力作用，这组进程或所有进程都无法继续向前推进，这种僵局就是死锁。系统出现死锁，有可能导致整个计算机系统瘫痪，因此怎样事先预防死锁的发生，以及当死锁发生后怎样及时解除死锁是操作系统设计中要解决的重要问题之一。

我们所说的死锁是指资源死锁，它与程序设计中的死循环不同。

（1）从产生来看。死锁具有偶然性，而死循环则有必然性。实际上，死锁是一种小概率事件，一组进程只有在某种特定的交替执行场合才会发生死锁，而绝大多数情况下不会发生死锁。而对存在死循环的程序来说，在一次执行中出现了死循环，那么在相同的初始条件下，再次执行则必然出现死循环。

（2）从进程状态来看。一组进程处于死锁则它们都处于阻塞状态，即它们都没有占用 CPU 运行；而死循环的程序则始终占用 CPU 运行。

（3）从产生的原因看。死锁是由于操作系统采用多道程序的并发执行与进程之间对不可抢占资源的共享引起的，即与操作系统的管理和控制有关；而死循环则是因程序员的程序设计不当或编写错误造成的。

可见，死锁与程序的死循环是两个完全不同的概念，彼此之间没有任何关系。

此外，也要注意区分死锁与饥饿的不同。因为处于死锁状态的进程都无法获得其所需要的资源，所以都呈现出饥饿的状态（长时间得不到运行），而对处于饥饿状态的进程来说，因其长时间不能向前推进又有点死锁的味道。但死锁与饥饿的本质区别是饥饿状态的进程是长时间得不到所需资源或 CPU（进程处于阻塞态或就绪态），一旦得到所需资源及 CPU 后就可以立即运行；而处于死锁状态的这些进程之间都在相互等待对方占用的资源，而又不释放自己所占用的资源，即造成了彼此永远都无法得到所需资源的僵局出现，因此它们都处于永远的阻塞状态而无法运行。此外，处于死锁状态的各进程都相互等待被对方占用的资源，因此处于死锁状态的进程至少有两个；而处于饥饿状态的进程仅是因为没有调度它执行（进程处于就绪状态），或者是暂时没有获得所需资源（进程处于阻塞状态），故饥饿状态可能只有一个进程。

一个进程在运行过程中可以对多个资源提出使用的要求，仅当所需的全部资源都得到满足时该进程才能运行到终点，否则会因得不到所需资源而处于阻塞状态。当两个或两个以上的进程对多个不可抢占资源提出请求时，就有可能导致死锁的发生。图 3-20 给出了两个进程 P1 和 P2 申请资源的例子。假定不可抢占资源 R1 和 R2 均只有一个，在并发执行中进程 P1 已经获得资源 R1，进程 P2 已经获得了资源 R2。这时，进程 P1 执行中又要申请资源 R2，但因其已被进程 P2 占用而得不到，致使进程 P1 阻塞。此时只能由进程 P2 执行，但进程 P2 执行中又需要资源 R1，因其被进程 P1 占用而得不到，致使进程 P2 也阻塞。这样，进程 P1 和进程 P2 都在等待对方释放资源而无法执行，并且这种等待僵局将一直持续下去，从而产生了死锁。

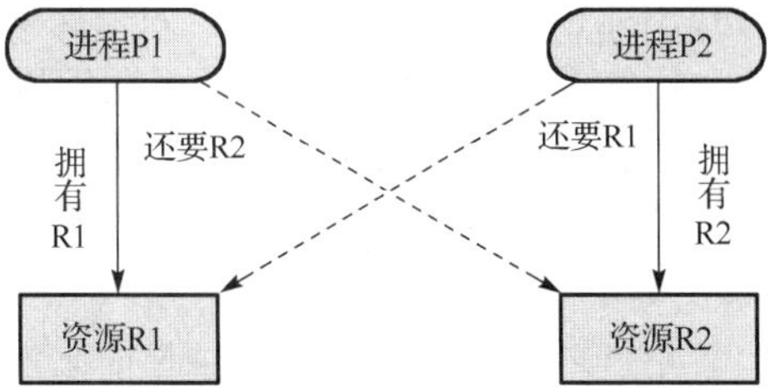

图 3-20　死锁示意

图 3-21 给出了图 3-20 中两个进程 P1 和 P2 申请和释放资源 R1 和 R2 的执行推进过程示意。当进程 P1 和 P2 的推进按图 3-21 中③的轨迹进行时，就会进入阴影区，这个阴影区就是进程运行的不安全区，凡是进入不安全区的进程，最终总会到达死锁点 D 而发生死锁。

如果进程 P1 和 P2 的执行推进过程是按图 3-21 中①或②进行的，就不会发生死锁。也可以改变进程 P2 申请资源的顺序或者改变进程 P1 申请资源的顺序，这样进程 P1 和进程 P2 在执行中也不会发生死锁。因此，资源竞争可能导致死锁但不一定就发生死锁，死锁的发生还取决于进程推进的速度，以及对不可抢占资源申请的顺序。也就是说，产生死锁的因素不仅与系统拥有的资源数量有关，而且与资源的分配策略（可抢占式分配还是不可抢占式分配）、进程对资源的使用顺序以及并发进程的推进速度有关。

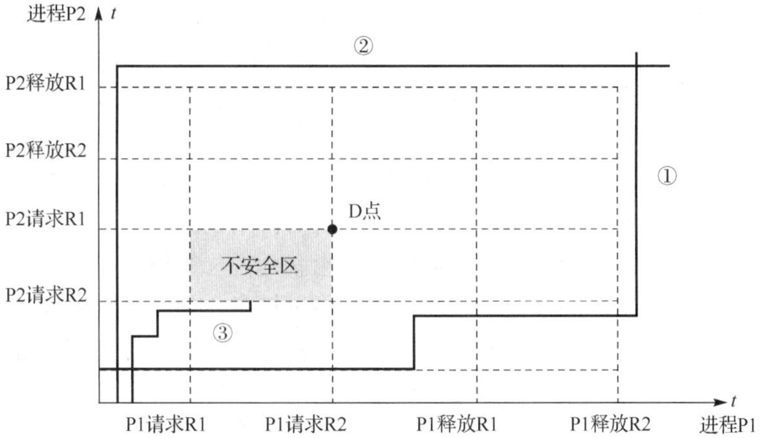

图 3-21　进程 P1 和进程 P2 推进示意

因此产生死锁的原因可归纳为以下两点。

（1）系统资源不足。产生死锁的根本原因是可供多个进程共享的系统资源不足。当多个进程需求资源的总和大于系统能够提供的资源时，进程间就可能会因竞争不可抢占资源而导致死锁，并且死锁的发生总是在进程提出资源请求时（见图 3-21 中的 D 点）。

（2）进程推进顺序不当。由于系统中各进程都以各自独立地速度向前推进，因此就可能出现按这种顺序联合推进，使所有进程都能正常运行到结束。而按另一种顺序联合推进，将会使两个或两个以上的进程出现这种情况：既占有部分资源又要申请其他阻塞进程所占有不可抢占资源的情况，从而导致这几个进程陷入死锁。

对死锁而言，关键是要找出死锁发生的必要条件。如果能找出死锁发生的必要条件，那么只要使这些条件中有一个条件不成立，就可以保证不发生死锁。1971 年，Coffman 等人在分析了大量死锁现象后总结出产生死锁的 4 个必要条件。

（1）互斥条件。进程对所获得的资源进行排他性使用，任一时刻一个资源仅能被一个进程占用。

（2）请求和保持条件。一个进程请求资源得不到满足而阻塞自己时，并不释放已分配给它的资源，该条件也称为部分分配条件。

（3）不可抢占（不剥夺）条件。进程所获得的资源在未使用完毕之前不能被其他进程抢占，而只能由占用该资源的进程自己释放。

（4）循环等待条件。若干进程（两个或两个以上）形成一个循环等待链，链中每个进程都在等待该链中下一个进程所占用的资源。

上述 4 个条件中的每一条都是产生死锁的必要条件。但仔细分析后可以发现，其实条件（4）的成立隐含着前三个条件的成立，也就是说这些条件不是完全独立的。那么是否有必要把 4 个条件同时列出呢？答案是肯定的，因为分别考虑这些条件对于死锁的预防是有利的。这样可以通过破坏这 4 个条件中的任意一个来预防死锁的发生，这就为死锁的预防提供了更多的途径。

关于条件（4）（循环等待条件）还存在以下争论。

（1）认为条件（4）是产生死锁的充分必要条件。若干个进程（两个或两个以上）形成循环等待链，链中的每个进程都在等待该链中下一个进程所占用的不可抢占资源，而且等待的资源是系统无法再提供的某类资源（都已被占用），也无法由等待链之外的其他进程来提供或释放。从这个观点看，条件（4）与死锁的定义是一致的，因此条件（4）是产生死锁的充分必要条件。

（2）认为条件（4）只是死锁的必要条件。若干进程（两个或两个以上）形成循环等待链，链中的每个进程都在等待该链中下一个进程所占用的不可抢占资源，但是等待的资源有可能由等待链之外的其他进程释放后提供。也就是说，等待链中存在这样的进程，它所需要的资源已被等待链中的其他进程所占用且不可抢占，但等待链之外的其他进程也占有这种资源，当链外的这些进程释放这种资源后，就使等待链中等待该资源的进程获得此资源，这就使循环等待链中的进程不再循环等待了，即循环等待链中的循环消失了。从这个观点看，条件（4）循环等待的条件只是产生死锁的必要条件而非充分条件。

实际上，产生死锁的 4 个必要条件的前 3 条也是不可抢占资源所具有的特性，而第 4 条则是出现死锁时不可抢占资源所呈现出来的一种特征。

死锁是进程之间的一种特殊关系，即由资源竞争而引起的僵局关系，因此当提及死锁时至少涉及两个进程。虽然单个进程也可能锁住自己，但那是程序设计的错误而非死锁。在多数情况下，系统出现死锁是指系统内的一些进程而不是全部进程被锁，它们是因竞争某些不可抢占资源但不是全部资源而进入死锁的。如果系统的全部进程都被锁住，则称系统处于瘫痪状态，系统瘫痪意味着系统的所有进程都处于阻塞状态，若所有进程都阻塞了，但其中至少有一个进程可以由 I/O 中断唤醒的话，就不一定是瘫痪状态。

我们不希望死锁发生，因为它不但严重影响了系统中资源的利用率，而且还可能给死锁进程带来不可预期的后果。所以人们研究出一些处理死锁的策略，这些策略一般分为两类：一类是不让死锁发生；另一类是允许死锁发生，但死锁发生时能够检测出死锁进程并加以处理。

不让死锁发生的策略通常采用两种途径：一种是静态的，称为死锁预防，即对进程涉及资源的活动加以限制，以保证死锁不会发生；另一种是动态的，称为死锁避免，它对进程有关资源的申请命令加以控制，以避免死锁的发生。允许死锁发生的策略是如果系统出现死锁，则应提供死锁检测手段来发现系统中处于死锁状态的进程，同时还应提供解除死锁的手段对所发现的死锁予以排除。

3.8.2　死锁的预防

根据死锁的 4 个必要条件，Havender 指出，只要设法破坏 4 个必要条件中的任意一个，死锁就不会发生。这种通过破坏死锁的必要条件来控制死锁的策略称为死锁预防（Deadlock Prevention）。但破坏必要条件（1）显然不行，这是因为进行互斥访问是由不可抢占资源的固有特性决定的，因此要预防死锁发生可以设置限制条件，使请求和保持、不可抢占、循环等待这 3 个必要条件中的某一个不成立。

1. 破坏“请求和保持”条件

要破坏“请求和保持”条件，可以采用资源预分配策略：每个进程在运行之前一次性申请它所需要的全部资源，并在资源未得到满足之前不投入运行。进程一旦投入运行，则分配给它的资源就一直归该进程所有，且不再提出新的资源请求。这种分配方法使请求条件不成立，并且只要系统有一种资源不能满足进程的要求，即使其他资源空闲也不将空闲资源分配给该进程，而使该进程阻塞。由于进程阻塞时没有占用任何资源，因此保持条件也不成立。

这种方法的优点是安全、简单且易于实现。缺点是：① 系统资源严重浪费，这是因为尽管进程一次性获得了所需的全部资源，但这些资源可能分别只在进程运行的某一时段内使用，在不使用的那段时间内这些资源被浪费了；② 由于进程只有获得了全部资源后才能运行，因此会导致一些进程长时间得不到运行；③ 很多进程在运行之前，系统并不能确切地知道它到底需要多少资源。

2. 破坏“不可抢占”条件

要破坏“不可抢占”条件，可以采用抢占资源分配策略，即进程在运行过程中根据需要逐个提出资源请求，当一个已经占有了某些资源的进程，且又提出新的资源请求而未得到满足时，则必须释放它已获得的全部资源而进入阻塞状态，待以后需要时再重新申请。由于进程在阻塞时已释放了它所占用的全部资源，于是可以认为该进程所占用的资源被抢占了，从而破坏了不可抢占条件。

这种方法可以预防死锁的发生，但其缺点是致命的：① 有些资源被抢占后很可能会引起错误，这是因为一个资源在使用一段时间后又被强行抢占，有可能造成前一段时间的工作失败，即使采取一些补救措施也有可能使前后两次的执行结果不连续。例如，某进程在使用打印机输出一些信息后，因申请其他资源没有成功而被阻塞时放弃了打印机，这时该打印机被分配给其他进程使用输出信息，当该进程重新运行又获得该打印机输出时，就会造成前后两次的打印结果不连续；② 该方法实现起来比较复杂且代价太大，进程的反复申请和释放资源会使进程推进缓慢，甚至可能导致进程的执行被无限推迟，这不但延长了系统的周转时间，而且也增加了系统的开销；③ 可能存在某些进程的资源总是被抢占而造成的“饥饿”。

3. 破坏“循环等待”条件

要破坏“循环等待”条件，可以采用资源有序分配策略，即将系统中所有资源进行编号，并规定进程申请资源时必须严格按照资源编号递增（或递减）的顺序进行。如将输入机、磁带机、打印机和磁盘分别编号为 1、2、3 和 4。若采用资源有序分配策略，进程在获得某个资源后，下一次只能申请较高（或较低）编号的资源，不能再申请低（或高）编号的资源。于是任何时候在申请资源的一组进程中，总会有一个进程占用着具有较高（或较低）编号的资源，它继续申请的资源必然是空闲的，以至于在对应的资源分配图（见 3.8.4 节）上，不可能形成进程-资源循环等待环路，从而破坏了循环等待条件。

这种预防死锁策略与前两种策略相比，系统的资源利用率和吞吐量有明显改善，但也存在以下不足：① 进程实际使用资源的顺序不一定与编号顺序一致，资源有序分配策略会造成资源浪费；② 资源不同的编号方法对资源的利用率有重要影响，且很难找到最优的编号方法；③ 资源的编号必须相对稳定，当系统添加新种类设备后处理起来比较麻烦；④ 严格的资源分配顺序使用户编程的自主性受到限制。

资源有序分配策略的一种改进是层次分配策略，即将系统中资源划分为若干个层次，一个进程获得某层次的资源后，其后只能申请该层或较高层次的资源。如果申请同层的另一个资源，则必须先释放它占用的同层资源。当进程要释放属于某个层次的资源时，必须先释放它占用的所有较高层次的资源。

例 3.3 小河中铺了一串垫脚石用于过河。试说明什么是过河问题中的死锁？并给出破坏死锁 4 个必要条件均可以用于过河问题的解法。

【解答】 当垫脚石每次只允许一个人通过，并且两人在河中相遇且都不退让时发生了死锁。破坏死锁 4 个必要条件实现过河问题的方法如下。

（1）破坏互斥条件。将互斥资源改造为共享资源，加宽垫脚石可同时站立两人，即允许两人共享同一块垫脚石。

（2）破坏请求和保持（部分分配）条件。在过河前，每个人必须申请使用河中的所有垫脚石（一次性分配全部资源）。

（3）破坏不可抢占（不剥夺）条件。当两人在河中相遇时强行要求过河的另一方撤回，即抢占另一方使用的垫脚石资源。

（4）破坏循环等待条件。为避免河中两人都要求对方的垫脚石而陷入循环等待，可铺设两串垫脚石供双方过河。

3.8.3 死锁的避免

前面讨论的几种预防死锁方法尽管实现起来较为简单，但基本上都严重影响了系统的性能或可能引起致命的错误。严重影响系统性能主要是对资源分配策略施加了比较严格的限制条件，如一次性分配所需资源和有序分配资源。可能引起致命错误则是对资源性质做了不恰当的修改，如将不可抢占改为可抢占、保持改为不保持等。

与死锁的预防相比，死锁的避免（DeadLock Avoidance）是在不改变资源固有性质的前提下，对资源的分配策略施加较少的限制条件来避免死锁的发生。或者说，死锁的预防需要破坏死锁的 4 个必要条件之一，而死锁的避免则无须刻意破坏死锁的 4 个必要条件，只是对资源的分配策略施加了少许的限制条件来避免死锁的发生。

由于施加的限制条件较少，死锁的避免与死锁的预防相比，能够获得较为满意的系统性能。但是死锁的避免是建立在一个假设的前提基础上，即每个进程对自己使用的资源总需求必须清楚。也就是说每个进程必须事先声明自己需要哪些资源以及需要多少资源。这也限制了该方法的应用，或者说该方法更适用于对进程需求资源能够提前获知的这类系统。

死锁的避免对资源的分配策略施加了较少限制条件，即对资源的申请和分配策略基本不做改变，只是在每次分配资源时进行例行检查，然后根据检查的结果决定是否分配资源。也就是说允许进程动态地申请资源，若不满足则该进程被阻塞；若满足则进行动态检查。检查的过程是先假定把资源分配给该进程，然后看此次资源分配是否会使系统进入不安全状态，若检查结果是安全的，才真正分配资源给该进程；若检查结果是不安全的，则取消此次资源分配并使该进程进入阻塞状态。可见，死锁的避免就是在动态检查前提下动态地分配资源，通过检查来阻止会导致进程进入死锁状态的资源分配，从而避免死锁的发生。

1. 系统的安全状态和不安全状态

我们分别从资源的角度和死锁的角度来看系统的安全状态与不安全状态。

（1）资源角度。从当前状态出发，如果操作系统能够给出一个方案，使得系统的所有进程都能在有限的时间内得到其宣称所要的全部资源（建立在预先知道全部资源需求这一假设前提上），那么当前状态是系统的一个安全状态。反之，若从当前状态出发，操作系统的所有调度方案都无法使所有进程能够在有限时间内得到所需的全部资源，则当前状态是系统的一个不安全状态。

（2）死锁角度。死锁状态必定是不安全状态，但非死锁状态也不一定安全。如图 3-21 中进程按③的线路推进，当推进到不安全区时还不是死锁状态，但从不安全区中的当前状态出发，则无论操作系统怎样调度都无法避免死锁的发生，即这种状态也是不安全状态。因此从死锁的角度看，安全状态是满足这样条件的“当前状态”，即从当前状态出发，至少存在一种进程推进（为进程分配资源的顺序）的方案可以避免进程最终陷入死锁。

因此所谓安全状态是指在某一时刻，系统中存在一个包含所有进程的进程序列（P1，P2，…，P*n*），按照该进程序列的顺序为所有进程分配资源，则所有进程的资源需求都可以得到满足，这样所有进程都可以顺利的运行结束。我们称此时系统的状态为安全状态，并称这样的进程序列为安全序列。反之，如果在某时刻系统中找不到进程的一个安全序列，则称此时系统处于不安全状态。需要说明的是，某一安全状态下的安全序列可能并不唯一。

例如，假设系统有 10 台打印机，有 3 个进程 P1、P2 和 P3 在并发执行，进程 P1 总共需要 8 台打印机，进程 P2 总共需要 5 台打印机，进程 P3 总共需要 9 台打印机。在 T 时刻，P1、P2 和 P3 已分别获得了 4 台、2 台和 1 台打印机，系统尚有 3 台打印机空闲。打印机的分配情况如表 3.1 所示。

表 3.1　T 时刻打印机分配情况

进程	最大需求	已分配	空闲
P1	8	4	3
P2	5	2	
P3	9	1	

T 时刻系统是安全的，因为存在一个安全序列 P2、P1 和 P3，系统按照该序列分配打印机，所有进程都可以运行结束。也就是说，P2 获得空闲的 3 台打印机后可以运行结束，然后释放它所获得的 5 台打印机；这时 P1 进程获得 4 台空闲的打印机后也可以运行结束，然后释放所获得的 8 台打印机；最后 P3 也可以获得它所需要的 9 台打印机而运行结束。

如果不按照安全序列分配资源，则系统有可能由安全状态转变为不安全状态。如 T 时刻之后的 T_1 时刻 P3 又请求一台打印机，若系统此时将三台空闲打印机中的一台分配给 P3，则系统就进入了不安全状态，这是因为分配后系统再也找不到一个能够使进程 P1、P2 和 P3 运行结束的安全序列。因此当 P3 提出请求时，尽管系统中尚有空闲的打印机也不能分配给 P3，即必须让 P3 等待（阻塞），直到 P2 和 P1 完成并释放出足够的打印机后再分配给 P3，这样 P3 才能顺利完成。

2. 使用银行家算法避免死锁

1965 年，E.W.Dijkstra 提出了用于避免死锁的银行家算法。之所以取名为银行家算法，是因为该算法采用了银行家向客户贷款时怎样保证资金安全的方法。

E.W.Dijkstra 把系统比作银行家并拥有有限资金。例如，一个银行家拥有 1 亿元资金，有 10 家工厂筹建且每家工厂需要 2000 万元方可建成。如果将这 1 亿元资金平均借贷给这 10 家工厂，则每个工厂都将无法建成也就不能还贷，即这 10 家工厂都将处于“死锁”状态。如果借贷给其中的 3 家工厂各 2000 万元，借贷给另外 4 家工厂各 1000 万元，这样虽然还有 3 家工厂没有开工建设，但有 3 家工厂可以建成投产和 4 家工厂在建设中，那么这投产的 3 家工厂生产所获得的利润可以给银行还贷，银行家再利用还贷的资金继续给其余工厂投入，直至最终这 10 家工厂都建成投产。

将银行家的思想引入到系统中，就是允许进程动态地申请资源，系统在进行资源分配之前，先计算资源分配的安全性，保证至少有一个进程能够运行到结束，并在安全运行过程中不断地回收已运行结束进程的资源，再安全地分配给其他需要该资源的进程，直至全部进程都能够运行结束，只有在满足这种情况下系统才进行资源分配。

假设系统存在 m 类资源，有 n 个进程在并发执行，则使用银行家算法来避免死锁需要设置以下 5 种数据结构。

（1）系统可用资源向量 Available。一个具有 m 个数组元素的一维数组，每个数组元素代表一类资源当前可用（空闲）的数量，初始值为系统中该类资源的总量。例如，若 Available[i] = k，则表示系统第 i 类资源现有 k 个空闲。

（2）最大需求矩阵 Max。一个 n×m 矩阵，定义了系统中所有 n 个进程对 m 类资源的最大需求量。例如，若 Max[i][j] = k，则表示第 i 号进程在运行过程中，总共需要 k 个第 j 类资源。

（3）分配矩阵 Allocation。一个 n×m 矩阵，表示系统中的所有 n 个进程当前已获得各类资源的数量。例如，若 Allocation[i][j] = k，则表示第 i 号进程当前已获得 k 个第 j 类资源。

（4）需求矩阵 Need。一个 n×m 矩阵，表示系统中的所有 n 个进程当前还需要各类资源的数量。例如，若 Need[i][j] = k，则表示第 i 号进程当前还需要 k 个第 j 类资源。

上述 3 个矩阵存在以下关系。

Need[i][j] = Max[i][j] − Allocation[i][j]　　(i=1,2,⋯,n; j=1,2,⋯,m)

（5）请求向量 Request。一个具有 m 个数组元素的一维数组，每个数组元素代表当前正在运行的进程 i（i=1,2,⋯,n），此时请求某类资源的数量。例如，若 Request[j]=k，则表示当前运行进程 i 正请求 k 个第 j 类资源。

3. 银行家算法

当进程 i 向系统提出 k 个 j 类资源请求时，系统按下述步骤进行检查。

（1）若 Request[j] ≤ Need[i][j]，转步骤（2）；否则认为出错，因为进程 i 申请的 j 类资源已经超出它宣称的最大资源请求。

（2）若 Request[j] ≤ Available[j]，转步骤（3）；否则表示当前可供使用的 j 类资源无法满足本次 k 个数量的申请，进程 i 阻塞。

（3）系统进行试探性分配，并暂时修改下面数据结构中的数值（该修改既可以恢复为修改前的数值，也可变为正式修改）。

① Available[j] = Available[j] − Request[j]　　(j=1,2,⋯,m)

② Allocation[i][j] = Allocation[i][j]+Request[j]　　(j=1,2,⋯,m)

③ Need[i][j] = Need[i][j] − Request[j]　　(j=1,2,⋯,m)

（4）调用“判断当前状态是否安全”子算法，判断试探性分配后系统是否处于安全状态。若安全，则正式将资源分配给进程 i（暂时修改变为正式修改）；若不安全，则拒绝此次资源分配，即恢复到修改前的资源状态并使进程 i 阻塞。

4. 判断当前状态是否安全子算法

为了实现“判断当前状态是否安全”子算法，需要设置以下两个数组。

（1）向量 Work。一个具有 m 个数组元素的一维数组，代表在检测过程中的某个时刻每类资源空闲的数量。Work 的初始值等于 Available。

（2）向量 Finish。一个具有 n 个数组元素的一维数组，Finish[i]（i=1,2,⋯,n）代表进程 i 是否能得到足够的资源而运行结束。若 Finish[i]为 true，则表示进程 i 可以运行结束。刚开始进行检查时，Finish[i] = false，若有足够资源分配给进程 i，再置 Finish[i] = true。

“判断当前状态是否安全”子算法描述如下。

（1）初始化 Work 和 Finish 向量。

Work[j]＝Available[j]　　(j=1,2,⋯,m)

Finish[i]＝false　　(i=1,2,⋯,n)

（2）在进程集合中尝试寻找一个能满足以下条件的进程 h。

① Finish[h] = false

② Need[h][j] ≤ Work[j]　　　　　　　　　　(j=1,2,…,m)

若找到则转步骤（3），否则转步骤（4）。

（3）由于步骤（2）找到的进程 h 其全部资源需求均可满足，因此进程 h 获得资源后可顺利运行完毕，然后释放它所占有的全部资源，故应执行。

Work[j] = Work[j]+Allocation[h][j]　　　(j=1,2,…,m)

Finish[h] = true

然后转回到步骤（2）。

（4）如果对所有的进程 i（i=1,2,…,n），Finish[i]值均为 true，则表示系统处于安全状态；否则系统处于不安全状态。

例 3.4　某系统有 R1、R2 和 R3 共三种资源，在 T_0 时刻 P1、P2、P3 和 P4 这 4 个进程对资源的占用和需求情况，以及系统的可用资源情况如表 3.2 所示。试求解下面的问题。

（1）将系统中各种资源总数和 T_0 时刻各进程对各种资源的需求数目用向量或矩阵表示出来。

（2）如果 T_0 时刻 P1 和 P2 均提出了资源请求，且 R1、R2 和 R3 的资源请求向量均表示为（1,0,1），为保证系统的安全性，应如何分配资源给 P1 和 P2？

（3）如果（2）中 P1 和 P2 请求均得到满足，则接下来系统是否处于死锁状态？

表 3.2　T_0 时刻 4 个进程的资源分配情况

进程	最大资源需求量 Max			已分配资源数量 Allocation			可用资源数量 Available		
	R1	R2	R3	R1	R2	R3	R1	R2	R3
P1	3	2	2	1	0	0	2	1	2
P2	6	1	3	4	1	1			
P3	3	1	4	2	1	1			
P4	4	2	2	0	0	2			

【解答】（1）系统资源总量为某时刻系统中可用资源数量与各进程已分配资源数量之和，即

$$\begin{aligned}\text{系统资源总量} &= \text{Availabe(R1,R2,R3)}+\text{Allocation}_{\text{P1}\sim\text{P4}}\text{(R1,R2,R3)}\\ &= (2,1,2)+(1,0,0)+(4,1,1)+(2,1,1)+(0,0,2)\\ &= (9,3,6)\end{aligned}$$

即系统资源总量为 R1=9，R2=3，R3=6。

各进程对资源的需求量为各进程对资源的最大需求量与各进程已分配资源数量之差，即

$$\text{Need}[i][j] = \text{Max}[i][j] - \text{Allocation}[i][j]$$

用矩阵表示为

$$\text{Need} = \begin{bmatrix} 3 & 2 & 2 \\ 6 & 1 & 3 \\ 3 & 1 & 4 \\ 4 & 2 & 2 \end{bmatrix} - \begin{bmatrix} 1 & 0 & 0 \\ 4 & 1 & 1 \\ 2 & 1 & 1 \\ 0 & 0 & 2 \end{bmatrix} = \begin{bmatrix} 2 & 2 & 2 \\ 2 & 0 & 2 \\ 1 & 0 & 3 \\ 4 & 2 & 0 \end{bmatrix}$$

（2）T_0 时刻 P1 和 P2 均提出了资源请求（1,0,1），则按银行家算法先检查进程 P1，即

① Request(1,0,1)≤Need(2,2,2)

② Request(1,0,1)≤Available(2,1,2)

③ T_0 时刻为 P1 分配资源后系统资源的变化情况如表 3.3 所示。

表 3.3　T_0 时刻为 P1 分配资源后系统资源的变化情况

进程	Max			Allocation			Need			Available		
	R1	R2	R3	R1	R2	R3	R1	R2	R3	R1	R2	R3
P1	3	2	2	2	0	1	1	2	1	1	1	1
P2	6	1	3	4	1	1	2	0	2			
P3	3	1	4	2	1	1	1	0	3			
P4	4	2	2	0	0	2	4	2	0			

此时，可用资源 Available 已不能满足任何进程的资源需求（Need 栏中数字带下画线“_”者为不能满足的资源），因此不能将资源分配给 P1。

下面按银行家算法检查进程 P2，即

① Request(1,0,1)≤Need(2,0,2)

② Request(1,0,1)≤Available(2,1,2)

③ T_0 时刻为 P2 分配资源后系统资源的变化情况如表 3.4 所示。

表 3.4　T_0 时刻为 P2 分配资源后系统资源的变化情况

进程	Max			Allocation			Need			Available		
	R1	R2	R3	R1	R2	R3	R1	R2	R3	R1	R2	R3
P1	3	2	2	1	0	0	2	2	2	1	1	1
P2	6	1	3	5	1	2	1	0	1			
P3	3	1	4	2	1	1	1	0	3			
P4	4	2	2	0	0	2	4	2	0			

④ T_0 时刻为 P2 分配资源后系统安全性分析如表 3.5 所示。

表 3.5　T_0 时刻为 P2 分配资源后系统安全性分析

进程	Work			Need			Allocation			Work+Allocation			Finish
	R1	R2	R3	R1	R2	R3	R1	R2	R3	R1	R2	R3	
P2	1	1	1	1	0	1	5	1	2	6	2	3	true
P3	6	2	3	1	0	3	2	1	1	8	3	4	true
P4	8	3	4	4	2	0	0	0	2	8	3	6	true
P1	8	3	6	2	2	2	1	0	0	9	3	6	true

从表 3.5 可以看出，T_0 时刻存在一个安全序列（P2,P3,P4,P1），即可以将 P2 申请的资源分配给它。

（3）如果（2）中 P1 和 P2 请求均得到满足后，系统此时处于不安全状态但没有立即进入死锁状态，因为这时没有新的进程提出资源申请，即都没有被阻塞，只有等到有进程提出申请且都得不到满足而进入阻塞状态时，系统才真正处于死锁状态。

3.8.4 死锁的检测与解除

死锁预防是通过限制对资源的访问和约束进程的行为来预防死锁的发生，这降低了系统资源的利用率和进程并发的程度；死锁的避免则通过每次出现资源请求时进行安全状态检查来避免死锁，这种方法要求系统必须事先知道所有进程对各类资源的最大需求，而这又很难做到。死锁的检测在进程访问系统资源时并不施加限制，而是通过周期性执行一个死锁检测算法来检测是否会产生“循环等待”的条件。一旦检测到这种“循环等待”的死锁链，就可以采取某种策略立即解除死锁以确保系统能够正常运行。

1. 死锁检测

死锁检测（Deadlock Detection）可以在进程提出资源请求时进行，也可以根据情况周期性动态地检测死锁。在每次资源请求时进行死锁检测，可以尽早地检测到死锁而且容易实现，但是执行死锁检测程序会增加 CPU 的开销。对于周期性检测死锁，则每次执行死锁检测算法的间隔时间不能过长，否则有可能导致死锁进程和系统资源长时间被锁定。

（1）资源分配图

1972 年，Holt 率先使用系统资源分配图（简称资源分配图）来准确而形象地描述进程的死锁问题。资源分配图是一种描述系统资源（在此指不可抢占资源）分配状态的有向图，它描述了系统中各类资源的分配和各个进程对资源请求的状态，是一种有效地刻画系统资源分配的工具。在任何一个时刻，系统中各类资源的分配状态对应一个资源分配图；反之，一个资源分配图一定对应系统某一时刻的资源分配状态。

资源分配图可定义为一个二元组，即 G = (V, E)，其中 V 为节点集，E 为边集。V = P ∪R，其中 P 是进程节点子集，R 是资源节点子集，且有 P∩R =Φ（空集）。凡属于 E 中的一条边 e（e∈E）都连接着 P 中的一个节点 P*i* 和 R 中的一个节点 R*j*，e=(P*i*, R*j*)表示申请边，即进程 P*i* 申请一个单位的资源 R*j*；e=(R*i*，P*j*)表示分配边，即已经分配了一个单位的资源 R*i* 给进程 P*j*。在画资源分配图时，用圆圈“○”表示进程节点，用正方形“□”表示资源节点，如果某类资源的数量有多个，则在对应正方形“□”内用实心圆点“•”表示其数量。图 3-22 是一个包含 4 个进程节点和 2 个资源节点的分配图，每个资源节点代表一类资源。

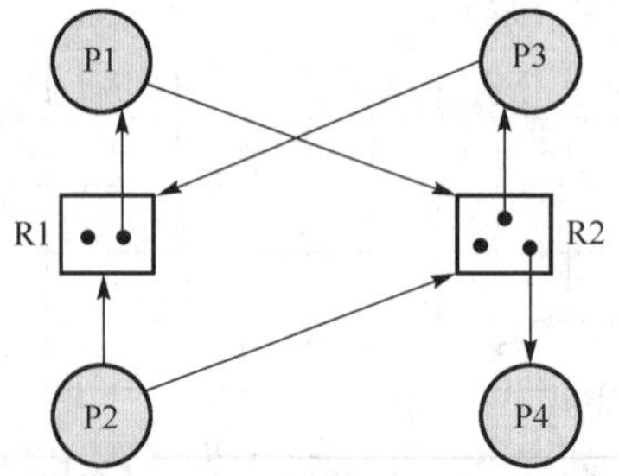

图 3-22　资源分配图

在图 3-22 中，(R1,P1)，(R2,P3)和(R2,P4)是资源分配边，每条边表示分配一个资源。(P1,R2)，(P2,R1)，(P2,R2)和(P3,R1)是资源请求边，每条边表示请求一个资源。

（2）资源分配图的化简

资源分配图化简的依据是若一个进程的所有资源申请均能被满足，则该进程一定能在有限时间内正常的运行结束，并归还它所占用的全部资源。因此化简是把“所有申请资源都已经得到满足”的进程资源归还给系统，这样归还的资源又可供其他需要该资源的进程使用，而其他进程在得到这些资源后又可能成为新的“所有申请资源都已经得到满足”的进程，则又可以进一步归还资源。这样一直持续下去，直到没有新的“所有申请资源都已经得到满足”的进程出现为止。这时就会出现两种情况：一种是所有进程都已将资源归还给系统；另一种是剩下几个进程无法达到“所有申请资源都已经得到满足”的条件，即这些进程就是死锁进程。因为能够归还资源的进程都已将资源归还给系统，剩下的都是既不能归还自己的资源，又要申请获得其他进程资源的这一类进程，它们都因相互等待对方所占资源而处于死锁状态。

如果某一时刻资源分配图中每个进程都得到它所需要的资源，那么在这一时刻，系统中所有的进程都能顺利执行到完成，所以这一时刻的系统状态是安全的。根据资源分配图的化简结果，就可以判断出系统在某一时刻是否发生了死锁。

资源分配图的化简步骤如下。

① 在资源分配图中找出一个非孤立（存在邻接边）也不会阻塞的进程节点（在忽略其他进程对同类资源请求的前提下，该进程节点的每条资源请求边都能够得到满足，也就意味着该进程可以顺利执行到完成，并释放其所占用的全部资源），删除连接到该进程节点的所有资源请求边和资源分配边，使它成为一个孤立节点，转步骤②。

② 重复执行步骤①，直到找不到满足①的进程节点为止。

资源分配图化简过程结束时，如果系统中的所有进程节点和资源节点都已成为孤立节点，则称该资源分配图是可完全化简的；否则，如果化简后的资源分配图存在至少一个非孤立节点，则称该资源分配图是不可完全化简的（注：如果仅存在一个非孤立节点，即说明系统所有的资源都不能满足该进程，这是不正确的，通常应至少存在两个孤立节点，即各自占有自己的资源而等待获得对方的资源，也就是死锁状态）。

图 3-22 的资源分配图的化简过程如图 3-23 所示。首先，选择进程节点 P1，根据资源分配图化简步骤①，它是一个可化简的节点，删除它所有的资源请求边和资源分配边得到图 3-23(a)。重复执行步骤①，选择进程节点 P2，它也是一个可化简的节点，删去它所有的资源请求边和资源分配边得到图 3-23(b)。接下来，继续对进程节点 P3 和 P4 进行化简，分别得到图 3-23(c)和图 3-23(d)。

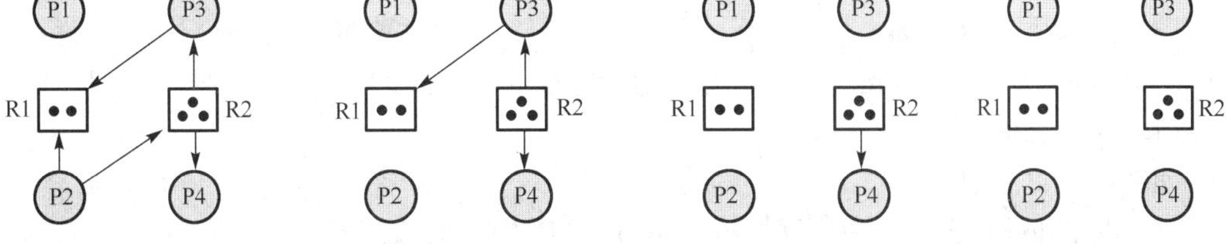

(a) 简化进程结点P1　(b) 简化进程结点P2　(c) 简化进程结点P3　(d) 简化进程结点P4

图 3-23　资源分配图的化简过程

经过化简以后，进程节点 P1、P2、P3 和 P4 都成为孤立节点，因此图 3-22 描述的资源分配图是可以完全化简的。

2. 死锁定理

根据资源分配图的化简结果，可以判断出该资源分配图对应的系统状态是否为死锁状态。某一时刻系统状态 S 为死锁状态的充分条件是当且仅当 S 状态的资源分配图是不可完全化简的，此充分条件称为死锁定理。

例如，图 3-24 给出了两个资源分配图，虽然都出现了环路，但图 3-24(a)出现死锁（资源分配图不可完全化简），而图 3-24(b)则不会发生死锁（资源分配图可完全化简）。

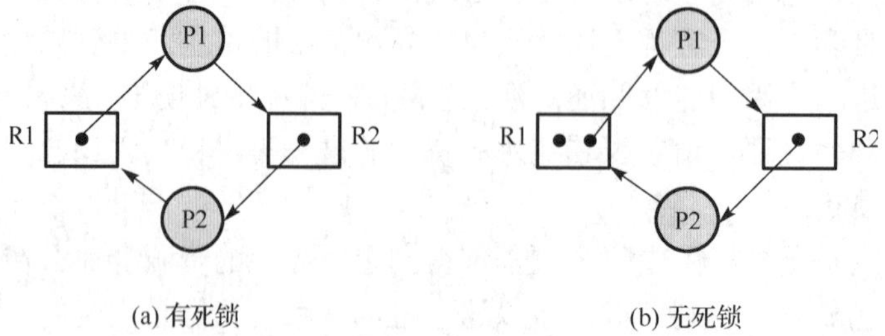

图 3-24　资源分配图示意

根据死锁定理可以得出以下三个结论。

（1）如果资源分配图中不存在环路，该资源分配图对应的系统状态是安全的，不会发生死锁。

（2）如果资源分配图中存在环路，且每类资源节点中只有一个资源，则系统一定发生死锁，环路中的进程就是死锁进程。

（3）如果资源分配图中存在环路，但所关联的资源节点有多个同类资源，那么这时环路的存在只是死锁发生的必要条件而不是充分条件。也就是说系统发生死锁时，资源分配图必定出现环路，而系统资源图出现环路时，则不一定发生死锁。

3. 死锁检测算法

死锁检测算法中的数据结构与银行家算法中的数据结构相似，对于有 m 类资源和 n 个进程的系统，其定义的数据结构有以下三种表示方式。

（1）系统可用资源向量 Available。一个具有 m 个数组元素的一维数组，每个数组元素代表一类资源当前可用的数量，初始值为系统中该类资源的总量。

（2）分配矩阵 Allocation。一个 n×m 矩阵，表示系统中的所有进程当前已获得的各类资源数量。

（3）请求矩阵 Request。一个 n×m 矩阵（与银行家算法中的 Request 不同，银行家算法中的 Request 为向量 1×m，仅表示当前运行进程的 Request），表示 n 个进程在执行中还需要请求的各类资源数量。

死锁检测算法如下。

（1）对 Allocation 矩阵中出现一行全为 0 的进程进行标记。

（2）初始化一个拥有 m 个数组元素的一维数组 Work（临时向量），并用 Available 向量对其进行初始化，即

$$\text{Work}[j] = \text{Available}[j] \qquad (j=1,2,\cdots,m)$$

（3）在 Request 矩阵中寻找一个未被标记进程 i，且 Request 矩阵第 i 行对应位置的 m 个元素值都小于或等于 Work 向量其对应位置上的元素值（即意味着进程 i 可获得所需要的全部资源，即能顺利执行到结束），即满足

$$\text{Request}[i][j] \leqslant \text{Work}[j] \qquad (j=1,2,\cdots,m)$$

如果找到这样的 i 则转（4）；否则，则终止死锁检测算法。

（4）执行。

$$\text{Work}[j] = \text{Work}[j]+\text{Request}[i][j] \qquad (j=1,2,\cdots,m)$$

对进程 i（进程 i 运行结束收回为其分配的资源）进行标记后转步骤（3）。

该算法执行结束时，系统中如果存在未被标记的进程，则表示系统发生了死锁，未被标记的进程即为死锁进程。

4. 死锁解除

一旦发现系统出现了死锁，就必须采取某种方法来解除死锁（Deadlock Recovery），常用解除死锁的方法有以下 4 种。

（1）撤销所有死锁进程。这是操作系统最常用的死锁解除方法，也是复杂度最低的一种死锁解除方法。当检测到死锁进程时，直接撤销该进程并释放其占有的系统资源。

（2）让死锁进程回撤到正常执行状态的某个检查点，然后重新启动所有的进程。这种方法需要操作系统支持进程的回撤和重启，并且死锁仍可能再次发生。

（3）按照某种顺序逐个撤销死锁进程，直到不再发生死锁为止。死锁进程撤销的顺序通常是基于某种代价最小的原则，而且每撤销一个进程后必须重新执行死锁检测算法。

（4）采用抢占资源的策略直到不再发生死锁。这种方式也需要按照某种代价最小的原则进行资源抢占，而且每次抢占资源后也需要重新执行死锁检测算法，以测试系统是否仍存在死锁，这种方法实现的复杂度最高。

死锁解除中的代价最小原则有以下 5 个。

（1）到死锁发现时，消耗的 CPU 时间最少。

（2）到死锁发现时，获得系统资源的总量最少。

（3）到死锁发现时，产生的输出量最少。

（4）优先级最低。

（5）预计进程的剩余时间最长。

死锁检测算法会消耗很多的 CPU 时间，在实际系统中允许进行人工干预。尽管检测和解除死锁系统要付出较大的代价，但由于死锁并不经常发生，因此付出这样的代价是值得的。

习　题　3

一、单项选择题

1. 两个并发进程之间________。

A. 一定存在互斥关系

B. 一定存在同步关系

C. 彼此独立相互无关

D. 可能存在同步或互斥关系

2. 共享变量（公共变量）是指________访问的变量。

A. 只能被系统进程

B. 只能被多个进程互斥

C. 只能被用户进程

D. 可被多个进程

3. 在多进程的系统中，为了保证共享变量的完整性，各进程应互斥进入临界区。所谓临界区是指________。

A. 一个缓冲区　　B. 一段数据区　　C. 同步机制　　D. 一段程序

4. 以下关于临界资源的叙述中，正确的是________。

A. 临界资源是共享资源

B. 临界资源是任意共享资源

C. 临界资源是互斥资源

D. 临界资源是同时共享资源

5. 以下________不属于临界资源

A. 打印机　　B. 公用队列结构

C. 共享变量　　D. 可重入程序代码

6. 我们把一段时间只允许一个进程访问的资源称为临界资源，则下述论述中正确的是________。

A. 对临界资源不能实现共享

B. 只要能使程序并发执行则这些程序就可共享临界资源

C. 为临界资源配上相应的设备控制块后就可共享临界资源

D. 对临界资源采取互斥访问方式就可共享临界资源

7. 一个正在访问临界资源的进程由于又申请 I/O 操作而被阻塞时，________。

A. 可以允许其他进程进入该进程的临界区

B. 不允许其他进程进入临界区和占用 CPU 执行

C. 可以允许其他就绪进程占用 CPU 执行

D. 不允许其他进程占用 CPU 执行

8. 在操作系统中，要对并发进程进行同步的原因是________。

A. 进程必须在有限的时间内完成　　B. 进程具有动态性

C. 并发进程是异步的　　D. 进程具有结构性

9. P、V 操作是进程同步、互斥的原语，用 P、V 操作管理临界区时，信号量的初值定义为________。

A. –1　　B. 0　　C. 1　　D. 任意值

10. 用 P、V 操作实现进程同步，信号量的初值为________。

A. 0　　B. 1　　C. –1　　D. 任意值

11．设与某互斥资源相关联的信号初值为 3，当前值为 1，若 *m* 表示该资源的可用个数，*n* 表示等待该资源的进程数，则 *m*、*n* 分别是________。

A．0，1　　B．1，0　　C．1，2　　D．2，0

12．对两个并发进程，设互斥信号量为 mutex（mutex.value 初值为 1），若 mutex.value 当前值为 −1，则________。

A．表示没有进程进入临界区

B．表示有一个进程进入临界区

C．表示有一个进程进入临界区，而另一个进程等待进入临界区

D．表示有两个进程进入临界区

13．当一进程因在互斥信号量 mutex 上执行 V(mutex)操作而导致唤醒另一个阻塞进程时，则执行 V(mutex)之后 mutex.value 的值为________。

A．大于 0　　B．小于 0

C．大于等于 0　　D．小于等于 0

14．如果系统中有 *n* 个进程，则进程就绪队列中进程的个数最多为________。

A．$n+1$　　B．n　　C．$n-1$　　D．1

15．如果系统中有 n 个进程，则进程阻塞队列中进程的个数最多为________。

A．$n+1$　　B．n　　C．$n-1$　　D．1

16．设有 *n* 个进程共用同一个的程序段（即共享该段），如果每次最多允许 *m* 个进程（$m \leqslant n$）同时进入临界区，则等待进入临界区的进程最多可为________。

A．n　　B．m　　C．$n-m$　　D．$-m$

17．进程从运行状态转变为阻塞状态可能是由于________。

A．进程调度程序的调度

B．现运行进程的时间片用完

C．现运行进程执行了 P 操作

D．现运行进程执行了 V 操作

18．实现进程同步时，每个消息与一个信号量对应，进程________可把不同的消息发送出去。

A．在同一信号量上调用 P 操作

B．在不同信号量上调用 P 操作

C．在同一信号量上调用 V 操作

D．在不同信号量上调用 V 操作

19．在 9 个生产者、6 个消费者共享 8 个单元缓冲区的生产者——消费者问题中，互斥使用缓冲区的信号量其初始值为________。

A．1　　B．6　　C．8　　D．9

20．下述哪个选项不是管程的组成部分________。

A．局部于管程内的数据结构

B．对管程内数据结构进行操作的一组过程（函数）

C．管程外过程（函数）调用管程内数据结构的说明

D．对管程内数据结构设置的初始化语句

21．以下关于管程的描述中，错误的是________。

A．管程是进程同步工具，用于解决信号量机制大量同步操作分散的问题

B．管程每次只允许一个进程进入管程

C．管程中 signal 操作的作用和信号量机制中的 V 操作相同

D．管程是被进程调用的，管程是语法单位，无创建和撤销

22．为了协调进程的运行，各进程之间应当有一定的联系，这种联系通常采用在进程之间交换数据的方式进行，我们称这种方式为________。

A．进程互斥　　B．进程同步

C．进程制约　　D．进程通信

23．在操作系统中，死锁出现是指________。

A．计算机系统发生重大故障

B．资源个数远小于进程数

C．若干进程因竞争资源而无限等待其他进程释放已占有的资源

D．进程同时申请的资源数超过资源总数

24．当出现________情况下，系统可能出现死锁。

A．进程申请资源

B．一个进程进入死循环

C．多个进程竞争资源出现了循环等待

D．多个进程竞争独占型设备

25．为多道程序提供的可共享资源不足时可能出现死锁。但是，不适当的________也可能产生死锁。

A．进程优先权　　B．资源的顺序分配

C．进程推进顺序　　D．资源分配队列优先权

26．产生死锁的 4 个必要条件是：互斥、________、循环等待和不剥夺（不可抢占）。

A．请求与阻塞　　B．请求与保持

C．请求与释放　　D．释放与阻塞

27．发生死锁的必要条件有 4 个，要防止死锁的发生可以通过破坏这 4 个必要条件之一来实现，但破坏________条件是不太实际的。

A．互斥　　B．不可抢占

C．部分分配（请求和保持）　　D．循环等待

28．在多进程并发执行中肯定不会因竞争________而发生死锁。

A．打印机　　B．磁带机　　C．共享变量　　D．CPU

29．某系统中有 11 台打印机，N 个进程共享打印机资源，每个进程要求 3 台，在 N 的取值不超过时，系统不会发生死锁。

A．4　　B．5　　C．6　　D．7

30．设 m 为同类资源数，n 为系统中并发进程数，当 n 个进程共享 m 个互斥资源时，每个进程的最大需求是 w，则下列情况会出现死锁的是________。

A．m=2，n=1，w=2　　B．m=2，n=2，w=1

C．m=4，n=3，w=2　　D．m=4，n=2，w=3

二、判断题

1. 对临界资源应采用互斥访问方式来实现共享。
2. 进程在要求使用某一临界资源时，如果资源正被另一进程所使用则该进程必须等待，当另一进程使用完并释放后方可使用。这种情况即所谓进程间同步。
3. 一次仅允许一个进程使用的资源叫临界资源，所以对临界资源是不能实现共享的。
4. 进程 A 与进程 B 共享变量 S1，需要互斥；进程 B 与进程 C 共享变量 S2，需要互斥，从而进程 A 与进程 C 也必须互斥。
5. 进程间的互斥是一种特殊的同步关系。
6. P、V 操作只能实现进程互斥，不能实现进程同步。
7. P、V 操作是一种原语，在执行时不能打断。
8. 在信号量上除能执行 P、V 操作外，不能执行其他任何操作。
9. 仅当一个进程退出临界区以后，另一个进程才能进入相应的临界区。
10. 若信号量的初值为 1，则用 P、V 操作可以禁止任何进程进入临界区。
11. 管程内的某个过程（函数）在条件变量 X 上执行 signal 原语相当于执行 V 操作原语。
12. 死锁是一种与时间有关的错误，因此它与进程推进的速度无关。
13. 一个给定的进程-资源图的全部化简序列必然导致同一个不可化简图。
14. 当进程数大于资源数时，进程竞争资源必然产生死锁。
15. 一旦出现死锁，所有进程都不能运行。
16. 有 m 个进程的操作系统出现死锁时，死锁进程的个数为 $1<k\leqslant m$。
17. 银行家算法是防止死锁发生的方法之一。

三、简答题

1. 举例说明 P、V 操作为什么要求设计成原语（即对同一信号量上的操作必须互斥）。
2. 使用 P、V 原语和测试与设置指令 TS（俗称加锁法）实现互斥时有何异同？
3. 设有 n 个进程共享一个程序段，对如下两种情况：

   （1）如果每次只允许一个进程进入该程序段；

   （2）如果每次最多允许 m 个进程（$m\leqslant n$）同时进入该程序段。

   试问所采用的信号量初值是否相同？信号量的变化范围如何？
4. 在生产者-消费者管理中，信号量 mutex、empty、full 的作用是什么？为什么 P 操作的顺序不能调换？
5. 管程和进程有何区别？
6. 什么是死锁，产生死锁的原因是什么？
7. 产生死锁的必要条件是什么，解决死锁问题常采用哪几种措施？
8. E.W.Dijkstra 于 1965 年提出的银行家算法，其主要思想是什么？它能够用来解决实际中的死锁问题吗？为什么？
9. 一台计算机有 8 台磁带机。它们由 N 个进程竞争使用，每个进程可能需要 3 台磁带机，请问 N 为多少时，系统没有死锁危险，并说明其原因。

四、应用题

1. 两个可以并发执行的程序都分别包含输入、计算和打印 3 个程序段，即 I_1、C_1、P_1 和 I_2、C_2、P_2，两程序的前趋关系如图 3-25 所示，试用 P、V 操作实现它们之间的同步。

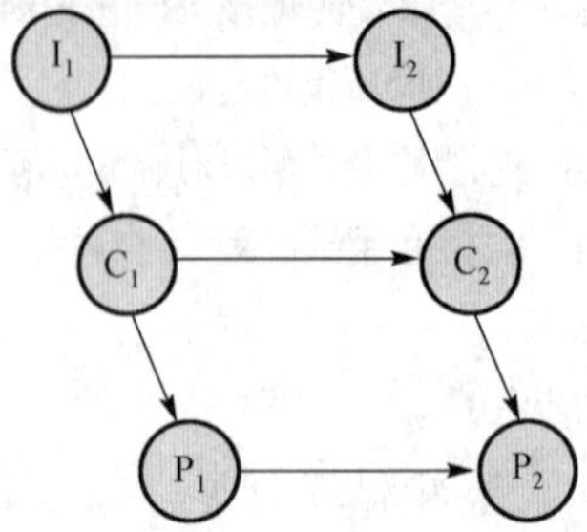

图 3-25　两并发程序的前趋关系图

2. 有一阅览室共有 100 个座位，最多允许 100 个读者进入阅览室，读者人数多于 100 时则不允许进入阅览室。请用 P、V 操作写出读者进程。
3. 在一个盒子里混装了数量相等的围棋白子和黑子，现在要用自动分拣系统把白子和黑子分开。设分拣系统有两个进程 P1 和 P2，其中 P1 捡白子、P2 捡黑子，规定每个进程每次只捡一子。当一进程正在捡子时不允许另一进程去捡，当一进程捡了一子时必须让另一进程去捡，试写出这两个并发进程能够正确执行的程序。
4. 有 3 个并发进程 R、M 和 P，它们共享同一缓冲区，进程 R 负责从输入设备读信息，每读入一个记录后就把它放进缓冲区中，进程 M 在缓冲区中加工所读入的记录；进程 P 把加工后的记录打印输出。读入的记录经加工输出后，缓冲区又可以存放下一个记录。试写出它们能够正确执行的并发程序。
5. 有如图 3-26 所示的工作模型。其中有 3 个进程 P0、P1、P2 和 3 个缓冲区 B0、B1、B2。进程之间借助于相邻缓冲区传递信息；P*i* 每次从 B*i* 中取出一条消息经加工送入 B[*i*+1]%3 中；B0、B1 和 B2 分别可存放 3、2、2 个消息，初始时，仅 B0 有一个消息。用 P、V 操作写出 P0、P1 和 P2 的同步与互斥流程。
6. 哲学家甲请哲学家乙、丙、丁到某处讨论问题，约定全体到齐后开始讨论。在讨论的间隙 4 位哲学家进餐，每人进餐时都需要使用刀、叉各一把，餐桌上的布置如图 3-27 所示。请用信号量及 P、V 操作说明这 4 位哲学家的同步、互斥过程。

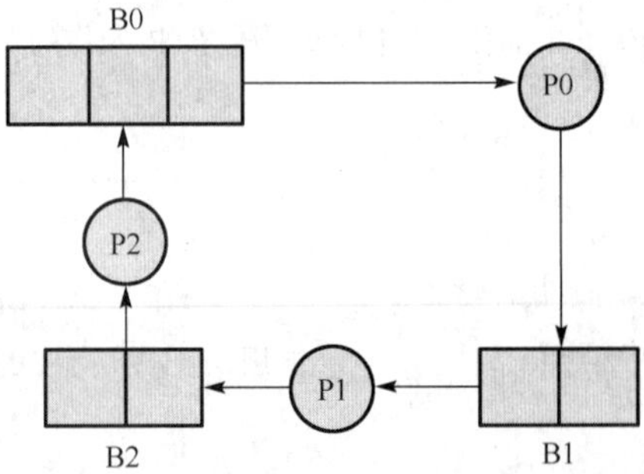

图 3-26　3 进程与 3 个缓冲区工作模型

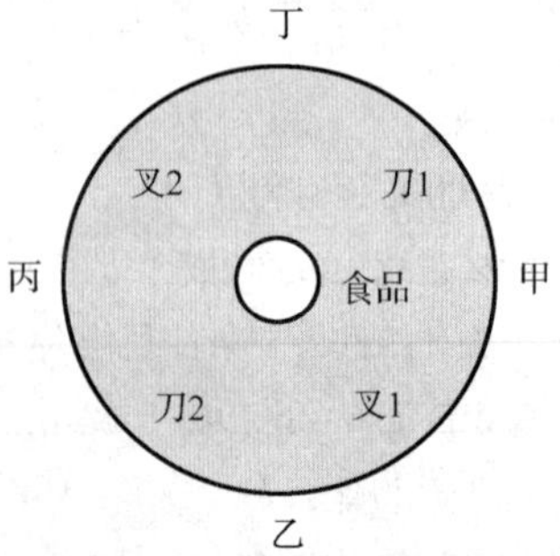

图 3-27　4 个哲学家进餐问题示意

7. 5 位哲学家围坐在一个圆桌旁，桌上总共只有 5 支筷子在每人两边分开各放一支，哲学家就餐的条件是：
（1）哲学家想吃饭时先提出吃饭要求；
（2）提出吃饭要求并拿到两支筷子后方可吃饭；
（3）如果筷子已被他人获得，则必须等待他人吃完饭后才能获取该筷子；
（4）任一哲学家在自己未拿到两支筷子吃饭之前，决不放下手中的筷子。
试描述一个保证不会出现两个邻座同时要求吃饭的算法。
8. 现有 4 个进程：R1、R2 和 W1、W2，它们共享可存放一个数的缓冲区 B。进程 R1 每次从键盘上读入一个数存入缓冲区 B 供进程 W1 打印输出，进程 R2 每次从磁盘上读入一个数存入缓冲区 B 供进程 W2 打印输出。试用 P、V 操作协调这 4 个并发进程完成各自的工作。
9. 桌子上有一只盘子，最多可容纳两个水果，每次只能放入或取出一个水果。爸爸专门向盘子中放苹果（apple），妈妈专门向盘子中放橘子（orange）；两个儿子专等吃盘子中的橘子，两个女儿专等吃盘子中的苹果。请用 P、V 操作来实现爸爸、妈妈、儿子和女儿之间的同步与互斥关系。
10. 一船每次可渡 4 人过河，有红、黑两队人过河，要求只允许红、黑各 4 人或红 2 人与黑 2 人一起方可过河。使用 P、V 操作实现之。
11. 在南开大学和天津大学之间有一条弯曲的小路，其中从 S 到 T 一段路每次只允许一辆自行车通过，但中间有一个小“安全岛”M（同时允许两辆自行车停留），可供两辆自行车从两端进入小路的情况下错车使用，如图 3-28 所示。试设计一个算法使来往的自行车均可顺利通过。

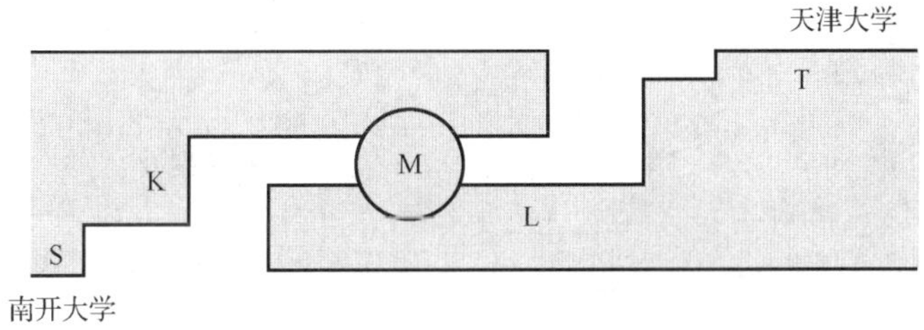

图 3-28　南开大学与天津大学之间的小路示意

12. 某寺庙有小和尚、老和尚若干。庙中有一水缸可容 10 桶水，由小和尚提水入缸供小和尚和老和尚饮用。水取自同一井中，因水井径窄每次只能容一桶取水。水桶总数为 3 个，每次入、取缸水仅为 1 桶且不可同时进行。试给出有关打水入缸和从缸中取水的 P、V 操作。
13. 现有 100 名毕业生去甲、乙两公司求职，两公司合用一间接待室，其中甲公司准备招收 10 人，乙公司准备招收 15 人，招完即止。两公司各有一位人事主管在接待毕业生，每位人事主管每次只可接待 1 人，其他毕业生在接待室外排成一队等待。试用信号量机制实现对此过程的管理。
14. 一餐厅有 50 个座位可供用餐者就餐，超过 50 人时只能排队等候，待空出座位方可就餐，试用管程实现之。
15. 设系统有三种类型资源{A，B，C}和 5 个进程{P1，P2，P3，P4，P5}，A 资源的数量为 17，B 资源的数量为 5，C 资源的数量为 20，在 T_0 时刻系统状态如表 3.6 所示。

表 3.6　T_0 时刻系统状态

进程	最大资源需求量			已分配资源数量		
	A	B	C	A	B	C
P1	5	5	9	2	1	2
P2	5	3	6	4	0	2
P3	4	0	11	4	0	5
P4	4	2	5	2	0	4
P5	4	2	4	3	1	4

剩余资源数	A	B	C
	2	3	3

系统采用银行家算法实施死锁避免策略。

（1）T_0 时刻是否为安全状态？若是请给出安全序列，若不是请给出不安全的理由。

（2）在 T_0 时刻若进程 P2 请求资源(0，3，4)，是否能实施资源分配？为什么？

（3）在（2）的基础上若进程 P4 请求资源(2，0，1)，是否能实施资源分配？为什么？

（4）在（3）的基础上若进程 P1 请求资源(0，2，0)，是否能实施资源分配？为什么？

16．现有 4 个进程陷入了死锁，请用资源分配图画出全部可能的死锁情况。

第4章

存 储 管 理

存储器是计算机的重要组成部分，用于存储包括程序和数据在内的各种信息，属于非常重要的系统资源。能否对它进行有效管理，不仅直接影响到存储器的利用率，而且对整个计算机系统的性能都有重要的影响。计算机的存储器分为两类：一类是内部存储器（内存），是 CPU 能够直接访问的存储器；另一类是外部存储器（外存），是 CPU 不能直接访问的存储器。内部存储器又称主存储器，是计算机系统的重要资源之一。存储管理指的是管理内部存储器，它是操作系统的重要组成部分。

程序运行需要两个最重要的条件：一个是程序和数据要占有足够的内存空间；另一个是得到 CPU。因此除了 CPU 管理之外，存储管理的优劣也将影响系统的性能。对于外部存储器（又称辅助存储器）来说，其管理虽然与内存管理类似，但外存主要用来存放文件，所以把外存管理放在文件管理一章介绍。

虽然现在内存容量越来越大，但它仍然是一个关键性的紧缺资源。尤其是在多道程序环境中，多个程序需要共享内存资源，内存紧张的问题依然突出。所以存储管理的好坏不仅直接影响到内存的速度和利用率，而且在很大程度上还决定着计算机的性能。存储管理的目的是充分利用内存空间，为多道程序并发执行提供存储基础，并尽可能地方便用户使用。

对于存储管理，我们着重介绍以下 5 方面的内容。

（1）地址重定位的引入、概念及方法。

（2）对内存进行连续分配存储管理的方法，包括单一连续分配方式和分区分配方式。

（3）为了有效利用内存而采用的紧凑和交换技术。

（4）对内存进行离散分配存储管理的方法，包括分页存储管理方式、分段存储管理方式和段页式存储管理方式。

（5）虚拟存储器的概念及请求分页存储管理、请求分段存储管理和请求段页式存储管理的实现。

4.1 程序的链接和装入

在多道程序环境中要使程序运行，首先必须为它创建进程，而创建进程就必须将程序和数据装入内存，能装入内存执行的程序属于可执行程序。通常用户编写的源程序要经过以下步骤才能转变为可执行程序：首先，由编译程序把源程序编译成若干个目标模块；然后，由链接程序把所有目标模块和它们需要的库函数链接在一起，形成一个完整的可装入模块，可装入模块可以通过装入程序装入内存成为可执行程序，当把 CPU 分配给它时就可以投入运行。整个处理过程如图 4-1 所示。

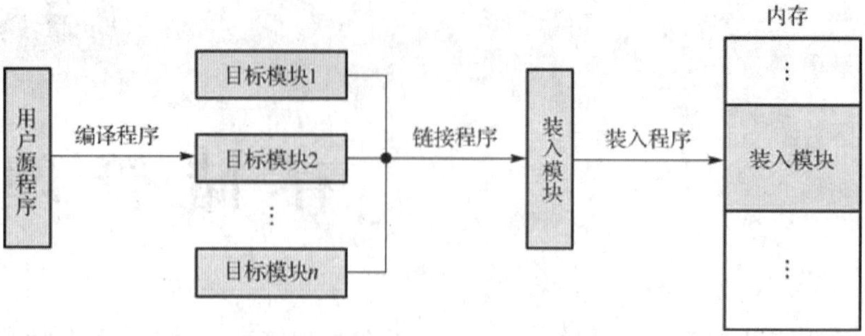

图 4-1　用户程序的处理过程

因此要使源程序能够运行，必须经过编译、链接和装入这三个步骤。下面就这三个步骤中涉及的一些相关概念予以介绍。

4.1.1　逻辑地址和物理地址

（1）逻辑地址。用户源程序经编译、链接后得到可装入程序。由于无法预先知道程序装入内存的具体位置，因此不可能在程序中直接使用内存地址，只能暂定程序的起始地址为 0。这样，程序中指令和数据的地址都是相对 0 这个起始地址进行计算的，按照这种方法确定的地址称为逻辑地址或相对地址。一般情况下，目标模块（程序）和装入模块（程序）中的地址都是逻辑地址。

（2）逻辑地址空间。一个目标模块（程序）或装入模块（程序）的所有逻辑地址的集合，称为逻辑地址空间或相对地址空间。

（3）物理地址。内存中实际存储单元的地址称为物理地址，物理地址也称为绝对地址或内存地址。为了使程序装入内存后能够正常运行，就必须将程序代码中的逻辑地址转换为物理地址，这个转换操作称为地址转换。

（4）物理地址空间。内存中全部存储单元的物理地址集合称为物理地址空间、绝对地址空间或内存地址空间。由于每个内存单元都有唯一的内存地址编号，因此物理地址空间是一个一维的线性空间。要使装入内存的程序能够正常运行、互不干扰，就必须将不同程序装入到内存空间的不同区域。

（5）虚拟地址空间。CPU 支持的地址范围一般远大于机器实际内存的大小，对于多出来的那部分地址（没有对应的实际内存）程序仍然可能使用，我们将程序能够使用的整个地址范围称为虚拟地址空间。如 Windows XP 采用 32 位地址结构，每个用户进程的虚拟地址空间为 4GB（2^{32}），但可能实际内存只有 2GB。虚拟地址空间中的某个地址称为虚拟地址，而用户进程的虚拟地址就是前面所说的逻辑地址。

4.1.2　程序链接

源程序经过编译后所得到的目标模块，必须由链接程序将其链接成一个完整的可装入模块后，才能装入内存运行。链接程序在将几个目标模块装配成一个装入模块时，需要解决以下问题。

（1）修改模块的相对地址。编译程序产生的各个目标模块中的地址都是相对地址，其起始地址都是 0。在将它们链成一个装入模块后，由于各模块不能放入同一段逻辑地址空间，故一些目标模块在装入模块中的起始地址不可能再是 0（只能有一个模块的起始地址为 0），因此要根据实际情况对模块中的相对地址进行修改。如应将图 4-2 中模块 B 的所有相对地址都加上 k（k 为模块 A 的长度）。

（2）转换外部调用符号。在将目标模块装配成可装入模块时，应将原目标模块中的外部符号转变为相对地址。如应将模块 A 中的调用模块 B（外部符号 B）语句（CALL B）改为无条件转移到相对地址 k 语句（JMP K），如图 4-2 所示。

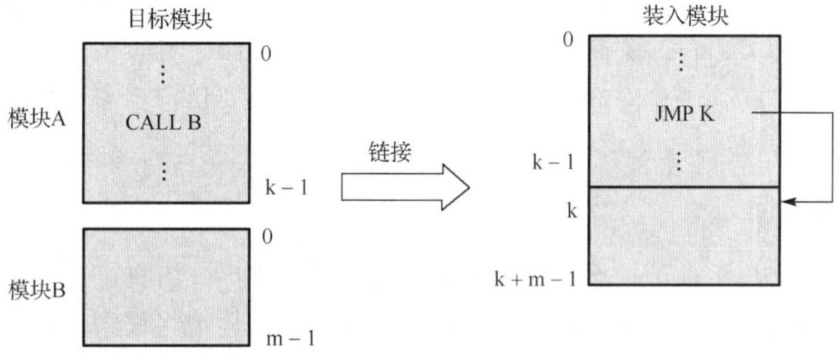

图 4-2　程序链接示意

对于目标模块的链接，可以根据链接时间的不同分为以下三种不同的链接方式。

（1）静态链接。程序运行前把源程序编译成的所有目标模块及所需要的库函数链接成一个统一的装入模块，以后不再分开。

（2）装入时动态链接。目标模块的链接是在模块装入内存时进行的，即在模块装入过程中同时完成所有目标模块的链接。

（3）运行时动态链接。将一个目标模块装入内存后就启动运行该目标模块进程，在进程运行过程中如果需要调用其他模块，则将所需调用的模块装入内存并链接到调用模块上，然后进程继续运行。

上述三种链接方式中，使用较多的是运行时动态链接，这是因为它使某些模块的链接推迟到运行时才进行，这样凡是程序执行过程中未用到的模块都不会装入内存，因此也不会链接到运行模块上。显然，这种链接方式不仅可以节省内存空间，而且加快了程序目标模块的装入过程。

4.1.3　程序装入

源程序经过编译、链接后形成可装入模块，将它装入内存后就可以投入运行。由于程序的逻辑地址空间和内存的物理地址空间并不一致，因此装入程序在将程序（可装入模块）装入内存后，在程序执行之前还必须将程序代码中的逻辑地址转换为真实的物理地址，即进行地址转换。

1. 程序装入

程序装入是指装入程序根据内存当前的实际使用情况，将程序（可装入模块）装入到内存合适的物理位置。装入操作针对的是程序（可装入模块）的整个逻辑地址空间，而对应的物理地址空间既可以是连续的，也可以是离散的。程序装入内存后并不能立即运行，因为程序中凡涉及访问内存地址（简称访存地址）的指令其访存地址仍然是逻辑地址，而不是内存中的实际物理地址，因此无法实现直接访问。要使装入内存的程序能够运行，就必须将程序中出现的逻辑地址都转换为计算机能够直接寻址的内存物理地址。这种地址转换操作称为地址映射、地址转换或地址重定位。

根据装入时间的不同，可以将程序装入分为运行前静态装入和运行时动态装入两种。静态装入指在运行之前，一次性地将全部程序（所有可装入模块）装入内存，并且在程序装入内存时或在程序运行前，一次性完成程序中所有的逻辑地址到物理地址的转换工作；运行时动态装入是指将程序的各目标模块按运行的需要，逐次调入内存并链接到调用模块上。由于是逐次装入内存，因此不可能一次性完成将程序中所有逻辑地址转换为物理地址的工作，这个地址转换工作只能推迟到程序执行中进行，即执行到涉及访存地址的指令时再进行地址转换。

2. 静态重定位

静态重定位（静态地址转换）是指装入程序将全部程序（所有可装入模块）装入到内存适当的位置后，在该程序装入内存时或运行之前，一次性地将程序中凡涉及访存地址的指令其访存地址按下面的公式全部由相对地址（逻辑地址）转换为绝对地址（物理地址），并在程序运行过程中不再改变。

绝对地址=相对地址+程序存放的内存起始地址

若采用静态重定位，通常不允许在程序静态重定位后，重新移动该程序代码和数据在内存的存放位置，因为这种移动意味着刚才对程序进行的重定位必须推倒重来，即需按程序新的内存起始地址对程序再次进行静态重定位，这无疑会耗费大量的 CPU 时间。静态重定位的地址转换示例如图 4-3 所示。

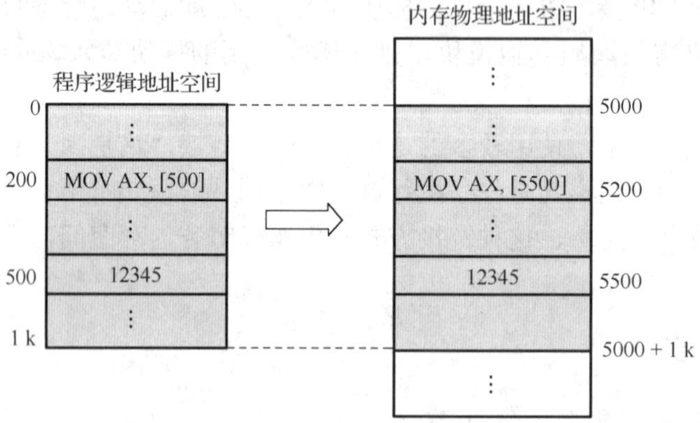

图 4-3　静态重定位示意

在图 4-3 中，逻辑地址空间的用户程序在地址 200 号单元中有一条取数指令“MOV AX，[500]”，该指令的功能是将地址 500 号单元中存放的整数 12345 取到寄存器 AX 中。由于程序被装入到起始地址为 5000 的内存区域，因此如果不把相对地址 500 转换为绝对地址（内存物理地址），而是从内存 500 号单元地址中取数就会出错。正确做法是将取数指令中数据的相对地址 500 加上本程序存放在内存中的起始地址 5000，将相对地址 500 转变成绝对地址（物理地址）5500，即取数指令“MOV AX，[500]”应修改为“MOV AX，[5500]”。因此程序在装入内存后应将其所有的相对地址都转换为绝对地址（逻辑地址都转换为物理地址）。

采用静态重定位的优点是简单、容易实现，不需要增加任何硬件设备，可以通过软件全部实现。但缺点也很明显，主要表现在以下三个方面。

（1）程序装入内存后，在运行期间不允许该程序代码和数据在内存中移动，即无法实现内存重新分配，因此内存的利用率不高。

（2）如果内存提供的物理存储空间无法满足当前程序代码和数据的存储容量，则必须由用户在程序设计时采用某种方法来解决存储空间不足的问题，这无疑增加了用户的负担。

（3）不利于用户共享存放在内存中的同一个程序。如果几个用户要使用同一个程序，就必须在各自的内存空间中存放该程序的副本，这无疑浪费了内存资源。

3. 动态重定位

动态重定位（动态地址转换）是指无论将程序一次性装入内存，还是在程序运行中动态装入各目标模块（或虚拟存储器中动态装入程序的分页和分段）到内存，都不立即进行逻辑地址到物理地址的转换，地址的转换工作是在程序执行中进行的，即当执行的指令涉及访存地址（此时为逻辑地址）时再进行地址转换。这样，那些虽然涉及访存地址但却没有执行的指令，或者没有调入内存执行的目标模块都不进行地址转换，这无疑减少了地址转换的工作量。

为了提高地址转换的速度，动态重定位要依靠硬件地址转换机构来完成。硬件地址转换（重定位）机构需要一个（或多个）基地址寄存器（简称基址寄存器或 BR，又称重定位寄存器）和一个（或多个）程序逻辑地址寄存器（VR）。指令或数据在内存中的绝对地址与逻辑地址的关系为

$$绝对地址 = (BR) + (VR)$$

其中，(BR)与(VR)分别表示基址寄存器和程序逻辑地址寄存器中的内容。

动态重定位的过程是：装入程序将程序（可装入模块）装入到内存，然后将程序所装入的内存区域首地址作为基地址送入 BR 中。在程序运行过程中，当某条指令访问到一个相对地址（逻辑地址）时，则将该相对地址送入 VR 中。这时，硬件地址转换机构把 BR 和 VR 中的内容相加就形成了要访问的绝对地址（内存物理地址），如图 4-4 所示。

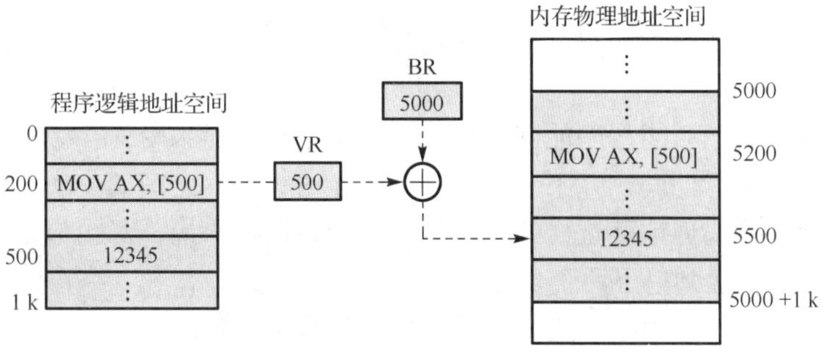

图 4-4 动态重定位示意

在图 4-4 中，逻辑地址空间的用户程序在地址 200 号单元中有一条取数指令“MOV AX，[500]”，该指令的功能是将地址 500 号单元中存放的整数 12345 取到寄存器 AX 中。程序装入内存后，它在内存中的起始地址 5000 被送入 BR 中，当执行到“MOV AX，[500]”指令时，则将相对地址 500 送入 VR 中，这时硬件地址转换机构将两个寄存器 BR 和 VR 的内容相加得到该指令要访问的物理地址 5500，从而将内存物理地址 5500 中的数据 12345 取到 AX 中。

动态重定位具有以下三个优点。

（1）指令和数据的物理地址是在程序运行过程中由硬件动态形成的。只要将进程的各程序段在内存区中的起始地址存放到基址寄存器 BR 中，就能由地址转换机构得到正确的物理地址。因此可以给同一进程的不同程序段分配不连续的内存区域，并且在程序装入内存后，也可再次移动该程序代码和数据在内存中的存放位置，只要将移动后该程序代码和数据在内存的起始地址放入基址寄存器 BR 即可正常运行，这有利于内存的管理和内存利用率的提高。

（2）动态重定位的地址转换工作是在程序执行过程中，所执行的指令涉及访存地址时才进行地址转换，因此在程序运行时没有必要将它的所有模块都装入内存，可以在程序运行期间通过请求调入方式来装入所需要的模块，不需要的模块则不装入内存，按照这种方式使用内存就可以使有限的内存运行更大或更多的程序。因此动态重定位构成了虚拟存储器的基础。

（3）动态重定位有利于程序段的共享。多个进程可以共享位于内存区中的同一程序段，只要将该程序段在内存的起始地址放入基址寄存器 BR 即可。

动态重定位的缺点主要表现在两个方面：一是需要硬件支持；二是实现存储管理的软件算法比较复杂。

注意，静态重定位仅适用全部程序一次性装入内存的情况，且地址变换是在程序装入内存时或程序运行前一次性完成；动态重定位既适用全部程序一次性装入内存的情况，又适用于在程序运行中动态装入各目标模块到内存的情况，无论采用哪种装入方式，动态重定位的地址变换都是在程序运行过程中执行到涉及访存地址的指令时进行。所以一次性将全部程序装入内存的方式，可以采用静态重定位或动态重定位方式进行地址变换，但运行时动态装入程序的各目标模块到内存的方式，以及虚拟存储器（见 4.7 节）中动态装入分页和分段到内存的方式，只能采用动态重定位方式进行地址变换。

4.2 存储器及存储管理的基本功能

对用户来说，当然希望程序能够在内存中正常运行，而不受内存中其他程序的干扰。此外，用户在程序运行期间，并不希望看到程序在内、外存之间的交换过程，以及程序中逻辑地址是如何变为物理地址这样的内存管理痕迹，即这些操作对用户来说都应该是透明的。所以内存管理要达到以下两个目标。

（1）地址保护。一个程序不能访问另一个程序的内存地址空间。

（2）地址无关。用户并不关心程序中使用的是何种地址，此时程序是在内存还是在外存，这些工作应由内存管理自动完成。

这两个目标是衡量一个内存管理系统是否完善的标准。地址保护涉及内存空间的共享与保护，地址无关则涉及内存空间的分配与回收，程序逻辑地址到内存物理地址的转换，以及内存空间不够时如何扩充等问题，这些都应由内存管理自动完成并使用户感觉不到。基于上述两个目标，存储管理应具有以下 4 个基本功能。

（1）内存空间的分配与回收。按程序要求进行内存分配，当程序运行结束后，适时回收其占用的内存。

（2）实现地址转换。实现程序中的逻辑地址到内存物理地址的转换。

（3）内存空间的共享与保护。对内存中的程序和数据实施保护。

（4）内存空间的扩充。实现内存的逻辑扩充，提供给用户更大的存储空间，允许超过内存容量的程序运行。

4.2.1 多级存储器体系

一个完整的计算机系统中有多种用于存储数据与程序的存储设备，虽然这些存储设备在存取速度、存储容量等属性方面都各不相同，但是将它们组织在一起后就能发挥各自的特长，共同承担存储信息的任务，所以现代计算机一般采用多级存储器体系。

基本的存储设备包括内存和外存。由于 CPU 中的寄存器也可以存储少量的信息，所以它也可以看作是存储体系中的一层。另外，现在的计算机系统一般都增加了高速缓存（Cache）。从寄存器到高速缓存，再到内存，最后到外存，存取速度越来越慢，容量越来越大，成本和存取频度越来越低。

（1）寄存器。寄存器是 CPU 内部的高速存储单元，主要用于存放程序运行过程中所使用的各种数据。寄存器的存储容量最小，但存取速度最高。

（2）高速缓冲存储器，简称高速缓存。其存取速度与 CPU 速度相当，非常快，但成本高且容量较小（一般为几 KB 到几百 KB），主要用来存放使用频率较高的少量信息。

（3）内部存储器，简称内存，又称主存储器。程序只有装入内存后才能运行，因此内存储器一般用来存放用户正在执行的程序和使用到的数据，CPU 可以直接执行内存中的指令及直接存取内存中的数据。内存的存取速度要比高速缓存慢一点，容量要比高速缓存大得多（一般为几 GB）。

（4）外部存储器，简称外存，又称辅助存储器。外存不能被 CPU 直接访问，一般用来存放大量的、暂时不用的数据信息。外存的存取速度较低且成本也较低，但容量较大（一般为几十 GB 到几百 GB）。

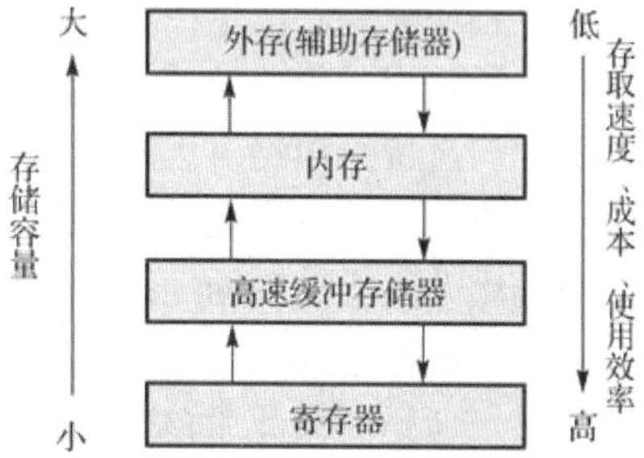

图 4-5 多级存储器体系示意

计算机系统的多级存储体系如图 4-5 所示。

用户对内存的要求是大容量、高速度和持久性，但面临的物理实现却是一个由缓存、内存和外存等组成的存储架构。很显然，这样一个存储架构与用户对内存的要求相差甚远，要以这样的存储架构为基础为用户提供所需的内存抽象，就需要有一个合理有效的内存管理机制。

4.2.2 内存的分配与回收以及地址转换

1. 内存空间的分配与回收

由于任何程序及数据必须调入内存后才能执行和直接访问，因此内存管理的首要任务就是当用户需要内存时，系统按照用户程序（进程）对内存需求的大小，依据某种分配算法把一个空闲内存空间分配给用户程序（进程）使用，不需要时再及时回收，以供其他用户程序使用。为此，系统需要考虑如何进行内存分配才能使内存的利用率最高，以及采用什么样的数据结构来记录和管理内存空间的占用与空闲情况。在多道程序设计环境中，内存分配的功能包括制定分配策略、构造分配用的数据结构、响应用户程序的内存分配请求和回收用户程序释放的内存区。

为了有效、合理地使用内存，在设计内存分配与回收算法时，必须考虑以下 4 个问题。

（1）数据结构。登记内存的使用情况，记录可供分配的内存空闲区大小和起始地址，以供分配和回收内存时使用。

（2）放置策略。决定内存中放置信息（程序或数据）的区域（或位置），即怎样在当前的内存空闲区中选择一个或几个空闲区来放置信息。

（3）调入策略。确定外存中的程序段和数据段在什么时间、以什么样的控制方式进入内存。

（4）淘汰策略。在需要将某个程序段或数据段调入内存却出现内存没有足够空闲区时，由淘汰策略来决定把内存中的哪些程序段和数据段由内存调出（淘汰）放入到外存，以便为调入的程序段或数据段腾出足够的内存空间。

2. 地址转换（地址重定位）

程序运行时不能直接使用逻辑地址访问内存中的信息，而必须把程序地址空间中的逻辑地址转换成内存空间中的物理地址，才能完成对内存信息的访问。实现逻辑地址到物理地址转换的方式有以下三种。

（1）编程或编译时产生绝对地址

程序中所使用的绝对地址（物理地址）可以在编译或汇编时形成，也可由用户直接赋予。但由用户直接给出绝对地址不仅要求熟悉内存的使用情况，而且一旦程序被修改就会造成程序中某些地址发生变动，因此要对这些涉及访问地址的指令进行更改，即将指令中的访问地址更改为变动后的地址，否则就会出错。例如，如果预先知道一个用户程序驻留内存的地址将由某处开始，那么产生的编译代码（可执行程序）中的绝对地址都是针对此地址的偏移。但是如果此后该代码存放的内存起始地址发生变动，那么就必须重新修改代码中所有出现在指令中的地址。此外，修改的程序中会引起指令条数和数据的增减，这就会使某些指令中的转移地址和数据的存储地址（都是绝对地址）发生改变。因此通常的做法是在程序中采用符号地址，然后由编译程序或汇编程序在对该程序编译或汇编时，再将这些符号地址转换为绝对地址。

（2）静态地址转换

静态地址转换就是之前介绍的静态重定位，即在程序装入内存时一次性完成程序中所有逻辑地址到物理地址的转换。如果在编译时不知道程序将放置于内存的什么位置，那么编译程序在编译该程序时产生的是可重定位代码（起始地址为 0）。在这种情况下，最终的地址转换（静态重定位）延迟到装入内存时再完成。如果在内存中代码存放的起始地址发生变动，那么只需根据变动后的起始地址对该代码再次进行静态重定位即可，这种装入方式称为可重定位方式。可重定位方式的地址转换，可以在程序装入内存时到程序运行前的任何时间里一次性完成。在一些早期的系统中都有一个装入程序（也称加载程序），它负责将用户程序装入内存，并将程序中使用的逻辑地址转换成内存物理地址。

（3）动态地址转换

现代计算机系统中，大都采用了动态地址转换技术（即之前介绍的动态重定位），这种地址转换方式是在程序执行过程中，一旦执行的指令中出现访存地址（逻辑地址）时，就由系统硬件完成这个逻辑地址到内存物理地址的转换。通常是在系统中设置一个重定位寄存器（即前述的基址寄存器 BR），其内容由操作系统用特权指令来设置。用户程序运行时，地址转换机构首先判断 CPU 提供的访存地址（逻辑地址）是否超出了该程序的长度，若越界，则终止该程序的运行；否则将 CPU 提供的访存地址（逻辑地址），与重定位寄存器中的值（基地址）相加形成要访问的内存物理地址。由于地址转换是在指令执行过程中进行的，因此程序中凡是涉及访存地址的指令，只有当其执行时才进行地址转换，否则不进行地址转换，这样就节省了 CPU 的时间。

4.2.3 内存的共享、保护及扩充

1. 内存空间的共享和保护

为了节省内存空间和提高内存利用率，可用的内存空间常常由许多进程共享，两个或多个进程共享内存中相同区域称为内存的共享。共享又分为代码共享和数据共享，代码共享是指多个进程运行内存中的同一个程序代码段，如多个进程共享同一个编辑器程序完成编辑工作，代码共享要求共享的代码为纯代码（也称可重入代码），纯代码是指不可被任意修改的代码；数据共享可实现进程通信，如一个进程对某个变量赋值，而另一个进程读取同一个变量的值，这种情况下对共享数据操作要进行互斥并保证正确的操作次序。

系统为每个进程设置了访问内存共享区的权限，如可读写、只读、只可执行等，不允许进程对内存共享区进行违反权限的操作。即实现信息共享必须解决共享信息的保护问题。

在多道程序设计环境下，当系统中同时存在系统程序和多个用户程序时，如何保证用户程序不破坏系统程序？如何保证用户程序之间不相互干扰？这些都是存储管理中存储保护需要解决的问题。存储保护的目的是保护系统程序区不被用户有意或无意地侵犯，不允许用户程序读写不属于自己存储空间的数据，使得内存中的各道程序只能访问各自的内存区，以避免彼此之间相互干扰，特别是当一道程序发生错误时，不至于影响其他程序的正常运行。保护功能通常由硬件完成并辅以软件实现。

计算机中使用的存储保护主要包括界地址保护、存储键保护等方式。

（1）界地址保护

界地址保护方式主要是防止地址越界，每个进程（程序）都有属于自己的内存空间，如果一个进程（程序）在运行中出现所访问的地址超出其所属内存空间时，则出现地址越

界。也就是说，当进程（程序）要访问某个内存单元时，由硬件实施是否越界的检查，如果未越界，则执行此次访问操作；否则产生地址越界中断，并由操作系统进行相应地处理。

常用的界地址保护有以下两种。

① 上下界保护和地址检查机构。这种机制主要用于静态地址转换。硬件提供一对上下界寄存器，来分别存放程序装入内存后的首地址和末地址。当访问内存地址时，地址检查机构将 CPU 提供的访存地址（注意：静态地址转换后该地址为物理地址）与上、下界寄存器的值进行比较。若介于上下界之间，则可用该地址直接访问内存，否则产生地址越界中断，并终止程序的运行（如图 4-6 所示）。

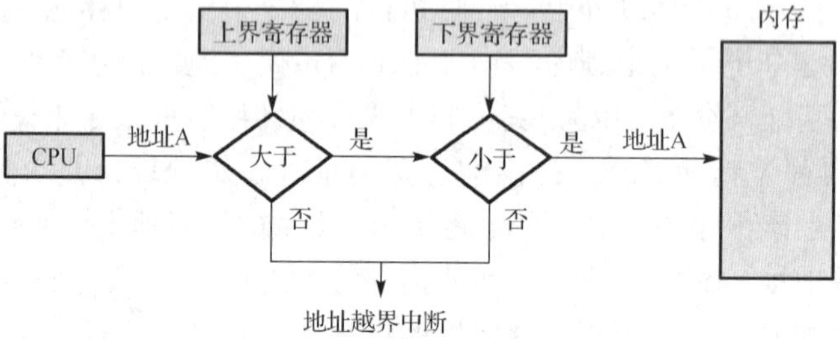

图 4-6　上下界保护和地址检查机构

② 基址、限长寄存器和动态地址转换机构。这种机制主要用于动态地址转换。在计算机中设置两个专门的寄存器，称为基址寄存器和限长寄存器，这两种寄存器分别存放当前运行程序中内存的起始地址及程序的长度。在访问内存地址时，首先将 CPU 提供的访存地址（在动态地址转换中该地址为逻辑地址）与限长寄存器中的值进行比较，若越界（超出程序的长度），则终止该程序运行，否则将访存地址（逻辑地址），加上基址寄存器中存放的该程序在内存的起始地址，得到要访问的内存物理地址，如图 4-7 所示。

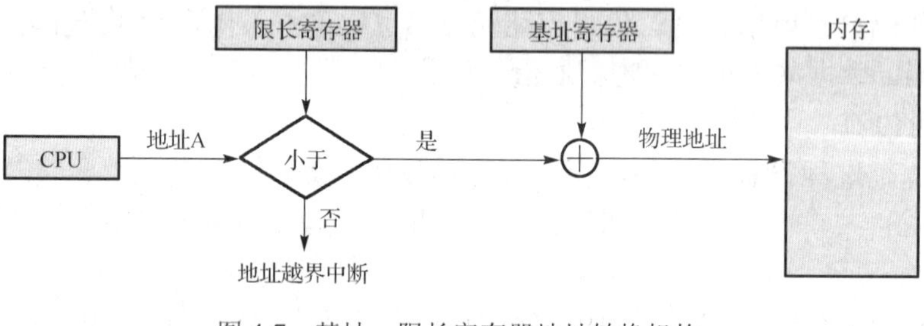

图 4-7　基址、限长寄存器地址转换机构

（2）存储键保护

存储键保护方式是通过保护键匹配来判断存储访问方式是否合法。其方法是对每个内存区域指定一个键值和若干禁止的访问方式，并且给每个进程也指定键值，如果所访问的内存区域键值和当前运行的进程键值不匹配，而且是被禁止的访问方式，则发生操作越权错误。所谓键值就是操作代码，如 01 表示允许读操作，10 表示允许写操作，11 则表示既可以读操作又可以写操作，00 表示禁止访问等。CPU 的程序状态字寄存器 PSW 中，设置相应的位来表示当前可访问的内存存储区键值。这样，只有在 PSW 中的键值、当前运行进程所拥有的键值以及当前访问的方式均匹配时，才能执行相应的访问操作，否则为非法操作，且终止该进程的执行。

2. 内存空间的扩充

用户在编写程序时不应受内存容量的限制，因此要采用一定技术来扩充内存的容量，使用户得到比实际内存容量大得多的存储空间。实现内存扩充的根本办法是充分利用内存与外存资源，即只将当前需要使用的部分程序和数据放入内存，而将暂不使用的部分程序和数据暂存于外存，当需要的时候再交换（与内存中已使用过的部分程序和数据交换其存储位置）到内存来。因此这就需要在程序的执行过程中，经常地在内、外存之间交换程序和数据。

控制程序和数据在内、外存之间交换的基本方式有以下两种。

（1）用户程序自己控制方式。典型的例子是覆盖，即将不同时执行的几个程序段共用一段内存区，通过在需要时候装入要执行的程序段来覆盖该内存区其他程序段的方法，达到扩充内存的目的。覆盖管理的目标是逻辑扩充内存，以缓解大程序与小内存之间的矛盾。覆盖技术要求用户清楚地了解程序的结构，并指定用于覆盖的各程序段及调入同一内存区的先后次序，它是一种早期的内存扩充方式，不能实现虚拟存储。

（2）操作系统控制方式。这种方式又可进一步分为交换方式、请求调入方式和预调入方式三种。

① 交换方式的基本目的也是为了缓解内存不够大的问题，它利用外存空间（进程交换区），通过对进程实体的整体或部分交换（内存不够用时，将内存中某些暂不执行的进程调出至外存，然后将需要执行的进程由外存调入到内存）来满足用户程序（进程）对内存的需要，从而实现多道程序运行。交换方式的主要特点是打破了进程运行的驻留性（进程创建后一直驻留内存）。

② 请求调入方式是在程序执行过程中，如果所要访问的程序段或数据段不在内存时，则由操作系统自动地从外存将有关的程序段和数据段调入内存。

③ 预调入方式则由操作系统预测在不远的将来会访问到哪些程序段和数据段，并在它们被访问之前选择合适的时机将其调入内存。

在操作系统控制方式下，只需装入部分程序和数据到内存，而其余的部分程序和数据则驻留在外存。在程序运行过程中，系统采用某种方法把未装入的部分程序和数据由外存调入到内存，或者把内存中不用的部分程序和数据调出至外存。这样，使得系统可以运行比内存容量大的程序，或者在内存中装入尽可能多的程序。对用户来说，好像有一个充分大的内存，这个内存就是虚拟存储器。

4.3 分区式存储管理

分区式存储管理对内存采用连续分配方式，即根据用户程序的需求为其在内存分配一段连续的存储空间。分区式存储管理属于最简单的内存管理方式，主要用于早期的操作系统。分区式存储管理又可以进一步划分为单一连续分区存储管理，固定分区存储管理和可变分区存储管理等内存管理方式。

4.3.1 单一连续分区存储管理

1. 实现原理

单一连续分区存储管理方式只适合于单用户、单任务操作系统，是一种最简单的存储管理方式。单一连续分区管理将内存空间划分为系统区和用户区两部分（如图 4-8 所示）。系统区仅供操作系统使用，通常放在内存的低地址部分，系统区以外的全部内存空间就是用户区，提供给用户使用。装入程序从用户区的低地址开始装入用户程序，且只能装入一个程序运行，用户区装入一个程序后，内存中剩余的区域则无法再利用。

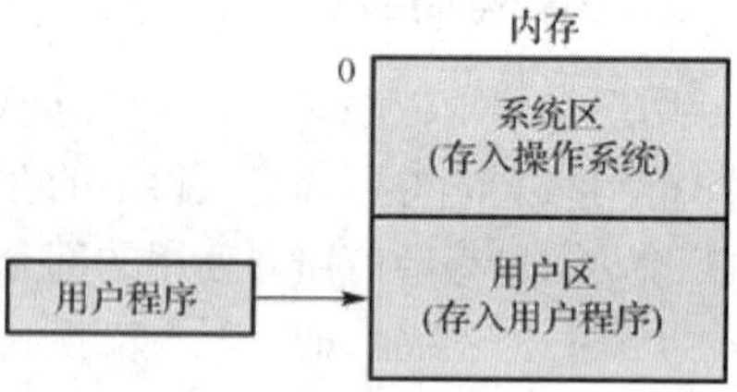

图 4-8　单一连续分配示意

2. 分配与回收

由于只有一个用户区可用，因此分配与回收都是针对这一区域进行的。分配过程是首先将待装入内存的程序与用户区进行大小比较，若程序所需内存空间没有超过用户区的大小，则为它分配内存空间；否则内存分配失败。回收操作则是在用户区的程序运行结束后，将该区域标志置为未分配即可。

3. 地址转换与存储保护

单一连续分区存储管理的地址转换，可以采用静态重定位和动态重定位两种方式。

（1）采用静态重定位方式

单一连续分区存储管理的地址转换多采用静态重定位，即用户程序在装入内存时采用静态重定位，一次性对程序中出现的所有逻辑地址进行转换。由于用户程序被装入到从界限地址开始的内存区域，因此程序中出现的所有逻辑地址，都按界限地址加逻辑地址的方式来形成物理地址。程序执行期间，不允许更改指令和数据的地址，也不允许程序在内存中移动位置（如图 4-9 所示）。

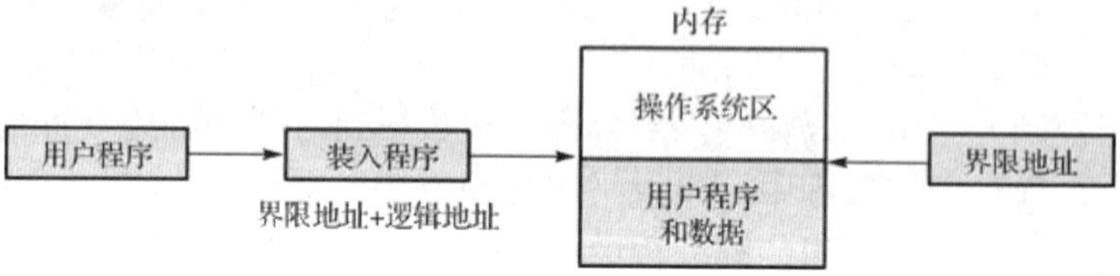

图 4-9　采用静态重定位方式

单一连续分区存储保护比较容易实现，即由装入程序检查用户程序的大小是否超过用户区的长度，若没有，则装入；否则不允许装入。

（2）采用动态重定位方式

设置一个重定位寄存器并用它来指明内存中系统区和用户区的地址界限，同时又作为用户区的基地址。用户程序由装入程序装入到从界限地址开始的内存区域，但这时并不进行地址转换。地址转换要推迟到程序执行过程中执行到某指令中的逻辑地址时，这时硬件地址转换机构就将这个逻辑地址与重定位寄存器中的值（界限地址）相加，得到要访问的物理地址（如图 4-10 所示）。

动态重定位的存储保护也很容易实现，即在程序执行过程中，由硬件地址转换机构将逻辑地址和重定位寄存器的值（界限地址）相加，来获得要访问的物理地址，并通过检查该物理地址是否在允许的区域范围内来实现存储保护，若超出允许的区域则产生地址越界错误。

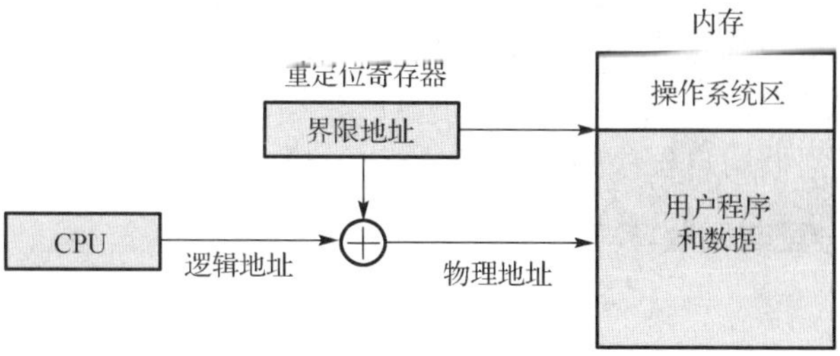

图 4-10　采用动态重定位方式

采用动态重定位的优点是：不必将用户程序限制在内存中的某个固定区域，即可以在内存中移动用户程序的存放位置（系统同时将移动后程序存放内存的首地址送入重定位寄存器），由于程序中指令的访存地址是逻辑地址，且地址转换是在指令执行过程中完成的，因此程序在内存中的移动并不对地址转换造成影响。但动态重定位的缺点是：需要附加硬件的支持，而且实现动态重定位的管理软件也较为复杂。

4. 单一连续分区管理的优缺点

单一连续分区管理的优点是：① 管理简单，开销小；② 安全性高，除系统区外，用户区中只有一个程序，不存在多个程序相互影响的问题；③ 采用静态重定位方式时不需要硬件支持。

单一连续分区管理的缺点是：① 不支持多用户；② 程序的地址空间受用户区空间大小的限制，这是因为程序在运行前必须一次性装入内存的连续区域，若程序的地址空间比用户区大则无法装入；③ 由于一个程序独占系统资源，这样会造成系统资源的严重浪费。例如，正在执行的程序因等待某个事件时，CPU 就处于空闲状态。

4.3.2　固定分区存储管理

1. 实现原理

固定分区存储管理是最早使用的一种可运行多道程序的存储管理方法，即将内存系统区之外的用户空间划分成若干个固定大小的区域，每个区域称为一个分区并可装入一个用户程序运行（如图 4-11 所示）。分区一旦划分完成，就在系统的整个运行期间保持不变。由于每个分区允许装入一道程序运行，这就意味着系统允许在内存中同时装入多道程序并发执行。

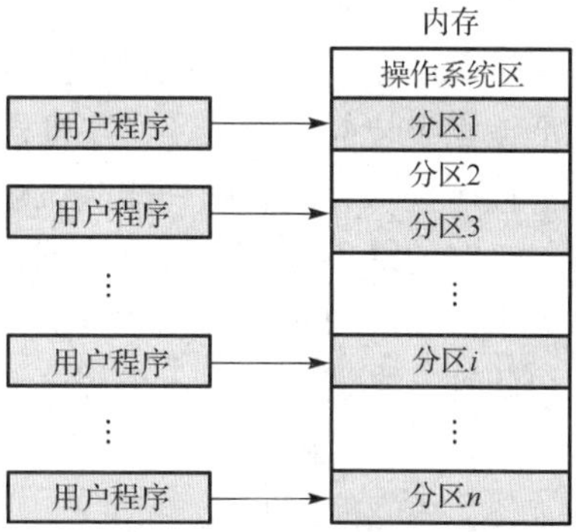

图 4-11　固定分区分配示意

2. 分区划分

在固定分区存储管理方式中，分区的数目和每个分区的大小一般由系统操作员或操作系统决定。分区划分一般采用以下两种方式。

（1）分区大小相等。所有内存分区的大小均相等，这种分配方式的优点是管理简单，缺点是缺乏灵活性。例如，若程序过小，则会造成内存空间浪费；若程序过大，则因无法装入分区而导致不能运行。

（2）分区大小不等。为了克服分区大小相等这种缺乏灵活性的缺点，可以把内存空间划分为若干大小不等的分区，使得内存空间含有较多的小分区，适量的中分区和较少的大分区。装入程序可以根据用户程序的大小将其装入到适当的分区。

3. 内存空间的分配与回收

（1）数据结构

为了有效管理内存中各分区的分配与使用，系统建立了一张内存分区分配表，用来记录内存中所划分的分区以及各分区的使用情况。分区分配表的内容包括分区号、起始地址、大小和状态，状态栏的值为 0 时，表示该分区空闲可以装入程序。当某分区装入程序后，将状态栏的值改为所装入的程序名，表示该分区被此程序占用（如图 4-12 所示）。

分区号	大小（KB）	起始地址（KB）	状态
1	8	16	程序A
2	8	24	0
3	16	32	程序B
4	16	48	程序C
5	32	64	0
6	64	96	0

(a) 分区分配表

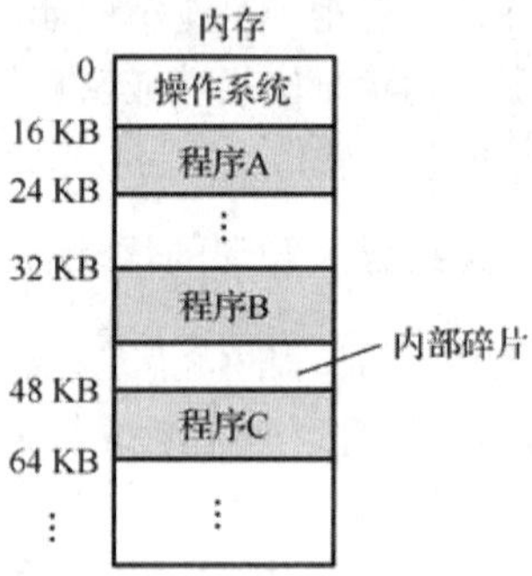

(b) 内存空间分配示意

图 4-12　固定分区管理示意

（2）内存空间分配

系统启动后在为程序分配分区之前，根据内存分区的划分，在分区分配表中填入每个分区的起始地址和大小，并且将所有的状态栏均填入 0 以表示这些分区可用。

当有程序申请内存空间时则检查分区分配表，选择那些状态为 0 的分区来比较程序地址空间的大小和分区的大小。当所有空闲分区的大小都不能容纳该程序时，则该程序暂时不能进入内存，并由系统显示内存不足的信息；当某个空闲分区的大小能容纳该程序时，则把该程序装入这个分区，并将程序名填入这个分区的状态栏。

程序进入分区有两种排队策略：一是每个程序被调度程序选中时，就将其排到一个能够装入它的最小分区号（不管该分区是否空闲）等待队列中，但这种策略在等待处理的程序大小很不均匀时，会出现有的分区空闲而有的分区忙碌；二是所有等待处理的程序排成一个队列，当调度其中一个程序进入内存分区时，则选择可容纳它的最小空闲分区，分配给它以充分利用内存。

（3）内存空间回收

当程序运行结束时，根据程序名检索分区分配表，从状态栏信息可找到该程序所使用的分区，然后将这个分区状态栏置为 0，表示这个分区已经空闲可以装入新的程序。

4. 地址转换与存储保护

固定分区存储管理的地址转换可以采用静态重定位方式，即

物理地址=逻辑地址+分区起始地址

因此程序一旦装入内存其位置就不会再发生改变。系统设置了两个地址寄存器，分别称为上界寄存器和下界寄存器。上界寄存器用来存放分区的低地址，即起始地址；下界寄存器用来存放分区的高地址，即结束地址。装入程序在将用户程序和数据装入内存分区时进行地址转换，即将用户程序和数据中出现的逻辑地址，改为由逻辑地址加上上界寄存器中所存放的分区低地址，即转换为可直接访问的物理地址。

存储保护的方法是：在程序运行过程中，每当 CPU 获得物理地址时首先与上、下界寄存器的值进行比较，若超出上、下界寄存器的值，就发出地址越界中断信号，并由相应的中断处理程序进行处理。

当运行的程序（进程）让出 CPU 时，进程调度程序则调度（选中）另一个就绪态程序运行，同时将当前运行程序的分区号和上、下界寄存器内容，修改为选中程序的内存分区及该分区的上、下界，以保证选中程序能够在其所在的分区内正常运行。

5. 固定分区分配的优缺点

固定分区分配的优点是：内存分配与回收通过分区分配表实现，程序执行采用静态重定位方式简单易行，CPU 利用率较高。

固定分区分配的缺点是：程序大小受分区大小的限制，当分区较大而程序较小时容易形成内部碎片（一个分区内部浪费的空间称为内部碎片），造成了内存空间的浪费。此外，由于固定分区分配方式预先设定了分区总数，因此这就限制了系统中能够并发执行的程序（进程）数量。

4.3.3 可变分区存储管理

1. 实现原理

可变分区（又称动态分区）存储管理方式在程序装入内存之前并不预先建立分区，而是在程序运行时根据程序对内存空间的需要来动态建立内存分区。分区的划分时间、大小及其位置都是动态的，因此这种管理方式又称为动态分区分配。由于分区的大小完全按程序装入到内存的实际大小来确定，且分区的数目也可变化，因此这种分配方式能够有效减少固定分区方式中出现的内存空间浪费现象，有利于多道程序设计并进一步提高内存资源的利用率。

2. 数据结构

为了实现可变分区分配，系统必须配置相应的数据结构来反映内存资源的使用情况，以便为可变分区的分配与回收提供依据。通常使用的数据结构包括：已分配分区表、空闲分区表及空闲分区链。

已分配分区表用于登记内存空间中已经分配的分区，每个表项记录一个已分配分区，其内容包括：分区号、起始地址、大小和状态，如表 4.1 所示。空闲分区表则记录内存中所有空闲的分区，每个表项记录一个空闲分区，其内容包括分区号、起始地址、大小和状态，如表 4.2 所示。空闲分区链以系统当前的空闲分区为节点，利用链指针将所有空闲分区节点链接成一个双向循环队列，如图 4-13 所示。为了检索方便，每个空闲分区节点的头部和尾部除链接指针外，还用专门的单元记录了本空闲分区节点的大小、状态等控制分区分配的信息。

表 4.1　已分配分区表

分区号	起始地址（KB）	大小（KB）	状态
1	50	20	P1
2	90	15	P2
3	260	40	P3
⋮	⋮	⋮	⋮

表 4.2　空闲分区表

分区号	起始地址（KB）	大小（KB）	状态
1	70	20	0
2	105	155	0
3	300	100	0
⋮	⋮	⋮	⋮

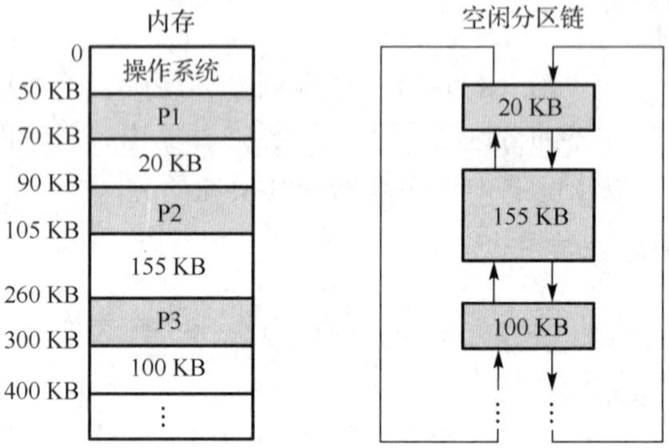

图 4-13　内存及空闲分区链示意

3. 分配算法

将一个新程序装入内存时，需要按照某种分配算法为其寻找一个合适的内存空闲区，然后将其装入到该空闲区中。根据空闲区在空闲分区表中的不同排列方法，相应形成了不同的空闲区分配算法，包括：首次适应算法、最佳适应算法和最差适应算法。

（1）首次适应算法

首次适应算法（也称最先适应算法）要求空闲分区按内存地址递增的次序排列在空闲分区链上。每当一个程序申请装入内存时，管理程序从空闲分区链链首开始查找空闲分区（即按内存地址递增的顺序查找），直到找到一个最先满足此程序需求的空闲分区，并按此程序的大小从该空闲分区中划出一块连续的内存区域给程序使用。而该分区剩余的部分，仍按地址递增的次序保留在空闲分区链中，但还需修改该空闲分区在空闲分区表中的起始地址和大小。若未能找到满足程序需求的空闲分区，则此次分配失败。

首次适应算法的特点是：每次都从内存的低地址端开始查找满足需求的空闲分区，即优先对低地址部分的空闲分区进行分配，从而保留了高地址部分的大空闲区，这就给未来大程序的分配预留了内存空间。但随着低地址部分的空闲分区被不断划分，导致低地址端留下了许多难以使用的较小空闲分区，而每次查找分配又都是从低地址端开始的，这无疑会增加查找的时间。首次适应算法中的空闲分区按地址递增排列，这使回收的内存区与相邻空闲分区的合并比较容易。

针对首次适应算法的不足，又提出了一种改进算法——循环首次适应算法（也称下次适应算法）。该算法在为程序分配内存时，不再从内存的低地址端开始查找，而是从空闲分区链上排列在上一次分配空闲区之后的下一个空闲分区开始查找，直到查找到一个满足程序需求的空闲分区为止。然后仍是将该空闲分区分为两部分：一部分分给程序使用；而另一部分仍保留在空闲分区表（当然需修改起始地址和大小）和空闲分区链中。由于查找空闲分区的过程是在内存中循环进行的，故称其为循环首次适应算法。

循环首次适应算法减少了查找空闲分区的开销，并使内存空间的利用率更加均衡，不至于使小的空闲分区集中于内存的低地址端。但该算法却导致了内存中缺乏大的空闲区，给未来大程序的分配造成了困难。

（2）最佳适应算法

最佳适应算法要求空闲分区按分区大小递增的次序排列在空闲分区链上。最佳适应算法在为用户程序分配内存空闲分区时，则从空闲分区链链首的最小空闲分区开始查找，找到的第一个大小满足程序需求的空闲分区就是最佳空闲分区。该分区能满足程序的存储需要，并且在分配后剩余的空闲空间最小（因浪费最小故称为最佳），这剩余的小空闲分区仍按分区的大小插入到空闲分区链上，同时修改该空闲分区在空闲分区表中的起始地址和大小。

需要注意的是，最佳仅仅是针对每一次分配而言。若从分配的整体情况来看，由于每次分配后所剩余的空闲区空间总是最小，那么随着分配的不断进行，就会在内存留下越来越多无法再继续使用的小空闲分区。而且每次分配都是从空闲分区链链首的最小空闲分区开始查找，这必然增加了查找时间。此外在回收内存区时，为了将回收的内存区与相邻的空闲分区合并成一个空闲分区，可能要查遍整个空闲分区链，因为空闲分区是按大小排列而不是按地址排列的。最佳适应算法的优点是保留了内存中的大空闲区，当大程序到来时有足够大的空闲区可为其分配。

（3）最差适应算法

最差适应算法要求空闲分区按分区大小递减的次序排列在空闲分区链上。最差适应算法在分配空闲分区时，恰好与最佳适应算法相反，即每一次总是把空闲分区链链首的最大的空闲分区分配给请求的用户程序。若该空闲分区小于程序需求的大小，则分配失败，因为系统此时已没有能够满足程序需求的空闲分区了；若能够满足程序的需求，则按程序需求的大小，从该空闲分区中划出一块连续区域分配给它，而将该空闲分区剩余的部分仍作为一个空闲分区，按其大小插入到空闲分区链上，同时修改该空闲分区在空闲分区表中的起始地址和大小。

由于最差适应算法在分配时总是选择内存中最大的空闲分区进行分配，因此分配后所剩余的部分也相对较大，这有利于以后再分配给其他程序使用。但随着分配的进行，当一个大程序到来时，可能就没有可供分配的大空闲分区了。此外，在回收内存区时存在着与最佳适应算法同样的查找问题。

上述三种内存分配算法特点各异，很难说哪种算法更好和更高效，应根据实际情况合理进行选择。

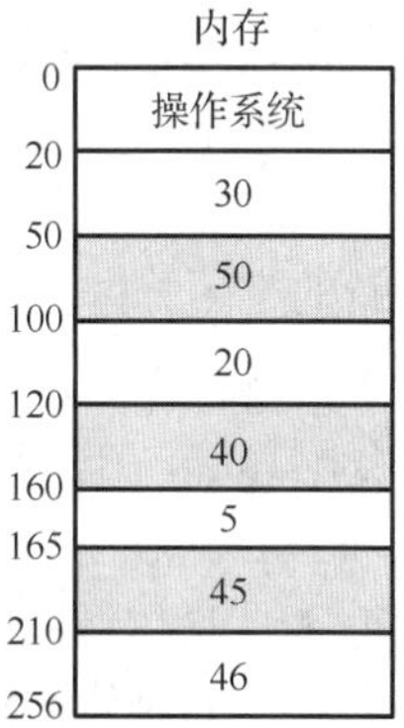

图 4-14　初始内存分配示意

例 4.1　有一程序序列：程序 A 要求 18KB，程序 B 要求 25KB，程序 C 要求 30KB，初始内存分配情况如图 4-14 所示（其中阴影为分配区）。问首次适应算法、最佳适应算法和最差适应算法中哪种能满足该程序序列的分配？

【解答】 结合系统中初始内存的分配情况，建立的首次适应算法、最佳适应算法和最差适应算法的空闲区链分别如图 4-15(a)～(c)所示。

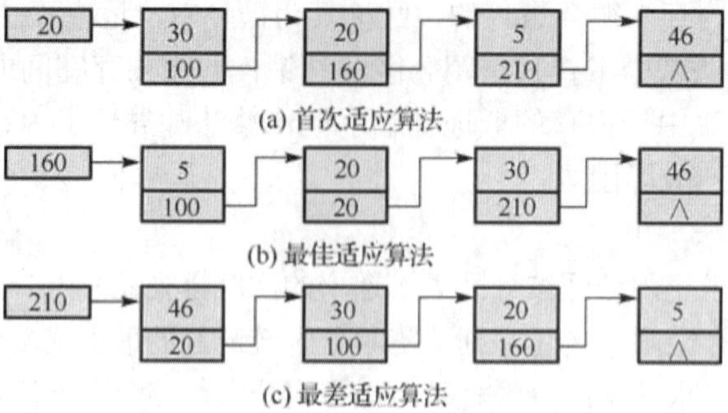

图 4-15　三种空闲分区链

对于首次适应算法，程序 A 分配 30KB 的空闲分区，程序 B 分配 46KB 的空闲分区，此后就无法为程序 C 分配合适的空闲分区了。

对于最佳适应算法，程序 A 分配 20KB 的空闲分区，程序 B 分配 30KB 的空闲分区，程序 C 分配 46KB 的空闲分区。

对于最差适应算法，程序 A 分配 46KB 的空闲分区，程序 B 分配 30KB 的空闲分区，此后就无法为程序 C 分配合适的空闲分区了。

因此对本题来说，最佳适应算法对这个程序序列的内存分配是合适的，而其他两种算法对该程序序列的内存分配是不合适的。

4. 分配与回收

在可变分区分配方式中，系统进行内存分配时可采用上面介绍的某种具体分配算法，来查找系统中是否存在满足需求的空闲分区，若找到就为程序分配相应的空闲分区，并修改相关的数据结构；否则此次分配失败。

内存的回收是指在程序运行结束后，系统要把该程序占用的内存空间及时回收，以便重新分配给需要的程序。内存回收中要考虑回收的内存区（回收区）与相邻的空闲分区进行合并的问题。回收区与内存中的空闲分区在位置上存在 4 种关系，应针对不同的情况进行空闲区域的合并工作。

（1）若回收区与上、下两个空闲分区相邻（如图 4-16(a)所示），则把这三个区域合并成一个新的空闲分区。具体做法是：使用上空闲分区的首地址作为新空闲分区的首地址，取消下空闲分区表项，修改新空闲分区的大小为回收区与上、下两个空闲分区大小之和，并根据不同分配算法，在空闲分区链中删去上、下两个空闲区节点，并插入新空闲分区节点。

（2）若回收区只与上空闲区相邻（如图 4-16(b)所示），则将这两个区域合并成一个新空闲分区。具体做法是：新空闲分区起始地址为上空闲区起始地址，大小为回收区与上空闲区之和，同时修改相应的数据结构。

（3）若回收区只与下空闲分区相邻（如图 4-16(c)所示），则将这两个区域合并成一个新空闲分区。具体做法是：新空闲分区的起始地址为回收区起始地址，大小为回收区与下空闲分区之和，同时修改相应的数据结构。

（4）回收区上、下都不与空闲分区相邻（如图 4-16(d)所示），这时回收区单独作为一个空闲分区放入空闲分区表中，同时作为一个新空闲区节点，按不同的分配算法插入到空闲分区链中。

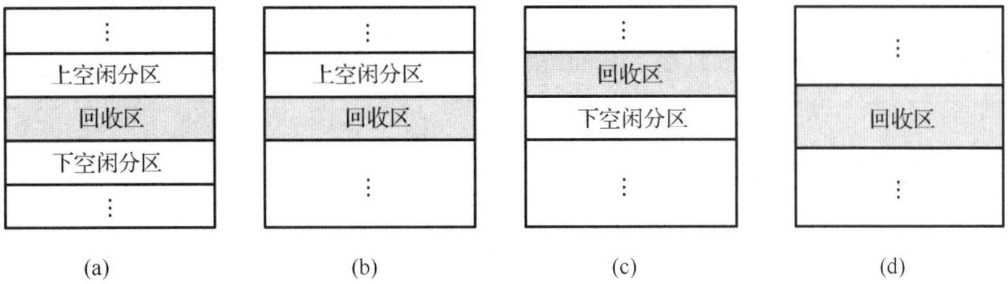

图 4-16　内存空间回收示意

5. 地址转换与存储保护

（1）地址转换

可变分区存储管理采用动态重定位方式来实现地址转换，即需要硬件地址转换机构的支持，包括基址寄存器和限长寄存器。地址转换的步骤如下。

① 当程序（进程）占用 CPU 时，进程调度程序就把该程序所占分区的起始地址送入基址寄存器，把程序所占分区的大小送入限长寄存器。

② 程序执行过程中，每当 CPU 执行到涉及地址的指令时，都要由地址转换机构把指令中的逻辑地址转换成物理地址，即把该指令中的逻辑地址与基址寄存器中内容相加，即转换为内存物理地址。

当程序让出 CPU 时，应先把这两个寄存器的内容保存到该程序所属进程的 PCB 中，然后再把要运行的新程序所占分区的起始地址和大小存入这两个专用寄存器中，这样，新程序运行中才能正确地进行地址变换。

（2）存储保护

基址寄存器和限长寄存器分别记录当前运行程序在内存中所占分区的起始地址和大小。当 CPU 执行到程序中涉及地址的指令时，必须核对该指令中的逻辑地址是否满足条件“0≤逻辑地址＜限长寄存器的值（即分区大小）”。若满足，则将该逻辑地址转换为物理地址后执行该指令；否则产生地址越界错误并停止该程序的执行（参见图 4-7）。

6. 碎片问题

在采用可变分区存储管理方式下，随着分配与回收的不断进行，内存中会出现很多离散分布且容量很小的小空闲分区，虽然这些小空闲分区的总容量能够满足程序对内存的需求，但由于每个程序都需要装入到一个连续的内存分区，而这些小空闲分区单个又不能满足程序对内存大小的需求，于是这些小空闲分区就成为内存中无法再利用的资源，称为内存碎片、零头或外部碎片（相对于前面介绍的固定分区存储管理和后面将要介绍的分页存储管理中的内部碎片，这里的碎片又称为外部碎片）。外部碎片的出现造成了内存空间资源的浪费，为了提高内存资源的利用率，操作系统就必须解决外部碎片的问题。

在可变分区分配中，系统解决外部碎片的方法是通过移动内存中的程序，将内存中无法利用的小空闲分区合并在一起，组成一个较大的空闲分区来满足程序的需求，这种方法被称为紧凑技术（也称拼接技术）。由于采用紧凑技术对内存空闲分区进行合并时会造成程序在内存中的移动，这就需要对程序中的地址部分进行重新定位。重新定位可以通过动态重定位技术实现，即将基址寄存器保存的程序所在分区起始地址改为移动后程序所在分区的起始地址。然而，当系统中的外部碎片数量很大时，采用紧凑方法会使系统的开销增大。

4.3.4 覆盖与交换技术

存储管理的一个重要功能就是实现内存容量的扩充。在多道程序环境下，如果程序的大小超过内存可用空间时，操作系统则采用相应的技术把当前需要运行的部分程序和数据装入内存，而将暂时不需要运行的那部分程序和数据放入外存，当运行到需要外存上的这部分程序和数据时，再由操作系统负责将其交换到内存。采用这种方式可以解决大程序在较小内存空间中运行的问题，从而实现在逻辑上对内存容量的扩充。覆盖技术和交换技术就是两种典型的扩充内存技术，其中覆盖技术主要用在早期操作系统中的单一连续区管理，而交换技术在现代操作系统（多道程序环境下）中仍然占据重要的地位。

1. 覆盖技术

单 CPU 系统中的任一时刻只能执行一条指令，而一个用户程序通常由若干个在功能上相互独立的程序段组成。在用户程序运行的某一时刻，这些相互独立的程序段不可能同时运行，因此可按程序自身的逻辑结构采用覆盖（Overlay）技术，即让那些不会同时执行的程序段共享同一块内存区。首先把这些程序段保存在外存上，仅将最初执行的部分程序段装入内存，当处于共享内存区的程序段执行结束时，再按执行顺序依次把能够覆盖的程序段调入内存的共享内存区，去覆盖该共享内存区中已执行结束的程序段。尽管这种方法并没有真正扩充内存容量，但从效果和感觉上内存容量已经被扩充了，即达到了在逻辑上扩充内存的目的。这种技术一般要求程序各模块之间有一个明确的调用结构，用户要向系统指明覆盖结构（哪些程序段之间可以进行覆盖），然后由操作系统完成自动覆盖。因此我们把可以相互覆盖的程序段称为覆盖段，而把可供共享的内存区称为覆盖区。

采用覆盖技术来扩充内存的方式对用户提出了较高的要求，即用户要根据程序的逻辑结构将一个程序划分为不同的程序段，并预先规定好内存的覆盖区及程序的执行顺序和覆盖顺序，否则可能会导致程序段的覆盖次序与程序执行次序发生冲突。一个用户程序如何划分成不同的程序段，以及哪些程序段能够共享哪些内存空间，这些只能由用户自己决定。

图 4-17 就是一个覆盖的示例。该示例中程序包含了 6 个程序段，它们之间的调用关系如图 4-17(a)所示。M0 调用了 M1 和 M2，M1 调用了 M1.1 和 M1.2，M2 调用了 M2.1。通过调用关系可知，程序段 M1 和 M2 相互之间没有调用关系，它们不需要同时驻留在内存，可以共享同一覆盖区。同理程序段 M1.1、M1.2 和 M2.1 也可以共享同一覆盖区，其覆盖结构如图 4-17(b)所示。

在采用覆盖技术时程序被分为两部分，一个是根程序，它与所有被调用的程序段有关，而不允许被其他程序段覆盖。在图 4-17(a)中，程序段 M0 就是根程序，它要求常驻内存，除根程序外，其余的所有程序段都属于可覆盖部分。图 4-17(b)中存在两个覆盖区，一个由程序段 M1 和 M2 共享，另一个由程序段 M1.1、M1.2 和 M2.1 共享。覆盖区的大小取决于共享程序段中最大程序段的大小，于是，图 4-17(b)中覆盖区 1 和覆盖区 2 的大小分别是 20KB 和 40KB。采用覆盖技术后，占用内存 80KB 的空间就可以运行大小为 145KB 的程序。

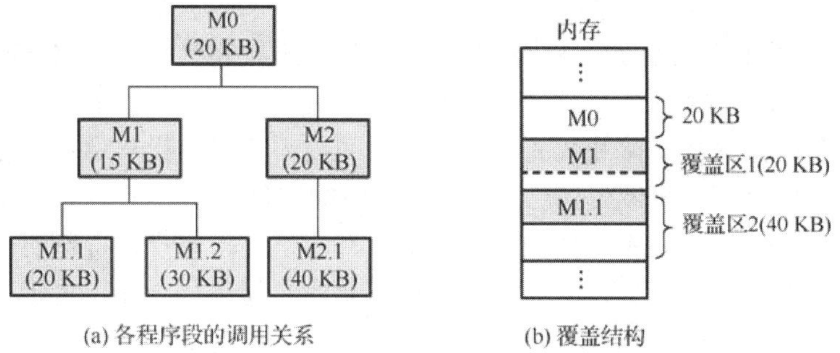

图 4-17　覆盖示例

覆盖技术打破了必须将一个程序的全部信息装入内存后才能运行的限制，在一定程度上，解决了小内存运行大程序的矛盾。其缺点是：对用户不透明，编程时必须由用户划分程序模块以及确定程序模块之间的覆盖关系，这无疑增加了用户的负担。

2. 交换技术

交换（Swapping）技术同覆盖技术一样也是利用外存在逻辑上扩充内存，它的主要特点是：打破了一个程序一旦进入内存就一直驻留内存直到运行结束的限制。

在多道程序环境下，内存中可以同时存在多个进程（程序），其中的一部分进程由于等待某些事件而处于阻塞状态，但这些处于阻塞状态的进程仍然驻留内存并占据着内存空间；另一方面，外存上可能有许多等待装入内存运行的程序却因内存不足而未能装入。显然，这是一种严重的系统资源浪费，它会使系统的吞吐量下降。为了解决这个问题，可以在操作系统中增加交换（对换）功能，即由操作系统根据需要，将内存中暂时不具备运行条件的部分程序或数据移到外存（换出），以便腾出足够的内存空间将外存中需要运行的程序或数据调入内存（换入）。在操作系统中引入交换（对换）技术，可以显著提高内存资源的利用率并改善系统的性能。

以交换的单位不同来划分，则有以下两种交换方式。

（1）以进程为单位的交换。每次换入/换出的是整个进程，我们称这种交换为进程交换（进程对换）或整体交换（整体对换）。进程交换广泛应用于分时系统，主要解决内存紧张问题。

（2）以页（见 4.4.1 节）或段（见 4.5.1 节）为单位的交换。这种交换分别称为页置换（页交换或页对换）或段置换（段交换或段对换），页置换和段置换是以进程中的某一部分为交换单位，因此又称为部分交换（部分对换）。部分交换广泛应用于现代操作系统中，是实现虚拟存储器的基础。

我们这里所说的交换是指进程交换，为了实现进程交换，操作系统需要解决以下两个问题。

（1）对换空间的管理。在具有交换功能的操作系统中，一般将外存空间分为文件区和交换区（对换区）。文件区用来存放文件，而交换区则用来存放从内存中换出的进程，或等待换入内存的进程。尽管文件区一般采用离散分配方式来分配外存存储空间，但交换区的存储空间分配则宜采用连续分配方式，这是因为交换区中存放的是换入/换出的进程，为了提高交换速度，有必要采用连续分配方式，并且交换区可以采用与可变分区存储管理类似的方法进行管理。例如，使用空闲分区表或空闲分区链来记录外存交换区的使用情况，利用首次适应算法、最佳适应算法或最差适应算法来进行外存交换区的分配。

（2）交换的时机以及选择哪些进程交换。交换时机一般选择在进程的时间片用完，以及进程等待输入/输出时，或者在进程要求扩充其内存空间而得不到满足时。换出到外存的进程一般选择处于阻塞状态，或优先级低且短时间内不会再次投入运行的进程；换入到内存的进程则应选择换出时间最久且已处于就绪状态的进程。

与覆盖技术相比交换则完全由操作系统实现，它不要求用户做特殊的工作，整个交换过程对用户是透明的。并且交换主要是在进程或程序之间进行，而覆盖则主要是在同一个进程或同一个程序内进行。

4.4 分页存储管理

前面介绍的分区存储管理要求每个程序在分区内是连续存储的，致使无论是固定分区管理还是可变分区管理，在内存空间利用率上都是低效的，这是因为前者产生内部碎片（分区内部的碎片），后者产生外部碎片（无法分配的小分区碎片）。在可变分区管理中，虽然紧凑技术是解决内存外部碎片的一种途径，但却需要在内存移动大量信息而花费不少CPU 时间，代价较高。为了彻底解决连续分配所存在的问题，内存的分配发展出离散分配方式。在离散分配方式下，允许程序可以分散的放入不连续的内存区，这样既能减少内存的碎片，提高内存的利用率，而且也无须在内存紧张时进行内存的紧凑工作，因此节省了CPU 时间。分页存储管理就是避开了内存分配的连续性要求，而采取了离散分配内存方式，离散分配的基本单位是页（Page）。

4.4.1 分页存储管理的基本原理

1. 实现原理

在分页存储管理中，一个程序的逻辑地址空间被划分成若干个大小相等的区域，每个区域称为页或页面，并且程序地址空间中所有的页从 0 开始顺序编号。相应地，内存物理地址空间也按同样方式划分成与页大小相同的区域，每个区域称为物理块或页框；与页一样，内存空间中的所有物理块也从 0 开始顺序编号。在为程序分配内存时，允许以页为单位将程序的各个页分别装入内存中相邻或不相邻的物理块中（如图 4-18 所示）。由于程序的最后一页往往不能装满分配给它的物理块，于是会有一定程度的内存空间浪费，这部分被浪费的内存空间称为页内碎片。

分页系统中页的选择对系统性能有重要影响。若页划分得过小，虽然可以有效减少页内碎片并提高内存利用率，但会导致每个进程需要更多的页，这样会使分页系统中用于页管理的页表增大而占用更多的内存空间。若页划分得过大，虽然可以减少页表大小并提高页的置换速度，但会导致页内碎片增大，而且当一个页大到能装下一个程序时就退化为分区存储管理了。因此页的大小应适中，分页系统中页的大小取决于机器的地址结构，一般设置为 2 的整数幂，通常为 512B～8KB。

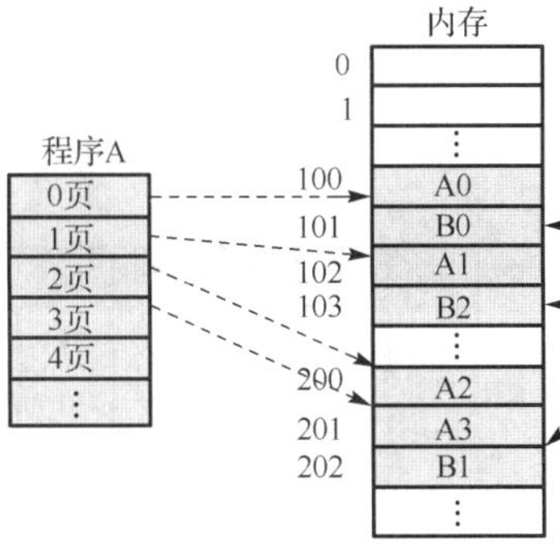

图 4-18　程序以页为单位离散装入内存示意

2. 逻辑地址结构

在分页存储管理中，程序中的逻辑地址被转换为页号和页内地址。这个转换工作在程序执行时由系统硬件自动完成，整个过程对用户透明。因此用户编程时不需要知道逻辑地址与页号和页内地址的对应关系，只需要使用一维的逻辑地址。

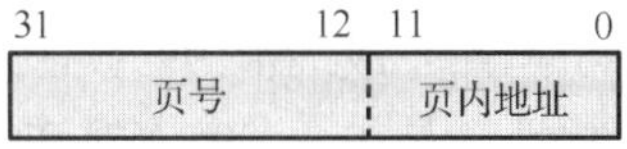

图 4-19　分页存储管理中逻辑地址结构

程序的一维逻辑地址空间经过系统硬件自动分页后，形成“页号+页内地址”的地址结构（如图 4-19 所示）。在如图 4-19 所示的地址结构中，逻辑地址通过页号和页内地址来共同表示。其中，0～11 位是页内地址，即每个页的大小是 4KB；12～31 位是页号，即地址空间最多允许有 1M 个页。一维逻辑地址与页号和页内地址的关系是（注：页长即一页的大小）

一维逻辑地址=页号×页长+页内地址

3. 数据结构

为了实现分页存储管理，系统主要设置了以下两种表格。

（1）页表

在分页系统中，允许程序所有的页以离散方式分别存储在内存不同的物理块里，为了使程序能够正确运行，必须在内存空间中找到存放每个页的物理块。因此操作系统为每个程序（进程）建立了一张页映射表，简称页表（Page Table），用来存储页号及其映射（装入）的内存物理块号。最简单的页表由页号及其映射的物理块号组成（如图 4-20 所示）。由于页表的长度由程序所拥有页的个数决定，故每个程序的页表长度通常不同。

（2）内存分配表

为了正确地将一个页装入到内存的某一物理块中，就必须知道内存中所有物理块的使用情况，因此系统建立一张内存分配表来记录内存中物理块的分配情况。由于每个物理块的大小相同且不会改变大小，因此最简单的办法是用一张位示图（Bitmap）来构成内存分配表。位示图是指在内存中开辟若干个字，它的每一位与内存中的一个物理块相对应。每一位的值可以是 0 或 1，当取值为 0 时，表示对应的物理块空闲；当取值为 1 时，表示对应的物理块已分配。此外，在位示图中增加一个字节，来记录内存当前空闲物理块的总数（如图 4-21 所示）。

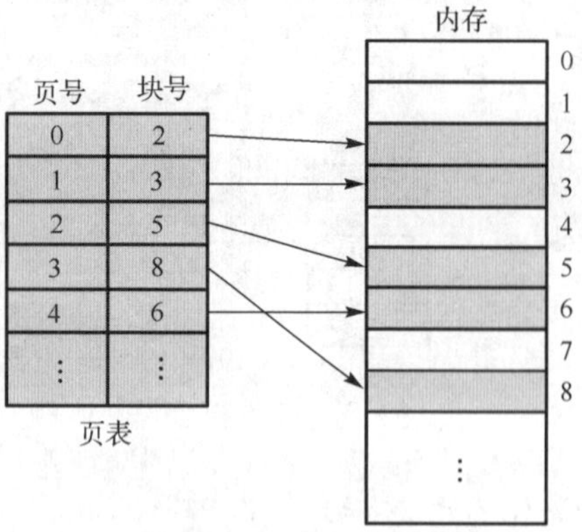

图 4-20　页表的使用示意

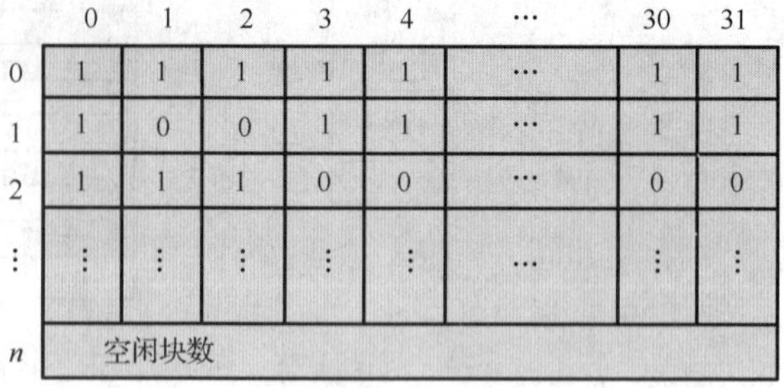

图 4-21　位示图

4.4.2　分页存储管理的地址转换与存储保护

在分页存储管理中，程序运行需要将指令中的逻辑地址转换为内存物理地址。如何将由页号和页内地址组成的逻辑地址转换为内存中的实际物理地址呢？系统是通过硬件地址转换机构来完成地址的转换工作。由于页内地址和物理块内地址一一对应（如大小为 4KB 的页内地址是 0～4095，对应物理块内的地址也是 0～4095），因此地址转换机构的主要任务实际上是完成页号到物理块号的转换。由于页表记录了程序中所有的页号到内存物理块号的映射关系，因此地址转换机构要借助页表来完成地址转换任务。

1. 地址转换

在分页存储管理中，系统为每个程序建立了一张页表并存放于内存中。当程序被装入内存但尚未运行时，页表始址（页表在内存中的起始地址）和页表长度（程序逻辑地址空间从页号 0 开始划分出的最大页号）等信息被保存到为该程序（进程）创建的 PCB 中，或保存到请求表（见 4.4.4 节）中。一旦进程调度程序调度该进程运行时，其 PCB 中保存的页表始址和页表长度信息（或请求表中这两个的信息）便被装入到页表控制寄存器中，基本地址转换过程如图 4-22 所示。

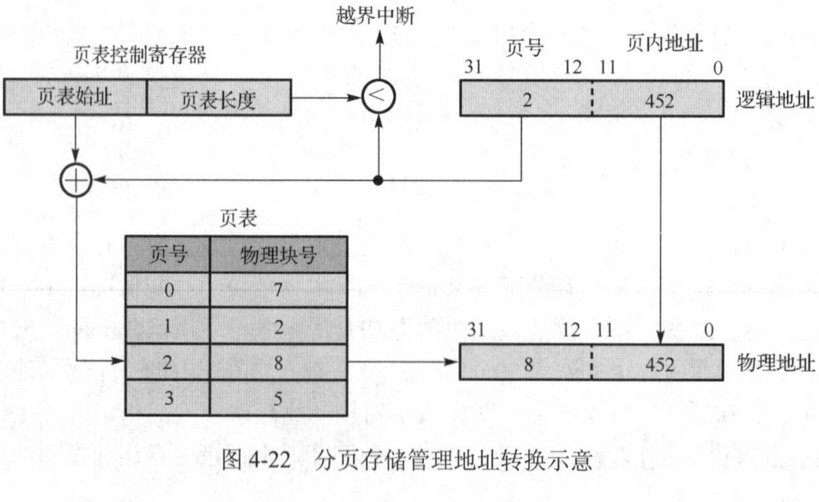

图 4-22　分页存储管理地址转换示意

当进程执行中的指令要访问某个逻辑地址中的数据时，便启动地址转换机构，地址转换机构按照以下步骤完成逻辑地址到物理地址的转换工作。

（1）地址转换机构自动将一维逻辑地址划分为页号和页内地址。如图 4-22 中逻辑地址的 12～31 位的值即为页号，而 0～11 位的值即为页内地址。

（2）将从逻辑地址中的得到的页号与页表控制寄存器中存放的页表长度进行比较，如果页号大于页表长度，系统就产生地址越界中断，表示要访问的逻辑地址已经超出了该进程使用的逻辑地址空间；否则就根据页表控制寄存器中的页表始址，找到页表在内存中存放的起始地址。

（3）由页表的起始地址（指向 0 号页）加上逻辑地址中的页号（在页表中该页号又表示页表项的相对位移）得到该页号所在的页表项位置，由这个页表项可得到该页映射（装入）到的内存物理块号。最后，将这个物理块号与逻辑地址中的页内地址拼接在一起（不是相加），即用物理块号取代逻辑地址中的页号，而页内地址保持不变就形成了要访问的内存物理地址。如图 4-22 中，由页表始址（指向 0 号页）加上页号 2，即在页表中向下偏移两个页表项位置，就得到 2 号页在内存的物理块号为 8。这时，只需将物理块号 8 取代逻辑地址中 12～31 位的页号 2，而页内地址 452 保持不变，就得到了要访问的内存物理地址。也就是说，实际要访问的物理地址与物理块号和页内地址的关系是

$$物理地址=物理块号\times页长+页内地址$$

例 4.2 在一个采用分页存储管理的系统中，一段程序有 4 个页并被分别装入到内存的第 3、4、6、8 号物理块中，已知页和物理块的大小均为 1024B，该程序在 CPU 上运行并执行到如下的一条传送指令

MOV AX，[2100]

请用地址转换图计算 MOV 指令中操作数 2100 的物理地址。

【解答】 本题的页的大小为 1024B，可知页内地址为 0～9 位，即逻辑地址 2100 的页号=2100/1024=2（取整后），页内地址=2100−2×1024=52。逻辑地址 2100 的地址转换过程如图 4-23 所示。根据图 4-23，可以得到页号 2 对应的物理块号为 6，即物理地址=6×1024+52=6196。

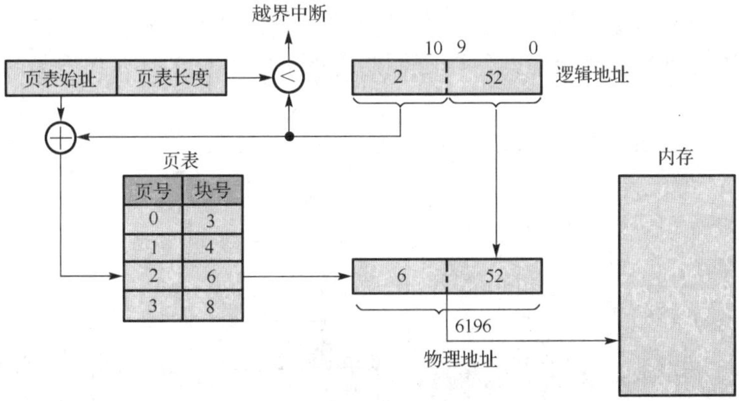

图 4-23 分页存储管理地址转换示意

2. 具有快表的地址转换

从基本地址转换过程可知，由于页表驻留在内存，因此当 CPU 依据指令中的逻辑地

址进行操作时至少要两次访问内存。第一次是访问内存中的页表，并从页表的对应页表项中找到欲访问页所映射的内存物理块号，再将该物理块号和逻辑地址中的页内地址拼接形成真正的物理地址；第二次再根据这个物理地址对内存该地址中存放的数据进行操作。这种数据访问方式虽然提高了内存的利用率，但却使 CPU 的处理速度降低了将近一半，显然这不是我们所希望的结果。

为了提高地址转换的速度，可以将页表存放在一组专门的寄存器中，即一个页表项专用一个寄存器存放。但由于寄存器的价格昂贵，这种做法的实际意义不大。

另一种行之有效的方法是在地址转换机构中，增加一个具备并行查找能力的高速缓冲寄存器，又称联想存储器（Associative Memory）来构成一张快表，快表中保存着当前运行进程最常用的页号及其映射的物理块号。具有快表时，其地址转换的过程是：当 CPU 给出需要访问的逻辑地址后，地址转换机构根据该逻辑地址中的页号，在快表中查找其映射的物理块号。若含有该页号的页表项已在快表中，则可直接从快表中获得该页号所映射的物理块号，并完成物理地址的转换；若在快表中没有找到与页号对应的页表项，则仍然通过内存中的页表进行查找，并从该页号对应的页表项中获得该页号映射的物理块号来完成物理地址的转换，同时将此页表项存入快表。显然，在向快表中存入新页表项时，可能会出现快表已满的情况，这时操作系统还必须按某种算法淘汰快表中的一个页表项，以便把新的页表项信息装入快表。注意，在快表中查找和在内存中查找是同时进行的，只不过在内存页表中查找的速度要慢一些，当快表中找到含有该页号的页表项时，则终止内存页表的查找。具有快表的地址转换过程如图 4-24 所示。

由于成本的关系，快表不可能做得很大，通常只存放 32～1024 个页表项。据统计，从快表中能找到所需页表项的概率可达 90%以上。这样，因增加地址转换机构而造成的速度损失，可降低到能够接受的程度。

3. 页的共享和保护

（1）页的共享

分页存储管理在实现共享时必须区分数据共享和程序共享。实现数据共享时，可以允许不同的程序对共享的数据页使用不同的页号，只要让各程序的页表中有关表项，指向共享信息的物理块即可。实现程序共享则不同，因为一个共享程序在运行前必须链接好，而链接后共享程序的页号就确定了，所以必须把共享的程序安排到所有共享它的程序地址空间具有相同页号的页中。

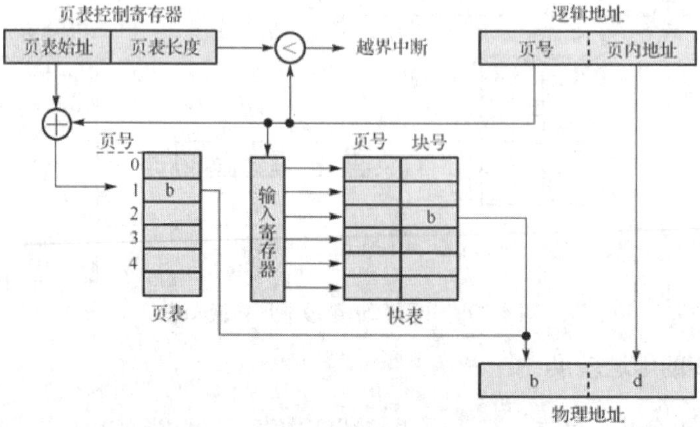

图 4-24 分页存储管理中具有快表的地址转换示意

（2）页的保护

页的保护分为两个方面：一是在逻辑地址转换成物理地址时的保护，通过页号与页表长度的比较防止地址越界；二是在实现信息共享时，对共享信息的保护。通常是在页表中增加一些标志位来设置存取控制字段，一般设置只读、读写、读和执行等权限。如果某进程试图去执行一个只允许读的内存物理块，系统就会发出访问性中断。

4.4.3 两级页表和多级页表

现代计算机已普遍使用 32 位或 64 位逻辑地址，可以支持 2^{32}B～2^{64}B 容量的逻辑地址空间。这样，采用分页存储管理时页表会相当大，在内存中找到一个连续空间来存放页表就不容易了。例如，对 2^{32}B 的逻辑地址空间来说，如果页的大小为 4KB（2^{12}B）则页表项达 1M 个，如果每个页表项仅占用 1B，则每个进程的页表要占用 1MB 的连续内存空间，这显然是不现实的。为了减少页表所占用的连续内存空间，一个简单的解决方法是使用两级或多级分页方法，即将页表再进行分页。

1. 两级页表

为了将一个大页表存放在内存中，可以考虑先对页表进行分页，在对页表进行分页后，再将已形成的各个页（称为页表分页）分别存储在内存中不一定相邻的物理块中。由于各个页表分页以离散方式存放，为了将它们组织起来，可以以页表分页为单位建立更高一级索引，该索引称为外层页表。每个页表分页在外层页表中有一个外层页表项，它记录了对应页表分页在内存中所存放的物理块号。引入外层页表后，分页存储管理就建立在两级页表的基础上，这时进程的逻辑地址可以通过外层页号、内层页号、页内地址来描述。假设计算机仍然使用 32 位的逻辑地址空间，在采用两级页表结构时，逻辑地址结构就变成如图 4-25 所示的情况。

由图 4-25 可知，两级页表机制实际上是将第一次分页后形成的具有 2^{20} 个页表项的页表再进行分页，使外层页表最多允许 2^{10} 个内层页表（页表分页），而每个内层页表中具有 2^{10}（即 1024 个）页表项。

图 4-25 两级页表的逻辑地址结构

采用两级页表后，每个页表分页中的表项存放了进程中某页的页号及其映射的物理块号，而外层页表中的表项，则存放了某个内层页表（页表分页）的表号和存放该内层页表的物理块号。图 4-26 给出了两级页表及其关系。

在采用两级页表的情况下，为了地址转换的方便，地址转换机构需增设一个外层页表控制寄存器，用来存放外层页表在内存中的起始地址。具有两级页表的地址转换过程如图 4-27 所示。地址转换机构首先从外层页表控制寄存器中，取出外层页表在内存中的起始地址，以所执行指令中逻辑地址里的外层页号作为相对位移查找外层页表，找到指定的内层页表（页表分页）在内存中存放的物理块号，也就获得了该内层页表在内存中的起始地址；然后以逻辑地址中的内层页号作为相对位移，在该内层页表中找到指定的页表项，而该页表项则给出了要访问页映射到内存中的物理块号；最后将该物理块号与逻辑地址中的页内地址进行拼接，就形成了真正要访问的内存物理地址。

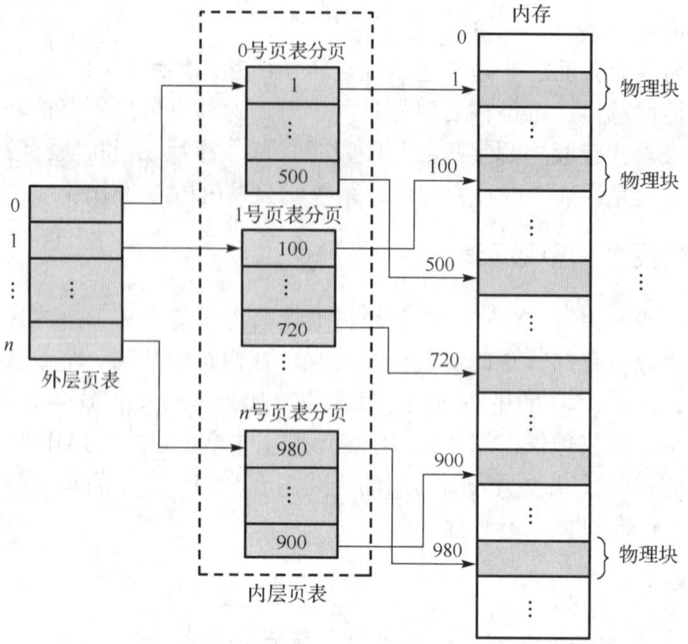

图 4-26　两级页表及其关系示意

采用两级页表进行地址转换，CPU 依据指令中的逻辑地址进行操作时，至少要访问三次内存，因此计算机处理的速度会受到较大影响。

两级页表机制虽然解决了大页表需要占用较大连续内存空间的问题，但并没有减少页表对内存空间的需求，页表在内存中占用的总空间大小并没有减少，而只是采取了离散存放方式。因此应考虑只将外层页表和当前使用的一部分页表分页调入内存，来减少占用的内存空间，这种实现方法属于虚拟存储管理。

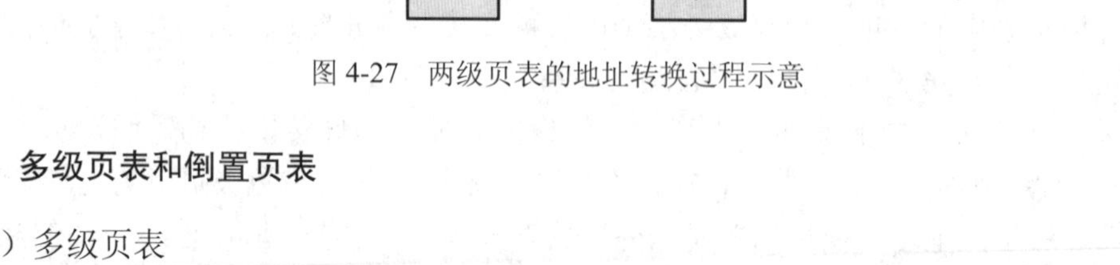

图 4-27　两级页表的地址转换过程示意

2. 多级页表和倒置页表

（1）多级页表

采用两级页表结构对使用 32 位逻辑地址的计算机已经足够了，但对于使用 64 位逻辑地址的计算机，两级页表仍然不能解决每一级页表需要占用较大连续内存空间的问题，即还需要使用多级页表。采用多级页表的原理与两级页表类似，即对外层页表再进行分页，将外层页表的不同分页以离散分配方式装入到内存不一定相邻的物理块中，再利用第 2 级的外层页表来映射它们之间的对应关系，这样逐级进行分页，直至最终映射到物理块为止。但是页表级数越多，则地址转换过程中访问内存的次数就越多，计算机处理速度的卜降就越明显，因此更需要使用快表来提高地址转换的速度。

（2）倒置页表

为了减少页表所占用的内存空间还引入了倒置页表。一般页表的表项是按页号进行排序，页表项中的内容是物理块号，而倒置页表则为每个物理块设置一个页表项，并按物理块号排序，页表项的内容是页号及其隶属进程的标识符。在利用倒置页表进行地址转换时，则根据进程标识符和页号去检索倒置页表，若检索完整个倒置页表后，仍未找到与之匹配的页表项，则表明该页此时尚未调入内存。对具有请求调页功能的内存管理系统（见4.7.2 节）便产生请求调页中断，若无此功能，则表示地址出错。如果检索到与之匹配的页表项，则该页表项的序号便是该页所在的物理块号，即将该物理块号与页内地址拼接成要访问的内存物理地址。由于在倒置页表中为每个物理块设置了一个页表项，而页表项的数目很大，从几千项到几万项，要利用进程标识符和页号去检索这样大的线性表是相当费时的，于是又采用一种哈希（Hash）表来检索页表项，以加快查找的速度。

4.4.4 内存物理块的分配与回收

在分页存储管理系统中，进程（程序）运行前首先要申请内存资源。系统根据进程占用逻辑空间的页数和内存的实际分配情况，为进程分配所需的内存物理块。进程运行结束后，系统则回收分配给进程的内存物理块。

为了实现内存物理块的分配与回收，系统要查阅请求表和内存分配表这两个数据结构，整个系统设置了一张请求表和一张内存分配表。请求表用来确定作业或进程的各页在内存中的实际对应位置，它包括以下信息：进程号、请求页数、页表始址、页表长度、状态（已分配、未分配）等（无请求表的系统则将这些信息保存到该进程的 PCB 中）。内存分配表用来记录内存空间中物理块的分配情况和空闲物理块的总数，并可以通过前面介绍的位示图或空闲链等方法来实现。

当系统为进程分配内存空间时，首先查找请求表（或进程 PCB），再根据请求表中该进程的请求页数去查找内存分配表，看是否有足够分配的空闲物理块。若有则先为该进程建立一个页表，同时在请求表（或进程 PCB）中填写页表始址、页表长度、以及状态等相关信息，然后根据具体的查找算法找出满足需求的空闲物理块分配给该进程，同时将该进程各个页与物理块的对应关系填入该进程的页表中；否则此次内存空间分配失败。

系统回收物理块的过程比较简单，在回收某个物理块时只需访问页表，并将回收页对应的物理块号从页表中删除，并更新内存分配表即可。

最后，我们将分页存储管理的优缺点总结如下。

（1）分页存储管理的优点。分页存储管理并不要求各个页之间连续存储，从而实现了离散存储，并可以避免外部碎片的产生，增大了分配的灵活性，提高了内存空间的利用率，为以后在虚拟存储器中实现程序的“部分装入、部分对换”奠定了基础。

（2）分页存储管理的缺点。① 当内存很大时，通过位示图来记录内存使用情况会占用较大的内存空间，当程序很大时，通过页表来记录程序的内存分配情况也会占用较大的内存空间；② 分页存储管理方法要求有相应的硬件支持，如需要地址转换机构和快表等，因此增加了计算机的成本和系统开销；③ 分页存储管理虽然消除了外部碎片，但页内的内部碎片依然存在；④ 分页破坏了程序的完整性，这给程序的共享、动态链接等技术的实现带来了困难。装入程序时，系统按物理块的长度将程序的逻辑地址空间进行分页，页长度由系统硬件决定，因此用户看不出一个变量或指令是在哪一页，这就造成一个页的信息不完整。如一个页可能既有数据段信息也有代码段信息，或者代码段中的一个模块可能被分成多个页，也可能一个页包含不同代码段中的几个模块。

4.5 分段存储管理

4.5.1 分段存储管理的基本原理

存储管理从固定分区分配发展到可变分区分配，再发展到分页存储管理，主要是为了提高内存空间的利用率。但从用户角度看，以上几种管理方式都存在着自身局限性，难以满足用户在编程和使用上的多方面需求。如在分页存储管理方式中，程序的逻辑地址空间是一维线性的，虽然可以将程序划分为若干个页，但页与程序之间并不存在逻辑关系，也就很难以模块为单位来对程序进行分配、共享和保护。事实上，程序大多采用分段结构，一个程序可以由主程序段、子程序段和数据段等组成，每个段都从逻辑地址 0 开始编制，有各自的名字和长度，并实现不同的功能（如图 4-28 所示）。若能以段为单位为程序离散分配内存空间，将满足用户多方面的需求，由此就导致了分段存储管理的出现。

1. 实现原理

在分段存储管理中，系统将程序的逻辑地址空间分成若干个逻辑分段，如主程序段、子程序段、数据段和工作区段等，每个分段都是一组逻辑意义完整的信息集合，且有各自的段名或段号，即在逻辑上是各自独立的。每个段都是从 0 开始编址的一维连续地址空间，其长度由段自身包含的逻辑信息长度决定，所以各段的长度可以不同，整个程序的所有段则构成了二维地址空间（如图 4-28 所示）。在为程序分配内存时，允许以段为单位将程序离散地装入相邻或不相邻的内存空间中，而每个段则占用一段连续的内存区域，系统通过地址转换机构，将段的逻辑地址转换为实际的内存物理地址，从而使程序能够正确执行。

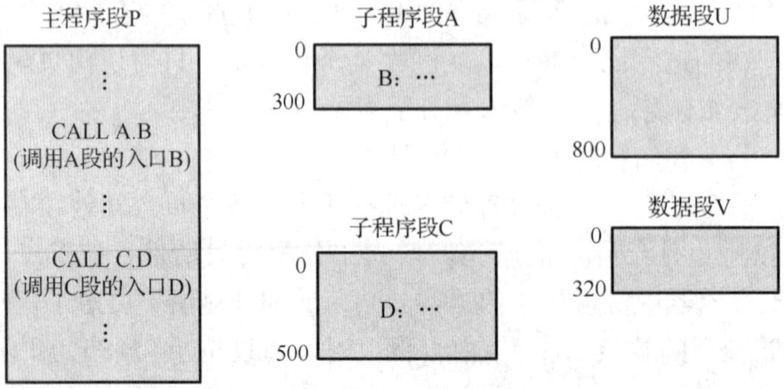

图 4-28　程序分段结构示意

2. 逻辑地址结构

在分段存储管理中，由于程序的地址空间被分成若干个段，因此程序的逻辑地址是二维的，即程序的逻辑地址由段号（段名）和段内地址两部分组成（如图 4-29 所示）。段号和段内地址都是从 0 开始编址，段号范围决定了程序中最多允许有多少个段，段内地址的范围则决定了每个段的最大长度。在图 4-29 所示的地址结构中，一个程序最多允许 256（2^8）个段，每个段的最大长度为 16MB（2^{24}）。

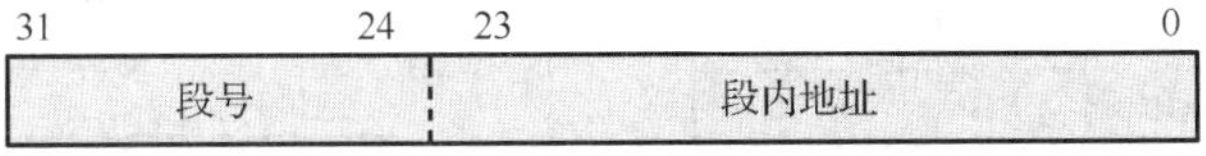

图 4-29　分段存储管理中逻辑地址结构

在现代操作系统中，绝大多数编译程序都支持分段方式，因此用户程序如何分段这个问题对用户来说是透明的，即可以由编译程序根据源程序的情况自动产生若干个段。

3. 段表

在分段存储管理中，程序的各段以离散分配方式装入到内存中相邻或不相邻的空闲分区，即内存中各段之间可以不连续，但每个段在所装入的分区中是连续的。为了使程序正常运行，必须要找到每个逻辑段在内存中具体的物理存储位置，即实现将二维逻辑地址转换为一维物理地址，这项工作通过段映射表（简称段表）来完成。系统为每个程序建立了一个段表，程序的每个段在段表中有一个段表项，这个段表项记录了该段的段名（段号），该段在内存中的起始地址（内存始址）以及该段的长度（段长）等信息，如图 4-30 所示。

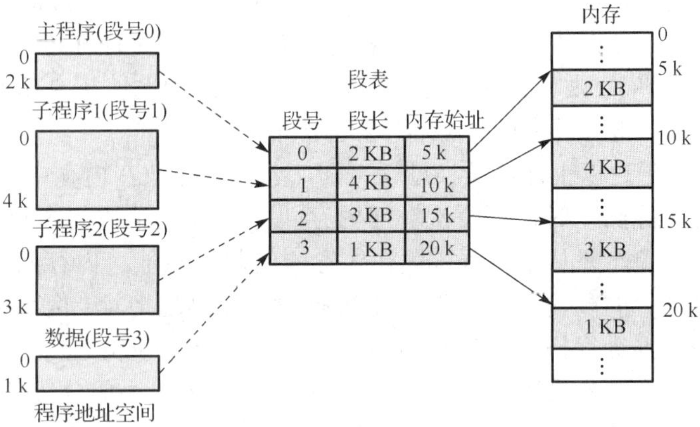

图 4-30　通过段表实现地址转换

4.5.2　分段存储管理的地址转换与存储保护

1. 地址转换

分段存储管理也涉及地址转换问题，为了实现段的逻辑地址到内存物理地址的转换，系统为每个程序设置了一个段表，地址转换机构则通过段表来完成逻辑段到内存物理分区的映射。由于段表一般存放在内存中，因此系统使用了段表控制寄存器来存放运行程序（进程）的段表始址（段表在内存中的起始地址）和段表长度（程序的逻辑地址空间中从段号 0 开始划分出的最大段号）。进行地址转换时，先通过段表控制寄存器中存放的段表始址找到段表，然后再从段表中找到对应的段表项来完成逻辑段到内存物理分区的映射。图 4-31 给出了分段存储管理中地址转换的示意。

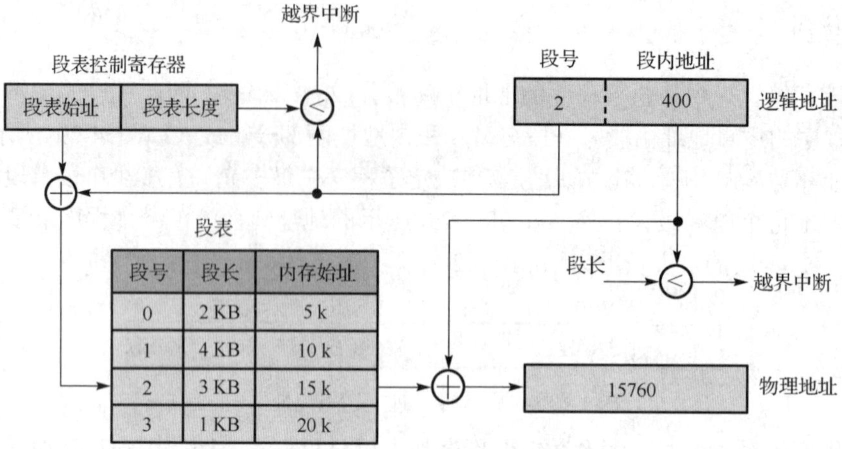

图 4-31　分段存储管理的地址转换示意

在地址转换过程中，系统首先将逻辑地址中的段号与段表控制寄存器中的段表长度（程序中允许的最大段号）进行比较，若超过了段表长度，则产生一个段越界中断信号；否则，将段表控制寄存器中的段表始址和逻辑地址中的段号（在段表中又表示段表项的相对位移）相加，找到该段在段表中对应的段表项，并从此段表项中获得该段映射到内存中的起始地址（内存始址）。然后再根据逻辑地址中的段内地址是否大于段表项中的段长，来判断是否产生段内地址越界，若大于，则产生地址越界中断信号；若不大于（段内地址未越界），则将已获得的该段在内存中的起始地址（内存始址）与逻辑地址中的段内地址相加，得到要访问的内存物理地址。

通过以上地址转换过程可知，若段表存放在内存中，则 CPU 依据指令中的逻辑地址进行操作时需要两次访问内存，即第一次是访问内存中的段表，找到与该段对应的段表项，并从中得到该段在内存中的起始地址（内存始址），然后由内存始址加上逻辑地址中的段内地址，得到要访问的内存物理地址；第二次再对该内存物理地址中存放的数据进行操作。这种访问方式降低了计算机处理速度，解决的方法与分页存储管理类似，也是设置联想存储器（快表）。由于程序的分段数量远少于分页的数量，这使得段表中的段表项个数也比页表中页表项个数少得多，因此所需的联想存储器也相对较少。具有快表的分段存储管理与具有快表的分页存储管理其地址转换过程基本一致，因此不再赘述。

例 4.3　在一个分段存储管理系统中，其段表如表 4.3 所示，试求表 4.4 中逻辑地址所对应的物理地址。

表 4.3　段表

段号	段长	内存起始地址
0	500	210
1	20	2350
2	90	100
3	590	1350
4	95	1938

表 4.4　逻辑地址

段号	段内地址
0	430
1	10
2	500
3	400
4	112
5	32

【解答】（1）由表 4.3 的段表可知，第 0 段的段长为 500，内存始址为 210，故逻辑地址 [0, 430]（方括号中第 1 项为段号，第 2 项为段内地址），因为 430＜500，所以是合法地址，对应的物理地址为 210+430=640。

（2）由表 4.3 的段表可知，第 1 段的段长为 20，内存始址为 2350，故逻辑地址 [1, 10]，因为 10＜20，所以是合法地址，对应的物理地址为 2350+10=2360。

（3）由表 4.3 的段表可知，第 2 段的段长为 90，内存始址为 100，故逻辑地址 [2, 500]，因为 500＞90，所以为非法地址，即产生段内地址越界中断。

（4）由表 4.3 的段表可知，第 3 段的段长为 590，内存始址为 1350，故逻辑地址 [3, 400]，因为 400＜590，所以是合法地址，对应的物理地址为 1350+400=1750。

（5）由表 4.3 的段表可知，第 4 段的段长为 95，内存始址为 1938，故逻辑地址 [4, 112]，因为 112＞95，所以为非法地址，即产生段内地址越界中断。

（6）由表 4.3 的段表可知，不存在第 5 段，故逻辑地址 [5, 32] 为非法地址，即产生段越界中断。

2. 分段共享

分段存储管理是为了方便用户编程及满足用户的其他要求而提出来的。由于段是一个独立的逻辑单位，因此对段的信息共享与保护就比较容易实现。为了实现段的共享，需要解决以下两个问题。

（1）数据结构

在系统中需要设置共享段表，每个共享段在表中占据一个表项，它记录了为实现该段共享所需的全部信息，包括共享段的段名、段长、状态、内存始址等共享段自身的信息，以及进程名、段号等共享此段的所有进程的相关信息。由于共享段提供给多个进程共享，当其中一个进程使用完毕后，系统并不立即回收该共享段所占用的内存空间，只有当全部进程都使用完毕后，系统才回收共享段所占的内存空间，因此共享段表的表项中还要设置一个整型变量 count 来记录共享该段的进程个数。此外，由于不同进程在对共享段进行访问时应具有不同的权限，因此共享段表的表项中还应为每个共享进程增加相应的存取控制字段。共享段除各进程以相同的段号共享外，也允许各进程以不同的段号进行共享。例如，在图 4-32 中，进程 1 和进程 2 共享 C 编译器段的段号分别为 1 和 0，而进程 3 共享 C 编译器段的段号为 2。

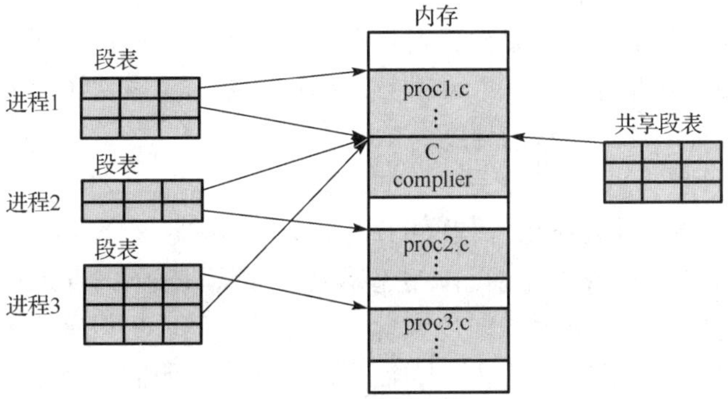

图 4-32 共享段示例

（2）共享段的分配与回收

在系统中设置共享段表后，对共享段在内存中的分配过程是：当一个进程请求使用某共享段时，若该共享段尚未调入内存，则为它分配相应的内存空间，并将该共享段在内存中的起始地址（内存始址）填入请求进程的段表中，同时在共享段表的有关表项中，填入该共享段的相关信息和调用进程的相关信息，并将 count 置 1。此后若再有进程需要使用该共享段时，则因该共享段已在内存而无须再为它分配内存空间，只需要将该共享段的内存始址填入调用进程的段表，并在共享段表的有关表项中填入调用进程的相关信息，同时将 count 加 1。

在回收共享段时，仅当所有共享此共享段的进程都结束对其共享之后，才能回收此共享段所占的内存空间，并撤销此共享段在共享段表中的相应表项。若某个进程结束对此共享段的使用，且 count 执行减 1 操作后仍不为 0，则表示还有其他进程在使用此共享段，于是此时仅在该进程的段表中撤销有关此共享段的表项，并在共享段表中撤销该进程的所有信息。

3. 分段保护

在分段存储管理系统中，实现分段保护常用以下两种方法。

（1）段越界检查。由分段存储管理的地址转换过程可知，在逻辑地址到物理地址的转换过程中要进行两次地址越界检查：第一次是通过段号和段表长度进行比较；第二次是通过段内地址与段长进行比较。只有这两次地址越界检查都通过后，才实施地址转换操作；否则发出地址越界中断，这就保证了每个进程只能在属于自己的各内存区间内进行操作或执行。

（2）存取控制检查。可以通过在每个进程的段表中增设存取控制字段，来限制进程对各段操作的权限。一般情况下，进程对分段的操作方式有三种：只允许读、只允许执行和允许读和写。在共享段表中就是通过设置这个存取控制字段，赋予各进程对共享段不同的操作权限。

4.5.3 分段存储管理的优缺点

1. 分段与分页比较

分段存储管理与分页存储管理都属于离散分配方式，因此它们有许多相似之处。首先，它们对程序的内存空间都采用离散分配方式；其次，为了实现各自的管理它们都设置了相似的数据结构；最后，在地址转换时都要通过地址转换机构，即分别利用段表或页表来实现地址的转换。在指令执行中，对数据进行操作都需要多次访问内存，且都可以通过设置联想存储器来提高地址转换的速度。

然而，由于分段与分页是两个完全不同的概念，因此二者之间存在着明显的差异。分段是信息的逻辑单位，且分段由源程序的逻辑结构所决定，分段是用户的需要且用户可见，段长可以根据用户需要来确定，段的起始地址可以从任何内存地址开始。在分段方式中，源程序中的逻辑地址（段号、段内地址）经连接装配后仍然保持二维结构。而分页是信息的物理单位，分页是系统管理内存的需要而不是用户的需要，即分页与源程序的逻辑结构无关，且用户也不可见。页长由系统决定，每一页只能从页大小的整数倍地址开始，源程序中的逻辑地址（页号、页内地址）经连接装配后其地址已变成了一维结构。

分页存储管理是针对连续分配方式的局限性而产生的一种离散分配方式，其优点是：在为程序分配内存空间时，不要求一个连续的内存空间，它增人了分配的灵活性，提高了内存空间的利用率，有效缓解了连续分配方式下的碎片（指外部碎片）问题。分段存储管理主要是为了满足用户的多方面需求而引入的。

2. 分段存储管理的优缺点

采用分段存储管理的优点主要表现在以下 4 个方面。

（1）信息共享。在实现程序段（代码段）和数据段共享时，常常需要以信息的逻辑单位为基础，而分页存储管理中的每一页只是存放信息的物理单位，其本身没有独立的意义，因此不便于实现信息的共享。然而段却是信息的逻辑单位，即每个段都有各自独立的含义，因此有利于实现信息的共享。

（2）动态增长。在实际系统中，往往有些数据段的大小会随着计算而不断地增长，而事先却无法获知该数据段会增长到多大，分段存储管理可以较好地解决这个问题。

（3）动态链接。动态链接是指在进程运行之前并不需要把所有目标程序段都链接起来，而是先将主程序段对应的目标模块装入内存即可启动程序运行，当程序运行过程中又需要调用某段时，再将该段（目标模块）调入内存，并与当前运行的程序段链接起来。这样，不运行的程序段就无须装入内存，因此提高了程序执行的效率和内存利用率，所以动态链接是以段为基础的。

（4）便于实现存取访问控制。由于段是信息的逻辑单位，因此易于实现对段的存取访问控制。

总之，采用分段存储管理可以更方便用户编写模块化程序。

分段存储管理的缺点主要表现在以下三个方面。

（1）分段存储管理需要更多的硬件支持，增加了计算机的成本。

（2）分段存储管理在内存空闲区的管理方式上与可变分区存储管理相同，存在着碎片（外部碎片）问题。

（3）缺段中断处理以及允许段的动态增长会给系统增加难度和开销。

4.6 段页式存储管理

分页存储管理与分段存储管理在离散分配中各有优点，分段存储管理是基于用户程序结构的存储管理技术，有利于模块化程序设计，便于段的扩充、动态链接、共享和保护，但往往会产生段之间的外部碎片而浪费内存空间。分页存储管理是基于系统存储器结构的存储管理技术，内存利用率高，便于系统管理，可以避免产生外部碎片，但不易实现共享。如果这两种存储管理方式各取所长，就可形成一种新的存储管理方式——段页式存储管理。这种新的存储管理方式既具有分页存储管理能够有效提高内存利用率的优点，又具有分段存储管理能够很好满足用户需要的长处，显然是一种比较有效的存储管理方式。

4.6.1 段页式存储管理的基本原理

段页式存储管理结合了分段存储管理和分页存储管理的优点，在为程序分配内存空间时，采用的是"各段之间按分段存储管理进行分配，每个段内部则按分页存储管理进行分配"的原则。首先，根据程序自身的逻辑结构，运用分段存储管理的思想，把程序的逻辑地址空间划分为若干个段，每个段有各自的段名或段号；然后，再依据分页存储管理的方法，在每个段内按页的大小将该段划分为不同的页，且段内的这些页从 0 开始顺序编号。内存空间的管理则只按页的大小将内存划分为若干个的物理块，并且内存中所有物理块从 0 开始顺序编号。在为程序分配内存空间时，允许以页为单位，一次性将一个程序中每个段的所有页装入内存若干相邻或不相邻的物理块中。在此需要强调的是，在分段存储管理中，尽管程序的各个段以离散方式装入到内存中，但每个段在内存中仍需连续，因此段的大小仍然受到内存空闲区大小的限制。然而在段页式存储管理中，由于对段又进行了分页，即逻辑地址空间中的最小单位是页，内存空间也被划分为与页大小相等的若干物理块。分配以页为单位进行，因此每个段包含的所有页在内存中也实现了离散存储（即这些页可以存储到内存不相邻的物理块中）。

1. 逻辑地址结构

在段页式存储管理中，一个程序的逻辑地址结构由段号、段内页号和页内地址这三部分组成，如图 4-33 所示。

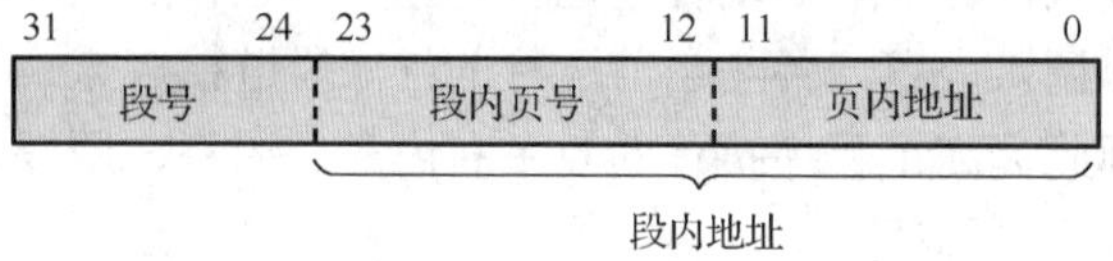

图 4-33 段页式存储管理中逻辑地址结构

程序的逻辑地址仍然是一个二维地址空间，用户可见的仍然是段号和段内地址，而地址转换机构则根据系统要求自动把段内地址分为两部分，高位部分为页号（段内页号），低位部分为页内地址。假定逻辑地址长度为 32 位，若段号占 8 位，段内页号占 12 位，页内地址占 12 位，则一个程序最多允许有 256（2^8）个段，每段最多允许 4096（2^{12}）个页，每页的大小为 4KB（2^{12}）。

2. 数据结构

为了实现段页式存储管理，系统必须设置以下两种数据结构。

（1）段表。系统为每个程序建立一张段表，程序的每个段在段表中有一个段表项，此段表项记录了该段的页表长度和页表始址（页表在内存中存放的起始地址）。

（2）页表。系统为程序中的每个段都建立一张页表，一个段中的每个页在该段的页表中都有一个页表项，每个页表项记录了一个页的页号及其映射的内存物理块号。

4.6.2 段页式存储管理的地址转换与特点

1. 地址转换

在段页式存储管理中，指令中的逻辑地址到内存物理地址的转换也是由地址转换机构完成的。在地址转换过程中需要使用段表和页表，而程序的段表和页表通常都存放在内存中。因此地址转换机构配置了一个段表控制寄存器，用来记录运行程序的段表长度和段表始址（段表存放在内存的起始地址）。段页式存储管理方式的地址转换过程如图 4-34 所示。地址转换时，地址转换机构首先将逻辑地址中的段号与段表控制寄存器中的段表长度（程序中允许的最大段号）比较，若段号大于段表长度，则产生段越界中断；否则未越界，这时利用段表控制寄存器中的段表始址和逻辑地址中的段号（表示段表项的相对位移）相加，获得该段号所对应的段表项在段表中的位置，找到该段表项后，从中获得该段的页表在内存中存放的起始地址（页表始址）和页表长度。若逻辑地址中的段内页号（页号）大于该段表项中的页表长度（该段所允许的最大页号），则产生页越界中断；否则，在该段表项中取出页表始址和逻辑地址中的段内页号（页表项的相对位移）相加，获得该段的页表中该页号（段内页号）对应的页表项位置，并从此页表项中获得该页号所映射的内存物理块号，最后将此物理块号和逻辑地址中的页内地址拼接（由物理块号替换逻辑地址中的段内页号而页内地址不变），形成要访问的内存物理地址。

对段页式存储管理而言，要完成对内存中某个数据的访问，至少要三次访问内存：第一次访问内存是根据段表控制寄存器中的段表始址加上逻辑地址中的段号（段表项的相对位移）在内存中查找程序的段表找到该段号对应的段表项，并在此段表项中找到该段号所对应的页表在内存中的起始地址（页表始址）；第二次访问内存是根据页表始址加上逻辑地址中的段内页号到内存中访问页表找到对应的页表项，并从此页表项中找到该页号（段内页号）映射的物理块号，并将该物理块号与逻辑地址中的页内地址拼接，形成要访问的内存物理地址；第三次才是根据这个内存物理地址去访问该地址中存放的数据。显然，内存访问次数的增加会使计算机的运行速度受到很大的影响。

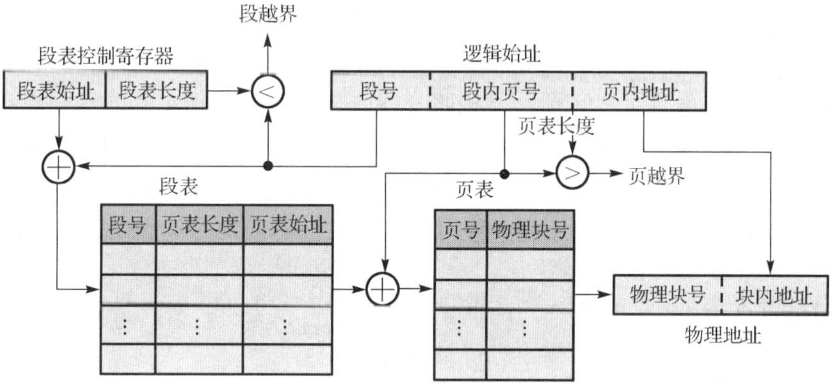

图 4-34 段页式存储管理的地址转换过程

为了提高地址转换的速度，在段页式存储管理系统中设置联想存储器（快表）显得尤为重要。快表中存放了当前执行程序最常用的段号、页号（段内页号）和映射的内存物理块号。当要访问内存中某个数据时，可以先根据段号、页号在快表中查找是否有与之对应的表项，若找到，则不必再到内存中去访问段表和页表，直接将快表中找到的表项中所映射的物理块号，与逻辑地址中的页内地址拼接成要访问的内存物理地址；若快表中未找到相应的表项，则仍需两次访问内存（一次访问段表，一次访问页表）来获得内存物理地址，并同时将此次访问的段号、页号与所映射的物理块号填入到快表中；若快表已满，则还需在填入前根据某种算法淘汰快表中的某个表项。

例 4.4 图 4-35 给出了一种段页式管理配置方案，一页的大小为 1KB，根据图 4-34 描述的地址转换过程，求出逻辑地址所对应的物理地址。

【解答】 根据图 4-35，按照图 4-34 描述的地址转换过程，本题段页式地址转换为段号 6 与段表始址寄存器值 1000 相加得 1006，在段表 1006 项查得页表始址为 6000，这时段内页号 4 与页表始址 6000 相加得 6004，进而查得页表项 6004 中的内容为 14，即物理块号为 14，由于一个物理块的大小与一页相同都是 1024，故最终的物理地址为 14×1024+237=14573。

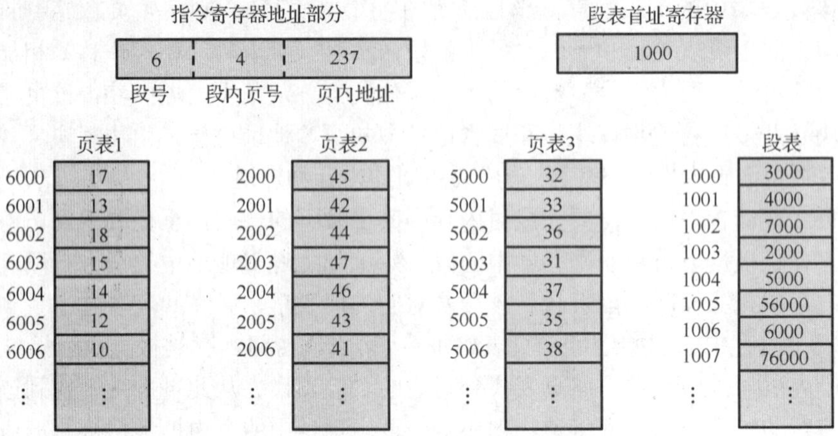

图 4-35　段页式管理配置示意

2. 段页式存储管理的优缺点

由于段页式存储管理方式是结合分页和分段存储管理思想而产生的，所以有关段页式存储管理中的共享和存储保护问题，可按照分段或分页存储管理中的方法予以解决。段页式存储管理结合了分页和分段管理的特点，既提高了内存利用率也方便了用户，是一种结合性较好的存储管理方式。但由于段页式存储管理有较大的系统开销，因此段页式存储管理方式一般都在较大型的计算机系统中使用。段页式存储管理的优点主要表现在以下 5 个方面。

（1）因为以页为单位分配内存，所以无紧凑问题，也不存在外部碎片。

（2）便于处理变化的数据结构，段可以动态增长。

（3）便于共享，只需将程序的段表中相应表项指向该共享段在内存中的页表始址即可。

（4）因具有段的特点，所以便于提供动态链接。

（5）因具有段的特点，所以便于控制存取访问。

段页式存储管理的缺点主要表现在以下三个方面。

（1）增加了硬件成本，需要更多的硬件支持。

（2）增加了系统开销和软件复杂性，如地址转换过程需多次访问内存。

（3）空间浪费比分页管理多，程序各段的最后一页都有可能浪费一部分空间（仍然存在页内碎片），另外段表和页表所占的内存空间都比分页和分段存储管理多。

4.7 虚拟存储管理

前面介绍的各种存储管理方式都有一个共同的特点，即程序运行时必须先将该程序一次性全部装入内存。当程序大小超出内存可用空间大小时，则因程序无法全部装入内存而导致其不能装入，即该程序无法运行。为了解决内存不足的问题，最直接的方法是从物理上增加内存容量，但由于受多方面因素的制约，不可能在系统中无限制地扩大物理内存。于是就提出了这样一个问题：在程序未全部装入内存的情况下能否使程序正常运行呢？由此导致了虚拟存储（Virtual Memory）管理方式的产生。

4.7.1 虚拟存储器的概念

前面介绍的存储管理方式有两个明显的特征，即一次性和驻留性。一次性是指进程在执行前，必须将它所有的程序和数据一次性全部装入内存；驻留性是指程序和数据一旦装入内存后就一直在内存中存放，直到进程运行结束。显然，一次性和驻留性直接导致了内存空间利用率的降低。早在 1968 年，P.Denning 就通过大量实验提出了程序的局部性原理，该原理表明，在一段时间内程序的执行仅局限于程序的某个部分。相应地，所访问的存储空间也局限于内存的某一区域内，它描述了一个进程中程序和数据引用的簇聚性倾向。具体而言，程序局部性原理表现为时间局部性和空间局部性。时间局部性是指如果程序中某条指令一旦执行，则不久的将来该指令可能会再次执行。产生时间局部性的典型原因是在程序中存在着大量的循环操作。空间局部性是指如果某个存储单元被访问，则不久以后该存储单元以及与该存储单元相邻的那些存储单元也最有可能被访问，即程序在一段时间内所访问的地址可能集中在一定的范围内。

根据程序的局部性原理，一个进程在运行的某个时间段内只访问其程序的一部分指令或数据，所以就没必要在进程运行之前将其所属的全部程序和数据都装入内存，即只装入进程当前运行所需要的部分程序和部分数据就可启动运行，以后再根据需要逐次装入剩余的部分程序和数据。并且，内存中暂不执行的部分程序和暂不使用部分数据也不必放在内存，可以将其由内存调至外存，释放它们所占用的内存空间。对内存中的各进程也是如此，内存中暂时没有执行的进程也可以将其由内存调至外存，释放它所占用的内存空间，并用来装入外存上需要投入运行的进程，被调出到外存的进程在以后需要运行时再重新调入内存。这样一来，在内存容量不变的情况下，就可以使一个大程序在较小的内存空间中运行，也可以装入更多的进程（程序）并发执行。

由于一次性和驻留性在进程运行时不是必需的，因此可以按照以下方式来运行进程，即一个进程只装入其部分程序和数据便投入运行。在进程运行过程中，若需要访问的指令和数据在内存中，则继续执行；若不在内存中，则系统通过调入功能，把进程需要执行或访问的这部分程序和数据由外存自动装入内存（称为部分装入）；若内存已无足够的空闲区装入这部分信息，则系统把该进程在内存中暂时不用的部分程序和数据从内存中调出到外存（称为部分对换），以便腾出内存空间装入该进程需要调入内存的这部分信息。进程按照这种方式运行，会明显提高内存空间利用率和系统吞吐量。对用户而言，所感觉到的是一个容量更大的内存，通常把它称为虚拟存储器，简称虚存。

严格地说，虚拟存储器是指内存采取离散方式分配，自动实现进程在内外存之间的部分装入和部分对换，仅将进程的一部分程序和数据装入内存即可运行。从逻辑上讲，是对内存容量进行扩充的一种虚拟的存储器系统。虚拟存储器的逻辑容量由内存和外存容量之和决定，其运行速度接近于内存速度，而存储信息的成本接近于外存。需要注意的是，虚拟存储器所指的部分对换，与前面介绍的交换技术都可以在内存和外存交换区之间交换信息，进而实现内存的扩充，但两者却有很大的差别。交换是以整个进程为单位，称为整体对换，被广泛用于分时系统中，其目的是进一步提高内存利用率；部分对换是以块（页或段）为单位，用于支持虚拟存储器的实现。

那么，如何实现虚拟存储器呢？如果采用连续分配方式为进程分配内存空间，即使一个进程的程序和数据可以拆分为多次装入内存，但是连续分配方式要求进程在内存空间中的地址必须是连续的，因此在为进程分配内存时，必须按其逻辑地址大小一次性为其分配足够的连续内存空间。在这种情况下，若不将整个进程的程序和数据一次性装入内存，就会造成在某一时间段为该进程分配的部分内存空间处于空闲状态，且受连续分配方式的制约，这部分空闲的内存空间又无法分配给其他进程使用，于是就造成了内存资源的严重浪费，同时也不可能从逻辑上对内存容量进行扩充。基于上述理由可以得出这样一个结论：要想实现虚拟存储器，就必须采用建立在离散分配基础上的存储管理方式。因此要实现虚拟存储器，系统一般应具备以下 4 个条件。

（1）能够完成虚拟地址到物理地址的转换。程序中使用的是虚拟地址（即逻辑地址），为了实现虚拟存储器，就必须完成虚拟地址到内存物理地址的重定位。虚拟地址的大小可以远远超过实际内存容量的大小，它只受地址寄存器的位数限制，如一个 32 位的地址寄存器，其支持的虚拟地址最大可达 4GB。

（2）实际内存空间。程序装入内存后才能运行，所以内存空间是构成虚拟存储空间的基础。因为虚拟存储器的运行速度接近于内存速度，所以内存空间越大所构成的虚拟存储器的运行速度也就越快。

（3）外存交换区。为了从逻辑上扩大内存空间，一般将外存空间分为文件区和交换区。交换区中存放的是在内、外存之间交换的程序和数据，交换区可大可小。

（4）换入、换出机制。它表现为中断请求机构、淘汰算法及换入、换出软件。

若系统具备了以上条件就能够实现虚拟存储器，系统就能够以离散分配方式将程序和数据的一部分装入内存即可启动运行。在运行过程中，再把外存上需要运行或使用的那部分程序和数据逐次调入内存。当内存紧张时，则把暂不使用的部分程序和数据由内存换出至外存，从而保证程序能够顺利运行直到结束。虚拟存储器本质上是采取以“时间”换取“空间”方法，将一次性装入整个程序和数据改为逐次装入部分程序和数据，即牺牲 CPU 的运行时间来用于部分程序和数据的换入、换出，以 CPU 的时间代价来换取内存空间的“扩大”。

虚拟存储管理方式与常规存储管理方式的区别就在于前者具有虚拟特性，而虚拟特性的实现又建立在程序分配、调入及驻留时所表现的离散性、多次性和对换性基础上。虚拟存储器的特征主要表现在以下 4 个方面。

（1）离散性。指在内存分配时，采用离散分配方式，它是虚拟存储器最本质的特征。

（2）多次性。与常规存储管理的一次性相反，一个进程的程序和数据可以分多次装入内存。一个进程运行时，只装入一部分程序和数据到内存，在运行过程中再根据需要逐次装入其余的程序和数据。多次性是虚拟存储器最重要的特征。

（3）对换性。与常规存储管理的驻留性相反，虚拟存储器允许在进程运行过程中，将那些暂时不用的程序和数据，由内存调出至外存的交换区以腾出内存空间，当需要时，再由外存调入内存。

（4）虚拟性。虚拟存储器从逻辑上扩充了内存的容量，使用户能够使用比实际物理内存更大的逻辑地址空间，但它并非真实存在。

现代操作系统一般都支持虚拟存储器，但不同系统实现虚拟存储器的具体方式存在差异。程序装入内存时，如果以页或段为单位装入，则分别形成请求分页存储管理方式和请求分段存储管理方式；若将分段和分页结合起来，则又可以形成请求段页式存储管理方式。

4.7.2 请求分页存储管理

请求分页存储管理是在分页存储管理的基础上，增加了请求调页功能和页置换功能所形成的页式虚拟存储管理。要实现请求调页功能和页置换功能，必须有相应的硬件和软件支持。

1. 请求分页存储管理中的页表机制

请求分页存储管理把程序的逻辑地址空间划分为大小相等的若干页，称为虚页。把内存划分成与页大小相同的若干块，称为实块（物理块）。而页表在请求分页存储管理中的作用是，记录进程（程序）中的逻辑地址和内存物理地址之间的映射关系。由于在请求分页存储管理中，首先调入内存的是程序中的部分页，其后再根据需要陆续将程序中的其他页调入内存，内存紧张时也需将程序在内存中暂不使用的某些页换出至外存，所以应在进程（程序）的页表中增加一些相关的字段，来实现对页调入调出的管理，这些新增的字段有中断位（状态位）、外存地址、访问位和修改位等。请求分页存储管理中的页表项结构如图 4-36 所示，其中页号和物理块号字段是原分页存储管理已有的字段，主要为地址转换提供相应的信息。中断位也称状态位，用来表示程序所访问的这一页是否已调入内存，若未调入内存则产生一次缺页中断。修改位字段用来记录此页在调入内存后是否被修改过，页置换时据此判断是否需要将此页重新写回外存。由于调入内存的页在外存中都保留有相应的副本，若此页调入（换入）内存后没有做过任何修改，则当它被换出时就无须写回外存。外存地址字段用来记录此页在外存中存放的地址，通常是外存物理块的块号，该字段信息在此页由外存调入内存，或由内存调出至外存时使用。访问位字段记录此页在一段时间以来，被访问的次数或者最近有多久未被访问了，页置换算法则根据这个字段信息来选择是否将此页从内存中淘汰（即换出至外存）。

页号	中断位	物理块号	外存地址	访问位	修改位

图 4-36 请求分页存储管理中页表项结构

2. 缺页中断机构

在请求分页存储管理中，当中断位反映出进程当前欲访问的这一页不在内存时（1 表示该页在内存，0 表示该页不在内存），就产生一次缺页中断。系统收到缺页中断信号后，就立即执行相应的缺页中断处理程序。缺页中断属于一种特殊的中断，它除具有一般中断所拥有的 CPU 现场信息保护、中断原因分析、转中断处理程序及 CPU 现场环境恢复等几个常规处理环节外，还有以下两个方面的特殊表现。

（1）缺页中断的产生和处理（中断的响应）出现在一条指令的执行期内。因为在 CPU 执行指令的过程中，发现该指令要访问的数据所存放的页不在内存时，则产生缺页中断，

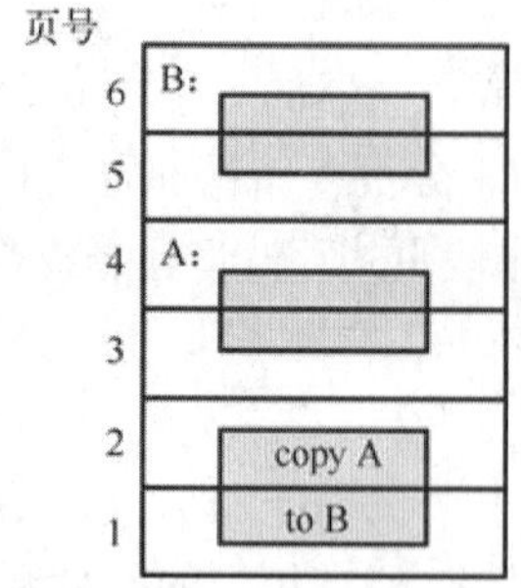

图 4-37　涉及 6 次缺页中断的指令

并且在缺页中断处理完成之前，不允许该指令进行数据访问；而普通中断发生时，其中断响应则在一条指令执行结束后进行。

（2）程序运行过程中，一条指令的执行期间内可能会产生多次缺页中断。这是因为该指令本身就可能存放于两个页的交界处，而指令操作的数据也可能跨越多个页。如在图 4-37 所示的例子中，指令自身位于两个页上，指令操作的对象也跨越了 4 个页，于是在该指令的执行期间就可能产生 6 次缺页中断。

当进程执行中发生缺页中断时，系统将进程所需的页从外存调入内存要花费一定的时间。为了提高 CPU 的利用率，系统此时应将产生缺页的进程放入进程阻塞队列，然后进程调度程序调度另一就绪进程运行。当缺页中断处理程序处理完成（即进程所需要的页被装入内存）后，再唤醒这个因缺页被阻塞的进程，并将其放入进程就绪队列，等待进程调度程序的下一次调度。产生缺页中断时，可以通过加锁方式对被中断进程所占用的内存物理块实施保护，以免被其他进程占用而导致系统混乱。

3. 地址转换

请求分页存储管理与分页存储管理的地址转换机构基本相似，只是为了实现页式虚拟存储器而加入了缺页中断和页置换功能。图 4-38 给出了请求分页存储管理中地址转换过程。

在设置了快表的地址转换机构中，完成逻辑地址到物理地址的地址转换过程为：根据当前执行指令所给出的逻辑地址，按照该逻辑地址中的页号到快表中查找相应的页表项，若找到（该页一定在内存），就将该页表项中给出的物理块号和逻辑地址中的页内地址进行拼接，得到要访问的内存物理地址，并修改该页表项中的访问位。如果当前执行的这条指令是写指令，则还需要修改该页表项中的修改位。若在快表中未找到所需的页表项，则需要访问内存中的页表，并根据页表中对应页表项的中断位（状态位），来判断此次访问的页是否已在内存。若该页已在内存，则将该页的相关信息填入快表（若快表已满，则还需按某种置换算法将快表中某一页表项淘汰），同时将页表项中获得的物理块号和逻辑地址中的页内地址进行拼接，得到要访问的内存物理地址，且根据需要修改该页表项中的访问位和修改位。若由该页表项中的中断位得知本次访问的页不在内存，则产生一次缺页中断，由系统根据页表内该页表项中的外存地址，将该页由外存调入内存，若此时内存中已无空闲的物理块可用，则系统根据某种置换算法淘汰内存中的某个页（即回收淘汰页所占用的物理块），以腾出内存空间装入该页，且同时修改该页对应的页表项，并将该页表项信息填入快表，然后通过页表项中的物理块号和逻辑地址中的页内地址，拼接成要访问的内存物理地址。

注意，虽然由内存分配表可以获得内存中有无空闲物理块的信息，但需要耗费较多的查找时间。也可采用后面介绍的页分配和页置换策略：系统为进程分配一定数量的物理块，需要进行页置换时，只能从该进程这些装满页的物理块中选择一页予以淘汰，然后用该物理块来装入所需的页；或者每个进程首先从系统中获得一定数量的物理块，同时系统预留一个空闲物理块队列，需要进行页置换时，系统就从空闲物理块队列中取出一个物理块分配给该进程来装入所需的页。

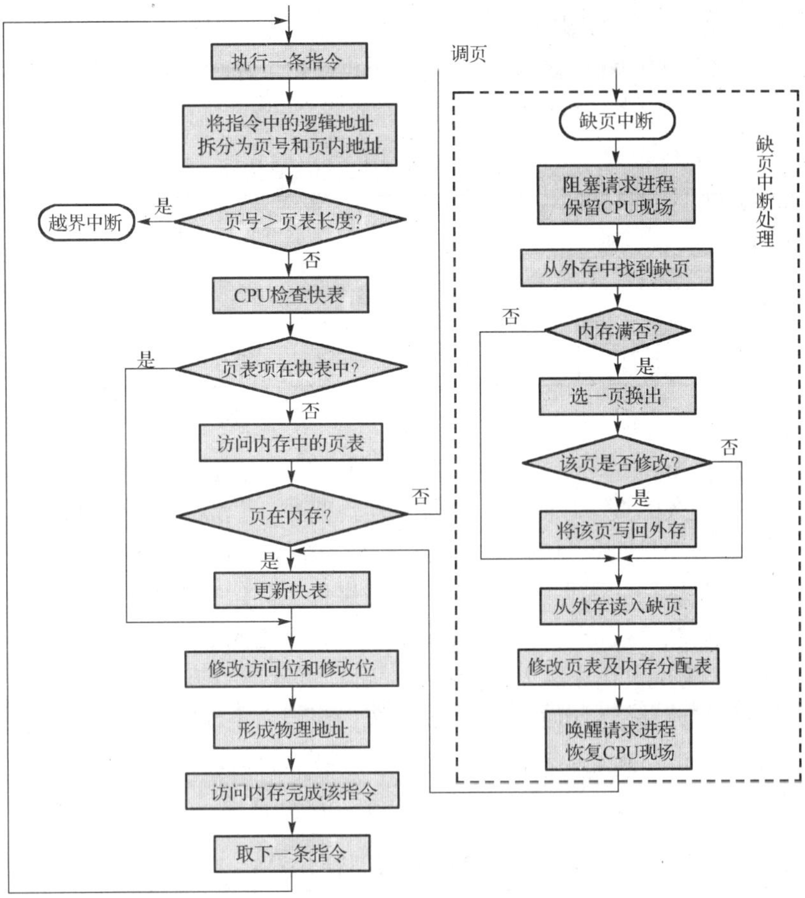

图 4-38　请求分页存储管理方式中指令执行的地址转换过程

4. 页置换算法

进程执行过程中，若要访问的页不在内存，缺页中断机构就产生缺页中断，以便将所需页调入内存。如果此时内存已没有空闲的物理块来装入需要调入的页，则系统必须从内存中选择一个页换出至外存，以便腾出内存空间来存放要调入的页，但将哪个页换出则必须通过页置换算法确定。页置换算法的好坏对系统的性能有重要影响，好的页置换算法应具有较低的页更换频率。从理论上讲，应该把今后不会再访问的页置换出去，或者把最长时间内不会再访问的页置换出去。常用的页置换算法有以下三种。

（1）最佳置换算法

最佳置换（Optimal，OPT）算法是由 Belady 于 1966 年提出的一种理论上的算法。算法的实质是系统预测进程今后要访问页序列，需要进行页置换时，所选择的置换页是那些将来不会被访问的页，或者是在最长时间后才被访问的页，即置换该页不会造成刚将此页置换出内存又要立即把它再置换回内存的情况出现。

最佳置换算法是一种理想化的置换算法，可以获得最低缺页中断率，性能也最好。该算法要求系统能够知道进程“将来”使用页的情况，但这是不现实的，因为进程执行过程中，访问页的轨迹是不可预知的，不过该算法可用于理论上对比分析其他置换算法的优劣。

表 4.5 给出了采用最佳置换算法进行页置换的例子。该例子假定系统在内存中为进程固定分配 3 个物理块，而进程对页的访问序列见表 4.5，进程开始运行时，所有页均未装入内存。在进程运行过程中，一共产生了 7 次缺页，缺页率为 7/12=58.3%，进程进行了 4 次页置换。

表 4.5　按最佳算法进行页置换

页访问序列	4	3	2	1	4	3	5	4	3	2	1	5
物理块 1	4	4	4	4	4	4	4	4	4	2	2	2
物理块 2		3	3	3	3	3	3	3	3	3	1	1
物理块 3			2	1	1	1	5	5	5	5	5	5
缺页	√	√	√	√			√			√	√	
置换				√			√			√	√	

（2）先进先出算法

先进先出（First Input First Output，FIFO）算法总是淘汰最先进入内存的页，即选择在内存中驻留时间最久的页予以淘汰。该算法实现简单，只需把一个进程已调入内存的页按先后次序链接成一个队列，并设置一个指针（称为替换指针），使它总是指向最老（最早调入）的页。但该算法淘汰页的顺序不一定与进程实际运行中调用页的顺序相符，因为在进程运行中有些页经常被访问，如含有全局变量、常用函数、例程等的页。我们仍以表 4.5 中页的访问序列为例，按先进先出置换算法进行页置换的例子见表 4.6。在表 4.6 中，为了表示哪一个页在内存中驻留的时间最长，我们采用自上而下来表示页在内存中驻留时间由短到长的顺序，以便确定要淘汰的页总是表中最下面的页。由表 4.6 可以看出，一共产生了 9 次缺页，缺页率为 9/12=75%，并进行了 6 次页置换。

表 4.6　按先进先出算法进行页置换（1）

页访问序列	4	3	2	1	4	3	5	4	3	2	1	5
内存块数=3	4	3 4	2 3 4	1 2 3	4 1 2	3 4 1	5 3 4	5 3 4	5 3 4	2 5 3	1 2 5	1 2 5
缺页	√	√	√	√	√	√	√			√	√	
置换				√	√	√	√			√	√	

对于一些经常访问的页，先进先出置换算法并不能保证这些页不会被淘汰，很可能一些刚换出至外存的页很快又会被调入内存。此外，该算法有时还会产生一种陷阱现象（称为 Belady 现象），即增加分配给进程的物理块数可能不会使进程的缺页率降低，反而会使缺页率上升（如表 4.7 所示）。从表 4.7 可以看出，进程的页访问序列保持不变，但系统分配 4 个物理块给进程时，进程运行过程中缺页次数上升为 10 次，缺页率上升到 10/12=83.3%，页置换次数为 6 次。

表 4.7　按先进先出算法进行页置换（2）

页访问序列	4	3	2	1	4	3	5	4	3	2	1	5
内存块数=4	4	3 4	2 3 4	1 2 3 4	1 2 3 4	1 2 3 4	5 1 2 3	4 5 1 2	3 4 5 1	2 3 4 5	1 2 3 4	5 1 2 3
缺页	√	√	√	√			√	√	√	√	√	√
置换							√	√	√	√	√	√

（3）最近最久未使用算法

先进先出算法之所以性能较差，是因为它所依据的条件是各个页调入内存的时间，而页调入的先后并不能反映页的实际使用情况。而最近最久未使用（Least Recently Used，LRU）算法则根据某页调入内存后的使用情况来确定该页的调出，即如果某页最近被访问了，则不久之后还可能被访问；反之，如果某页在最近的过去有很长一段时间未被访问，则在最近的将来这一段时间内该页也可能不会被访问。由于无法预测各页将来的使用情况，则只能利用"最近的过去"作为"最近的将来"的一种近似。也就是说，LRU 算法是根据前面页的使用历史来决定未来页的使用。因此根据历史情况，LRU 算法是选择最近最久未使用的页予以淘汰， 即 OPT 算法是"向后看"，而 LRU 算法则"向前看"。我们仍以表 4.5 中页的访问序列为例，按最近最久未使用算法进行页置换的例子见表 4.8。在表 4.8 中，我们采用自上而下来表示页在内存中未使用的时间由短到长的顺序，以便确定要淘汰的页总是最下面的页。由表 4.8 可以看出，一共产生了 10 次缺页，缺页率为 10/12=83.3%，页置换次数为 7 次。

表 4.8 按最近最久未使用算法进行页置换

页访问序列	4	3	2	1	4	3	5	4	3	2	1	5
内存块数=3	4	3 4	2 3 4	1 2 3	4 1 2	3 4 1	5 3 4	4 5 3	3 4 5	2 3 4	1 2 3	5 1 2
缺页	√	√	√	√	√	√	√			√	√	√
置换				√	√	√	√			√	√	√

虽然 LRU 算法在理论上是可以实现的，但代价很高。为了完全实现 LRU，需要在内存中维护一个由所有页组成的链表，最近使用最多的页在表头，最近最久未使用的页在表尾，并且每次访问内存时都必须更新该链表，即找到链表中当前访问的页（成为最近使用最多的页），将其摘下来移到链表的表头，这无疑会增大系统的开销。所以在具体实现中，一般都是采用该算法的近似算法。

① 最不经常使用（LFU）算法。在需要淘汰一个页时，首先淘汰截至目前时间访问次数最少的那个页。该算法实现比较简单，在页表项中增设一个访问计数器就可以解决问题。具体方法是当某个页被访问一次时，该计数器加 1；在发生缺页中断需要从内存中淘汰一个页时，就根据访问计数器的值，淘汰值最小的那个页，同时将所有的计数器清 0。

② 最近没有使用（NRU）算法。在需要淘汰一个页时，从那些最近一个时间段内未被访问的页中随机选择一个页淘汰。该算法只需在页表中为每个页增设一个访问位就可以实现。当某个页被访问时，该页对应页表项中的访问位置 1，而系统对页表中所有页表项的访问位定时清 0，当系统需要淘汰某个页时，就从当前访问位为 0 的页中随机选择一个页将其淘汰。

③ 第二次机会算法（Second Chance）。NRU 算法有可能会把下一时段又要使用的页置换出去，为了避开这一问题，第二次机会算法结合先进先出算法对 NRU 算法做了一个简单的修改，即将页按先后访问的次序链接成一个链队列，置换时按链表顺序检查最老页的访问位，如果访问位是 0，那么这个页既老又没有被使用，可以立即置换掉；如果是 1，就将访问位清 0，并把该页放到链表的链尾（相当于刚访问，即给该页第二次机会），

然后继续由刚才的链表查找位置向后搜索。这一算法称为第二次机会算法。

第二次机会算法就是寻找一个最近的时钟间隔内没有访问的页。如果所有的页都被访问过了，该算法就简化为先进先出算法。

④ 时钟（Clock）算法。尽管第二次机会算法是一个比较合理的算法，但它经常要在链表中进行页的移动，既降低了效率又不太必要。一个更好的算法是内存中把所有的页都保存在一个循环链表中，且该循环链表中的页排成一个时钟形状，一个链表指针指向最老的页，如图 4-39 所示。

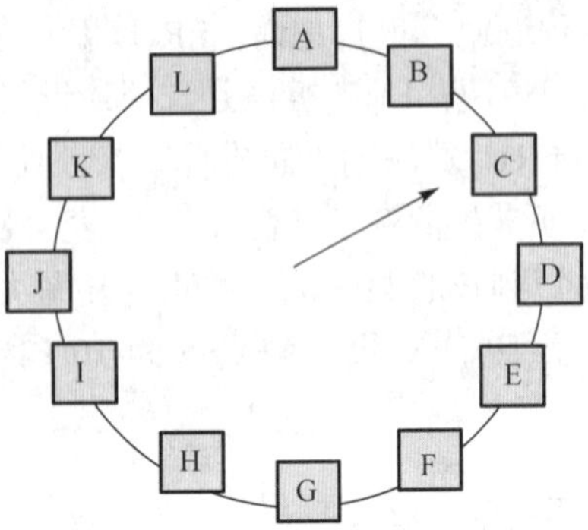

图 4-39　时钟算法示意

当发生缺页中断时，时钟算法首先检查链表指针指向的页，如果它的访问位是 0，就淘汰该页，并把外存中的页换入到该页的位置，然后把链表指针移向下一个页位置；如果访问位是 1，就将访问位清 0（相当于刚访问，即给该页第二次机会），并把链表指针移向下一个页位置。重复这一过程直到找到一个访问位为 0 的页为止。

时钟算法的实现与第二次机会算法相同，只是无须在链表中进行页的移动，因此效率较高。

选择合适的页置换算法对系统来说非常重要，若选用的置换算法不合适就会出现这种现象，即内存中刚被调出的页又要立即使用，因此又将其调入内存，而调入内存不久又再次淘汰（调出），淘汰不久又再次调入。如此反复，使得整个系统的页调度非常频繁，以至于 CPU 的大部分时间不是用来完成进程任务，而是花费在页的调入调出上，我们把这种现象称为"抖动"（Thrashing），又称"颠簸"。抖动使 CPU 的利用率降低，一个好的调度算法应减少和避免抖动的发生。

例 4.5　在某个请求分页系统中，某程序在一个时间段内有如下的地址访问：12、351、190、90、430、30、550（以上数字为虚拟的逻辑地址）。假定内存中每个物理块的大小为 100B，系统分配给该程序的内存物理块为 3 块。回答下列问题：

（1）对本题的地址访问序列，给出其页的走向。

（2）设程序开始运行时，已经装入第 0 页，在先进先出算法和最近最久未使用（LRU）算法下，分别给出每次访问时该程序内存页的使用情况，并计算出缺页中断次数和缺页率。

【解答】（1）页的大小与物理块大小相等，即 100B，所以 12、351、190、90、430、30、550 逻辑地址的页号序列为 0、3、1、0、4、0、5，即对应的页走向为 0、3、1、0、4、0、5。

（2）采用 FIFO 算法时，页置换情况如表 4.9 所示。从中可以看出，其缺页中断次数为 6 次，其缺页率=6/7=85.7%。

表 4.9　采用先进先出（FIFO）算法时页置换情况

页访问序列	0	3	1	0	4	0	5
物理块=3	0	3	1	1	4	0	5
		0	3	3	1	4	0
			0	0	3	1	4
缺页	√	√	√		√	√	√

采用 LRU 算法时，页置换情况如表 4.10 所示。从中可以看出，其缺页中断次数为 5 次，其缺页率=5/7=71.4%。

表 4.10 采用最近最久未使用（LRU）算法时页置换情况

页访问序列	0	3	1	0	4	0	5
物理块=3	0	3 0	1 3 0	0 1 3	4 0 1	0 4 1	5 0 4
缺页	√	√	√		√		√

5. 页分配和页置换策略

在请求分页存储管理方式中，系统允许在内存中同时装入多个进程。对不同的进程，系统应为其分配不同数量的物理块，以便装入进程各自的页。在为进程分配物理块时，可以采用以下两种页分配策略。

（1）固定分配。固定分配是指系统在创建进程时，根据进程的类型或用户的需求为进程分配固定数目的物理块。分配物理块的数量要保证进程能够正常运行，且在进程的整个运行期间不再改变。采用固定分配策略时，既可以根据进程的数量或进程的大小，按平均或按比例分配内存中的所有物理块，也可以将进程的大小和优先级结合起来决定物理块的分配。

（2）可变分配。可变分配是指先为进程分配一定数量的物理块，在进程运行过程中若出现缺页，再为该进程追加分配物理块。要实现这种分配策略，系统必须预留一个空闲物理块队列。系统在进程运行过程中会根据其缺页情况，从空闲物理块队列中取出相应数量的物理块追加分配给该进程，直到空闲物理块队列变空。

在产生缺页中断时，系统会把进程运行所需要的页由外存调入内存，但如果此时的内存物理块已经分配完，就必须选择一个在内存中的页予以淘汰，以便释放其占有的物理块，并将其分配给需要调入内存的页。进行页置换时也可采用以下两种策略。

（1）全局置换。当一个进程产生缺页中断时，系统从内存中的所有页中选择一个予以淘汰，同时把所缺的页调入内存。

（2）局部置换。当一个进程产生缺页中断时，系统只从该进程在内存的页中选择一个予以淘汰，同时把所缺的页调入内存。

不同的页分配策略与不同的页置换策略相结合，就形成了以下三种实用可行的策略。

（1）固定分配局部置换。系统为进程分配一定的物理块，需要进行页置换时（此时为进程分配的物理块已经全部用完），只能从该进程已分配了物理块的页中选择一个予以淘汰，然后再将该淘汰页所使用的物理块分配给需要调入的页，以确保分配给该进程的物理块数在进程运行期间保持不变。实现这种策略的难点是难以确定为每个进程分配多少个物理块，于是可能会出现两种情况：一种情况是分配给进程的物理块过少，而导致缺页中断的频繁发生，使得系统运行缓慢；另一种情况是给进程分配的物理块过多，而导致内存中运行的进程数量减少，有可能使 CPU 和系统资源的利用率降低。

（2）可变分配全局置换。每个进程首先从系统中获得一定数量的物理块，同时系统预留一个空闲物理块队列。当某个进程产生缺页中断时，系统就从空闲物理块队列中取出一个物理块，分配给该进程用于页的调入。只要空闲物理块队列中的物理块尚未分配完，产生缺页中断的进程就可以从这个空闲队列中分到物理块。当空闲物理块队列中的物理块分配完后，若再产生缺页中断，系统就从内存所有页中选择一个页予以淘汰，用来满足缺页需求。由于这种策略易于实现，并可以明显降低缺页中断率，因此大多数操作系统都采用此策略。

（3）可变分配局部置换。每个进程首先从系统中获得一定数量的物理块，同时系统预留一个空闲物理块队列。当某个进程产生缺页中断时，系统先不从空闲物理块队列中取出物理块分配给进程，而是从该进程已分配了物理块的页中选择一个予以淘汰，再将该淘汰页所使用的物理块分配给需要调入的页。仅当某个进程的缺页率高到一定程度时，系统才从空闲物理块队列中取出若干个物理块分配给该进程使用，使得该进程的缺页率降低到某个适当的程度。同时对缺页率很低的进程，系统可适当减少分配给它的物理块，但减少物理块后，应不使该进程的缺页率明显增加。

6. 调页的时机

请求分页存储管理中，页调入内存的时机有以下两种策略。

（1）预调页策略。在进程运行前或运行过程中，将不久将要访问的页预先调入内存。这种页调入方法如果对执行的页走向预测比较准确，将获得较好的效果，但由于这是一种基于局部性原理的预测，如果预调入内存中的页大多数在较长时间内都不会被访问，则预调页策略的效果就差。目前所使用的预调页策略的成功率大约为 50%，一般只有在进程首次调页时使用。

（2）请求调页策略。进程在运行过程中当要访问的页不在内存时，通过发出缺页中断由系统将所缺的页调入内存。由于通过请求调页策略所调入内存的页一定会被访问（因需要才调入），而且请求调页策略比较容易实现，因此目前大多数请求分页的虚拟存储器系统都采用这种策略。但是这种调页策略是通过缺页中断来实现的，这不仅增加了磁盘 I/O 的启动次数，而且需要花费较大的系统开销。

实际上，根据页分配和页置换策略可知，调页的时机也可以采取预调页策略和请求调页策略相结合的方式，这样效果会更好。

7. 工作集及抖动现象的消除

（1）工作集算法

工作集算法也是基于局部性原理的一种页置换算法，它使用活动窗口的概念。进程工作集是指进程在某一段时间间隔Δ内所需要访问页的集合，用 $W(t, \Delta)$表示在时刻 $t-\Delta$到时刻 t 之间所访问页的集合（即工作集）。变量Δ称为工作集的窗口尺寸，工作集中所包含的页数称为工作集尺寸。

工作集描述了一段时间间隔内程序执行的局部性特征。因此可以使用工作集来确定进程驻留集（该进程驻留在内存页的个数）的大小，具体可通过以下步骤实现。

① 监视每个进程的工作集，只允许工作集中的页驻留内存。

② 定期从进程驻留集中淘汰那些不在工作集中的进程页。

③ 只有当一个进程的工作集在内存时，才允许进程执行。

工作集算法通过监视每个进程驻留集中页的变化来确定淘汰的页，因此需要花费一定的系统开销，同时工作集窗口尺寸的确定也是一个比较棘手的问题。根据工作集模型的原理，可以让操作系统监视各个进程的工作集，若有空闲的物理块，则可以再调一个进程到内存以提高系统效率。如果工作集大小总和的增加超过了所有可用的内存物理块数量的总和，则系统可选择内存中一个进程将其对换到外存，以减少内存中进程的数量并防止抖动现象的出现。

例 4.6 在请求分页存储管理中，为解决抖动问题，可采用工作集模型来决定分给进程的物理块数。有如下页访问序列。

··· 2 5 1 6 3 3 7 8 9 1 6 2 3 4 3 4 3 4 4 4 3 4 4 3 ···

↑ t_1　　　　↑ t_2

窗口尺寸Δ=9，试求 t_1 和 t_2 时刻的工作集。

【解答】 虽然进程只需少量几个页在内存即可运行，但要使进程有效地运行且产生缺页较少，就必须使进程的工作集全部在内存。由于无法预知进程在不同时刻将访问哪些页，因此只能像置换算法那样，根据进程过去某段时间内的行为，来表示其在将来一段时间的行为。本题的Δ示意如下。

··· 2 5 1 6 3 3 7 8 9 1 6 2 3 4 3 4 3 4 4 4 3 4 4 3 ···

|← Δ_1 →| t_1 |← Δ_2 →| t_2

所以一个进程在 t 的工作集为

$$W(t, \Delta)=\{在时刻\ t-\Delta到时刻\ t\ 之间所访问页的集合\}$$

因此，t_1 时刻的工作集为{ 1, 2, 3, 6, 7, 8, 9 }；t_2 时刻的工作集为{ 3, 4 }。

（2）抖动现象的消除

在请求分页管理中每个进程只能分配到所需内存的一部分，因此经常需要进行页的置换（页的调入、调出），这就是抖动产生的原因。预防抖动的方法主要有以下 4 种。

① 采取局部置换策略。当某个进程产生缺页时，仅在系统分配给它的物理块范围内置换，不允许从其他进程那里获得新的物理块。这样，即使有某个进程发生了抖动，也不会导致其他进程产生抖动。

② 在作业调度中引入工作集算法。即在作业调度程序从外存向内存调入新的程序（创建新的进程）之前，必须检查每个进程在内存的驻留集是否足够大，足够大时才允许从外存调入新的程序到内存。

③ 使用 P.Denning 于 1980 年提出的 L=S 准则来调整多道程序的个数，使此时的进程产生缺页的平均时间 L 等于系统处理进程缺页的平均时间 S。实践证明，此时 CPU 利用的最佳。

④ 挂起若干进程。被挂起的进程一般是选择优先权最低或较低的，或者选择一个不很重要但又比较大的进程，或者是具有最多剩余执行时间的进程。

8. 请求分页存储管理的优缺点

请求分页存储管理的优点主要表现在以下两个方面。

（1）不要求进程中的程序和数据在内存中连续存放，有效地解决了外部碎片问题。

（2）提供了虚拟存储器，不要求进程中的程序和数据一次性全部装入内存，因此提高了内存的利用率，有利于多道程序的运行。

请求分页存储管理的缺点主要表现在以下三个方面。

（1）增加了硬件成本。请求分页存储管理必须有相应的硬件支持，如地址转换机构、缺页中断机构和选择淘汰页等都需要硬件支持。

（2）可能因逻辑地址空间过大或多道程序的个数过多，而造成系统抖动现象的产生。

（3）虽然消除了外部碎片，但进程的最后一页还存在内部碎片问题。

4.7.3 请求分段存储管理

请求分段存储管理是在分段存储管理的基础上，增加了请求分段功能和分段置换功能后形成的一种段式虚拟存储管理。在请求分段存储管理中，进程在运行前并不需要将它的所有分段都装入内存，仅把当前所需的若干个分段装入内存即可启动运行。在进程运行过程中，若需要访问的段不在内存则产生缺段中断信号，并由系统从外存将该段调入内存。请求分段存储管理也需要通过软件和硬件结合的方式来实现。

1. 请求分段的段表机制

为了实现段式虚拟存储器，请求分段存储管理对分段存储管理中的段表进行了扩充，增加了一些相关的字段。新增的字段包括访问位、修改位、中断位（状态位）、增补位、存取方式和外存始址等，请求分段存储管理中的段表项结构如图 4-40 所示。

段号	段长	内存始址	访问位	修改位	中断位	增补位	存取方式	外存始址

图 4-40　请求分段存储管理中段表项结构

其中，段号、段长和内存始址（段在内存中的起始地址）意义与分段存储管理中相同，其余新增字段的意义如下。

（1）访问位。用来记录该段在一段时间内被访问的次数，或最近有多久未被访问过，此字段为置换算法选择是否淘汰该段提供依据。

（2）修改位。用来记录该段调入内存后是否进行过修改。若该段没有被修改过，则将其换出时不需要再把它写回外存，以减少外存的读写操作；反之，则必须将该段重新写回外存。

（3）中断位（状态位）。用于表示该段是否在内存。

（4）增补位。用来表示该段在运行过程中是否可动态增长。

（5）存取方式。规定了该段的访问权限，为防止对该段的越权操作提供了保护。

（6）外存始址。给出该段在外存中存放的起始地址，进程产生缺段中断时，系统将根据此地址从外存将该段调入内存；或者当需要将该段由内存换出到外存时，作为该段写回外存的地址。

对于增补位说明如下：当访问的地址大于段长时，就产生越界中断，此时检查增补位，若为 1，则允许增加段的长度，系统随即修改该段的段长并增加该段的内存空间，如果内存空间紧张，则可通过紧凑操作或调出内存中的某些段，来扩大该段使用的内存空间。

2. 缺段中断机构

当进程运行过程中所要访问的段尚未调入内存，就会产生缺段中段信号。一旦某进程产生缺段中断，就会执行缺段中断处理程序进行处理，其处理过程与请求分页系统中的缺页处理过程类似，即系统首先判断内存中是否有一个连续的空闲空间能够装入所缺的段，若有，则直接将该段装入内存，同时修改相关的数据结构；若内存中没有满足需求的一个连续空闲空间，则判断内存中各连续空闲空间的总和是否能满足该段的需求。若能满足，则可以采用紧凑技术将内存中各连续空闲空间进行合并，形成一个大的连续空闲空间，然后再装入该段；若不能满足，就必须根据一定的置换算法将内存中的一个或若干个段淘汰，以便腾出内存空间装入该段，被淘汰的段若在内存中被修改过，还必须将其写回外存。

3. 地址转换

在请求分段存储管理中，将当前执行指令所给出的逻辑地址转换为内存物理地址也是由地址转换机构完成的，其基本转换过程与分段存储管理中的地址转换过程相同。但是在请求分段存储管理中，该逻辑地址所在的段可能并不在内存，这种情况下必须先将该段调入内存后再进行地址转换。所以在请求分段存储管理的地址转换机构中，增加了用来实现虚拟存储器的缺段中断请求及缺段中断处理等功能。

也即地址转换过程中，在查找段表中该段对应的段表项时，若由此段表项中的中断位（状态位）得知该段不在内存，则发出缺段中断请求。这时，由缺段中断处理程序将该段调入内存。在缺段中断处理中，如果内存中有合适的空闲区能够装入该段，则将该段装入到这个空闲区。如果没有合适的空闲区可用，则首先查看内存中所有的空闲区之和是否满足该段的要求，若能满足，则采用紧凑法将这些空闲区拼接出一个满足要求的空闲区来装入该段；否则，根据内存中各段所对应的段表项中访问位信息（访问的次数或最近有多久未被访问过）及修改位信息（该段调入内存后是否被修改过），按照某种置换算法淘汰内存中的一个或几个段，以腾出内存空间来装入该段（若淘汰的是几个段，则可能需要采用紧凑法将这些段分散使用的内存区拼接出一个满足要求的空闲区）。当该段已在内存时，则按分段存储管理中逻辑地址到内存物理地址的转换方法，先访问内存中的段表，找到与该段对应的段表项，从中得到该段在内存中的起始地址（内存始址），然后由这个内存始址加上逻辑地址中的段内地址，就得到要访问的内存物理地址。

此外，为了便于段置换的实现，完成了逻辑地址到内存物理地址的转换后，对段表中该段对应的段表项还要进行如下修改：对访问位，置刚访问过时间标志或访问次数加 1；对修改位，若当前执行的指令为写指令，则置已修改标志。图 4-41 所示给出了请求分段存储管理中地址转换过程。

4. 分段共享与存储保护

（1）共享段数据结构

在请求分段存储管理中，用共享段表来记录每个共享段的段号、段长、内存始址、状态位（是否在内存）等信息，并记录共享此段的每个进程的情况，其实现方法与分段存储管理方式基本相同。共享段表的段表项结构如图 4-42 所示。

其中，① 共享进程计数器（整型变量 count）。记录有多少个进程在共享该段。

② 存取控制。说明不同的进程对该段不同的存取权限。

③ 段号 1。对同一个共享段，不同的进程可以使用不同的段号去共享该段。

④ 状态 1。该段是否在内存。

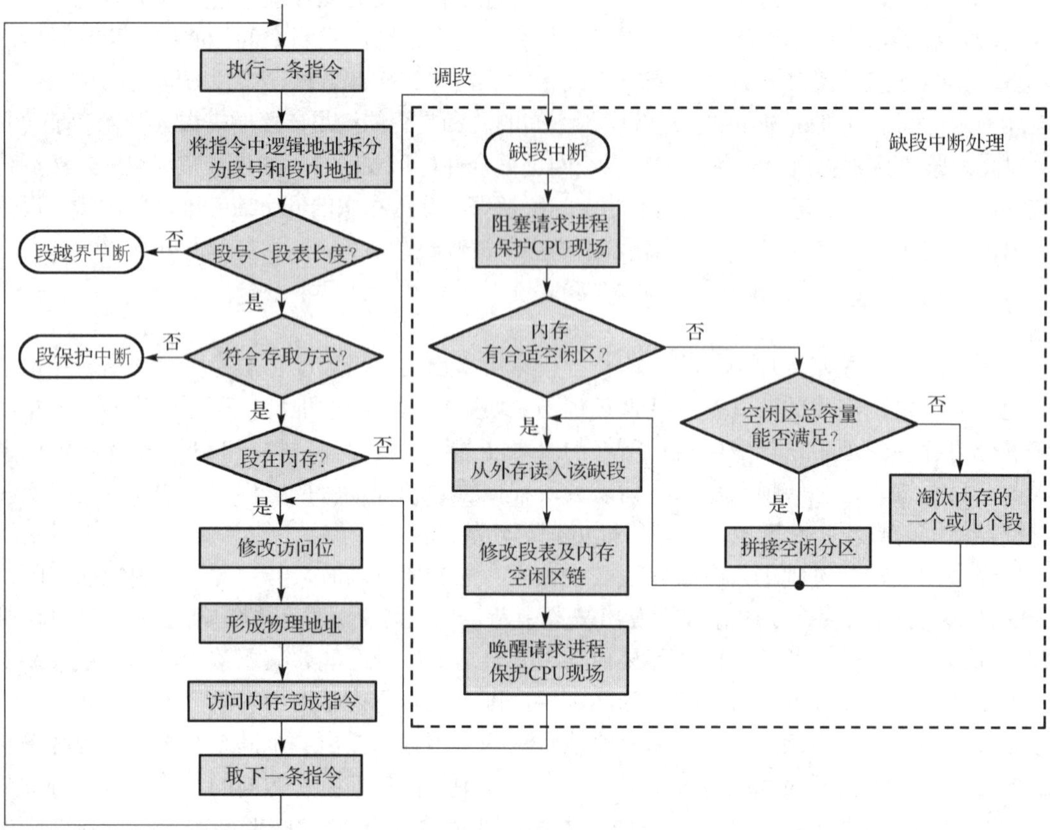

图 4-41　请求分段存储管理中指令执行的地址转换过程

段号	段长	内存始址	状态1	外存始址	共享进程计数器	状态2	进程名	进程号	段号1	存取控制

图 4-42　共享段表的段表项结构

⑤ 状态 2。该进程是否在内存。

（2）共享段的分配与回收

① 共享段的分配。当某进程第一个请求使用该共享段时，由系统为该共享段分配一个内存空闲区并将其调入该区，同时将该区的起始地址填入该进程段表中该段对应段表项的内存始址栏，并在共享段表中增加一个表项填入有关信息，且使共享进程计数器 count 加 1。

② 共享段的回收。当共享此段的某进程不再需要它时，取消该进程在共享段表中对应的表项，并使共享进程计数器 count 减 1，如果减 1 后其值为 0，则表明此时已经没有进程使用该共享段了，即应将该共享段释放，这时由系统回收该共享段占用的内存空间。

（3）存储保护

请求分段存储管理存储保护的方法有以下两种。

① 越界检查。在进程的段表中存放了每个段的段长，而段表控制寄存器中则存放

运行进程的段表长度（最大段号）信息。在执行涉及访存地址的指令时，首先，把指令中逻辑地址里的段号与段表控制寄存器中段表长度进行比较，如果段号大于段表长度则发出地址越界中断；其次，还需检查逻辑地址中的段内地址是否大于进程段表中该段的段长，若是，则产生地址越界中断。从而确保每个进程只在属于自己的各内存区间内进行操作或执行。

② 存取控制检查。在段表的每个表项中均设有存取控制字段，用于规定该段的访问方式。通常设置的访问方式有只读、读写、只执行等。

5. 请求分段存储管理的优缺点

请求分段存储管理的优点主要表现在以下 6 个方面。

（1）可提供大容量的虚存。与请求分页存储管理类似，一个程序运行时，只需为其中的一部分段分配内存。在程序执行过程中，当需要使用不在内存的段时再由外存调入，如果此时内存中无空闲区，则通过紧凑操作或调出内存中的某些段来腾出空闲区给调入段使用。

（2）允许动态增加段的长度。对于一个较大的段，开始时可以只装入其初始的那部分内容，当用户需要向段中添加新的内容或扩大段的长度时，可以动态增加段的长度。

（3）允许段的动态增长特性便于处理变化的数据结构，如表格和数据段等。

（4）便于段的动态链接。由于请求分段存储管理为用户提供的是二维地址空间，每个程序模块构成独立的分段且有各自的名字，这为实现动态链接提供了基础，因此便于动态链接。

（5）便于实现程序段的共享。进入内存的程序段占用内存的一个连续存储区。若多个程序要共享它，只需在它们各自的段表中填入该段的起始地址并设置适当的权限，然后在共享段表中填入相关信息即可。

（6）便于实现存储保护。在段表中规定了段的存取权限和段的长度，若超出段长则引起越界中断；若违反存取权限则引起存储保护中断。通过这种方法能防止一个用户程序侵犯另一个用户程序，也可防止对共享程序段的破坏。

请求分段存储管理的缺点是：① 进行地址转换和实现紧凑操作都要花费 CPU 的时间；② 为了管理各段还要设立若干表格而占用额外的内存空间，并且也会像请求分页存储管理一样出现系统抖动现象。

4.7.4 请求段页式存储管理

请求段页式存储管理是建立在段页式存储管理基础上的一种段页式虚拟存储管理。根据段页式存储管理的思想，请求段页式存储管理首先按照程序自身的逻辑结构，将其划分为若干个不同的分段，在每个段内则按页的大小划分为不同的页，内存空间则按照页的大小划分为若干个物理块。内存以物理块为单位进行离散分配，不必将进程所有的页装入内存就可启动运行。当进程运行过程中访问到不在内存的页时，若该页所在的段在内存则只产生缺页中断，将所缺的页调入内存；若该页所在的段不在内存，则先产生缺段中断再产生缺页中断，将所缺的页调入内存。若进程需要访问的页已在内存，则对页的管理与段页式存储管理相同。

1. 段表及页表机制

请求段页式存储管理中的页表和段表是两个重要的数据结构。页表的结构与请求分页存储管理中的页表相似，段表则在段页式存储管理中的段表基础上增加了一些新的字段，这些新增的字段包括中断位（状态位）、修改位和外存始址等，用来支持实现虚拟存储器。

2. 中断处理机制

由于在请求段页式存储管理中内存空间的分配是以页为单位，因此当某个进程在运行过程中发现所要访问的页不在内存时，就要先判断该页所在段的页表是否在内存，若页表已在内存则只产生缺页中断，由缺页中断处理程序将所缺的页由外存调入内存；若缺页所在段的页表不在内存则表明该段不在内存，这时先产生缺段中断且由缺段中断处理程序为该段在内存中建立一张页表，并将该页表的内存始址存入段表相应的段表项中，然后再产生缺页中断，由缺页中断处理程序将所缺的页由外存调入内存。值得注意的是，由于请求段页式存储管理对内存的分配是以页为单位进行的，产生中断一定是因为进程所访问的页不在内存，所以完全没有必要将包含该页的整个段全部调入内存，也就是说，在处理缺段中断时，没有必要为整个段申请内存空间。由于各段都是根据页表来实现对该段中每个页的管理，于是在请求段页式存储管理中，缺段处理仅为所缺的段在内存中建立一张页表。这种处理方式与请求分段存储管理中的缺段中断处理方式显然不同。

3. 地址转换

请求段页式存储管理与段页式存储管理的地址转换机制类似，但由于请求段页式存储管理支持虚拟存储器，因此在它的地址转换机制中增加了用于实现虚拟存储器的中断功能和置换功能。请求段页式存储管理中的逻辑地址到内存物理地址转换过程如下。

（1）若系统中设置了快表，则首先在快表中查找该页对应的页表项，若在快表中找到这个页表项（该页必在内存），就将该页表项中的物理块号和逻辑地址中的页内地址进行拼接，得到要访问的内存物理地址。

（2）如果快表中没有所需要的页表项，则在内存中查找页表（实际上是同时查找）。如果页表在内存，则从页表里该页对应页表项中的中断位来判断该页是否在内存。若在内存，则将该页表项中的物理块号与逻辑地址中的页内地址拼接为内存物理地址，同时将该页表项放入快表。

（3）如果要访问的页还没有调入内存，则存在两种情况：一种是包含该页的段所对应的页表也不在内存（意味着该段不在内存），于是就产生缺段中断将该段的页表调入内存，缺段处理完成后再产生缺页中断；另一种是包含该页的段所对应的页表已在内存，则只产生缺页中断。缺页中断则将该页由外存调入内存，然后通过页表查找得到该页对应的物理块号，并将该物理块与逻辑地址中的页内地址拼接形成要访问的内存物理地址，同时将该页表项放入快表。

在请求段页式存储管理中，主要涉及页的换入换出。如将该段的页表调入内存以及将需要访问的页调入内存时，可能会出现内存已满的情况，这时需在内存中各段的页表里查找各页表项的访问位和修改位，按照某种置换算法淘汰某个或某些页以腾出内存空间来装入所需的页表或页。图 4-43 给出了请求段页式存储管理中地址转换过程。

注意，为了便于页置换的实现，完成了逻辑地址到内存物理地址的转换后，还要对页表中该页对应的页表项进行如下修改：对访问位，置刚访问过时间标志或访问次数加 1；对修改位，若当前执行的指令为写指令，则置已修改标志。

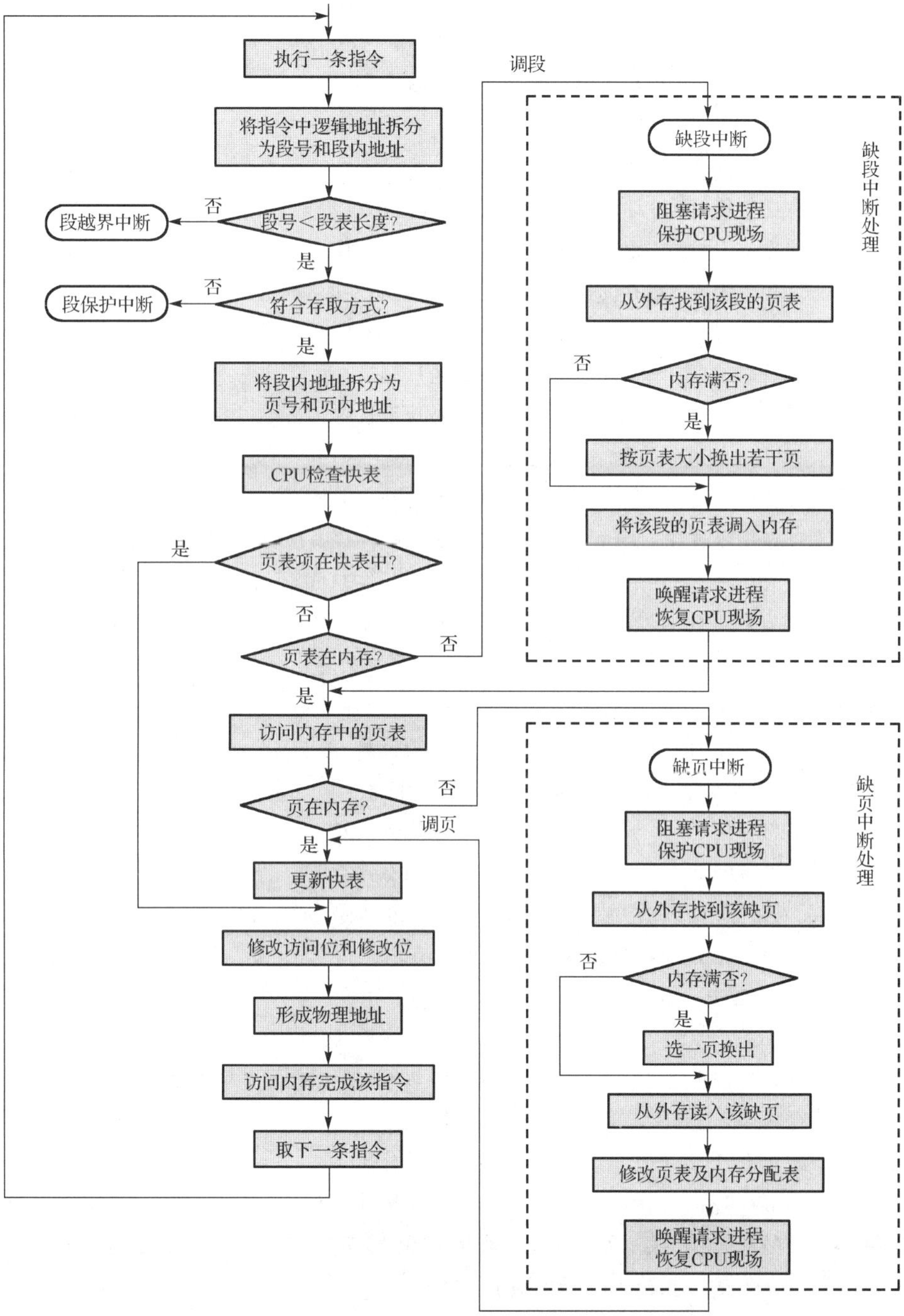

图 4-43 请求段页式存储管理中指令执行的地址转换过程

习 题 4

一、单项选择题

1．存储管理的目的是________。

A．方便用户　B．提高内存利用率

C．方便用户和提高内存利用率　D．增加内存实际容量

2．下面关于重定位的描述中，错误的是________。

A．绝对地址是内存空间的地址编号

B．用户程序中使用从 0 地址开始的地址编号是逻辑地址

C．动态重定位中装入内存的程序仍保持原来的逻辑地址

D．静态重定位中装入内存的程序仍保持原来的逻辑地址

3．静态重定位的时机是________。

A．程序编译时　B．程序链接时

C．程序装入时　D．程序运行时

4．采用动态重定位方式装入程序，其地址转换工作是在________完成的。

A．程序装入时　B．程序被选中时

C．执行一条指令时　D．程序在内存中移动时

5．为了保证一个程序在内存中改变了存放位置后仍能正确执行，则对内存空间应采用________技术。

A．静态重定位　B．动态重定位　C．动态分配　D．静态分配

6．________是指将程序不需要或暂时不需要的部分移到外存，空出内存空间以调入其他所需的程序或数据。

A．覆盖技术　B．交换技术　C．虚拟技术　D．物理扩充

7．以下存储管理方式中，不适合多道程序设计系统的是________。

A．单一连续分配　B．固定分区分配

C．可变分区分配　D．分页存储管理

8．分区分配内存管理方式的主要保护措施是________。

A．界地址保护　B．程序代码保护　C．数据保护　D．栈保护

9．在固定分区分配中，每个分区的大小是________。

A．相同　B．随程序长度变化

C．可以不同但预先固定　D．可以不同但根据程序长度固定

10．在可变分区存储管理中，采用拼接技术的目的是________。

A．合并空闲分区　B．合并分配区

C．增加内存容量　D．便于地址转换

11．在可变分区管理中，某一程序运行结束后系统收回其内存空间并与相邻空闲分区合并，为此修改空闲区分配表，造成空闲分区数减 1 的情况是________。

A．无上邻空闲分区也无下邻空闲分区

B．有上邻空闲分区但无下邻空闲分区

C．有下邻空闲分区但无上邻空闲分区

D．有上邻空闲分区也有下邻空闲分区

12．首次适应算法的空闲分区________。

A．按大小递减顺序链接在一起　　B．按大小递增顺序链接在一起

C．按地址由小到大排列　　D．按地址由大到小排列

13．最佳适应算法的空闲分区是________。

A．按大小递减顺序链接在一起　　B．按大小递增顺序链接在一起

C．按地址由小到大排列　　D．按地址由大到小排列

14．下面最有可能使得高地址空间成为大的空闲区的分配算法是________。

A．首次适应算法　　B．最佳适应算法

C．最差适应算法　　D．循环首次适应算法

15．设内存分配情况如图 4-44 所示，若要申请一块 40KB 的内存空间，采用最佳适应算法，则所得到的分区首址为________。

A．100k　　B．190k

C．330k　　D．410k

图 4-44　内存分配情况

16．________存储管理方式提供一维地址结构。

A．分段　　B．分页

C．段页式　　D．A～C 都不是

17．分段管理提供________维的地址结构。

A．1　　B．2　　C．3　　D．4

18．在分段存储管理中，CPU 每次在内存中存取一次数据需要________次访问内存。

A．1　　B．3　　C．2　　D．4

19．　　　　实现了分段、分页两种存储方式的优势互补。

A．请求分页管理　　B．可变分区管理

C．分段管理　　D．段页式管理

20．在段页式存储管理中，CPU 每次在内存中存取一次数据需要________次访问内存。

A．1　　B．3　　C．2　　D．4

21．碎片是指________。

A．存储分配后所剩的空闲区　　B．没有被使用的存储区

C．不能被使用的存储区　　D．未被使用但暂时又不能使用的存储区

22．当内存中所有碎片的容量之和大于某一程序所申请的内存容量时，________。

A．可以为这一程序直接分配内存　　B．不可以为这一程序分配内存

C．拼接后可以为这一程序分配内存　　D．一定能够为这一程序分配内存

23．________存储管理方式能使存储碎片（外部碎片）尽可能少，而且使内存利用率较高。

A．分段　　B．可变分区　　C．分页　　D．段页式

24．________存储管理支持多道程序设计，算法简单但存储碎片多。

A．分段　　B．分页　　C．固定分区　　D．段页式

25．分区管理和分页管理的主要区别是________。

A．分区管理中的空闲分区比分页管理中的页要小

B．分页管理有地址映射（地址转换）而分区管理没有

C．分页管理有存储保护而分区管理没有

D．分区管理要求程序存放在连续的内存空间而分页管理没有这种要求

26．操作系统采用分页存储管理方式，要求________。

A．每个进程拥有一张页表，且进程的页表驻留在内存中

B．每个进程拥有一张页表，但只有当前运行进程的页表驻留在内存中

C．所有进程共享一张页表以节约有限的内存，但页表必须驻留在内存中

D．所有进程共享一张页表，只有页表中当前使用的页必须驻留在内存中

27．在分页存储管理系统中，程序的地址空间是连续的，分页是由________完成的。

A．程序员　　B．硬件　　C．编译软件　　D．A～C 都不对

28．一个分段存储管理系统中，地址长度为 32 位，其中段号占 8 位，则最大段长是________。

A．2^8字节　　B．2^{16}字节　　C．2^{24}字节　　D．2^{32}字节

29．采用________存储管理不会产生内部碎片。

A．分页　　B．分段　　C．固定分区　　D．段页式

30．在分段存储管理方式中，________。

A．以段为单位分配内存，每段是一个连续存储区

B．段与段之间必定不连续

C．段与段之间必定连续

D．每个段都是等长的

31．段页式存储管理汲取了分页和分段的优点，其实现原理结合了分页和分段管理的基本思想，即________。

A．用分段方法来分配和管理内存物理空间，用分页方法来管理用户地址空间

B．用分段方法来分配和管理用户地址空间，用分页方法来管理内存物理空间

C．用分段方法来分配和管理内存空间，用分页方法来管理辅存空间

D．用分段方法来分配和管理辅存空间，用分页方法来管理内存空间

32．在段页式存储管理中，________。

A．每个作业或进程有一张段表和两张页表

B．每个作业或进程的每个段有一张段表和一张页表

C．每个作业或进程有一张段表并且每个段有一张页表

D．每个作业或进程有一张页表并且每个段有一张段表

33．虚存管理和实存管理的主要区别是________。

A．虚存管理区分逻辑地址和物理地址，实存管理则不区分

B．实存管理要求一程序在内存必须连续，而虚存管理则不需要连续的内存

C．实存管理要求程序必须全部装入内存才开始运行，而虚存管理则允许程序在执行过程中逐步装入

D．虚存管理以逻辑地址执行程序，而实存管理以物理地址执行程序

34．系统“抖动”现象的发生是由于________引起的。

A．置换算法选择不当　　B．交换的信息量过大

C. 内存容量充足　　　　　　　　　D. 请求分页管理方案

35. 在下列有关请求分页管理的叙述中，正确的是________。

A. 程序和数据在开始执行前一次性装入

B. 产生缺页中断一定要淘汰一个页

C. 一个被淘汰的页一定要写回外存

D. 在页表中要有中断位、访问位、修改位及外存地址等信息

36. LRU 置换算法所基于的思想是________。

A. 在最近的过去用得少，在最近的将来也用得少

B. 在最近的过去用得多，在最近的将来也用得多

C. 在最近的过去很久未用，但在最近的将来会使用

D. 在最近的过去很久未用，在最近的将来也不会使用

37. 下面存储管理方案中，________存储管理可采用覆盖技术。

A. 单一连续区　　B. 可变分区　　C. 分段　　D. 段页式

38. 为了使虚拟存储系统有效地发挥其预期的作用，所运行的程序应具有的特性是________。

A. 该程序不应含有过多的 I/O 操作

B. 该程序的大小不应超过实际的内存容量

C. 该程序应具有较好的局部性

D. 该程序的指令相关不应过多

39. 程序在执行中发生缺页中断，由系统将该缺页调入内存后应继续执行________。

A. 被中断的前一条指令　　　　　B. 被中断的指令

C. 被中断的后一条指令　　　　　D. 程序的第一条指令

40. ________存储管理方法有利于程序的动态链接。

A. 分段　　B. 分页　　C. 可变分区　　D. 固定分区

41. 实现虚拟内存最主要的技术是________。

A. 整体覆盖　　B. 整体对换　　C. 部分对换　　D. 多道程序设计

42. 虚拟内存的最大容量只受________的限制。

A. 物理内存的大小　　　　　　　B. 磁盘空间的大小

C. 数据存放的实际地址　　　　　D. 计算机地址位数

43. 有关虚拟存储器的叙述中，正确的是________。

A. 程序运行前必须全部装入内存，且在运行中必须常驻内存

B. 程序运行前不必全部装入内存，且在运行中不必常驻内存

C. 程序运行前不必全部装入内存，但在运行中必须常驻内存

D. 程序运行前必须全部装入内存，但在运行中不必常驻内存

44. ________是请求分页存储管理和分页存储管理的区别

A. 地址重定位　　　　　　　　　B. 不必将程序全部装入内存

C. 采用快表技术　　　　　　　　D. 不必将程序装入内存连续区域

45. 在请求分页存储管理中，若进程访问的页不在内存且内存又没有可用的物理块时，系统正确的处理顺序为________。

A. 决定淘汰页，页调出，缺页中断，页调入

B．决定淘汰页，页调入，缺页中断，页调出

C．缺页中断，决定淘汰页，页调出，页调入

D．缺页中断，决定淘汰页，页调入，页调出

二、判断题

1．CPU 可以直接存取外存上的信息。

2．存储管理的主要目的是扩大内存空间。

3．在现代操作系统中不允许用户干预内存的分配。

4．动态重定位技术使得作业可以在内存中移动。

5．存储保护是通过软件实现的。

6．采用动态重定位技术的系统，可执行程序可以不经过任何改动就直接装入内存。

7．连续分配管理方式仅适合于单道程序运行环境。

8．采用可变分区（动态分区）方式将程序装入内存后，程序的地址不一定是连续的。

9．内存中的碎片可以直接通过拼接合并成一个连续区。

10．在分页存储管理中，用户应将自己的程序划分成若干相等的页。

11．在分页存储管理中，程序装入内存后其地址是连续的。

12．分页存储管理中一个程序可以占用不连续的内存空间，而分段存储管理中一个程序则需要占用连续的内存空间。

13．分段存储管理中的分段是由用户决定的。

14．请求分页存储管理系统若把页的大小增加一倍，则缺页中断次数就会减少一半。

15．采用虚拟存储技术，用户编写的应用程序其地址空间是连续的。

16．由分页系统发展为分段系统，进而发展为段页式系统的原因是既满足用户的需要又提高内存的利用率。

17．在虚拟存储系统中，用户地址空间的大小可以不受任何限制。

18．在请求分页存储系统中，页的大小根据程序长度可以动态地改变。

19．大多数虚拟系统采用最佳置换算法（OPT），是因为它确实可以得到最小的缺页率。

20．分段存储管理中段内地址是连续的，段间的地址也是连续的。

三、简答题

1．存储管理研究的主要课题有哪些？

2．什么叫重定位？动态重定位的特点是什么？

3．什么是交换技术？什么是覆盖技术？

4．分区管理主要使用的数据结构有哪些？常用哪几种方法寻找和释放空闲区？这些方法各有何优缺点？

5．分页存储管理有效地解决了什么问题？试叙述其实现原理。

6．什么是动态链接？用哪种内存分配方法可以实现这种链接技术？

7．选择页大小是一个如何进行权衡的问题，试指出大页和小页各自的优点。

8．试论述虚拟存储器的优点。

9．覆盖技术与虚拟存储技术有何本质的不同？交换技术与虚拟存储技术中使用的调入、调出技术有何相同与不同之处？

10．在请求分页管理系统中引入了缺页中断：

（1）试说明为什么引入缺页中断？

（2）缺页中断的实现由哪几部分组成？分别给出其实现方法。

11．LRU 算法的基本思想是什么？有什么特点？

12．什么是局部性原理？什么是抖动，有什么办法减少系统的抖动现象？

13．比较分段管理和分页管理的特点。

14．段页式管理的主要缺点是什么，有何改进方法？

15．给出几种存储保护的方法，并说明它们各自适用的场合。

四、应用题

1．在一个使用可变分区存储管理的系统中，按地址从低到高排列的内存空间大小是 10KB、4KB、20KB、18KB、7KB、9KB、12KB 和 15KB。对下列顺序的段请求：

（1）12KB　（2）10KB　（3）15KB　（4）18KB　（5）12KB

分别使用首次适应算法、最佳适应算法、最差适应算法和循环首次适应（下次适应）算法说明空间的使用情况，并说明对暂时不能分配情况的处理方法。

2．在一分页存储管理系统中，逻辑地址长度为 16 位，页的大小为 2048B，对应的页表如表 4.11 所示。现有两逻辑地址为 0A5CH 和 2F6AH，经过地址变换后所对应的物理地址各是多少？

3．对表 4.12 所示的段表，请将逻辑地址 [0, 137B]，[1, 4000B]，[2, 3600B]，[5, 230B]（方括号中第一个项为段号，第二个项为段内地址）转换成物理地址。

表 4.11　页表

页号	物理块号
0	5
1	10
2	4
3	7

表 4.12　段表

段号	段长	内存始址
0	10KB	50KB
1	3KB	60KB
2	5KB	70KB
3	8KB	120KB
4	4KB	150KB

4．图 4-45 分别给出了分段或分页两种地址变换示意（假定分段变换对每一段不进行段长的越界检查，即段表中无段长信息）。

（1）指出这两种变换各属于何种存储管理。

（2）计算出这两种变换所对应的物理地址。

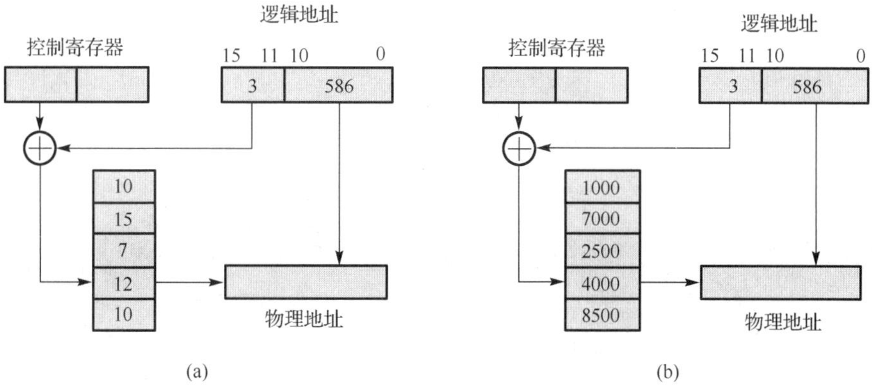

图 4-45　两种地址变换示意

5. 在一个段页式系统中，某作业的段表、页表如图 4-46 所示，计算逻辑地址 69732 所对应的物理地址。

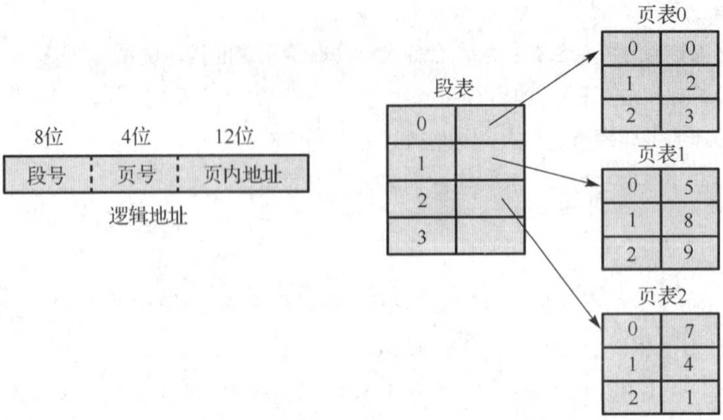

图 4-46　段页式存储管理的数据结构

6. 考虑下面的页访问序列：

1，2，3，4，2，1，5，6，2，1，2，3，7，6，3，2，1，2，3，6

假定有 4 个物理块，应用下面的页置换算法计算出各算法会出现多少次缺页中断。注意，所给定的页初始时均未放入内存的物理块，因此首次访问某页时就会发生缺页中断。

（1）LRU　　（2）FIFO　　（3）Optimal

第 5 章

设 备 管 理

设备又称 I/O（输入/输出）设备，是指计算机系统中除 CPU 和内存之外的所有外部设备。现代计算机系统配备了大量的外部设备用于信息的输入和输出。管理好 I/O 设备，完成用户的 I/O 请求，提高 I/O 的速度，以及改善 I/O 设备的利用率是操作系统的基本任务。为此，操作系统中有专门用于实现上述功能的代码，这部分代码称为设备管理程序。由于 I/O 设备种类繁多，且它们的特性和操作方式往往差异很大，因此设备管理程序是操作系统中最繁杂且与硬件最紧密相关的功能模块。

5.1 设备管理概述

5.1.1 设备的分类

设备的种类繁多，可以从设备的使用、操作系统的管理以及是系统设备还是用户设备等不同的角度来对设备进行分类。

1. 按使用特性分类

按设备的使用特性，设备可分为存储设备和 I/O 设备。

（1）存储设备。又称为外存或辅助存储器，用于永久保存用户使用计算机处理的信息。磁盘、磁带、光盘和优盘都属于存储设备。一般来说，存储设备既是输入设备又是输出设备。当用户需要用计算机处理存储设备上的数据时，存储设备就作为输入设备向计算机提供数据；当用户把自己所需要的数据由内存保存到存储设备上时，存储设备又是输出设备了。

（2）I/O 设备。用户通过直接操作 I/O 设备与计算机通信。输入设备是计算机用来接收外部信息的设备，如用户从键盘输入命令或数据，从扫描仪输入图像等。输出设备则将计算机加工处理的信息送向外部，输出设备有显示器、打印机等。

2. 按信息传输速率分类

（1）低速设备。指传输速率为每秒几字节至几百字节的设备，如键盘、鼠标等。

（2）中速设备。指传输速率为每秒几千字节至几万字节的设备，如各种打印机。

（3）高速设备。指传输速率为每秒几十万字节甚至几兆字节的设备，如闪存（优盘）、光盘机、磁盘机及磁带机等。

3. 按信息传输单位分类

（1）字符设备。这类设备用于数据的输入和输出，基本单位是字符，故称为字符设备，如打印机、键盘、显示终端等。字符设备的每个传输单位是字符，字符是不可寻址的。

（2）块设备。这类设备的信息存取总以数据块为单位。块设备属于有结构设备，典型的块设备是磁盘，每个盘块（又称数据块或物理块）的大小为 512B～4KB。磁盘设备的基本特征是其传输速率较高，通常每秒几兆位；另一特征是可寻址，即对它可以随机读、写任意一个数据块。

4. 按资源分配方式分类

按照资源的属性，可以将设备分成以下三种。

（1）独占设备。指在一段时间内只允许一个用户（进程）访问的设备。独占设备属于临界资源，并发执行的各进程必须以互斥方式使用独占设备，进程一旦获得这类设备，就由该进程独占直至用完释放。大多数低速字符设备，如终端、打印机、扫描仪等就属于独占设备。

（2）共享设备。指在一段时间内允许多个用户（进程）同时访问的设备。共享设备由于在宏观上允许多个进程同时访问，因此设备利用率高。但需要注意的是，这类设备在任一时刻仍然只允许一个进程访问，即微观上各进程的访问只能交替进行。磁盘就是共享设备的典型代表。

（3）虚拟设备。指通过虚拟技术（如 SPOOLing 技术），将一台独占设备改造成若干台逻辑上共享的设备，提供给多个用户（进程）同时使用，以提高设备的利用率。局域网中提供给多个用户共享的打印机就是使用虚拟设备的例子。

5. 按设备的从属关系分类

（1）系统设备。操作系统生成时就纳入系统管理范围的设备，通常也称为标准设备。如键盘、显示器、磁盘驱动器等。

（2）用户设备。用户在完成任务过程中特殊需要的设备。由于这些设备是操作系统生成时未经登记的非标准设备，因此对用户来说，需要向系统提供使用该设备的有关程序（如设备驱动程序等）；而对系统来说，则需要提供接纳这些设备的方法，以便将它们纳入系统的管理中。

5.1.2 设备管理的目标和功能

1. 设备管理的目标

计算机配置操作系统的主要目的有两个：一是为了提高系统资源的利用率；二是方便用户使用计算机。设备管理的目标也完全体现了这两点，即强调效率和通用性。

在多道程序设计环境下，外部设备的数量必定少于用户的进程数，竞争不可避免。因此一个非常重要的问题是在计算机系统运行过程中，如何合理地分配外部设备并协调它们之间的关系？如何充分发挥外部设备之间、外部设备与 CPU 之间的并行工作能力，使系统中的各种设备尽可能地处于忙碌状态？此外，计算机系统配备的外部设备类型多样，特性不一，操作方式也各异。因此操作系统必须把各种外部设备的物理特性和操作方式隐藏起来，为用户提供一个统一的使用界面，用户通过该界面与设备进行交流。这样，用户使用设备才会感到更加方便和统一。

鉴于效率和通用性，设备管理要达到的目标有以下 4 个。

（1）方便性。物理设备的细节交给设备管理程序来完成，用户不必了解。通过操作系统提供的各种手段，用户可以灵活方便地使用这些设备。

（2）并行性。中断技术和通道（见 5.2.1 节）技术的引入给进程并发执行提供了强有力的物质基础，使得 CPU 与 I/O 设备的工作时间高度重叠，也能保证设备之间并行工作，从而提高设备的利用率。

（3）均衡性。能够使 CPU 执行和 I/O 操作的忙闲程度相对均衡。解决均衡性的最好办法是利用 SPOOLing 技术通过共享磁盘来实现。

（4）独立性。设备的物理特性对用户来说是透明的。用户使用设备时不必知道设备的物理地址，只需按照设备的逻辑名使用设备即可，逻辑设备到物理设备的转换则通过映射表来实现。

2. 设备管理的功能

要达到设备管理的目标，设备管理必须具有以下 5 种功能。

（1）提供设备使用的接口。向用户提供统一、易用的接口，包括命令接口、图形接口和编程接口等。使得用户能够以键盘命令方式、鼠标点击方式或在程序中通过系统调用指令发出所需要的 I/O 请求，这就是用户使用外部设备的界面。

（2）进行设备的分配与回收。在多道程序设计环境下，多个用户进程可能会对某一类设备同时提出使用要求，设备管理程序应按照一定的策略决定把该设备（包括 I/O 设备、控制器、通道等）具体分配给哪一个进程使用，对那些提出设备请求但却暂时未能分配到设备的进程应对其进行管理（如组成设备请求队列），使其按一定的次序等待（阻塞）。当某设备使用完毕后，设备管理程序应及时将该设备（包括 I/O 设备、控制器、通道等）收回，如果有用户进程在等待该设备，还应再次进行分配。

（3）缓冲区管理。一般来说，CPU 的执行速度及访问内存的速度都远远高于外部设备数据传输的速度，从而产生高速 CPU 与低速 I/O 设备之间速度不匹配的矛盾。系统往往在内存中开辟一些称为缓冲区的区域来缓解这种矛盾，即 CPU 和 I/O 设备都通过这种缓冲区来传送数据，以便 CPU 与设备之间以及设备与设备之间能够协调工作。在设备管理中，操作系统都有专门的软件对这种缓冲区进行管理、分配与回收。

（4）实现物理 I/O 设备的操作（真正的 I/O 操作）。用户进程在程序中使用了设备管理提供的 I/O 命令后，设备管理程序就按照该命令中用户的具体请求去启动设备，通过不同的设备驱动程序完成实际的 I/O 操作，并将完成的结果通知给用户进程。具体来说，对于具有通道的计算机系统，设备管理程序根据用户提出的 I/O 请求，生成相应的通道程序并提交给通道，然后用专门的通道指令启动通道，通过通道程序完成对指定设备的 I/O 操作，并能响应通道的中断请求；对于未设置通道的系统，设备管理程序则直接驱动设备进行 I/O 操作。

（5）设备的访问和控制。包括并发访问和差错处理。若发现传送中出现了错误，通常是将差错检测码置位并向 CPU 报告，并重新进行一次数据传送。

5.2 I/O 设备管理系统的组成

操作系统中的设备管理系统也称 I/O（输入/输出）设备管理系统（简称 I/O 系统），是指操作系统中负责管理用户对 I/O 设备使用的那部分功能的集合。I/O 设备管理系统中的硬件除含有直接用于信息 I/O 的各种物理设备外，还包含控制这些物理设备进行 I/O 的控制部件和支持部件，如设备控制器、高速总线等。在有的大、中型计算机系统中，还含有 I/O 通道（或 I/O 处理器）。I/O 设备管理系统中的软件则控制设备实现相应的 I/O。I/O 设备管理系统的结构如图 5-1 所示。

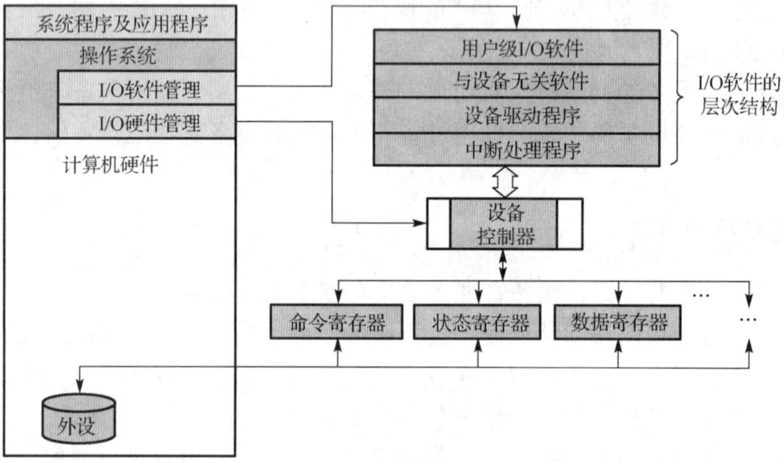

图 5-1　I/O 设备管理系统结构图

5.2.1　I/O 系统的硬件组织

1. I/O 系统的硬件结构

对于不同规模的计算机系统，其 I/O 系统的结构也有所差异。通常可根据 I/O 系统的结构规模分为以下两类。

（1）单总线型 I/O 系统

像微型计算机这类比较简单的系统，其 I/O 系统多采用单总线 I/O 系统结构方式（如图 5-2 所示）。实际上，这种结构已经在图 1-15 中介绍过。

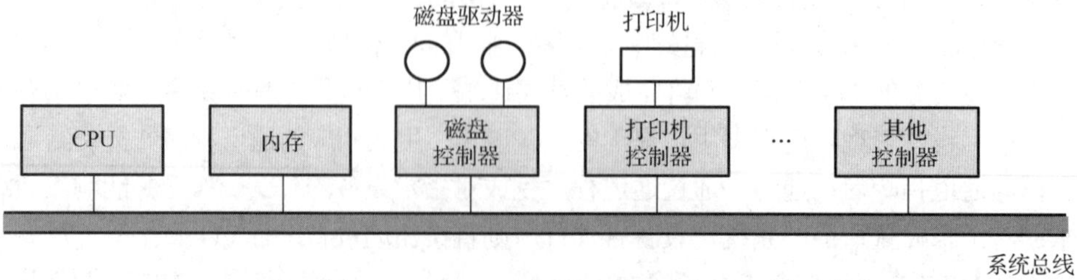

图 5-2　单总线型 I/O 系统结构图

从图 5-2 中可以看出，CPU 和内存是直接连接到系统总线上的，I/O 设备是通过设备控制器连接到系统总线上的。CPU 并不直接与 I/O 设备进行通信，而是与设备控制器进行通信，并通过设备控制器控制相应的设备。因此设备控制器就是控制一个或多个 I/O 设备的硬件，它提供了 CPU 和设备之间的接口。当然，应根据设备的类型来配置与其相适应的控制器。常用的控制器有磁盘控制器、打印机控制器、显示器控制器等。

在微型机和小型机中，设备控制器往往被称为接口卡，如网卡、显卡等，也称为适配器，如网络适配器、显示器适配器等。

（2）大型机 I/O 系统

通常，为大型机所配置的 I/O 设备较多，特别是配有较多的高速外设。所有这些设备的控制器如果都通过一条总线直接与 CPU 通信，无疑会加重总线和 CPU 的负担。因此在大型机 I/O 系统中，并不采用单总线结构，而是增加一级 I/O 通道，来代替 CPU 与各设备控制器进行通信，实现对设备的控制。图 5-3 是具有通道的 I/O 系统结构，在图 5-3 中 I/O 系统共分为四级：最低级为 I/O 设备；次低级为设备控制器；次高级为 I/O 通道；最高级是 CPU。因此也称这样的 I/O 系统结构为四级结构。

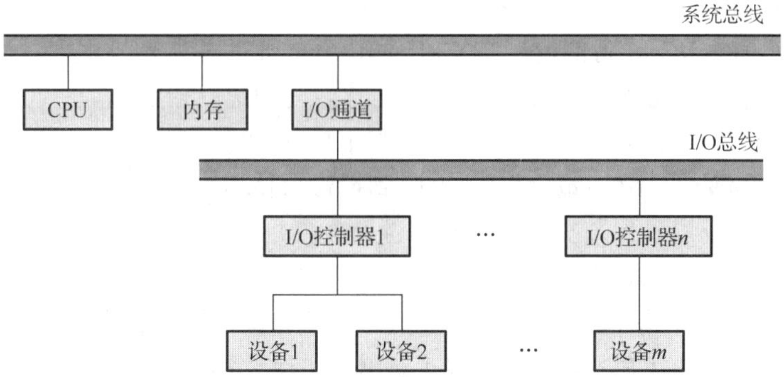

图 5-3　具有通道的 I/O 系统结构图

2. 设备控制器

通常设备并不直接与 CPU 进行通信，而是与设备控制器通信。设备控制器是 I/O 设备中的电子部件，在微型计算机中它常被设计成可插入主板扩展槽中的印刷电路板，也称接口卡，而设备本身则是 I/O 设备的另一组成部分——机械部分。操作系统一般不直接与设备打交道，而是把指令直接发到设备控制器中。设备控制器的复杂性因不同设备而异，其差别很大。一般可以将设备控制器分为两类：一类是用于控制字符设备的设备控制器；另一类是用于控制块设备的设备控制器。

为了实现设备的通用性和互换性，设备控制器与设备之间应采用标准接口，如 SCSI（小型计算机系统接口）或 IDE（集成设备电子器件）接口。设备控制器上一般都有一个接线器可以通过电缆与标准接口相连接，它可以控制 2 个、4 个或 8 个同类设备。对微型计算机和小型计算机系统来说，由于它们的 I/O 系统比较简单，因此 CPU 与设备控制器之间的通信采用如图 5-2 所示的单总线模式。

设备控制器是 CPU 与 I/O 设备之间的接口，它接收从 CPU 发来的命令去控制 I/O 设备工作，使 CPU 从繁杂的设备控制事务中解脱出来。设备控制器又是一个可编址设备，当它仅控制一台设备时，只有唯一的设备地址；若连接多台设备，则具有多个设备地址，使每个地址对应一台设备。

设备控制器通常具有以下 6 种功能。

（1）接收和识别命令。CPU 可以向设备控制器发送多种命令，设备控制器应能接收和识别 CPU 发来的命令。因此设备控制器中应有相应的控制寄存器和命令译码器，用于存放接收到的命令和参数，并对收到的命令进行译码。

（2）数据交换。数据交换指实现 CPU 与设备控制器之间、设备控制器与设备之间的数据交换。对于前者，CPU 并行地将数据写入设备控制器中的数据寄存器，或从设备控制器中的数据寄存器中并行地读取数据；对于后者，输入设备将数据输入到设备控制器中的数据寄存器，或将设备控制器中数据寄存器暂存的数据传送给输出设备。

（3）地址识别。系统中的每台设备都有一个设备地址，设备控制器应能识别它所控制的每台设备的地址。因此设备控制器中应包含地址译码器。

（4）标识和报告设备的状态。CPU 需要随时了解设备的当前状态。如仅当设备处于发送就绪状态时，CPU 才能启动设备控制器从设备中读取数据。因此设备控制器应具有状态寄存器来保存设备的当前状态，以便将它提供给 CPU。

（5）数据缓冲。I/O 设备的速度与 CPU 和内存的速度相比差异很大，故可以在设备控制器中设置缓冲，缓解 I/O 设备与 CPU 以及内存之间的速度矛盾。

（6）差错控制。对从设备传送来的数据进行差错检测，若发现传送出现错误，则将差错检测码置位并同时向 CPU 报告。CPU 收到报告后使本次传送来的数据作废，然后重新进行一次数据传送，以确保数据输入的正确性。

由于设备控制器处于 CPU 和设备之间，它既要与 CPU 通信，又要与设备通信，并且还具有按 CPU 发来的命令去控制设备操作的功能。因此大多数设备控制器由以下三部分组成。

（1）设备控制器与 CPU 的接口。该接口用于实现设备控制器与 CPU 之间的通信。此接口中有三类信号线——数据线、地址线和控制线，数据线通常与两类寄存器相连接，分别是数据寄存器和控制-状态寄存器。

（2）设备控制器与设备的接口。该接口用于实现设备控制器与设备之间的信息交换，一个设备控制器上可以连接一台或多台设备。相应地，在设备控制器中就有一个或多个设备接口，一个接口连接一台设备，在每个接口中都有三种类型的信号：数据信号、控制信号和状态信号。具体接口模型如图 5-4 所示。

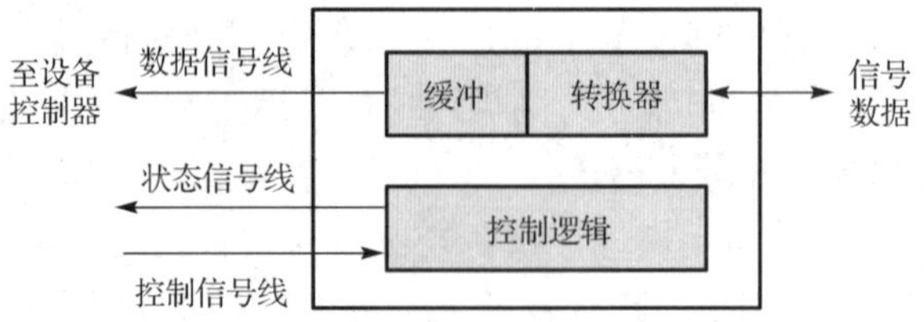

图 5-4　设备控制器与设备的接口模型

（3）I/O 逻辑。该逻辑用于实现对设备的控制并通过一组控制线与 CPU 交互。进行 I/O 时，CPU 利用该逻辑向设备控制器发送命令，I/O 逻辑对接收到的命令进行译码。每当 CPU 启动一台设备时就将启动命令送给设备控制器，同时通过地址线把设备的地址送给设备控制器，由设备控制器的 I/O 逻辑对收到的地址进行译码，再根据译出的命令对所选的设备进行控制。设备控制器的组成如图 5-5 所示。

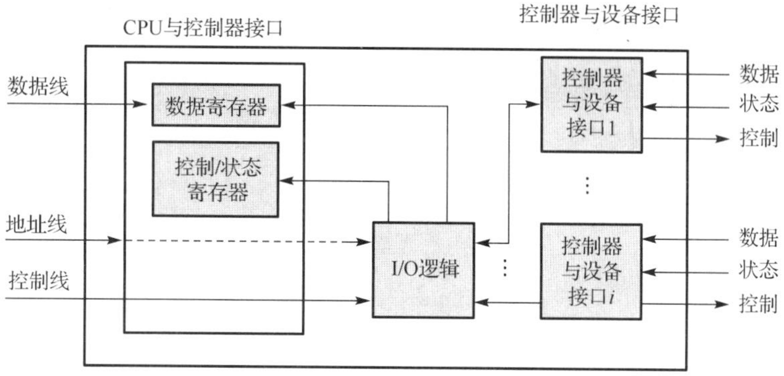

图 5-5 设备控制器组成示意

3. 通道

当主机配置的外部设备很多时，仅有设备控制器是远远不够的，CPU 的负担依然很重。于是在 CPU 和设备控制器之间又增设了通道，这样可使一些原来由 CPU 处理的 I/O 任务转交给通道来承担，从而把 CPU 从繁忙的 I/O 任务中解脱出来以提高系统的工作效率。

（1）通道及通道与 CPU 之间的通信

通道又称 I/O 处理器，是一个独立于 CPU 的专管 I/O 控制的处理器，它控制设备与内存直接进行数据交换。通道具有执行 I/O 指令的功能，并通过执行通道程序来控制 I/O 操作。但 I/O 通道又与一般的 CPU 不同，一方面由于通道硬件较为简单，所以指令类型也较为单一，执行的指令也只与 I/O 操作有关；另一方面是通道没有自己的内存，它所执行的通道程序存放在内存中，即通道与 CPU 共享内存。

有了通道之后，CPU 与通道之间的关系是主从关系，即 CPU 是主设备，通道是从设备。这样，采用通道方式实现数据传输的过程是：当运行的程序要求传输数据时，CPU 向通道发出 I/O 指令，命令通道开始工作，此时，CPU 就可以转去执行其他的程序。通道接收到 CPU 的 I/O 指令后，从内存中取出相应的通道程序完成 I/O 操作。当 I/O 操作完成（或出错）时，通道以中断方式中断 CPU 正在执行的程序，请求 CPU 对此次数据传输进行善后处理。

引入通道之后的 I/O 系统结构如图 5-6 所示（注：主机包括 CPU 和内存）。这时的系统对 I/O 操作实施三级控制，第一级 CPU 执行 I/O 指令，启动或停止通道运行，查询通道状态；第二级是通道接收 I/O 指令后，执行通道程序向设备控制器发出命令；第三级是设备控制器根据通道发来的命令，控制设备完成 I/O 操作。

通道和设备控制器都是独立的功能部件，它们可以并行工作。一台计算机中可以配置多个通道，一个通道可以连接多个设备控制器，一个设备这种情况可以连接多台同类型的设备。由于通道价格较高，计算机中一般配置较少，因此这种情况有可能成为 I/O 的瓶颈。解决办法是增加设备到主机之间的连接通路，即将一台设备连接到几个设备控制器上，将一个设备控制器连接到几个通道上（如图 5-7 所示）。多通路方式不仅可以缓解 I/O 的瓶颈问题而且提高了系统的可靠性，这是因为当个别通道或控制器出现故障时，不会导致设备与内存之间的所有通路中断。

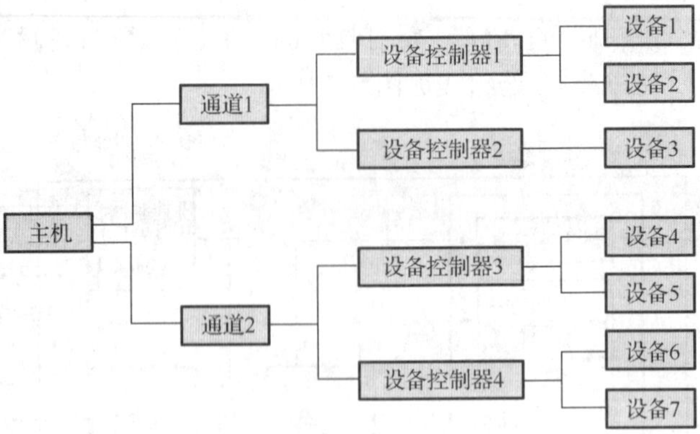

图 5-6　I/O 系统的三级控制结构

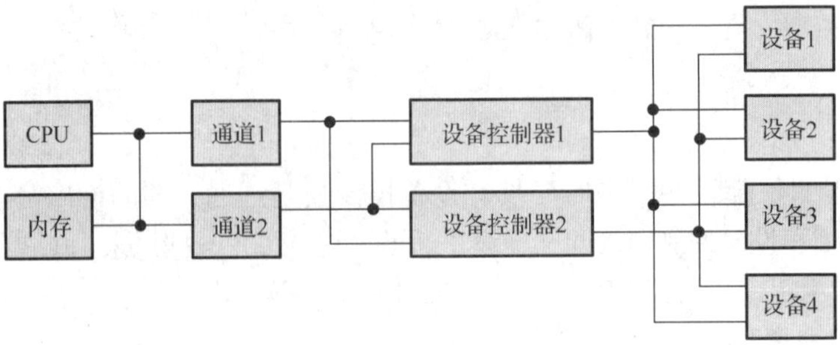

图 5-7　多通路 I/O 系统的结构

由此可见，引入通道技术后可以实现 CPU 与通道的并行操作。另外，通道之间以及通道上的外设也都能实现并行操作，从而提高了系统的效率。

（2）通道的类型

通道是用于控制外部设备的，但由于外部设备的种类繁多，各自的速率相差很大，因此针对这些不同的外部设备也就有不同的通道类型，按信息交换方式可以将通道分为以下三种类型。

① 字节多路通道。它含有多个分配型子通道，每个子通道连接一台 I/O 设备，这些子通道以字节为单位按时间片轮转方式共享主通道。每次子通道控制外部设备交换一个字节数据后，便立即让出字节多路通道，以便让另一个子通道使用。当所有子通道轮转一周后，就又返回来由第一个子通道去使用字节多路通道。由于字节多路通道的数据传送是以字节为单位进行的，并且要频繁进行通道的切换，因此 I/O 效率不高。字节多路通道多用来连接低速或中速设备，如打印机等。

② 数组选择通道。按成组方式进行数据传送，每次以数据块为信息单位传送一批数据，因此信息传输速率很高，主要用于连接高速外部设备，如磁盘机、磁带机等。尽管数组选择通道可以连接多台设备，但它在一段时间内只能运行一个通道程序，即只能控制一台设备进行数据传输，因此一段时间内它只能选择为一台设备服务。当通道被某台设备占用后，即使该通道空闲且无数据传输也不允许其他设备使用该通道，直至占有该通道的设备释放它为止。由此可见，数组选择通道的利用率很低。

③ 数组多路通道。数组选择通道虽然有很高的传输速率，但它每次只允许一台设备

传送数据，因此将它的高传输率优点与字节多路通道分时并行操作的优点结合起来，就形成了数组多路通道。数组多路通道含有多个非分配型子通道，可以连接多种高速外部设备以成组方式进行数据传送，实现多个通道程序、多种高速外部设备并行操作。这种通道主要用来连接中、高速块设备，如磁带机等。

数组多路通道先为某一台设备执行一条通道命令，传送一批数据后，自动地转换为另一台设备执行一条通道命令。由于它在任何一个时刻只能为一台设备服务，这就类似于选择通道，但它不等整个通道程序执行结束，就为另一台设备的通道程序执行指令，这又类似于字节多路通道的分时功能。本质上，数组多路通道相当于通道程序的多道程序设计技术的硬件实现。如果所有的通道程序都只有一条指令，那么数组多路通道就相当于数组选择通道了。

5.2.2 I/O 系统的软件组织

I/O 软件的设计目标是将软件组织成一种层次结构，底层的软件用来屏蔽 I/O 硬件的细节，从而实现上层的设备无关性（即设备独立性），高层的软件主要为用户提供一个统一、规范和方便的接口。

为了实现设备无关性的目标，操作系统把 I/O 软件组织由下至上分成 4 个层次：中断处理程序、设备驱动程序、与设备无关软件、用户级的 I/O 软件（已经在图 5-1 中反映）。图 5-8 给出了这 4 个层次以及每层软件的主要功能，其中箭头表示控制流向。

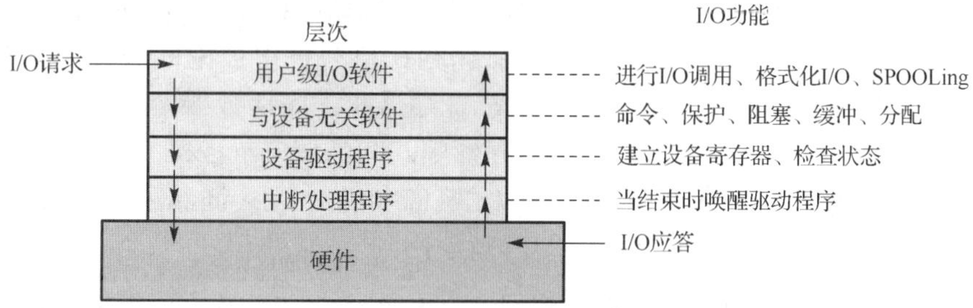

图 5-8 I/O 软件的层次结构

当用户进程欲从文件中读取一个数据块时，就需要通过操作系统来完成此操作。与设备无关软件首先在内存的数据块缓冲区查找此数据块。若找到，则直接完成读取工作；若未找到，则系统调用设备驱动程序向硬件提出相应的请求，用户进程随即阻塞直到该数据块读出。当设备（如磁盘）读取数据块操作结束时（数据块已放入内存的数据缓冲区），由硬件发出一个中断来激活中断处理程序，中断处理程序则从设备获得返回状态值并唤醒被阻塞的用户进程，当用户进程被调度执行时则完成读取该文件在内存中数据块的工作。

下面对这四个层次自下向上分别进行讨论。

1. 中断处理程序

在第 1 章我们介绍了中断技术，在此我们结合 I/O 设备来讨论中断处理程序。在设备控制器的控制下，I/O 设备完成 I/O 操作后，设备控制器就向 CPU 发出一个中断请求，CPU 响应后便转去执行中断处理程序。无论是哪种 I/O 设备，其中断处理程序的处理过程都大体相同，主要有以下 7 个阶段。

（1）检查 CPU 响应中断的条件是否满足。如果有来自中断源的中断请求且 CPU 允许中断，则 CPU 响应中断的条件满足；否则中断处理无法进行。

（2）CPU 响应中断后立即关中断。CPU 响应中断后则立即关中断，使其不能再次响应其他中断。

（3）保存被中断进程的 CPU 现场信息。为了方便中断处理，以及在中断处理结束后能正确地返回到被中断进程的断点处继续执行，系统把被中断进程的程序状态字 PSW 和程序计数器 PC 等内容保存在核心栈中（因 PSW 中含有中断信息，而 PC 则给出返回的断点信息）。对被中断进程的 CPU 现场信息也要进行保留（放入该进程的 PCB 中），包括程序状态字 PSW 和程序计数器以及所有的 CPU 寄存器，如段寄存器、通用寄存器等，因为在中断处理时，可能会用到这些寄存器。

（4）分析中断原因，转入相应的设备中断处理程序。由 CPU 对各个中断源进行测试，识别中断类型（是磁盘中断还是时钟中断）和中断的设备号（哪个磁盘引起的中断），处理优先级最高的中断源发出的中断请求，并发送一个应答信号给发出中断请求的进程，使其消除这个中断请求信号，然后将该中断处理程序的入口地址装入到程序计数器中，使 CPU 转向中断处理程序执行。中断处理的流程如图 5-9 所示。

（5）执行中断处理程序。对不同的设备执行不同的中断处理程序，中断处理程序从设备控制器中读出设备状态。如果是正常完成，则设备驱动程序就可做结束处理；如果还有数据要传送，则继续进行传送；如果是异常结束，则根据异常发生的原因进行相应的处理。

（6）退出中断处理，恢复被中断进程的 CPU 现场或调度新的进程执行。当中断处理程序完成中断处理后，通过中断返回指令将保存在核心栈中被中断进程的程序状态字 PSW 和程序计数器内容弹出，送入到 PSW 寄存器和程序计数器，并从被中断进程的 PCB 中取出 CPU 现场信息装入到相应的寄存器中。即当被中断进程（程序）是执行第 n 条指令时被中断的（第 n 条指令执行结束后才响应中断），则中断结束后 CPU 将继续执行被中断进程（程序）第 n+1 条指令，这样就返回到被中断进程（程序）的断点处恢复运行。另一种方法是在中断处理结束时进行一次进程调度，以便在当前情况下使更适合运行的进程投入运行。这是因为在本次中断处理过程中，被中断的进程可能因某些事件没有发生，而不再具备运行条件，或者已降低了运行的优先权。也有可能在本次中断处理过程中有其他某个进程获得了更高的优先权，因此有必要进行一次进程调度，但无论怎样都必须为选中准备执行的进程恢复 CPU 现场信息。

（7）开中断，CPU 继续执行。I/O 操作完成后，设备驱动程序必须检查本次 I/O 操作中是否发生了错误，以便向上层软件报告，最终是向调用者报告本次执行的情况。然后 CPU 继续执行被中断进程或者执行由进程调度程序选中的某就绪进程。

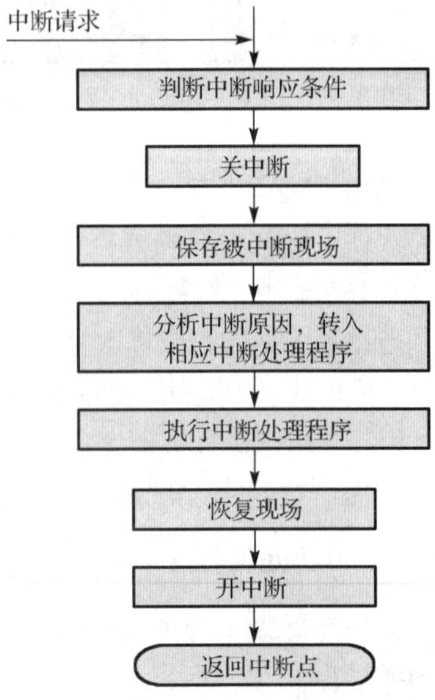

图 5-9　I/O 中断处理流程

2. 设备驱动程序

设备驱动程序是 I/O 系统中与物理设备密切相关的软件，是指驱动物理设备和设备控制器或 I/O 控制等直接进行 I/O 操作的子程序集合。所有与物理设备细节有关的代码都集中在设备驱动程序中，不同类型的设备有不同的设备驱动程序。设备驱动程序主要负责启动指定设备，即负责设置与相关设备有关的寄存器的值，启动该设备进行 I/O 操作并指定操作的类型和数据流向等。当然，在启动指定设备之前，还必须完成一些必要的准备工作，如检查设备是否空闲等，在完成所有准备工作后才向设备控制器发送一条启动命令。

系统完成 I/O 请求的具体处理过程是：用户进程发出 I/O 请求 ⇒ 系统接受这个 I/O 请求 ⇒ 设备驱动程序具体完成 I/O 操作 ⇒I/O 操作完成后用户进程继续执行。图 5-10 给出了 I/O 请求处理过程的示意。

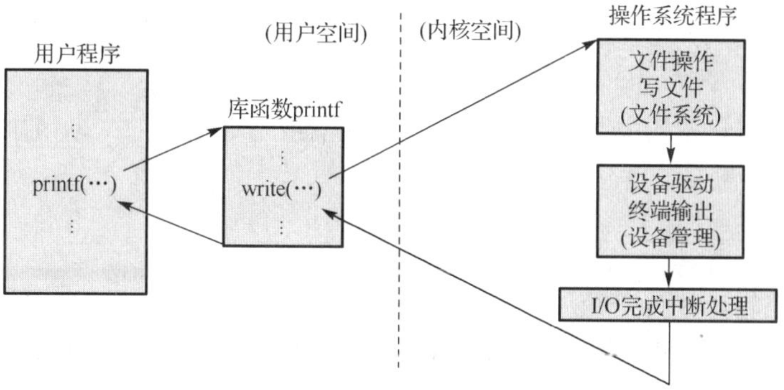

图 5-10 I/O 请求处理过程示意

下面简要说明 I/O 请求的处理过程，重点叙述设备驱动程序所做的工作。

（1）将抽象要求转换为具体要求。每个设备控制器中通常都有若干个寄存器，它们分别用于暂存命令、数据和参数等。由于用户及上层软件对设备控制器的具体情况并不了解，因此只能向它发出抽象的命令（要求），但这些命令无法直接传给设备控制器，因此就需要将这些抽象的命令转换为具体的要求。如将抽象命令中的盘块号转换为磁盘的柱面号、磁道号及扇区号。这一转换工作只能由设备驱动程序来完成，因为在操作系统中只有设备驱动程序才同时了解抽象命令和设备控制器中的寄存器情况，也只有它才知道命令、数据和参数应分别送往哪个寄存器。

（2）检查 I/O 请求的合法性。任何输入设备都只能完成一组特定的功能，若该设备不支持这次 I/O 请求，则认为该请求非法。如用户试图请求从打印机输入数据，显然系统应拒绝该请求。

（3）读出和检查设备状态。在启动某个设备进行 I/O 操作时，其前提条件是该设备正处于空闲状态。因此在启动设备之前，要从设备控制器的状态寄存器中读出该设备的状态。如为了向某设备写入数据，就要先检查该设备是否处于接收就绪状态，仅当它处于接收就绪状态时才能启动设备控制器；否则只能等待。

（4）传送必要的参数。对许多设备特别是块设备来说，除必须向控制器发出启动命令外，还需要传送必要的参数。如在启动磁盘进行读/写之前，应先将本次要传送的字节数和数据所应到达的内存、外存起始地址送入控制器的相应寄存器中。

（5）启动 I/O 设备。在完成上述准备工作后，设备驱动程序可以向控制器中的命令寄存器传送相应的控制命令。对于字符设备，若发出的是写命令，则设备驱动程序将把一个数据传送给控制器；若发出的是读命令，则设备驱动程序等待接收数据，并通过从控制器中的状态寄存器读入状态字的方法来确定数据是否到达。

（6）I/O 完成。I/O 完成后由通道（或设备）产生一个中断请求信号。CPU 接到中断请求后，如果条件符合则响应中断转去执行相应的中断处理程序，唤醒因等待此次 I/O 完成而阻塞的进程，然后调度用户进程继续执行。

综上所述，设备驱动程序具有以下 4 种功能。

（1）将接收到的抽象命令（要求）转换为具体要求。

（2）接受用户的 I/O 请求。设备驱动程序将用户的 I/O 请求排在请求队列的队尾，检查 I/O 请求的合法性，了解 I/O 设备的状态，并传送有关参数等。

（3）取出请求队列中的队首请求并将相应设备分配给它，然后启动该设备工作完成指定的 I/O 操作。

（4）处理来自设备的中断，及时响应由控制器或通道发来的中断请求，并根据其中断类型调用相应的中断处理程序进行处理。

3. 与设备无关软件

（1）设备无关性概念

设备无关性（又称设备独立性）是指用户程序独立于所使用的具体物理设备。即用户通过使用逻辑设备名来访问设备，而并不直接和具体设备打交道。当用户程序需要使用设备时，则通过逻辑设备名向操作系统申请设备，而该逻辑设备名到底对应哪台物理设备，则由操作系统根据实际情况决定。设备无关性体现在以下两个方面。

① 从程序设计的角度看，各种设备所体现的接口都是一致的。即在程序中可以使用同样的命令去读不同设备上的数据，也可以用同样的命令将输出的数据送到不同的设备上。而这些不同设备之间的差异则由操作系统来处理，即呈现在用户程序中的设备都是相同的。

② 操作系统对所有的设备及设备操作都采取统一方式进行管理。由于不同设备之间的差异，用软件实现时很难达到真正的一致。一般采用层次和模块化思想来实现设备管理子系统，低层的程序用来屏蔽设备的具体细节，而高层软件则将各类不同设备的操作都以相同的界面提供给用户。与设备无关性紧密相关的是统一以逻辑名来命名设备。

设备无关性提高了操作系统的适应性和可扩展性，用户编写的应用程序与具体使用的物理设备无关，因此即使更换了物理设备也无须改变应用程序。设备无关性所引入的逻辑设备和物理设备概念，使得逻辑设备只是实际物理设备属性的抽象，它并不局限于某个具体设备。如一台名为 LST 的具有打印机属性的逻辑设备，它可能是 0 号或 1 号打印机，在某些情况下也可能是显示终端，甚至是一台磁盘的某部分空间（作为虚拟打印机使用）。逻辑设备究竟与哪一个具体的物理设备相对应，要由系统根据当前的设备使用情况来决定或由用户指定。在应用程序编写中使用逻辑设备名来请求使用某类设备，而应用程序执行中则使用真实物理设备名。当然系统必须具有将逻辑设备名转换成物理设备名的功能，这类似于存储器管理中所介绍的逻辑地址和物理地址的概念，在用户程序中使用的是逻辑地址，而系统在分配和使用内存时则必须使用物理地址。

引入设备无关性这一概念后，使得用户程序可以使用逻辑设备名而不必使用物理设备名，这种做法有以下两方面优点。

① 设备分配更加灵活。当多个用户的不同进程请求分配设备时，系统可以根据当前设备的忙闲状况，合理地调整逻辑设备名与物理设备名之间的对应情况，以保证设备的无关性。

② 可以实现 I/O 重定向。所谓 I/O 重定向是指更换 I/O 设备时，无须更改用户程序。如在调试一个用户程序时，可以将程序的结果送到屏幕上显示，而当程序调试完成后，如果需要将程序的运行结果正式打印出来，则可更换输出设备，这只需将 I/O 重定向的数据结构，即逻辑设备表中的显示终端改为打印机即可，而无须修改用户程序。

（2）与设备无关软件

设备驱动程序是一个与硬件（或设备）紧密相关的软件，为了实现设备无关性，就必须在设备驱动程序之上设置一层与设备无关的软件，它提供适用于所有设备的常用 I/O 功能，并向用户级 I/O 软件提供一个统一的接口，与设备无关软件的功能主要有以下 7 种。

① 向用户级 I/O 软件提供统一接口。所有设备向用户提供的接口都相同，如对各种设备的读操作在用户程序中都用 read，而写操作都用 write。

② 设备命名。系统设计中的一个主要问题是对文件和 I/O 设备实体的命名方法。与设备无关软件负责将设备名映射到相应的设备驱动程序。一个设备名表示一个设备文件中唯一指定的一个 i 节点（见 6.3.1 节），i 节点包含主设备号和次设备号，由主设备号可以找到相应的设备驱动程序，由次设备号提供参数给设备驱动程序来指定具体的物理设备。

③ 设备保护。操作系统应给各个用户赋予不同的设备访问权限以实现对设备的保护。

④ 提供与设备无关的数据块大小。不同磁盘类型其扇区的大小可能不同，与设备无关软件屏蔽掉在不同设备中使用的数据块大小可能不同的现实，向用户级 I/O 软件提供了统一的逻辑块大小。如可以把几个扇区作为一个逻辑块来处理，这样用户级 I/O 软件仅处理大小相同的逻辑块，而不必去考虑实际磁盘物理扇区的大小。

⑤ 对独占设备的分配与回收。一些设备（如打印机、光盘刻录机等）在同一时刻只能由一个进程使用，这就要求系统检查对该设备的使用请求，并根据该设备的忙闲情况来决定是否接受或拒绝此请求。对独占设备的分配与回收实际上属于临界资源的管理。

⑥ 缓冲管理。无论字符设备还是块设备都使用缓冲技术。对于块设备，硬件以块为单位进行读写，但用户进程却是按任意大小的数据长度来读、写。如果一个用户进程此时只写了半个数据块，系统则利用缓冲技术把这些数据保存在内存缓冲区中，等待后续写入的数据装满一个数据块时，才将其由内存缓冲区写到指定的块设备上。对于字符设备，用户进程向内存写数据的速度可能比由内存取出数据向设备输出的速度快，所以也需要缓冲。

⑦ 差错控制。由于 I/O 操作中出现的绝大多数错误都与设备有关，因此与设备有关的错误主要由设备驱动程序来处理，而与设备无关软件只处理设备驱动程序无法处理的那些错误。如一种典型的错误是磁盘块受损而导致不能读、写，设备驱动程序在尝试若干次读、写操作失败后，就会向与设备无关软件报错。

4. 用户级 I/O 软件

用户级 I/O 软件是 I/O 系统的最上层软件，负责用户和与设备无关软件通信，即它面向用户。当接收到用户的 I/O 指令后，用户级 I/O 软件把具体的请求发送到与设备无关软件去做进一步的处理。用户级 I/O 软件主要包含 I/O 操作的库例程和 SPOOLing 系统。

虽然大多数 I/O 软件属于操作系统，但也有一小部分是与用户程序连接的库例程，它们不属于操作系统，甚至整个程序都在用户态下运行。系统调用包括 I/O 系统调用通常由库例程组成，如 C 语言程序的语句

```
printf("%d",x);
```

库例程（函数）printf 将与用户程序链接在一起放入可执行程序中，所有这些库例程显然是 I/O 系统的一部分。标准 I/O 库包含一些解决 I/O 事务的库例程，它们作为用户程序的一部分运行。

SPOOLing 系统（见 5.4.2 节）是用户级 I/O 软件的另一个重要类别。在多道程序设计中，SPOOLing 是将一台独占设备改造成共享设备的一种行之有效的技术。

5.3 I/O 设备控制方式

提高 CPU 与 I/O 设备并行操作的能力是推动 I/O 设备控制方式发展的主要动力。随着计算机技术的发展，I/O 控制方式也在不断更新，从早期的程序直接 I/O 控制方式逐渐发展出了中断 I/O 控制方式、DMA I/O 控制方式和通道 I/O 控制方式。I/O 控制方式的整个发展过程始终贯穿着一条宗旨：尽量减少 CPU 对 I/O 操作的干预，将 CPU 从繁忙的 I/O 任务中解脱出来，更大程度上实现 CPU 与 I/O 设备并行工作。

5.3.1 程序直接 I/O 控制方式

早期计算机系统中没有中断系统，CPU 对 I/O 设备的控制只能由程序直接控制，但由于传输数据时 CPU 的速度明显快于 I/O 设备，于是 CPU 需要不断测试 I/O 设备，只有当设备空闲时才能进行数据传送，这种控制方式称为程序直接 I/O 控制方式，又称为查询方式或忙-等待方式。

程序直接 I/O 控制方式由用户进程直接控制内存或 CPU 与外设之间的信息传送。当用户进程需要传送数据时通过 CPU 向设备发出启动指令，用户进程进入测试等待状态。CPU 不断地执行 I/O 测试指令测试设备的状态，即采用循环测试 I/O 方式直接控制外设传输信息。也即，利用 I/O 测试指令测试设备的忙/闲标志位，若设备不忙，则执行 I/O 操作并完成数据的传送；若设备忙，则 I/O 测试指令不断对它进行测试，直到设备空闲为止。这种控制方式也称循环测试 I/O 方式（如图 5-11 所示）。

由于 CPU 的速度比 I/O 的速度快得多，而循环测试 I/O 方式使得 CPU 与外设只能串行工作，因此 CPU 绝大部分时间都处于等待 I/O 数据传输完成的循环测试状态，极大地浪费了 CPU 资源。另外，这种控制方式使设备与设备之间也只能串行工作。但是，循环测试 I/O 方式的优点是管理简单，在 CPU 速度不是很快而且外设种类不多的情况下常被采用。

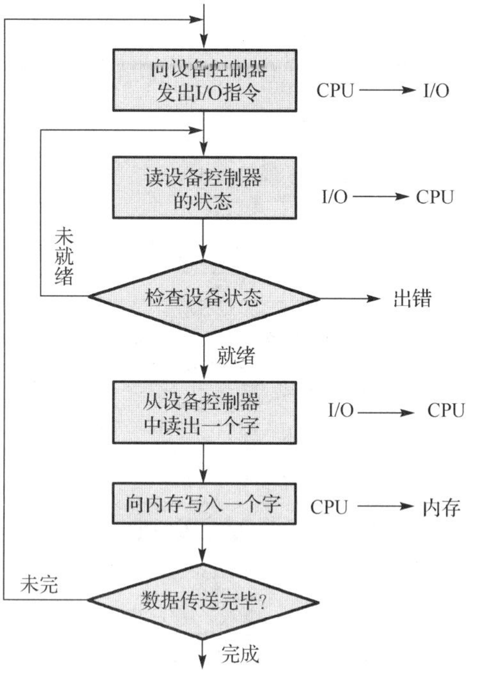

图 5-11　直接 I/O 控制方式的控制流程

5.3.2　程序中断 I/O 控制方式

程序中断 I/O 控制方式也称中断处理方式。由于循环测试 I/O 方式中的外设是被动控制对象，因此 CPU 需要对其进行连续监控。计算机系统引入中断技术后可以增加 I/O 设备的主动性，即每当设备完成 I/O 操作时就以中断请求方式主动向 CPU 汇报，同时 CPU 内部也增加了检测中断和自动响应中断的功能，于是产生了新的 I/O 控制方式，即中断 I/O 控制方式。CPU 在启动 I/O 设备之后可以转去执行其他程序，仅在接到 I/O 中断请求时再花费极少时间来处理该中断。如从键盘上输入一个字符的时间约需 100ms，将字符从设备控制器送入内存键盘缓冲区的时间小于 0.1ms。若采用程序直接 I/O 控制方式，则 CPU 有 99.9ms 处于循环等待之中；而采用中断处理方式，CPU 仅需花 0.1ms 时间来处理 I/O 设备发出的中断请求，其余 99.9ms 时间可以去做其他事情。

中断 I/O 控制方式在一定程度上实现了 CPU 与外设并行，同时还可以实现多台外设之间的并行，从而提高了计算机系统的工作效率。即有了中断的硬件支持，CPU 和 I/O 设备之间可以并行工作，CPU 不再需要循环测试，而 I/O 设备则自行传输数据。当一个单位（字或字节）的数据传输结束时，I/O 设备（控制器）再向 CPU 发出中断，CPU 接到中断后进行相应的处理，如果数据还未传输完毕则按照上述过程继续传输数据。中断 I/O 控制方式处理过程如图 5-12 所示。

在中断 I/O 控制方式中，设备的工作在很大程度上仍依赖于 CPU 的直接控制，设备每传输一个单位（字或字节）的数据，CPU 都要对其进行一次中断处理，即需要进行保护现场、提取数据、恢复现场等操作，这些操作仍然要占用 CPU 的时间。若系统支持的 I/O 设备很多，则 CPU 将陷入繁忙的 I/O 事务处理中。尤其对高速的块设备，如光盘、磁盘和磁带等数据交换是成批进行的，且单位数据之间的传送间隔时间较短，采用中断处理方式就有可能造成数据丢失。这种频繁地处理 I/O 中断，就是中断 I/O 控制方式的不足。

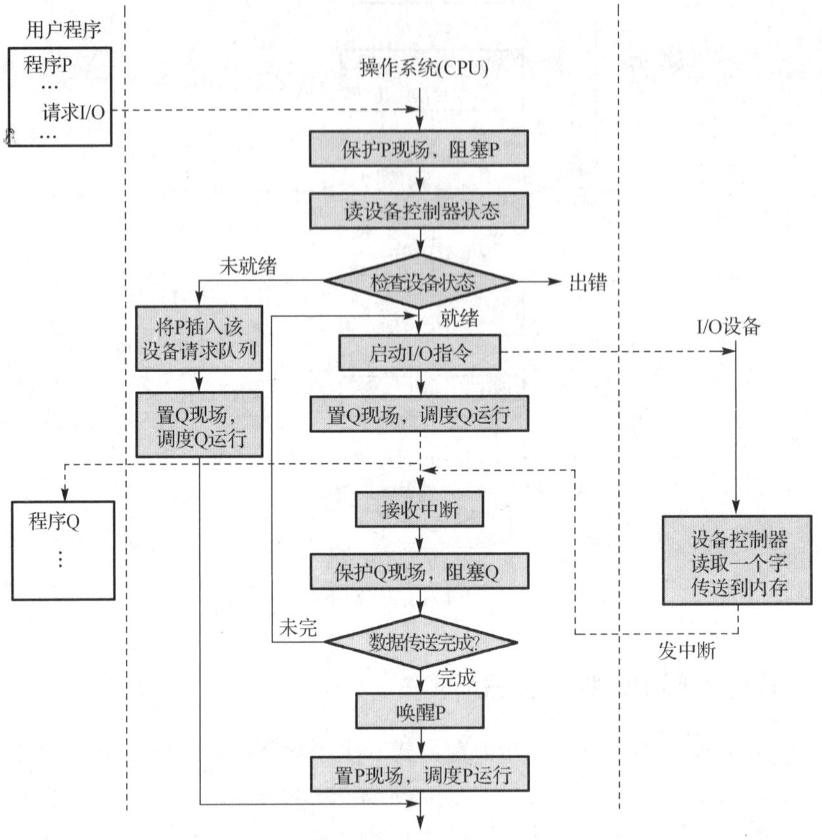

图 5-12　中断 I/O 控制方式处理过程示意

5.3.3　直接存储器存取 I/O 控制方式

1. DMA 控制方式

虽然中断 I/O 控制方式消除了程序直接 I/O 控制方式的重复测试，但数据传输仍以字（字节）为单位，即设备每完成一个字（字节）的传输后，设备控制器就要向 CPU 发一次中断。另外，内存与设备控制器之间传送数据仍需要 CPU 干预。尽管这种控制方式可以满足低速字符设备的 I/O 要求，但用于块设备的 I/O 却十分低效。

目前在块设备的 I/O 系统中，普遍采用直接存储器存取（Direct Memory Access，DMA）I/O 控制方式，即 DMA 控制方式。在该方式中，外部设备在 DMA 控制器支持下绕过 CPU 直接与内存交换数据，每次交换可以传送一个数据块，在每个数据块的传送期间无须 CPU 的干预。DMA 控制方式下的地址总线和数据总线以及一些控制信号线都是与 CPU 共用的。平时这些总线和控制信号线由 CPU 管理使用，当采用 DMA 进行直接内存数据交换时，DMA 采取挪用 CPU 工作周期和 DMA 控制器总线控制权的方法，由 DMA 控制器接管 CPU 所管理的总线，然后由 DMA 控制器控制外部设备与内存之间的成批数据传送，在所有数据传送完成后由 CPU 回收总线控制权。即 DMA 控制方式进一步减少了 CPU 对 I/O 过程的干预，从每传输一个字（字节）干预一次减少到每传输一个数据块干预一次。因此这是一种效率很高的传输方式。

DMA 控制方式具有以下三方面特点。

（1）内存与设备之间以数据块为单位进行数据传输，即每次至少传输一个数据块。

（2）DMA 控制器获得总线控制权而直接与内存进行数据交换，CPU 不介入数据传输事宜。

（3）CPU 仅在数据块传送的开始和结束时进行干预，而数据块的传输和 I/O 管理均由 DMA 控制器负责。

注意，DMA 控制方式实际上有以下三种。

（1）周期窃取方式。在每一条指令执行结束时，CPU 测试有无 DMA 服务申请，如果有，则 CPU 进入一个 DMA 周期，即借用一个 CPU 的工作周期来完成数据交换工作。采用周期窃取方式内存不与外部设备直接相连接，而只与 CPU 连接，外部设备与内存的数据交换与程序直接 I/O 控制方式和程序中断 I/O 控制方式一样都要占用 CPU 的时间。

（2）直接存取方式。真正的 DMA 控制方式，DMA 控制器的数据传送申请不是发向 CPU，而是直接发往内存。在得到内存的响应之后，整个数据传送工作全部在 DMA 控制器中用硬件完成。

（3）数据块传送方式。数据块传送方式是一次传送一个数据块，即在每次中断 I/O 过程中是以数据块为单位获得或发送数据的，这一点与上面两种 DMA 控制方式相同，因此通常也把这种 I/O 方式归入 DMA 控制方式。

需要注意的是，直接存取方式是在设备控制器中设置一个比较大的数据缓冲存储器，一般要能够存放下一个数据块，设备控制器与内存之间的数据交换以数据块为单位，一次传送一批数据，并采用程序中断方式进行，这一点与一次只传送一个数据块的数据块传送方式不同。

2. DMA 控制器的组成

DMA 控制器由三部分组成（如图 5-13 所示）：主机与 DMA 控制器的接口；DMA 控制器与块设备的接口；I/O 控制逻辑。我们主要介绍主机与 DMA 控制器之间的接口。

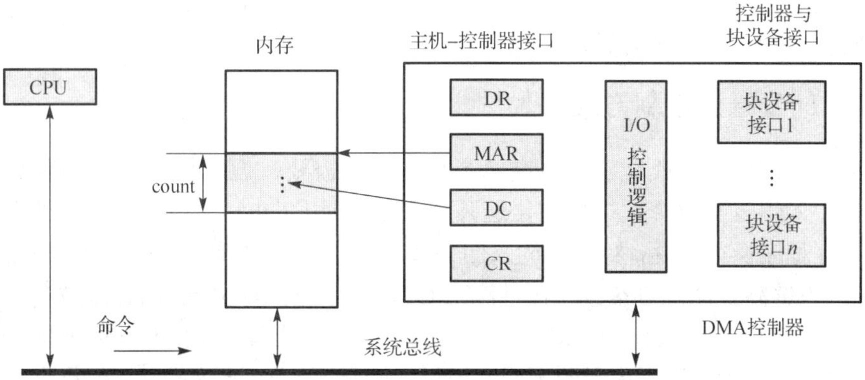

图 5-13 DMA 控制器的组成

为了实现在主机与 DMA 控制器之间成块数据的直接交换，必须在 DMA 控制器中设置以下 4 类寄存器。

（1）命令/状态寄存器（CR）。用于接收从 CPU 发来的 I/O 命令或控制信息，或者存放设备的状态。

（2）内存地址寄存器（MAR）。在输入时（从设备传送到内存）存放数据在设备（如磁盘）的起始地址；在输出时（从内存传送到设备）存放数据在内存的源地址。

（3）数据寄存器（DR）。用于暂存从设备到内存或从内存到设备的数据。

（4）数据计数器（DC）。用于记录本次要读/写的字（字节）数。

3. DMA 控制方式的处理过程

DMA 控制方式传送数据的步骤如下。

（1）进程请求 I/O 时，CPU 就向 DMA 控制器发出一条 I/O 命令，该命令被送至命令/状态寄存器。同时，CPU 挪用一个系统总线周期（工作周期），将准备存放输入数据的内存起始地址（或准备输出数据的内存源地址），以及要传送的字（字节）数分别存入内存地址寄存器和数据计数器，且将磁盘中的源地址（或目标地址）直接送入 DMA 控制器的 I/O 控制逻辑，然后启动 DMA 控制器进行数据传送。

（2）CPU 将总线让给 DMA 控制器，由 DMA 控制器获得总线控制权来控制数据的传输。在 DMA 控制器控制数据传输期间，CPU 不使用总线。

（3）DMA 控制器按照内存地址寄存器的指示，不断在设备与内存之间进行数据传输，并随时修改内存地址寄存器和数据计数器的值。当一个数据块传输完毕或数据计数器的值减少到 0 时（所有数据都已传输完毕），传输停止并且向 CPU 发出中断信号。

（4）CPU 响应 DMA 控制器的中断请求。如果数据传输完成，则转向相应的中断处理程序进行后续处理；如果还有数据需要传输，则按照相同方法重新启动剩余数据的传送。

DMA 控制方式的处理过程如图 5-14 所示。

DMA 控制方式与中断 I/O 控制方式相比，减少了 CPU 对 I/O 的干预，进一步提高了 CPU 与 I/O 设备之间的并行能力。DMA 控制方式是在一个数据块传输完毕后发出中断，而中断 I/O 控制方式则在每个单位（字或字节）数据传输结束后发出中断，显然 DMA 控制方式的效率要高得多。在 DMA 控制方式中，CPU 只是在每个数据块传输的开始和结束实施控制，在数据块的传输过程中则由 DMA 控制器控制，而中断 I/O 控制方式的数据传输则始终都是在 CPU 的控制下完成的。

5.3.4 I/O 通道控制方式

虽然 DMA 控制方式能够满足高速数据传输的需要，但每传送一个数据块都需要向 CPU 发出中断，且在每个数据块的传送开始或结束时，CPU 都要介入其中进行处理，即 CPU 需要在程序执行和设备处理之间来回切换，而这种方式所实现的 CPU 与设备并行操作其效率仍不够高。此外 CPU 发出的每条 I/O 指令只能读、写同一内存区域中的连续数据块，不能满足复杂 I/O 操作的需求。如当人们希望一次读取位于磁盘不同位置上的多个数据块，并将它们分别传送到内存的不同区域时，则需要 CPU 多次发出 I/O 指令，并进行多次中断处理才能完成传送。另一方面，随着计算机的发展和应用范围的不断扩大，需要

CPU 与外设之间具有更高的并行能力，同时也能够使种类繁多、物理特性各异的外部设备以标准接口的方式连接到系统中。因此计算机系统引入了通道结构。

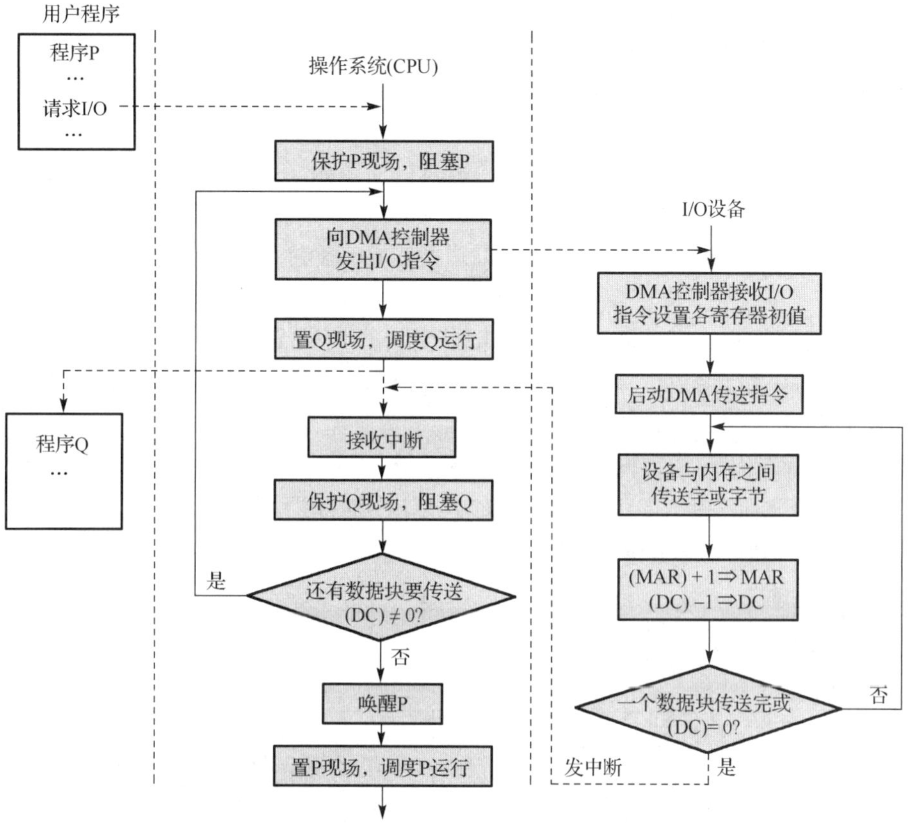

图 5-14　DMA 控制方式处理过程示意

通道是继 DMA 之后让 CPU 摆脱 I/O 操作的又一种好方法。在 DMA 控制方式中，对 I/O 设备的管理和某些操作仍然由 CPU 控制，此外，在多个设备之间也无法共享 DMA 控制器。I/O 通道是专门管理 I/O 的硬件，它将 CPU 从繁忙的 I/O 事务中彻底解脱出来，实现 CPU、通道、设备并行操作。I/O 通道可以控制多台设备共享设备控制器，从而实现多台设备与内存交换数据。I/O 通道控制方式与 DMA 控制方式类似，也是以内存为中心实现数据在设备与内存的直接交换。在 I/O 通道控制方式下，当进程发出 I/O 请求后，只需给 CPU 指出通道相应的操作和使用的 I/O 设备，即可执行启动通道的指令来启动通道，并从内存中调出相应的通道程序予以执行。此时 CPU 将该 I/O 请求任务交由通道控制完成，当整个 I/O 任务在通道控制下完成之后，再由通道发出中断请求信号，此时 CPU 响应中断并进行后续处理。因此 I/O 通道进一步减少了 CPU 对 I/O 过程的干预，既减轻了 CPU 的工作负担，也提升了计算机系统的并行工作能力，使现代计算机系统的功能更加完善。正是有了中断技术和通道技术，才真正实现了 CPU 与 I/O 设备的并行工作，由此也真正实现了多道程序设计。

通道通过执行通道程序与设备控制器一起实现了对 I/O 设备的控制。通道程序通常存放在内存中并由一系列通道指令（通道命令）组成，它规定了设备应该执行的各种操作和顺序。通道指令与一般的计算机指令不同，通常包含命令码、内存地址、传输字节数、记录结束标志（见 6.1.2 节）以及通道程序结束标志等信息。其中，命令码规定了本条指令要执行的操作，如读、写、控制等；内存地址指明数据送入内存（读操作）或从内存取数据（写操作）的内存起始地址；传输字节数指明本条指令要读、写的字节数；记录结束标志用来标识某个记录是否结束，若为 1，则表示本条指令是处理某个记录的最后一条指令；通道程序结束标志用来标识通道程序是否结束，若为 1，则表示本条指令是通道程序的最后一条指令。CPU 启动通道后，就由通道执行通道程序完成 CPU 交给的 I/O 任务。

I/O 通道控制方式传输数据的步骤如下。

（1）当进程提出 I/O 请求时，CPU 对通道发出启动命令且传送相应参数，然后转向处理其他事务。

（2）通道根据收到的启动命令调出通道程序执行，于是设备、通道、CPU 并行工作。

（3）通道逐条执行通道程序中的通道命令来控制设备执行规定的操作，完成设备与内存之间的数据传输。

（4）数据传输完毕，通道向 CPU 发出中断请求。

（5）CPU 响应通道提出的中断请求，对本次 I/O 进行结束处理。

通道控制方式处理过程如图 5-15 所示。

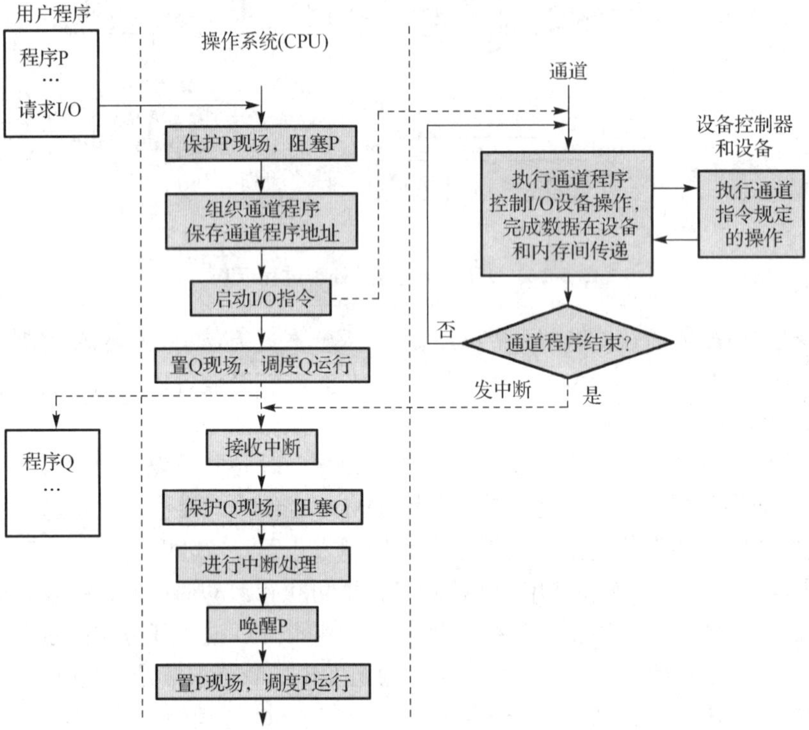

图 5-15　通道控制方式处理过程示意

通道方式与 DMA 方式类似，是 DMA 方式的进一步发展。但通道方式与 DMA 方式不同的是：在 DMA 方式中，数据的传送方向、存放数据的内存起始地址以及传送的数据块长度等都由 CPU 控制；而在通道方式中，这些操作都由专门负责 I/O 操作的硬件——通道来实现。通道实现了在 I/O 设备与内存之间直接进行数据的交换，和 DMA 方式相比，通道使 CPU 从以数据块为单位的干预，减少到仅当全部数据交换完成后只干预一次。在 DMA 方式下，每个设备都配置一个专用的 DMA 控制器，只能进行固定的数据传输操作；而通道方式则有自己的指令，即通道命令，能够根据通道程序控制多个外部设备，从而提供了多个设备共享一个 DMA 的功能。

5.3.5 4 种 I/O 控制方式的对比

我们可以把程序直接 I/O 控制方式、中断 I/O 控制方式、DMA 控制方式和通道控制方式比作人生早期的 4 个阶段。程序直接 I/O 控制方式就如同人的婴儿时期，你得始终端着奶瓶给婴儿喂奶；中断 I/O 控制方式如同人的幼儿时期，你给幼儿喂一匙饭就可以稍微歇一会，当幼儿张嘴时你再喂下一匙；DMA 控制方式如同人的少儿时期，这时你可以给他盛一碗饭让他自己吃，而你可以去干其他事了，当他吃完需要再盛一碗时，你就过来给他盛第二碗；通道控制方式就如同人的青年时期，这时你只要对他说吃饭了，那么从盛饭到吃饭他都自己完成，最后他会告诉你一声吃过了，此时你可做一些善后工作，如收拾碗筷等。

四种 I/O 控制方式的优缺点主要体现在以下 4 个方面。

（1）程序直接 I/O 控制方式。优点是控制简单，也不需要很多硬件支持。缺点是 CPU 和外部设备之间只能串行工作，且 CPU 的大部分时间都处于循环测试状态，这使得 CPU 的利用率大为降低。由于 CPU 在一段时间内只能与一台外部设备交换数据，因此不能实现设备之间的并行工作。此外，程序直接 I/O 控制方式通过测试设备的状态标志来控制数据的传送，所以无法发现和处理因设备或其他硬件所产生的错误。因此程序直接 I/O 控制方式只适用于那些 CPU 执行速度较慢且外部设备不多的系统。

（2）程序中断 I/O 控制方式。优点是能够实现 CPU 与设备之间、设备与设备之间的并行操作，CPU 的利用率较程序直接 I/O 控制方式大为提高。缺点是 I/O 控制器的数据缓冲寄存器通常较小，且数据缓冲寄存器每当装满数据时都会发出中断，这使得完成一次数据传送发生的中断次数过多而耗费大量的 CPU 时间。如果系统配置的外部设备较多，且都采用中断 I/O 控制方式进行并行操作，则将消耗大量的 CPU 时间，并且有可能因 CPU 来不及处理而造成数据丢失。

（3）DMA 控制方式。与程序中断 I/O 控制方式相比，DMA 控制方式的优点是在一个数据块的数据传送完成后中断一次 CPU，从而减少了 CPU 中断处理的次数，并且 DMA 控制方式下的数据传送是在 DMA 控制器控制下完成的，在每个数据块的传送过程中无须 CPU 干预，而是在每个数据块传送完毕后发出中断，显然，DMA 控制方式的效率要高得多。缺点是 DMA 控制仍有一定的局限性，即每传送完一个数据块都要向 CPU 发出中断，这使得在每个数据块传送结束时 CPU 都需要切换回来进行相应的处理，即以来回切换的方式实现与外部设备的并行操作，因此效率仍不够高。此外，对外部设备的管理仍然需要由 CPU 完成，并且使用多个 DMA 控制器也不够经济。

（4）I/O 通道控制方式。优点是 CPU 只需发出 I/O 指令，通道就能完成相应的 I/O 操作，并且只在整个数据传送操作结束时向 CPU 发出中断。由此可见，CPU 仅在 I/O 操作开始和结束时花较短的时间处理与 I/O 有关的事宜，而其余时间里，通道进行数据传送而 CPU 则做其他工作，即实现了 CPU 与通道的并行工作，且通道与通道之间也实现了并行操作。此外，一个通道还可以控制多台外部设备，从而极大地提高了整个计算机系统资源的利用率。缺点是通道价格较高，从经济角度考虑不宜过多使用。

5.4 缓冲技术与虚拟设备技术

5.4.1 缓冲技术

设备管理的主要目标是实现 CPU 与外设之间、外设与外设之间充分地并行工作。通道技术和中断技术的引入提供了 CPU、通道和 I/O 设备之间并行操作的可能性。然而，由于 CPU 与设备之间的速度差异很大，以及 I/O 操作的随机性，则往往因通道数量的不足而产生“瓶颈”现象，使设备与 CPU 并行工作的程度受到限制。在现代操作系统中，为了缓解 CPU 与设备速度不匹配的矛盾，提高它们的并行能力，几乎所有 I/O 设备在与 CPU 交换数据时都使用了缓冲技术。在设备管理中引入缓冲技术主要有以下三方面原因。

（1）缓解 CPU 与 I/O 设备之间速度不匹配的矛盾。我们以打印机为例，如果没有缓冲，则程序在输出时，必然因打印机的速度跟不上而使 CPU 停下来等待，而在 CPU 计算时，打印机又因无数据输出而闲置。如果设置了缓冲区，则程序可以将输出的数据先输出到缓冲区然后继续运行，而打印机则可以从缓冲区中取出数据慢慢地打印，从而使 CPU 与 I/O 设备之间速度不匹配的矛盾得到一定的缓解。

（2）减少中断次数和 CPU 的中断处理时间。如果没有缓冲，则慢速 I/O 设备每传送一个字节的数据都要产生一次中断，且 CPU 必须处理这个中断。如果采用缓冲技术，则慢速 I/O 设备可以通过缓冲区一个字节一个字节的来进行数据传递，直到缓冲区中的数据传送完或者装满时才发出一个中断。因此缓冲区的设置减少了中断次数和 CPU 的中断处理时间。

（3）解决了 DMA 控制方式或 I/O 通道控制方式下数据传送的瓶颈问题。DMA 控制方式或 I/O 通道控制方式都适合于成批数据传送，而无缓冲下的慢速设备却只能一个字节一个字节的传送数据。这造成了 DMA 控制方式或 I/O 通道控制方式传输的瓶颈，而缓冲区的设置恰好满足了 DMA 控制方式或 I/O 通道方式的成批数据传送方式，解决了数据传输的瓶颈问题。

事实上，凡是在数据到达和离去速度不匹配的地方都可以采用缓冲技术来提高设备的利用率，同时改善系统的性能。缓冲技术是实现并行的重要手段，它不仅在设备管理中而且在操作系统的其他部分（如进程通信、文件管理）中也常起着特殊的作用。

实现缓冲通常有两种方法：一种是采用专门的硬件缓冲器，如设备控制器中的数据缓冲寄存器；另一种是在内存中开辟一段存储区作为缓冲区。由于硬件缓冲器成本较高，因此一般采用内存缓冲区来临时存放 I/O 数据。

1. 单缓冲和双缓冲

单缓冲是指在 CPU 与设备之间设置一个缓冲区。设置单缓冲区后，当 CPU 与设备之间交换数据时，则需要先将被交换的数据写入缓冲区，然后再由需要数据的设备或 CPU 从缓冲区中取走数据。由于缓冲区属于临界资源，所以不允许多个进程同时访问缓冲区。因此单缓冲只能缓解 CPU 与设备在处理速度上不匹配的矛盾，而不能通过它来实现 I/O 的并行操作。

双缓冲又称缓冲对换，是指在 CPU 与设备之间设置两个缓冲区。在输入设备与 CPU 之间设置双缓冲区的例子如图 5-16 所示。

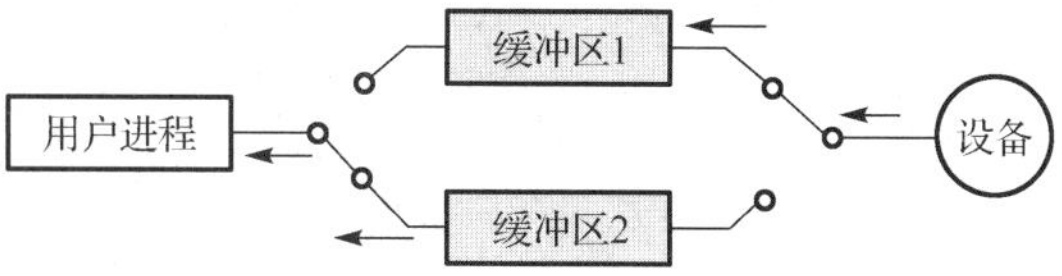

图 5-16 双缓冲工作示意

设置双缓冲后，设备输入时先将数据送入第一个缓冲区，第一个缓冲区装满数据后，再转向第二个缓冲区输入数据，此时操作系统可以从第一个缓冲区中取出数据传给用户进程。当第一个缓冲区的数据被操作系统全部取走后，设备又可以重新转向第一个缓冲区输入数据，而此时操作系统又可以从第二个缓冲区中取走数据。依此重复进行，直至输入结束。

与单缓冲相比，使用双缓冲可以明显提高设备的 I/O 速度，提高 CPU 和设备之间的并行性和设备的利用率。

2. 循环缓冲

当缓冲区的 I/O 速度基本匹配时，采用双缓冲技术可以获得较好的缓冲效果，但如果两者的速度相差甚远，则双缓冲的效果并不理想。随着缓冲区数量的增加，缓冲效果不理想的状况也会得到明显改善，因此现代计算机系统中广泛采用了多缓冲技术。在多缓冲方式中，通常是将多个缓冲区组织成循环队列，此时的多缓冲称为循环缓冲。循环缓冲中的每个缓冲区大小相同，并且根据缓冲区的当前状态将它们划分成以下三种类型。

（1）空缓冲区（记为 E），用于装入数据。

（2）满缓冲区（记为 G），已装满数据。

（3）当前工作缓冲区（记为 C），当前正在使用的装满数据缓冲区。

循环缓冲如图 5-17 所示。管理循环缓冲需要 3 个指针：① NextE，指向生产者进程（即向缓冲区输入数据的进程）下次可使用的空缓冲区；② NextG，指向消费者进程（即从缓冲区中提取数据的进程）下次可使用的满缓冲区；③ Current，指向消费者进程当前正在使用装满数据的工作缓冲区。

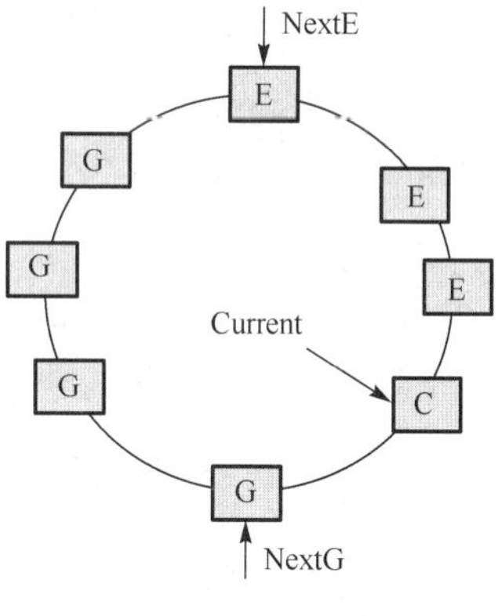

图 5-17 循环缓冲示意

采用循环缓冲可使设备与 CPU 并行工作，在循环缓冲使用过程中 NextE 指针和 NextG 指针会不断循环。若缓冲区的 I/O 速度不一样，则这两个指针可能会发生重合，于是必须对生产者进程和消费者进程进行同步。这时会出现以下两种情况。

（1）NextE 指针追上 Current 指针。表明生产者进程输入数据的速度大于消费者进程提取数据的速度，所有缓冲区全部装满数据已无空缓冲区可用。此时生产者进程应阻塞，待消费者进程将某个缓冲区中的数据提取完毕后再将它唤醒。

（2）NextG 指针追上 NextE 指针。表明消费者进程提取数据的速度大于生产者进程输入数据的速度，所有缓冲区全部提空已无满缓冲区可用，此时消费者进程应阻塞，待生产者进程将某个缓冲区装满后再将它唤醒。

循环缓冲的使用方法是消费者进程将 NextG 指针当前指向的一个满缓冲区 G 作为工作缓冲区 C，且使 Current 指针指向该工作缓冲区的第一个单元（准备消费），然后使 NextG 指针顺序移向下一个满缓冲区 G，待工作缓冲区中的数据被消费者进程提取完毕后，再将该工作缓冲区（已成空缓冲区）改为 E 型缓冲区，同时，使 Current 指针指向当前 NextG 指针所指的满缓冲区 G，使其成为新的工作缓冲区 C，而 NextG 指针则移向下一个满缓冲区 G，从而使消费者进程可以继续提取新工作缓冲区中的数据。生产者进程将 NextE 指针当前指向的一个空缓冲区 E 作为用于接收（装入）数据的空缓冲区，然后使 NextE 指针顺序移向下一个空缓冲区 E，待接收数据的空缓冲区装满数据后（已成为满缓冲区），再将它改为 G 型缓冲区，然后继续将 NextE 指针所指的空缓冲区 E 作为新的用于接收数据的空缓冲区，并移动 NextE 指针指向下一个空缓冲区 E，从而使生产者进程可以继续向新的用于接收数据的空缓冲区中输入数据。

3. 缓冲池

前面介绍的缓冲都属于专用缓冲，只能用在特定的生产者和消费者之间。当系统存在大量外部设备时，如果在各个设备与 CPU 之间使用专用缓冲，则要占用大量的内存空间，且各缓冲的利用率都不高。为了提高缓冲区的利用率，目前操作系统中广泛使用公用缓冲池技术，所谓公用缓冲池技术是指缓冲池中的缓冲区可以供各种生产者和消费者共享。

公用缓冲池中存在多个缓冲区且能同时用于输入和输出，池中的缓冲区根据其状态可以分为三种类型：① 空缓冲区；② 装满输入数据的缓冲区；③ 装满输出数据的缓冲区。为了管理方便，可以将同类型的缓冲区链接成一个队列，于是在公用缓冲池中就存在以下三种缓冲区队列。

（1）空缓冲区队列（记为 EmQ），由所有空缓冲区链接而成。

（2）输入缓冲区队列（记为 InQ），由所有装满输入数据的缓冲区链接而成。

（3）输出缓冲区队列（记为 OutQ），由所有装满输出数据的缓冲区链接而成。

要在 CPU 与各个设备之间使用公用缓冲池数据需要两个操作函数，这两个操作函数分别是从缓冲池中获得一个缓冲区（用 GetBuf 函数表示），以及将一个缓冲区放回到缓冲池中（用 PutBuf 函数表示）。由于缓冲池中的缓冲区队列是临界资源，因此这两个操作函数必须保证各个进程以互斥方式访问缓冲区队列。另外，在使用缓冲池的过程中，生产者进程与消费者进程之间必须同步，即若缓冲区队列为空，则当前执行的消费者进程必须阻塞；若缓冲区队列为满，则当前执行的生产者进程必须阻塞。

此外，采用缓冲池缓冲数据还需要使用 4 个工作缓冲区：① 用于收容输入数据的工作缓冲区（记为 Hin）；② 用于提取输入数据的工作缓冲区（记为 Sin）；③ 用于收容输出数据的工作缓冲区（记为 Hout）；④ 用于提取输出数据的工作缓冲区（记为 Sout）。

使用缓冲池缓冲数据包括收容输入、提取输入、收容输出、提取输出四种工作方式，如图 5-18 所示。

（1）收容输入。由输入进程调用函数 GetBuf(EmQ)，从空缓冲区队列 EmQ 的队首摘下一个缓冲区，作为收容输入数据的工作缓冲区 Hin，当其装满输入数据后，再调用函数 PutBuf(InQ, Hin)，将它挂接在输入缓冲区队列 InQ 的队尾。

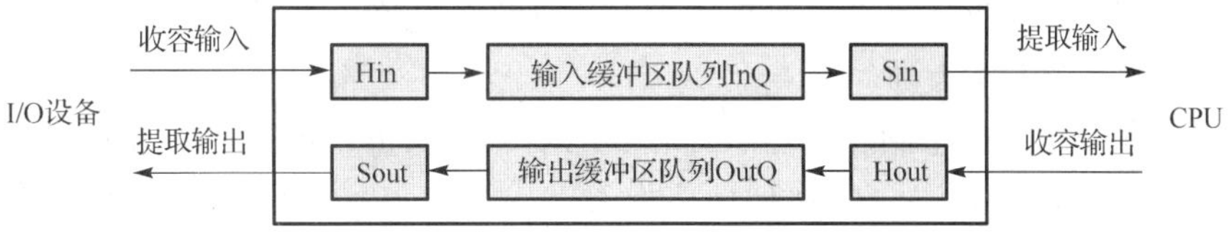

图 5-18　缓冲池中缓冲区的工作方式

（2）提取输入。计算进程需要输入数据时调用函数 GetBuf(InQ)，从输入缓冲区队列 InQ 的队首摘下一个缓冲区，作为提取输入数据的工作缓冲区 Sin，然后计算进程从中提取数据，提取完后再调用函数 PutBuf(EmQ, Sin)，将它挂接在空缓冲区队列 EmQ 的队尾。

（3）收容输出。计算进程需要输出数据时调用函数 GetBuf(EmQ)，从空缓冲区队列 EmQ 的队首摘下一个缓冲区，作为收容输出数据的工作缓冲区 Hout，当其装满输出数据后再调用函数 PutBuf(OutQ, Hout)，将它挂接在输出缓冲区队列 OutQ 的队尾。

（4）提取输出。由输出进程调用函数 GetBuf(OutQ)，从输出缓冲区队列 OutQ 的队首摘下一个缓冲区，作为提取输出数据的工作缓冲区 Sout，然后输出进程从中提取数据，提取完后再调用函数 PutBuf(EmQ,Sout)，将它挂接在空缓冲区队列 EmQ 的队尾。

4. 高速缓存

高速缓冲存储器即高速缓存（Cache），是可以保存数据副本的高速存储器，访问高速缓存要比访问内存中的原始数据效率更高，速度更快。

Cache 实际上是为了把由 DRAM（保存在 DRAM 中的信息必须由动态刷新电路每隔 1ms～2ms 对其刷新一次，因此存取速度略慢）组成的大容量内存都看作高速存储器而设置的小容量局部存储器，一般由高速 SRAM（只要电源不撤除保存在 SRAM 中的信息就不会消失，因此存取速度更快）构成。这种局部存储器是面向 CPU 的，引入它是为了减少或消除 CPU 与内存之间的速度差异对系统性能带来的影响。基于局部性原理，大多数程序在某个时间片内会集中重复地访问内存某个特定的区域。Cache 就是利用了程序对内存的访问在时间上和空间上所具有的局部区域性，即 Cache 通常保存着一份内存中部分内容的副本，该副本是最近曾被 CPU 使用过的数据和程序代码。Cache 和内存的关系就如同虚拟存储器中内存与外存之间的关系一样，也即由 Cache 和内存形成了一个虚拟高速存储器。在某个特定的时间片，用连接在局部总线上的 Cache 代替大容量内存来作为 CPU 集中重复访问的区域，这就使系统的性能得到明显提高。

系统开机或复位时 Cache 中并无任何内容，当 CPU 送出一组地址去访问内存时，访问内存的内容才被同时复制到 Cache 中。此后，每当 CPU 访问内存时，Cache 控制器就检查 CPU 送出的地址，判断 CPU 要访问的地址单元是否在 Cache 中。若在（称为 Cache 命中），则 CPU 可用极快的速度对它进行读写操作；若不在（称 Cache 未命中），就需要从实际内存中访问，访问内存的同时把包括本次访问在内的几个邻近内存区域的内容复制到 Cache 中。未命中再对内存访问可能比直接访问无 Cache 的内存要插入更多的等待周期，这样反而会降低系统的效率。程序中的调用和跳转等指令都可能会造成跨区域操作，而使Cache的命中率降低。因此提高命中率是Cache设计的主要目标。

高速缓存和内存缓冲区都介于高速设备和低速设备之间，但是它们之间又有很大的区别，主要体现在以下两个方面。

（1）两者存放的数据不同。高速缓存存放的是低速设备（内存）上的某些数据的一个副本，也就是说高速缓存上有的数据低速设备（内存）上一定会有。而缓冲区（在内存中）则存放低速设备（外设）与高速设备（CPU）交换的数据，这些数据在低速设备中却不一定有备份，这些数据从低速设备（外设）传送到缓冲区中，再从缓冲区传输到高速设备（CPU），或者缓冲区存放高速设备（CPU）传送来的数据，然后从缓冲区传输到低速设备（外存）。

（2）两者的目的不同。高速缓存是为了存放低速设备（内存）上经常要被访问的数据副本，这样做的结果是高速设备（CPU）就不需要每次都访问低速设备（内存），但是如果要访问的数据不在高速缓存中，那么高速设备（CPU）还是要访问低速设备（内存）。而缓冲区则是为了缓解高速设备（CPU）与低速设备（外设）速度不匹配的矛盾而设置的，高速设备（CPU）与低速设备（外设）之间进行通信都要使用缓冲区，高速设备（CPU）不会直接访问低速设备。

5.4.2 虚拟设备技术

激光打印机等中低速设备属于独占设备，独占设备在一段时间内只允许一个用户使用。当某个进程申请使用独占设备时，若该设备已被其他进程占用，则申请进程只能等待，直至其他进程释放该设备为止，设备按照这种方式使用时效率很低。

可以利用磁盘和软件技术来模拟独占设备的工作，从而使每个用户进程都感觉获得了供自己独占使用的I/O设备，且使用该“设备”I/O的速度与磁盘I/O一样快。当然，这仅是一种“感觉”，实际上在系统中并不存在多台独占设备。这种用一个物理设备模拟出的多个逻辑上存在的设备称为虚拟设备。于是在提供了虚拟设备的系统中，用户进行I/O时不是直接面对物理的独占设备，而是面对虚拟的独占设备。

虚拟设备通常采用SPOOLing技术实现，SPOOLing技术又称假脱机操作技术，它是在联机情况下实现脱机I/O功能的，即用一道程序模拟外围输入控制机，将用户进程需要的数据从慢速设备预先输入到磁盘上，当用户进程需要数据时再从磁盘上直接读出。同时用另一道程序模拟外围输出控制机，用户进程将输出的数据先传输到磁盘上，然后再由程序模拟的外围输出机将暂存在磁盘上的数据在慢速设备上逐个字符地输出。

不是任何计算机系统都可以实现SPOOLing系统的，实现SPOOLing系统必须获得相应的硬件和软件支持。硬件上，系统必须配置大容量磁盘才能使CPU与设备并行工作；软件上，操作系统必须采用多道程序设计技术。

为了实现SPOOLing系统，要在磁盘上划出两块存储区域：一个称为输入井，用来预先存放每个进程需要输入的数据，即慢速设备将进程需要的数据预先传输到输入井中；另一个称为输出井，用来暂存每个进程需要输出的数据，即慢速设备输出的数据取自输出井。此外，还要在内存中开辟两个缓冲区：输入缓冲区用于暂存由输入设备送来的数据，以后传输到输入井中；输出缓冲区用于暂存从输出井送来的数据，以后传输到输出设备上。设置输入井和输出井后，当用户进程需要输入数据时，可以直接从输入井读出，而不必直接启动低速设备来读取数据。当用户进程需要输出数据时，可以将数据直接输出到输出井中，而不必直接启动慢速设备进行输出。SPOOLing 系统组成如图 5-19 所示。

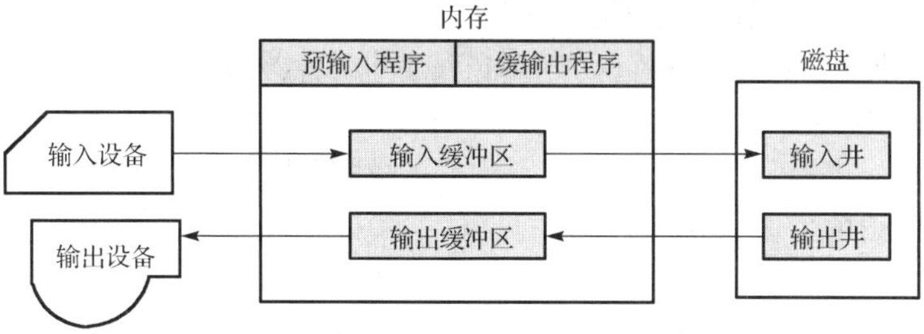

图 5-19 SPOOLing 系统组成

要实现 SPOOLing 系统，还要有相应的软件支持。

（1）预输入程序。用于预先把数据从慢速设备输入到磁盘输入井中，以便用户进程需要数据时可以直接从输入井读出，从而避免了用户进程等待慢速设备输入数据的过程。

（2）缓输出程序。缓输出程序定期查看输出井，确定是否有等待输出的数据。若有，则启动慢速输出设备进行输出。由于用户进程事先已经将输出数据传送到输出井中（用户感觉数据已经在输出设备上输出，但实际上这些数据只是被存放在输出井中），此后在慢速设备空闲的任何时候，都可以由缓输出程序从输出井中取出这些数据在慢速设备上输出，数据输出的快慢已经对用户进程没有影响，从而避免了用户进程可能因等待慢速设备（若慢速设备正被其他进程占用）而造成的阻塞。

（3）井管理程序。当用户进程请求 I/O 时，操作系统就调用该程序在数据输入时把从设备输入转换成从输入井输入，在数据输出时则把向设备输出转换成向输出井写入。

SPOOLing 系统实际上并没有为任何进程分配设备，而只是在输入井和输出井中为每个用户进程分配一个存储区并建立一张 I/O 请求表。这样，就把独占设备改造为共享设备，使得独占设备从逻辑上可以同时为多个用户进程服务，但是微观上的任一时刻，仍然只有一个用户进程在真正使用这个独占设备。SPOOLing 技术本质上是把用户进程要传输的数据以文件的形式存入输入井或输出井的存储区，并在该存储区中排队等待 SPOOLing 系统调度，只有被 SPOOLing 系统调度到才真正实现输入和输出，也即这时候用户进程数据的输入或输出工作才真正进行。通过这一技术既提高了共享设备的使用率（磁盘除存储数据外又兼有输入设备和输出设备的功能），又节约了硬件资源（由于磁盘兼有输入设备和输出设备的功能，因此系统可以减少配置真实的物理输入设备和物理输出设备）。

SPOOLing 系统具有以下三方面的特点。

（1）提高了 I/O 的速度。从对低速 I/O 设备进行的 I/O 操作变为对输入井或输出井（磁盘上）的操作。如同脱机操作一样提高了 I/O 速度，缓和了 CPU 与低速 I/O 设备速度不匹配的矛盾。

（2）将独占设备改造成了共享设备。

（3）实现了虚拟设备功能。多个进程同时使用一个独占设备，对每一进程而言都认为自己独占了这一设备，不过该设备只是逻辑上的设备（虚拟设备）。

SPOOLing 技术的典型应用例子是实现虚拟打印机。打印机属于独占设备，使用

SPOOLing 技术可以将它改造成可以同时供多个用户使用的共享设备。具体方法是：由 SPOOLing 系统创建一个输出值班进程和一个 SPOOLing 目录，当用户进程请求打印机输出时，操作系统并不直接把打印机分配给用户进程使用，而是由输出值班进程在输出井中为它申请一块空闲区，并将要打印的数据写入其中。同时，输出值班进程建立一张请求打印表填入用户的打印要求，再将该表排入 SPOOLing 目录的请求打印队列。至此，用户进程的打印输出在逻辑上已经完成。于是用户进程可以继续运行，而不必等待真正打印的完成。

输出值班进程将按照 SPOOLing 目录中的请求打印队列的顺序逐个打印输出，即当打印机空闲时，输出值班进程就取下请求打印队列队首的请求打印表，根据表中的要求将数据从输出井传送到输出缓冲区，并由打印机进行输出打印。

SPOOLing 技术不仅仅用于打印机，也可以用于其他方面。如在网络上进行文件传送时，通常使用一个网络守护进程。发送文件时用户把该文件放于网络 SPOOLing 目录下，然后由网络守护进程取出并发送。这种文件传送方式的一个特殊应用是 Internet 电子邮件系统，在 Internet 上向某人发送邮件时，将使用一个 send 程序接收要发送的信件，并将信件放置在一个 SPOOLing 目录下待以后发送，整个电子邮件（E-Mail）系统在操作系统之外运行。

实际上，SPOOLing 技术很好地解决了为争夺独占设备使用权而出现的死锁问题，由于进程的 I/O 操作并不直接操作具体的 I/O 设备，因此也就不存在争夺独占设备的问题，即只要将要输出的字符输入到共享设备（如磁盘输出井）的一个存储区，然后在系统管理调度下按顺序让独占设备输出，死锁的问题就会迎刃而解。

5.5 设备的分配与回收

前面对于 I/O 控制方式和缓冲技术等问题的讨论中有一个假设条件，即每个准备传送数据的进程都已经申请到所需要的外部设备、设备控制器和通道等。事实上，由于系统中设备、设备控制器和通道资源的有限性，并不是每个需要这些资源的进程在任何时刻都能得到它们。为了防止多个进程对系统资源的无序竞争，系统不允许用户自行使用设备，而希望使用设备的用户（进程）只能提出申请，并由操作系统根据设备资源当前的使用情况、设备资源分配策略以及系统的安全性来统一进行分配。操作系统在为用户分配 I/O 设备的同时，还必须分配相应的设备控制器，在有通道的系统中还需分配相应的通道。只有 I/O 设备、设备控制器及通道都分配成功时，才真正完成整个设备的分配工作，此次设备分配才算成功。在多道程序环境下，设备的分配是由设备管理程序完成的，设备管理程序按照一定的分配算法为每个申请设备资源的用户进程分配设备及相关资源，若用户进程得不到它所申请的资源，则被阻塞放入该资源请求队列中，直至所需的资源被释放。

5.5.1 用于设备分配的数据结构

操作系统进行设备分配时，需要从一些表格中了解设备的状态和其他信息，以便对设备分配进行相关处理。而用于设备分配的数据结构主要有系统设备表（SDT）、设备控制表（DCT）、控制器控制表（COCT）和通道控制表（CHCT）。

1. 系统设备表

整个系统有一张系统设备表（SDT），它记录了已连接到系统的所有物理设备的相关信息。每个物理设备占一个表项，主要包含设备类型、设备标识符、获得设备的进程 PID（已获得该设备的进程标识符）、DCT 指针（指向该设备对应的设备控制表）、驱动程序入口（该设备的驱动程序的入口地址）等内容，如图 5-20 所示。

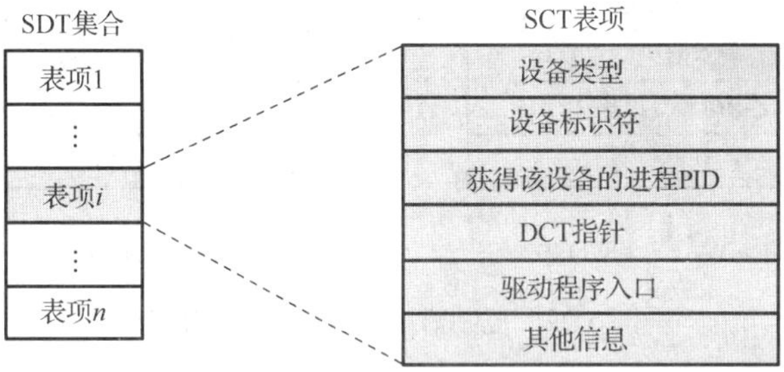

图 5-20　系统设备表（SDT）

2. 设备控制表

为了方便进行设备分配，系统为每个设备配备了一张设备控制表（DCT），用于记录该设备的类型、状态与控制器连接的情况等信息，如图 5-21 所示。

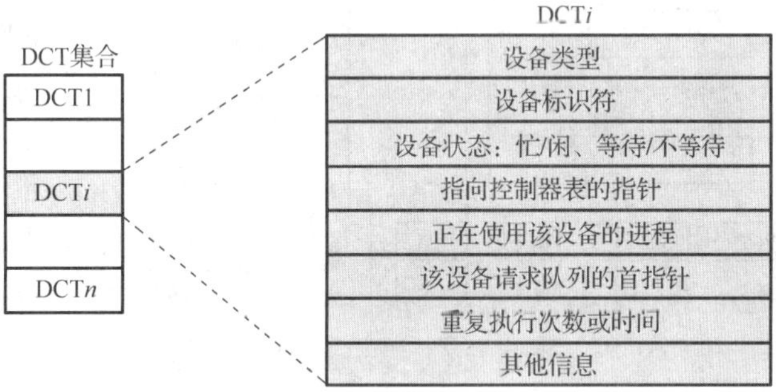

图 5-21　设备控制表

其中，“设备类型”用来指明设备的种类，如设备是字符设备还是块设备；“设备标识符”用来标识设备；“设备状态”用来指明设备是否空闲，若设备正被使用，则忙/闲标志置 1，若设备控制器或通道忙，则等待/不等待标志置 1；“指向控制器表的指针”用来指向当前设备连接设备控制器的控制表 COCT，在多通路情况下，DCT 中需要设置多个控制器表指针；“正在使用该设备的进程”用来指向正在使用该设备的进程；“该设备请求队列的首指针”用来指向请求该设备的进程队列；“重复执行次数或时间”用来规定设备出错时应重复执行的次数或时间。

3. 控制器控制表和通道控制表

系统为每个设备控制器设置了一张控制器控制表（CODT），为每个通道设置了一张通道控制表（CHCT），用这两个表来记录对应设备控制器和通道的状态、连接情况及其他控制信息，如图 5-22 所示。其中，若设备控制器或通道正被使用，则对应的忙/闲标志置 1；

“该控制器请求队列的首指针”和“该控制器请求队列的尾指针”分别用来指向请求该设备控制器的进程队列的队首和队尾；“该通道请求队列的首指针”和“该通道请求队列的尾指针”分别用来指向请求该通道的进程队列的队首和队尾。

控制器标识符
控制器状态：忙/闲
与控制器连接的通道表指针
该控制器请求队列的首指针
该控制器请求队列的尾指针
其他信息

(a) 控制器控制表(COCT)

通道标识符
通道状态：忙/闲
与通道连接的通道表指针
该通道请求队列的首指针
该通道请求队列的尾指针
其他信息

(b) 通道控制表(CHCT)

图 5-22　控制器控制表和通道控制表

4. SDT、DCT、COCT 和 CHCT 之间的连接关系

SDT、DCT、COCT 和 CHCT 之间的连接关系如图 5-23 所示。

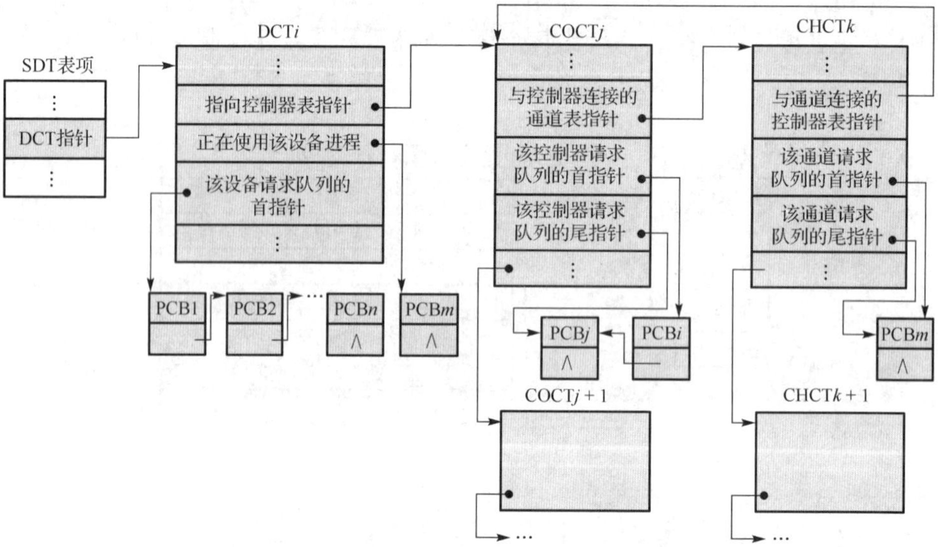

图 5-23　SDT、DCT、COCT 和 CHCT 之间连接关系示意

5.5.2　设备分配

为了使系统有条不紊地工作并充分发挥设备的使用效率，避免因不合理分配导致系统死锁，分配设备必须充分考虑设备的固有属性、分配的安全性，并采用正确的分配策略和分配方法。

1. 设备分配的原则和策略

设备分配的原则由设备的特性、用户的要求和系统的配置情况决定的。设备分配的总原则有以下三个。

（1）充分发挥设备的使用效率，尽可能地让设备忙起来。

（2）避免由于不合理的分配而导致死锁发生。

（3）将用户程序和具体物理设备相隔离。用户程序面对的是逻辑设备，由设备分配程序完成把逻辑设备转换为对应的物理设备，再根据物理设备号进行分配工作。

按照设备的固有属性，可以将设备分成独占设备、共享设备和虚拟设备。对不同的设备类型应采用不同的分配策略。

（1）对独占设备采用独占分配策略。将设备分配给某个进程后就由该进程独占使用，直至该进程使用完毕将其释放后，系统才能把这个设备分配给其他进程使用。独占分配的缺点是设备不能得到充分利用而且容易产生死锁。

（2）对共享设备采用共享分配策略。将设备同时分配给多个进程使用，但应注意对各个进程访问共享设备的先后顺序进行合理的调度。

（3）对虚拟设备采用虚拟分配策略。虚拟设备是使用虚拟设备技术将一台物理的独占设备虚拟成若干台逻辑设备。因此可以将与逻辑设备对应的物理设备看成是可共享的设备，即可将该物理设备按照共享设备的分配策略同时分配给多个进程使用，同时对各个进程访问该物理设备的先后顺序进行合理的控制。

2. 设备分配方式

设备分配存在静态分配和动态分配两种分配方式。

（1）设备的静态分配。指在用户进程开始执行之前，操作系统就将该进程所需要的全部设备、设备控制器和通道一次性地分配给它。进程运行后，这些设备、设备控制器和通道一直被该进程所占用，直至该进程运行结束或被撤销。

由于静态分配方式破坏了死锁的“请求和保持条件”，因此不会导致系统出现死锁。静态分配方式的主要缺点是设备利用率低，且可能使一些进程长时间得不到运行。

（2）设备的动态分配。指进程在运行过程中需要 I/O 时再由操作系统为其分配设备。即进程运行过程中若需要使用设备则向系统提出申请，操作系统根据收到的设备申请按事先制定的分配策略为申请进程分配设备、设备控制器和通道，进程用完之后就立即释放。

动态分配有利于提高设备的利用率，但如果分配不当则可能导致系统发生死锁。因此在为进程实施分配设备之前应对系统进行安全性检查，只有分配后系统仍然保持安全才将设备资源分配给该进程。

3. 设备分配算法

当请求 I/O 设备的进程数多于可用的通道、设备控制器和设备时，有些进程就需要进入相应的设备、设备控制器、通道的请求队列中（变为阻塞状态）。当内存到该设备通路上的设备都可用时，I/O 调度程序就要依据一定的算法从这些请求队列中选择一个进程将其所等待的所有设备分配给它，使它的 I/O 要求得到满足。I/O 调度程序的分配策略和进程调度策略相同，但由于 I/O 操作的特点决定其调度策略又有所区别。因此 I/O 操作一旦启动就一直进行下去直到操作最后完成，中间不允许打断，所以不能采用进程调度的时间片轮转法。

常用的设备分配算法有先来先服务算法和优先级高者优先算法。

（1）先来先服务算法。当多个进程对同一个设备提出 I/O 请求时，系统按照提出 I/O 请求的先后顺序将所有请求进程排成一个队列（称为设备请求队列或设备队列），设备分配程序总是将空闲设备分配给位于队首的进程。

（2）优先级高者优先算法。根据任务的紧迫程度赋予进程一个优先级，当多个进程对同一个设备提出 I/O 请求时，系统根据进程的优先级大小将所有请求进程排成设备请求队列，设备分配程序总是将空闲设备分配给位于队首的当前优先级最高的进程。若进程的优先级相同，则按照先来先服务原则排队。

4. 设备无关性实现

设备申请与物理设备无关的原因是：计算机系统中通常配置有多台同类型的设备，进程以具体的物理设备名申请使用设备时，若该设备已分配给其他进程或正在检修，尽管还有其他几台同类型设备空闲，但因设备名不符而无法申请，致使该进程只能阻塞。然而，若进程以逻辑设备名申请使用设备，则系统可以将同类型设备中的任意一台空闲设备分配给申请进程，仅当所有同类型设备都已被其他进程占用时，申请进程才会阻塞。

设备申请与物理设备无关的另一个重要原因是：在提供了虚拟设备的系统中，进程以逻辑设备名提出申请面对的是虚拟设备而不是物理设备，这样可以将一台独占物理设备虚拟为共享设备为多个进程所使用，从而极大地提高了设备的利用率。

实现设备无关性的优点是：由于用户程序与具体物理设备无关，因此系统增减或变更物理设备时不必修改用户程序，并且也易于对系统中的设备故障进行处理。例如，若某设备出了故障，则可以另换一台，甚至可以更换一台不同类型的设备进行替代，这就增加了设备分配的灵活性，能更有效地利用设备资源。因此现代操作系统中基本都实现了设备无关性。

要实现设备的无关性，系统必须设置称为逻辑设备表（LUT）的数据结构，通过它将用户程序使用的逻辑设备名映射为具体的物理设备名。每个逻辑设备名在逻辑设备表中有一个表项，该表项记录了逻辑设备名、对应的物理设备名及设备驱动程序的入口地址，如表 5.1 所示。由于在一般情况下系统都配置了系统设备表（SDT），因此逻辑设备表的每个表项也可以只包含逻辑设备名和指向系统设备表中某表项的指针，如表 5.2 所示。

表 5.1　逻辑设备表（1）

逻辑设备名	物理设备名	驱动程序入口地址
/dev/tty1	3	20420
/dev/tty2	4	20A00
/dev/printer	7	21300
⋮	⋮	⋮

表 5.2　逻辑设备表（2）

逻辑设备名	SDT 表项指针
/dev/tty1	4
/dev/tty2	5
/dev/printer	8
⋮	⋮

当进程使用逻辑设备名请求分配 I/O 设备时，系统在为它分配对应物理设备的同时，又在逻辑设备表中建立一个表项，填入该逻辑设备名、对应的物理设备名及设备驱动程序入口地址，或填入逻辑设备名和对应物理设备在系统设备表（SDT）中的索引号。当以后

该进程再利用这个逻辑设备名请求 I/O 操作时，系统通过检索逻辑设备表就可以找到对应的物理设备及设备驱动程序。

逻辑设备表可以采用两种方式进行设置：一种是整个系统设置一张逻辑设备表，系统中所有进程的设备分配情况都登记在该表中，由于同一张逻辑设备表中登记的逻辑设备不能重名，这就要求所有用户必须使用不同的逻辑设备名，因此这种设置方式对多用户环境不太适用；另一种是为每个用户设置一张逻辑设备表，用于记录该用户相关进程的设备分配情况，显然这种设置方式更适用于多用户环境。

此外，实现设备无关性还必须要有与设备无关软件的支持，有关与设备无关软件的内容已在 5.2.2 节做过介绍。

5. 设备分配的实施

分配设备的核心就是利用 SDT、DCT、COCT 和 CHCT 等数据结构，寻找可用的设备、可用的设备控制器、可用的通道，形成一个可以传送数据的通路。

实施设备分配有以下三个步骤。

（1）分配设备。对于独占设备可以采用先来先服务或优先级分配算法，同时考虑设备分配的安全性以避免死锁。对于共享设备，其分配策略是组织合理的访问序列以获得较好的平均响应时间；对于虚拟设备，分配的并不是物理设备而是虚拟成外设的外存中一个存储区域（输入井或输出井）。

分配设备时根据用户提出 I/O 请求的逻辑设备名找到与其对应的物理设备名，检索系统设备表 SDT，并从中找到该物理设备的 DCT，根据 DCT 中的状态信息判断该设备是忙还是闲。若设备忙，则将请求 I/O 的进程插入到该设备请求队列；若设备不忙（空闲），则系统按一定算法进行分配安全性计算。若此次分配不会引起死锁，则调用设备分配程序进行设备分配；否则仍将它插入到设备请求队列中。

（2）分配设备控制器。当系统将设备分配给提出 I/O 请求的进程后，从设备控制表 DCT 的对应表项中找到与该设备相连的设备控制器指针，由此找到与其对应的设备控制器控制表（COCT），并检查该表中的状态信息，查找控制器状态为不忙（空闲）的设备控制器实施控制器分配。若设备控制器都忙，则将申请 I/O 的进程插入到等待该设备控制器的请求队列中。

（3）分配通道。通过控制器控制表（COCT）找到与该设备控制器相连的通道指针，由此找到与其对应的通道控制表并检查该表中的状态信息。若通道忙，则将该申请进程插入到相应通道的请求队列中；否则将通道分配给申请进程。

在具体分配设备时要注意是单通路系统还是多通路系统。在单通路的系统中，一个设备仅有一条和内存的通路；在多通路系统中，一个设备可以有多条和内存的通路，即一个设备可以连接多个设备控制器，一个设备控制器又可以连接多个通道，所以在查找可用的设备、设备控制器、通道时较为复杂。当其中一个设备不满足要求时，还可以查找另一个设备，直到找到满足要求的设备为止，其具体分配算法如图 5-24 所示。

通过以上分配步骤的实施，就可以找到相应的设备、设备控制器和通道，从而构成一条可传送数据的通路，获得进行 I/O 操作的必要物理条件，这时就可以启动 I/O 设备进行数据传输。

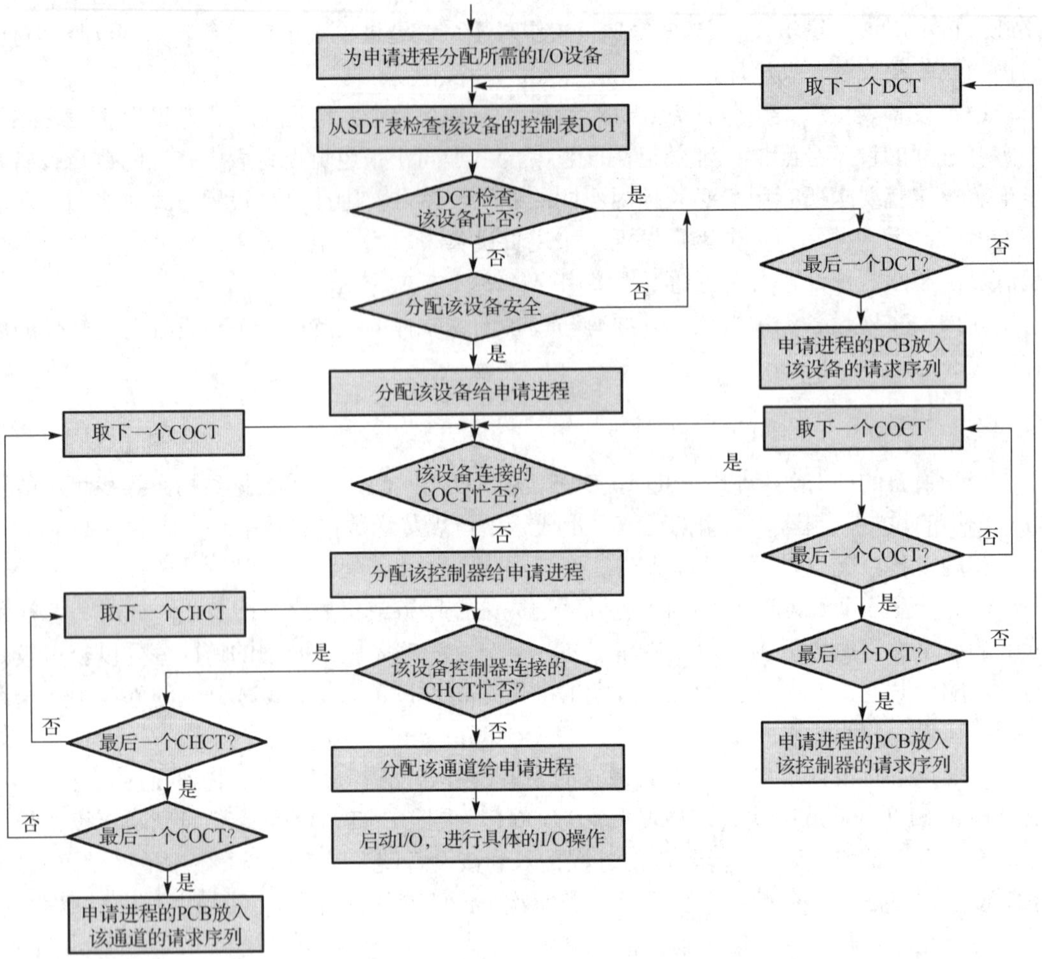

图 5-24　多通路系统中设备分配流程图

5.5.3　设备回收

进程的 I/O 操作完成后应立即释放所占设备的使用权，操作系统根据进程提供的设备类型回收其所占设备。回收算法主有要以下 4 个步骤。

（1）根据设备类型查系统设备表（SDT）和设备控制表（DCT）。

（2）查 DCT、COCT（控制器控制表）和 CHCT（通道控制表），找到这样的 DCT、COCT 和 CHCT，其“当前进程”为释放进程。若相应的 DCT、COCT 和 CHCT 的请求队列不空则转（3），否则转（4）。

（3）取下相应请求队列的第一个进程，把设备或设备控制器或通道分配给该进程，分配算法如前所述。

（4）因为没有等待该设备、设备控制器和通道的进程，所以置设备、设备控制器和通道状态为空闲，同时修改 SDT 表中该设备的表项内容。

此处的设备回收算法仅仅是一种说明性描述算法，具体实现时还要考虑许多细节问题。如对共享设备来说，只需将设备释放即可（申请共享设备不会产生阻塞进程）；对独占型设备来说，在释放设备时还需唤醒该设备请求队列上的第一个进程（如果有的话）。

5.6 磁盘存储器管理

5.6.1 存储设备概述

目前常用的存储设备有磁盘、磁带、光盘、闪存（优盘）等，其中磁盘又分为硬盘和软盘。各种存储设备的存储介质具有不同的物理特性，导致不同存储设备上存放的信息具有不同的组织和存取方法。

1. 硬盘

硬盘具有容量大、存取速度快等优点，是现代计算机系统中最主要的存储设备。硬盘属于直接存取设备（也称随机存取设备，见第 6 章），它的每个物理盘块具有唯一的地址，允许系统直接存取磁盘上的任意一个物理盘块。

一个硬盘包含一个或多个盘片，每个盘片分上、下两个盘面且都可以存放数据，每个盘面上有若干称为磁道的同心圆，每条磁道被划分成若干扇区，每个扇区相当于一个物理块，信息就存储在扇区中。每个盘面上都有一个读写磁头，而所有的读写磁头连在一根共享的移动臂上，当移动臂运动时，所有的磁头均做相同的运动，即定位于不同盘面的相同磁道上，而不同盘面的相同磁道则构成了一个柱面。这样，一个盘块（物理块）的物理地址就由柱面号（柱面由外向内从 0 开始编号）、磁道号（同一柱面上的不同盘面从 0 开始编号）、扇区号（同一个磁道上的各个扇区从 1 开始编号）三部分组成。进行磁盘读写时，无论磁盘有多少读写磁头（多少个盘面）和多少道磁道，在任何时候只能有一个磁头处于读写的活动状态，即从盘面输出的数据流或输入到盘面的数据流总以位串的方式出现。硬盘结构如图 5-25 所示。

硬盘分固定头硬盘和移动头硬盘两类。固定头硬盘的每条磁道上都有一个读写磁头，因此支持并行读写所有磁道，这类硬盘主要是一些大容量硬盘；移动头磁盘的每个盘面只有一个读写磁头，要访问某条磁道必须先移动磁头进行寻道（定位于所要读写的磁道）操作，因此 I/O 速度较慢，但由于其结构简单、成本低，因此移动头硬盘在中、小容量的硬盘中得到广泛的应用。目前微机上配备的硬盘都属于这种移动头硬盘。

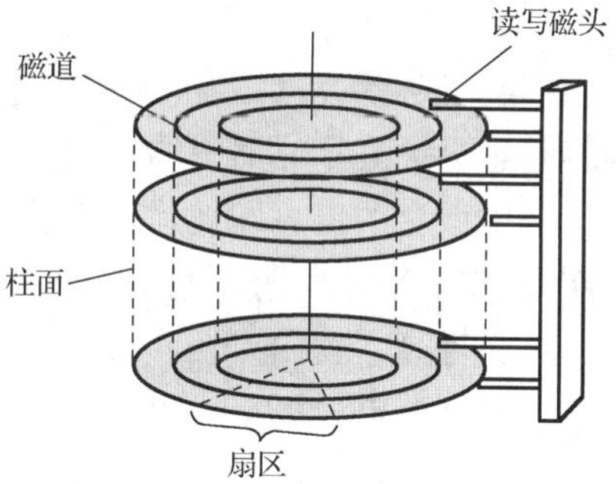

图 5-25 硬盘结构示意

磁盘在读写数据时的访问速度是衡量磁盘性能的重要参数。对移动头硬盘访问数据的时间由寻道时间、旋转延迟时间和数据传输时间三部分组成。

（1）寻道时间。把读写磁头移动到所要访问（读写）的磁道位置所需要的平均时间。

（2）旋转延迟时间。在磁头到达所要访问的磁道位置后，等待所要访问的扇区旋转到磁头下方的平均时间。平均来讲，磁道上所要访问的扇区旋转到磁头下约为半圈距离，因此旋转延迟通常为旋转一圈时间的一半，即

$$平均访问时间=寻道时间+旋转延迟时间$$

（3）数据传输时间。指实际读写磁盘数据的时间。

当需要读写两个连续的扇区数据时，由于读写完一个扇区数据后需要进行一次中断处理，而处理完中断再去读写第二个扇区的数据时，相邻的第二个扇区已转过了磁头位置，从而导致多等一圈的情况出现。为了克服这个缺点，磁盘扇区都采用交错编号而非连续编号。

2. 磁带

磁带是一种典型的顺序存取设备，只能存放顺序文件（见第 6 章）。信息以物理块为单位存放在磁带上，一个物理块是进行一次读写操作的基本单位。顺序存取设备的存取特点是只有前面的物理块被访问后，才能访问后续物理块的内容，即只能按物理块的排列顺序依次进行访问。因此访问磁带上某物理块所需的时间与该物理块到磁头的当前距离有很大的关系，这是因为若两者距离相距甚远，则要花费较长的时间将待访问物理块移动到磁头下。磁带的存取速度与物理块的信息密度、带速及物理块之间间隙的大小有关，若信息密度大、带速高、块间间隙小，则存取速度高。由于磁带具有存储容量大、文件卷可拆卸、便于保存等优点，因此被广泛用作保存档案文件的存储介质。

3. 光盘

光盘是另一种随机存取设备，信息在光盘上的存储方式和对信息的访问方式与硬盘类似。由于光盘不用磁性材料存储信息，而用激光将信息刻录在光盘表面的介质上，因此它除具有硬盘的优点外，还具有防潮、防磁、防震、便于长期保存、价格便宜等优点。光盘有只读光盘和可读写光盘之分：只读光盘只能刻录一次，刻写好的光盘可供多次读取，因此是长期保存信息的首选存储介质；可读写光盘可以进行多次读写操作，是一种动态保存信息的理想存储介质。

4. 闪存

闪存又称优盘（U 盘），是目前使用最方便的可移动存储介质，已完全替代了软盘。闪存是不易丢失存储器中的一种，之所以将它称为闪存，是因为信息在一瞬间被记录下来后，其中保存的信息即使除去电源也不会丢失，这与易失性存储器（如内存 DRAM 和高速缓存 SRAM）有明显的不同。闪存具有的优点是：可反复读写、支持随机存取、寿命长、可靠性高、使用方便、没有任何机械运动部件、存储密度高、读写速度比较快，使用时不需要额外电源等。

5.6.2 磁盘调度

磁盘是在一段时间内可以同时提供给多个进程使用的共享设备。当多个进程都要求访问磁盘时，应采用适当的调度算法对各个进程访问磁盘的先后顺序进行合理安排，使所有进程对磁盘的平均访问时间最少。正如前面所说，影响磁盘访问时间的因素有三个：① 寻道时间；② 旋转延迟时间；③ 数据传输时间。在这三者中，前两者为机械运动，而数据传输主要为电子运动，显然机械运动的速度远低于电子运行的速度。而在两个机械运动部分中，寻道所占时间又较长，因此在上述三个因素中，寻道时间处于支配地位。为了提高磁盘的读写效率，需要减少磁盘的寻道时间，实现的手段就是磁盘调度，也就是使所有进程的平均寻道时间最短。

1. 先来先服务调度算法

先来先服务（FCFS）调度算法根据进程请求访问磁盘的先后次序进行调度。该算法的优点是简单、公平，每个进程的访问请求都能依次得到处理，不会出现某个进程的访问请求长时间得不到满足的情况。但此算法没有对寻道过程进行优化，致使平均等待时间可能较长。此外，由于进程请求 I/O 操作所在的柱面（磁道）具有很大的不确定性，先来先服务调度算法可能会导致频繁地移动磁头或改变磁头移动方向。先来先服务调度算法仅适用于请求磁盘 I/O 的进程数目较少的场合。

例 5.1 假设某磁盘的一组 I/O 操作的柱面号访问请求顺序依次是 55、72、100、88、93 和 66，当前磁盘位于 90 号柱面。试求采用 FCFS 算法时，系统服务的顺序、磁头移动的距离以及磁头改变移动方向的次数。

【解答】 服务顺序：90→55→72→100→88→93→66。

移动距离：35+17+28+12+5+27=124（跨越的柱面总数）。

磁头改变移动方向的次数：4 次。

图 5-26 给出了描述 FCFS 移臂调度算法的执行过程。

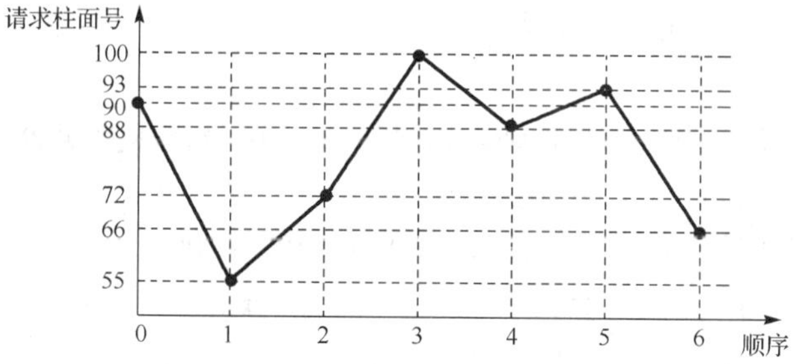

图 5-26 FCFS 移臂调度算法示例

2. 最短寻道时间优先算法

最短寻道时间优先（Shortest Seek Time First，SSTF）调度算法，根据请求进程要访问的磁道离当前磁头位置的远近来决定调度的顺序，近者先调度。这种调度算法保证了每次寻道距离最短，但并没有保证平均寻道距离最短。SSTF 调度算法较 FCFS 调度算法有更好的寻道性能。

例 5.2 对例 5.1 中的 I/O 操作请求，试用 SSTF 算法求系统服务的顺序、磁头移动的距离以及磁头改变移动方向的次数。

【解答】 服务顺序：90→88→93→100→72→66→55。

移动距离：2+5+7+28+6+11=59（跨越的柱面总数）。

磁头改变移动方向的次数：2 次。

图 5-27 给出了描述 SSTF 移臂调度算法的执行过程。

SSTF 调度算法侧重于减少磁头移动的距离，但是存在与短进程调度算法类似的“饥饿”现象。也就是说，如果有一些进程陆续不断地提出 I/O 操作的访问请求，并且这些请求总是在距离当前磁头较近的一些柱面的物理块上，那么 SSTF 调度算法将导致距离磁头较远的一些 I/O 操作请求迟迟得不到服务。基于同样的原因，SSTF 可能在距离当前磁头较近的两侧柱面来回改变磁头移动方向，形成机械装置的“抖动”。

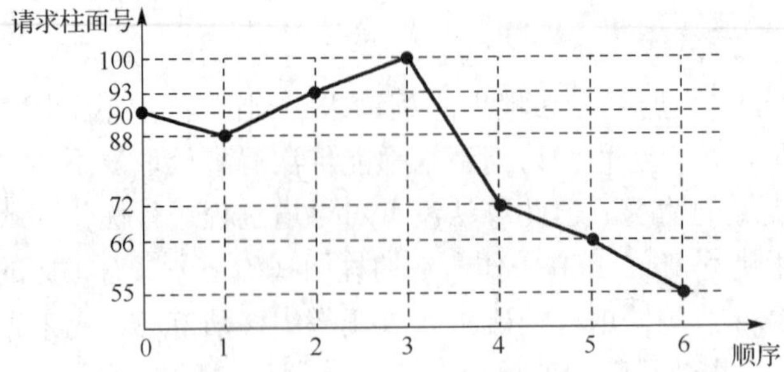

图 5-27　SSTF 移臂调度算法示例

3. 扫描算法

FCFS 调度算法和 SSTF 调度算法都有可能存在频繁改变磁头移动方向的情况，增加了磁头实际移动的时间。扫描算法（SCAN）就是可以减少磁头改变移动方向的一类调度算法，其思想是：首先考虑磁盘请求的磁头移动方向，在方向一致的情况下优先调度与当前磁头最近的请求。若从内向外扫描，则在到达最外层柱面后，再改变方向从外向内扫描，达到最内层柱面后再重复前面过程；若从外向内扫描，则也在达到最内层后再改变方向。

例 5.3　对例 5.1 中的 I/O 操作请求，试用 SCAN 算法求系统服务的顺序、磁头移动的距离以及磁头改变移动方向的次数。

【解答】 服务顺序：90→88→72→66→55→0→93→100。

移动距离：2+16+6+11+55+93+7=190（跨越的柱面总数）。

磁头改变移动方向的次数：1 次。

图 5-28 给出了描述 SCAN 移臂调度算法的执行过程。

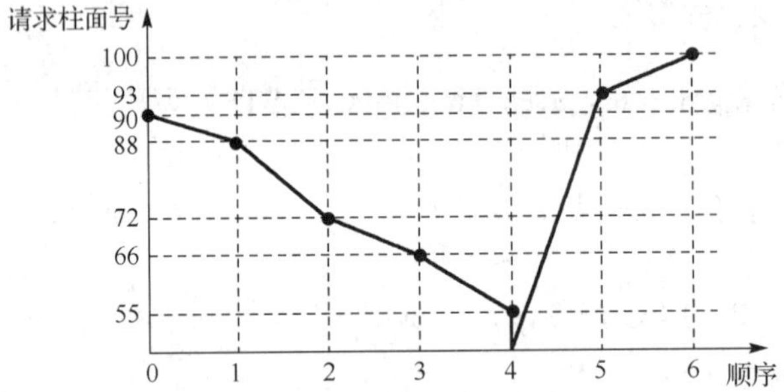

图 5-28　SCAN 移臂调度算法示例

SCAN 调度算法虽然可以减少磁头改变移动方向的次数，但是也会造成磁头的空移动。如在图 5-28 中，在第 4 个请求服务，即柱面号 55 的一个请求处理完成后，前进方向上已经没有 I/O 操作请求，但是磁头仍然还要继续向前移动直到柱面号 0，然后改变移动方向移向 93 号柱面。

另外，与 FCFS 调度算法和 SSTF 调度算法相比，SCAN 调度算法需要考虑当前磁头的移动方向。

4. 电梯算法

电梯算法（Elevator Algorithm）是对扫描算法的一种改进，即将电梯运行方法引入到磁盘调度中，其基本思想是：没有访问请求时磁头不动，有访问请求时磁头来回扫描，每次选择磁头移动方向上离当前磁头位置最近的访问请求进行处理。扫描过程中，若磁头移动方向上仍有访问请求，则继续向同一个方向扫描；若磁头移动方向上不存在访问请求，则改变方向且向相反方向扫描。

例 5.4 对例 5.1 中的 I/O 操作请求，试用电梯算法求系统服务的顺序、磁头移动的距离以及磁头改变移动方向的次数。

【解答】 服务顺序：90→88→72→66→55→93→100。

移动距离：2+16+6+11+38+7=80（跨越的柱面总数）。

磁头改变移动方向的次数：1 次。

图 5-29 给出了描述电梯移臂调度算法的执行过程。

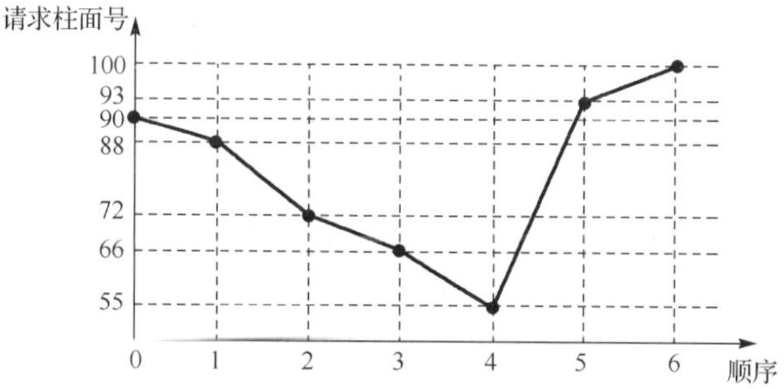

图 5-29　电梯移臂调度算法示例

电梯调度算法同时考虑了距离远近和磁头移动方向，既能获得较好的寻道性能，又能有效防止进程饥饿的发生，因此该算法广泛应用于各种计算机系统中的磁盘调度。该算法的不足之处是：若一个访问请求在磁头刚刚移动过后到达，则它只能等待，直到磁头移动方向上的所有请求被处理完，并且再扫描回来后才能得到处理，导致这个访问请求等待的时间较长。

5. 循环扫描算法

循环扫描算法（CSCAN）与电梯算法的不同之处是将来回扫描改为单向扫描，即没有访问请求时磁头不动，有访问请求时向一个方向扫描。例如，假定扫描方向是向磁道号变大的方向进行，当磁头移动到要访问的最大磁道并完成了相应的访问后，立即返回到最小号要访问的磁道，在返回过程中，磁头不响应任何访问请求。这样，该算法将待访问的最小磁道号与已访问过的最大磁道号连接起来，形成了一个可循环扫描的结构（扫描方向是向磁道号变小的方向），因此称为循环扫描。CSCAN 算法能够消除位于磁道最内和最外区域内磁道请求的不公平，可使等待时间变得更均匀。

例 5.5 对例 5.1 中的 I/O 操作请求，试用 CSCAN 算法求系统服务的顺序、磁头移动的距离以及磁头改变移动方向的次数。

【解答】 服务顺序：90→88→72→66→55→100→93。

移动距离：2+16+6+11+45+7=87（跨越的柱面总数）。

磁头改变移动方向的次数：2 次。

图 5-30 给出了 CSCAN 移臂调度算法的执行过程。

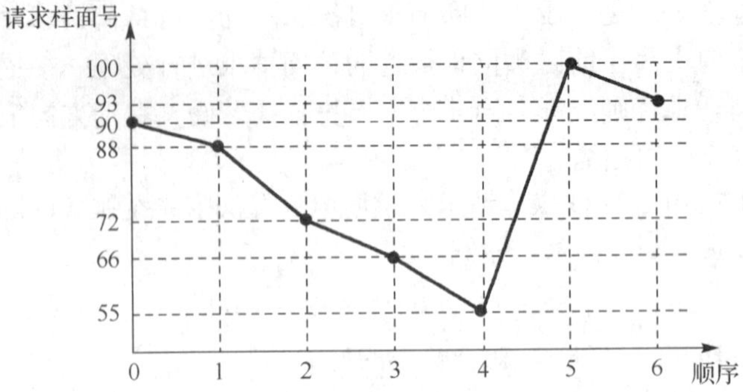

图 5-30　CSCAN 移臂调度算法示例

5.6.3　提高磁盘 I/O 速度的方法

尽管磁盘的访问（I/O）速度不断提高，但始终赶不上 CPU 和内存访问速度的飞速发展，这个差距还在继续拉大，致使磁盘访问速度成为提高计算机系统性能的主要瓶颈。提高磁盘 I/O 的速度还包括对磁盘文件访问的速度，可以从以下三个层次上着手。

（1）改进文件的目录结构以及目录检索的方法，以减少对文件的查找时间。

（2）选择好的文件存储结构，以提高对文件的访问速度。

（3）提高磁盘 I/O 速度，以提高磁盘数据的传送速度。一个程序的运行，最慢的部分实际上是花费在从磁盘上获取数据的时间。

其中（1）和（2）将在第 6 章介绍，这里主要讨论如何提高磁盘 I/O 的速度。

1. 磁盘高速缓存

由于磁盘 I/O 速度远低于内存的访问速度，因此可以使用磁盘高速缓存（Disk Cache）来提高磁盘 I/O 的速度。建立磁盘高速缓存并不是增加一个真实的高速硬件存储器，而是采用虚拟方式在内存中划出一个区域作为专用的磁盘缓冲区（磁盘高速缓存），把即将访问的一系列盘块（物理块）信息暂存于内存中的磁盘缓冲区。这样，可以从内存的这个磁盘高速缓存中读取相应的盘块信息。磁盘高速缓存是一组在逻辑上属于磁盘，而在物理上驻留于内存中的盘块（物理块）。由于数据在内存空间内部传送要比在内存与磁盘之间传送的速度快，从而提高了磁盘 I/O 的速度。

磁盘高速缓存的实现可分为以下两种形式。

（1）在内存中开辟一个单独的存储空间作为磁盘高速缓存，其大小是固定的，不受内存中应用程序大小和多少的影响。

（2）把所有未占用的内存空间变为一个缓冲池，供请求分页系统和磁盘 I/O（作为磁盘高速缓存）共享。此时磁盘高速缓存的大小显然不再是固定的，当磁盘 I/O 的频繁程度较高时，该缓冲池就包含更多的磁盘高速缓存空间，而当内存存放的应用程序较多时，该缓冲池可能只剩下较少的内存作为磁盘高速缓存空间。

当进程需要访问某个盘块中的数据时，首先查看磁盘高速缓存中是否有所需访问的数据块（物理块）。若有，则直接从磁盘高速缓存中提取数据；否则，启动磁盘读入要访问数据块交付给进程，并同时将该数据块存入磁盘高速缓存。系统可采取以下两种方式将磁盘高速缓存中的数据块交付给进程。

（1）数据交付。直接将磁盘高速缓存中需要访问的数据块传送给请求进程的内存工作区（内存到内存的传送）。

（2）指针交付。只将指向磁盘高速缓存中要访问数据块的指针交付给请求进程，其后请求进程可根据该指针到磁盘高速缓存中对该数据块进行操作。

由于后一种方式仅传送一个指针数据，因此节省了数据块从磁盘高速缓存传送到进程内存工作区的时间。

磁盘高速缓存中的数据块也面临着置换问题。当磁盘高速缓存已满却又要装入新的盘块数据时，就需要将磁盘高速缓存中的某些数据块交换到磁盘上，以腾出空间装入新的盘块。较常用的置换算法仍然是最近最久未用算法（LRU）、最近未使用算法（NRU）和最不经常使用算法（LFU）等。

进程向磁盘高速缓存写数据时，若写入数据的该数据块在未被写回磁盘之前发生了系统故障，则该数据的写操作实际上并未完成（并未写到磁盘上）。为了避免这种情况的发生，在 UNIX 系统中专门增设了一个备份（Backup）程序，它在后台运行，该程序周期性地调用一个系统函数 SYNC，强制性地将所有在磁盘高速缓存中修改过的盘块数据写回磁盘。两次调用 SYNC 的时间间隔通常为 30s，这样因系统故障所造成的损失不会超过 30s 的工作量。

2. 提前读

若采用顺序方式访问磁盘文件数据，则在读取存放文件数据的当前盘块时便可预知下一次要读取的文件盘块地址（因为存放该文件的盘块是在物理顺序上连续的盘块）。因此可以采用提前读的方法，在读取当前盘块数据的同时，也将物理顺序的下一个盘块数据提前读到内存缓冲区。这样一来，在访问下一个盘块数据时，就不必再启动磁盘输入而可以直接从内存缓冲区中获得，从而减少了读数据的时间，这相当于提高了磁盘输入的速度。“提前读”功能已被许多操作系统如 UNIX、OS/2 和 Windows 所采用。

3. 延迟写

执行写操作时，存放于内存缓冲区中的数据应立即写回磁盘，但考虑到该内存缓冲区中的数据也许不久之后还会被某个或某些进程使用，因此本应该被立即写到磁盘上的此缓冲区数据暂时不写，而将该缓冲区挂到内存空缓冲区队列的末尾，即作为空缓冲区看待。待前面的所有空缓冲区都已分配出去且又有进程申请空缓冲区时，才将该缓冲区中的数据写到磁盘，这时该缓冲区才真正作为空缓冲区分配给申请进程。在该缓冲区仍然挂在内存空缓冲区队列的这段时间里，任何要访问该缓冲区数据的进程，都可以直接从内存空缓冲区队列里的该缓冲区中进行读取，而不必去访问磁盘。这种将写回磁盘的数据延迟写回的方法可以减少访问磁盘的次数，也意味着节省了访问磁盘的时间。“延迟写”功能也被许多操作系统如 UNIX、OS/2 和 Windows 所采用。

4. 优化数据块分布

优化数据块分布的目的是尽量减少磁头移动的距离。若属于同一文件的多个物理块分散在磁盘的任意位置，则读写时必然增加磁头移动的距离。因此应将同一文件的物理块尽可能安排在磁盘的同一磁道或同一柱面上，即使同一柱面安排不下也应安排在相邻柱面上，这项工作可以由磁盘碎片整理程序来完成。磁盘碎片整理程序可以合并磁盘中那些非连续性的文件和文件夹，使系统可以更高效地读写文件和文件夹，避免花费大量时间使磁头在磁盘上移来移去地读写数据。

5. 虚拟盘

虚拟盘是指利用内存空间去仿真磁盘，又称 RAM 盘。该盘的设备驱动程序可以接受所有标准的磁盘操作，但这些操作的执行并不是在磁盘上而是在内存中。虚拟盘存在的主要问题是由于内存为易失性存储器，一旦系统或电源发生故障或者系统再次启动时，原来保存在虚拟盘中的数据就会丢失。因此虚拟盘通常只用于存放临时文件，如编译程序所产生的目标程序等。虚拟盘与磁盘高速缓存的主要区别在于，虚拟盘的内容完全由用户控制和管理，而磁盘高速缓存中的内容则由操作系统控制和管理且对用户透明。

5.6.4 磁盘阵列（RAID）

操作系统为了提高 CPU 的性能而越来越多地使用并行处理，人们也同样意识到并行 I/O 是一个很好的思想。Patterson 等人于 1987 年提出，使用 6 种特殊的磁盘组织可能会改进磁盘的性能、可靠性，或者同时改进这两者。这个思想很快被工业界所采纳并导致称为 RAID 的一种新型 I/O 设备的诞生。Patterson 等人将 RAID 定义为 Redundant Array of Inexpensive Disk（廉价磁盘冗余阵列），但是工业界将其中的“I”重新定义为 Independent（独立）。

RAID 的基本思想是将一个装满了磁盘的盒子安装到计算机（通常是一个大型服务器）上，用 RAID 控制器替换磁盘控制器卡，将数据复制到整个 RAID 上，然后继续常规的操作。对操作系统来说，一个 RAID 看起来就像是单个大容量磁盘，但是具有更好的速度性能和更好的安全性与可靠性。由于 SCSI 盘（Small Computer System Interface，即采用小型计算机系统专用接口的磁盘）具有良好的性能、较低的价格并且在单个控制器上能够容纳多达 7 个驱动器（对宽型 SCSI 而言是 15 个），于是大多数 RAID 由一个 RAID SCSI 控制器加一个装满了 SCSI 盘的盒子组成，采用这样的方法不需要软件做任何修改就可以使用 RAID。

利用 RAID 技术用于磁盘存储的优点主要体现在以下三个方面。

（1）通过把多个磁盘组织在一起，作为一个逻辑卷提供数据跨盘（多个硬盘像一个硬盘那样工作）存取功能。

（2）通过把数据分成多个数据块在多个磁盘上并行写入/读出，来提高访问磁盘的速度。

（3）通过备份（镜像）或校验操作提供容错能力。

最初开发 RAID 的主要目的是节省成本，当时几块小容量磁盘的价格总和要低于大容量的磁盘。至今来看 RAID 在节省成本方面的作用并不明显，但是 RAID 可以充分发挥出多块磁盘的优势，实现远远超出任何单块硬盘的速度和吞吐量。除性能上的提高外，

RAID 还可以提供良好的容错能力，在任何一块磁盘出现问题的情况下都可以继续工作，不会受到损坏磁盘的影响。

所有的 RAID 都具有同样的特性，那就是将数据分布在全部磁盘驱动器上以实现并行操作。Patterson 等人为这样的操作定义了 6 种不同的模式，称为 RAID 0 到 RAID 5，而目前已经扩展到 8 种不同的组织形式，分别可以提供不同的速度、安全性和性价比。根据实际情况，选择适当的 RAID 级别可以满足用户对外存可用性、性能和容量的要求。RAID 级别的选择有三个主要因素：可用性（数据冗余，即数据备份）、性能和成本。不要求可用性时，选择 RAID 0 可以获得最佳性能；若可用性和性能重要，而成本不是一个主要因素，则根据硬盘数量选择 RAID 1；若可用性、成本和性能都同样重要，则根据一般的数据传输和硬盘的数量选择 RAID 3 或 RAID 5。

RAID 0 为具有 4 个磁盘驱动器的情形，如图 5-31(a)所示。它将 RAID 模拟的虚拟单个磁盘划分成条带，每个条带具有 k 个扇区，其中扇区 0～k–1 为条带 0，扇区 k～2k–1 为条带 1，以此类推。如果 $k=1$，则每个条带是一个扇区；如果 $k=2$，则每个条带是两个扇区，以此类推。RAID 0 结构将连续的条带以轮转方式写到全部驱动器上。

将数据分布在多个驱动器上称为划分条带。例如，如果软件发出一条命令，读取一个由 4 个连续条带组成的数据块，并且数据块起始于条带边界，那么 RAID 控制器就会将该命令分解为 4 条单独的命令，每条命令对应 4 块磁盘中的一块，并且让它们并行操作。

RAID 0 对大数据量的请求工作性能最好，数据量越大性能就越好。如果请求的数据量大于驱动器数乘以条带大小，那么某些驱动器将得到多个请求，在完成了第一个请求之后就会开始处理第二个请求。控制器的责任是分解请求，并且以正确的顺序将适当的命令提供给适当的磁盘，之后在内存中将得到的这些数据装配起来。RAID 0 性能优越而且实现简单，但是对习惯于每次请求一个扇区的操作系统来说，RAID 0 的工作性能最为糟糕。这一结构的另一个劣势是其可靠性潜在地比一个大磁盘要差，如果一个 RAID 由 4 块磁盘组成，那么平均故障间隔时间就要高出 4 倍。由于在这一设计中未引入冗余，实际上它还不是真正的 RAID。由于 RAID 0 只是单纯地提高性能，并没有为数据的可靠性提供保证，而且其中的一个磁盘失效将影响到所有数据，因此 RAID 0 不能应用于数据安全性要求高的场合。

RAID 1 如图 5-31(b)所示，这是一个真正的 RAID。它复制了所有的磁盘，在执行一次写操作时每个条带都被写了两次（一次称为备份或磁盘镜像），在成对的独立磁盘上产生互为备份的数据。在执行一次读操作时，可以使用其中的任意一个原始数据或其镜像（备份），从而将负荷分布在更多的驱动器上，当原始数据繁忙时，可直接从镜像（备份）中读取数据。因此写性能并不比单个驱动器好，但是读性能能够比单个驱动器高出两倍，其容错性是突出的，当一个磁盘失效时，系统可以自动切换到磁盘镜像上读写，而不需要重组失效的数据。

RAID 0 和 RAID 1 操作的是扇区条带，与此不同的是 RAID 2 工作在字的基础上，甚至可能是字节的基础上，想象一下将单个虚拟磁盘的每个字节分割成 4 位的半字节对，然后对每个半字节加入一个海明码从而形成 7 位的字，其中 1、2、4 位为奇偶校验位。进一步想象，如图 5-31(c)所示的 7 个驱动器在磁盘移动臂位置与旋转位置方向是同步的，那么将 7 位海明码的字写到 7 个驱动器上且每个驱动器写一位，这样做是可行的。

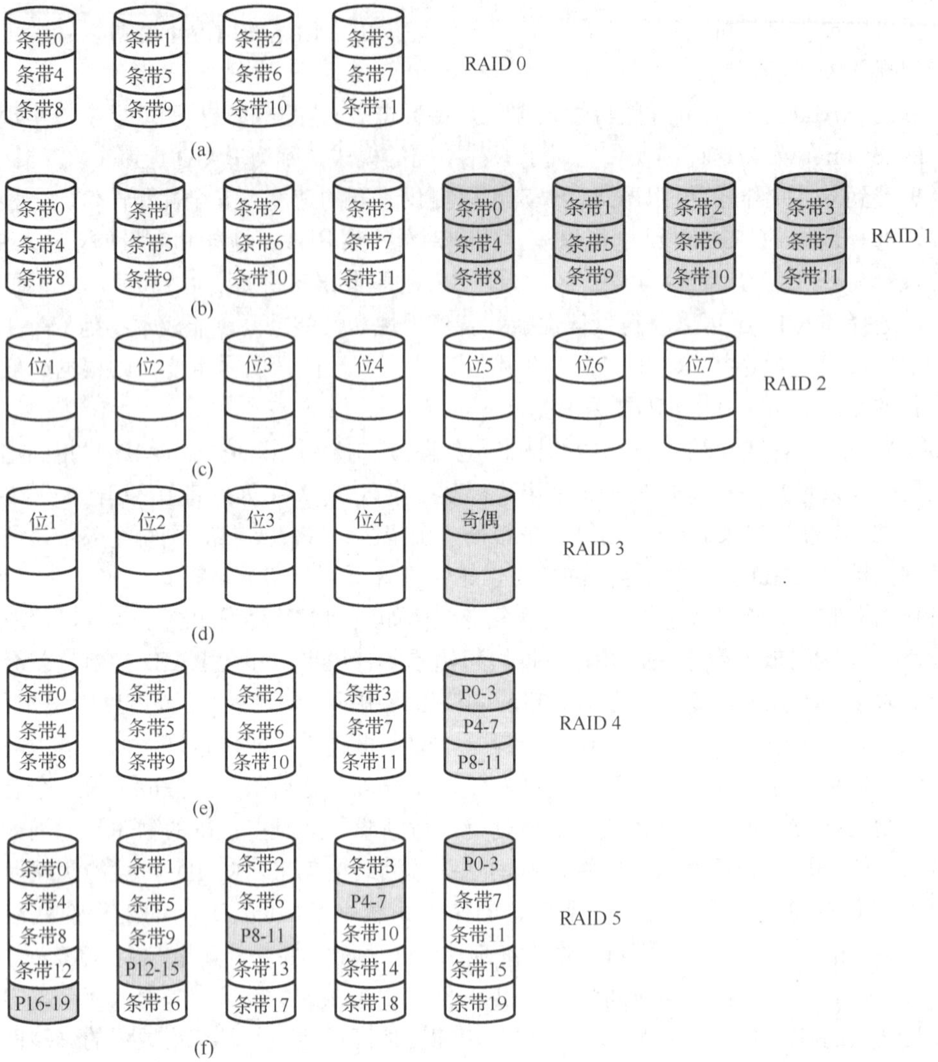

图 5-31　RAID 0～RAID 5（备份驱动器及奇偶驱动器以阴影显示）

CM-2 计算机采用了这一方案，它采用 32 位数据字并加入 6 个奇偶校验位形成一个 38 位的海明字，再加上一个额外的位用于海明码的奇偶校验，并且将每个字分布在 39 个磁盘驱动器上。因为在一个扇区时间里可以写 32 个扇区的数据，所以总的吞吐量是巨大的。此外，一个驱动器的损坏也不会引起问题，因为损坏一个驱动器等同于在每个 39 位字的读操作损失一位，而这是海明码可以轻松解决的事情。不利的一面是，RAID 2 方案要求所有驱动器的旋转必须同步，并且只有在驱动器数量很充足的情况下才有意义，这一方案还对控制器提出许多要求。此外，海明码编码技术需要在多个磁盘存放检查及恢复信息，使得 RAID 2 技术实施更复杂，因此很少在商业环境中使用。

RAID 3 是 RAID 2 的简化版本，如图 5-31(d)所示。RAID 3 与 RAID 2 非常类似，都将数据条带化分布于不同的磁盘上，区别在于 RAID 3 使用简单的奇偶校验，为每个数据字计算一个奇偶校验位，并且将其写入到单独一个磁盘奇偶校验驱动器（称为奇偶盘）中。一块存放数据的磁盘失效时，奇偶盘及其他数据盘可以重新产生数据，若奇偶盘失效则不影响数据使用。RAID 3 对于大量的连续数据可提供很好的传输率，但对于随机数据来说，奇偶盘会成为写操作的瓶颈。此外，与 RAID 2 一样，各个驱动器必须精确地同步，因为每个数据字分布在多个驱动器上。尽管 RAID 2 和 RAID 3 都提供了非常高的数据率，但是它们能够处理的单独 I/O 请求的数目并不比单个驱动器好。

RAID 4 和 RAID 5 再次使用条带，而不是具有奇偶校验的单个字。如图 5-31(e)所示，RAID 4 与 RAID 0 类似，但是将奇偶条带写到一个奇偶校验盘上。例如，如果每个条带 k 字节长，那么所有的条带进行异或操作就得到一个 k 字节长的奇偶条带。若一个驱动器崩溃了，则损失的字节可以通过读出整个驱动器组并根据奇偶校验盘中的内容重新计算出来。这一设计对一个驱动器的损坏提供了保护，但是对于微小的数据更新其性能很差。如果一个扇区被修改了，那么就必须读取所有的驱动器以便重新计算奇偶校验，然后还必须重写奇偶校验。此外，每次写操作都需要访问奇偶校验盘，这些都造成了奇偶校验盘的负担过重而成为一个瓶颈，因此 RAID 4 在商业环境中也很少使用。如图 5-31(f)所示，RAID 5 不单独指定奇偶校验盘，而通过循环方式在所有磁盘上均匀地分布奇偶校验位，实现在所有磁盘上交叉存取数据及奇偶校验信息，从而消除了在 RAID 4 中出现的瓶颈。在 RAID 5 上，读/写指针可同时对阵列设备进行操作，提供了更高的数据流量，RAID 5 更适合于小数据块和随机读写的数据。RAID 5 与 RAID 3 相比，最主要的区别在于 RAID 3 每进行一次数据传输就需涉及所有的阵列盘。而对于 RAID 5 来说，大部分数据传输只对一块磁盘操作，并可进行并行操作。然而，如果一个驱动器发生崩溃，重新恢复故障驱动器的数据内容又成为一个复杂的工作。

与 RAID 5 相比，RAID 6 增加了第二个独立的奇偶校验信息块。两个独立的奇偶系统使用不同的算法，数据的可靠性非常高，即使两块磁盘同时失效也不会影响数据的使用。但 RAID 6 需要分配给奇偶校验信息更大的磁盘空间，相对于 RAID 5 有更大的“写损失”，因此“写性能”非常差。较差的性能和复杂的实施方式使得 RAID 6 在实际中很少使用。

RAID 7 在 RAID 6 的基础上，采用了 Cache 技术，使得传输率和响应速度都有较大的提高。Cache 是一种高速缓冲存储器，即数据在写入磁盘阵列以前，先写入 Cache 中。一般采用 Cache 中的分块和磁盘阵列中的数据分块具有相同的大小，即一个 Cache 分块对应一个磁盘分块。在写入时，将数据分别写入两个独立的 Cache，这样即使其中有一个 Cache 出现故障时数据也不会丢失。写操作将直接在 Cache 级响应，然后转到磁盘阵列。数据从 Cache 写到磁盘阵列时，同一磁道的数据将一次完成写操作，避免了不少块数据需要多次写操作的问题，提高了写数据速度。在读取数据时也直接从 Cache 中读出，而不从阵列盘上读出，这样减少了磁盘读操作的次数，也就提高了读数据的速度。这种 Cache 和磁盘阵列结合的技术，弥补了磁盘阵列的不足（如分块写请求响应差等缺陷），使整个存储系统以高效、快速、大容量、高可靠性以及灵活、方便的方式提供给用户使用，从而满足了当前计算机技术发展的需要。

此外，用户可以通过灵活配置磁盘阵列来获得更加符合其要求的磁盘存储系统。如可以采用 RAID 0 和 RAID 1 的组合而得到 RAID 0+1，也被称为 RAID 10 标准。即两组磁盘先做成 RAID 0，组成两个大容量的逻辑磁盘，再互为备份。在每次写入数据时，磁盘阵列控制器会将数据同时写入该两组“大容量数据磁盘组”内。RAID 0 提供了性能，而

RAID 1 提供了可靠性，其优点是同时拥有 RAID 0 的高速度和 RAID 1 的数据高可靠性，但是 CPU 占用率同样也高，而且磁盘的利用率较低。采用 RAID 5 替代 RAID 0 来和 RAID 1 组合将具有更好的性能，这种方式对性能和可靠性要求更高的环境更为实用。然而，由于使用的磁盘数量加倍，因此成本更高。

另一种方案是采用 RAID 1 和 RAID 0 的组合，表示先备份、再分散。该方法在理论上同时保证了 RAID 1 的安全性和 RAID 0 的性能。此外，RAID 53 也是一种应用较为广泛的阵列形式，其优点是同时拥有 RAID 0 的高速度和 RAID 3 的容错能力且系统开销较小（事实上，RAID 53 实质上是 RAID 3 与 RAID 0 的组合：RAID 0+3，即应该称为 RAID 30 或 RAID 03）。

RAID 实现的另一个方法是使用热备份磁盘，热备份不用于存储数据，但配置成替换出错的磁盘。一个磁盘出错时，热备份可用于重新构造备份磁盘，相应级别的 RAID 就能自动重新建立，而无须等待替换磁盘。

习 题 5

一、单项选择题

1. ________是直接存取的存储设备。

   A．磁盘　　B．磁带　　C．打印机　　D．键盘和显示终端

2. 以下关于设备属性的叙述中，正确的是________。

   A．字符设备的基本特征是可寻址到字节，即能指定输入或输出的地址

   B．共享设备必须是可寻址的随机访问设备

   C．共享设备是指一段时间内运行的多个进程同时访问的设备

   D．在分配共享设备和独占设备时都可能引起进程死锁

3. ________是 CPU 与 I/O 设备之间的接口，它接收 CPU 发来的命令并去控制 I/O 设备的工作，使 CPU 从繁忙的设备控制事务中解脱出来。

   A．中断装置　　B．系统设备表　　C．设备控制器　　D．逻辑设备表

4. 在设备控制器中用于实现对设备控制功能的是________。

   A．CPU　　B．设备控制器与 CPU 的接口

   C．I/O 逻辑　　D．设备控制器与设备的接口

5. 用户通常采用________来使用 I/O 设备。

   A．物理设备名　　B．逻辑设备名　　C．虚拟设备名　　D．设备出厂号

6. 用户程序发出磁盘 I/O 请求后，系统的正确处理流程是________。

   A．用户程序→系统调用处理程序→中断处理程序→设备驱动程序

   B．用户程序→系统调用处理程序→设备驱动程序→中断处理程序

   C．用户程序→设备驱动程序→系统调用处理程序→中断处理程序

   D．用户程序→设备驱动程序→中断处理程序→系统调用处理程序

7. 如果 I/O 设备与存储设备进行数据交换而不经过 CPU 来完成，那么这种数据交换方式是________。

   A．程序查询　　B．中断方式　　C．DMA 方式　　D．无条件存取方式

8. 在操作系统中，________指的是一种硬件机制。

A. 通道技术　　B. 缓冲池　　C. SPOOLing 技术　　D. 内存覆盖技术

9. 通道程序是________。

A. 由一系列机器指令组成　　B. 由一系列通道指令组成

C. 可以由高级语言编写　　D. 就是通道控制器

10. 数据传输完毕，通道对 CPU 的请求形式是________。

A. 陷入　　B. 中断　　C. 通道命令　　D. 跳转指令

11. 打印机适合于连接到________。

A. 数组多路通道　　B. 字节多路通道

C. 数组选择通道　　D. A～C 都不对

12. 关于通道、设备控制器和设备之间的关系，以下叙述中正确的是________。

A. 设备控制器和通道可以分别控制设备

B. 设备控制器、通道和设备可以并行工作

C. 通道控制设备控制器、设备控制器控制设备工作

D. A～C 都不对

13. I/O 中断是 CPU 与通道协调工作的一种手段，所以在________时就要产生中断。

A. CPU 执行启动 I/O 指令而被通道拒绝接受

B. 通道接收了 CPU 的启动请求

C. 通道完成了通道程序的执行

D. 通道在执行通道程序的过程中

14. 在 I/O 设备控制方式的发展过程中，最主要的推动力是________。

A. 提高资源利用率

B. 提高系统吞吐量

C. 减少 CPU 对 I/O 操作的干预

D. 提高 CPU 与 I/O 设备并行操作的能力

15. 在以下 I/O 控制方式中，需要 CPU 干预最少的是________。

A. 程序直接 I/O 控制方式　　B. 程序中断 I/O 控制方式

C. DMA 控制方式　　D. I/O 通道控制方式

16. 在单 CPU 系统中，可并行的是________。

① 进程与进程　　② CPU 与设备　　③ CPU 与通道　　④ 设备与设备

A. ①、②和③　　B. ①、②和④　　C. ①、③和④　　D. ②、③和④

17. 与设备相关的中断处理过程是由________完成的。

A. 用户级 I/O　　B. 与设备无关的操作系统软件

C. 中断处理　　D. 设备驱动程序

18. 在现代操作系统中采用缓冲技术的主要目的是________。

A. 改善用户编程环境　　B. 提高 CPU 的处理速度

C. 提高 CPU 和设备之间的并行程度　　D. 实现设备无关性

19. 缓冲技术的缓冲池在________中。

A. ROM　　B. 寄存器　　C. 内存　　D. 外存

20．为了使多个进程能有效地同时处理输入和输出，最好使用________结构的缓冲技术。

A．缓冲池　　B．循环缓冲　　C．单缓冲　　D．双缓冲

21．在采用 SPOOLing 技术的系统中，用户的打印数据首先被送到________。

A．内存固定区域　　B．磁盘固定区域　　C．终端　　D．打印机

22．________是操作系统中采用的以空间换取时间的技术。

A．SPOOLing 技术　　B．虚拟存储技术

C．覆盖与交换技术　　D．通道技术

23．SPOOLing 系统克服了________利用率低的缺点。

A．CPU　　B．内存空间　　C．独占设备　　D．共享设备

24．若 I/O 所花费的时间比 CPU 的处理时间短得多，则缓冲区________。

A．最有效　　B．几乎无效

C．还是有一定效果　　D．A～C 都不对

25．设备的无关性是指________。

A．设备独立于计算机系统

B．设备具有独立执行 I/O 功能的一种特性

C．用户编程时使用的设备与实际使用的物理设备无关

D．每台设备都有一个唯一的编号

26．通过硬件和软件的功能扩充，把原来独占的设备改造成能为若干用户共享的设备，这种设备称为________。

A．存储设备　　B．系统设备　　C．用户设备　　D．虚拟设备

27．以下关于计算机外部设备说法中错误的是________。

A．计算机外部设备可以分为存储型设备和输入输出型设备

B．存储型设备可以作为内存的扩充，信息传输以块为单位

C．输入输出型设备负责内存与外部设备间的信息传递，信息传输单位是字符

D．存储型设备一般属于共享设备，而输入输出型设备则属于独占设备

28．移动头硬盘访问数据的时间不包括________。

A．移臂时间　　B．寻道时间　　C．旋转延迟时间　　D．数据传输时间

29．下列算法中用于磁盘移臂调度是________。

A．时间片轮转法　　B．LRU 算法

C．电梯算法　　D．优先级高者优先算法

30．提高磁盘 I/O 速度的其他方法不包括________。

A．提前读　　B．延迟写　　C．虚拟盘　　D．延迟读

二、判断题

1．设备无关性是指设备驱动程序独立于具体使用的物理设备。

2．SPOOLing 是脱机 I/O 系统。

3．磁盘高速缓冲区是设在磁盘上的一块磁盘空间。

4．系统为所有设备配置了一张设备控制表，用于记录设备的特性以及 I/O 控制器连接的情况。

5．设备分配算法主要有先来先服务和响应时间快者优先两种。

6．只有引入通道后，CPU 计算与 I/O 操作才能并行执行。

7．磁盘移臂调度的目标是使磁盘旋转的周数最小。

8．通道又称 I/O 处理机，它实现内存和外设之间的信息传输，并与 CPU 并行工作。

9．最短寻道时间优先（SSTF）算法的调度原则要求磁头的移动距离最小，该算法有产生“饥饿”的可能。

10．缓冲技术是借用外存储器的一部分区域作为缓冲池。

11．固定头磁盘存储器的存取时间包括寻道时间和旋转延迟时间。

12．I/O 设备管理程序的主要功能是管理内存、控制器和通道。

13．磁盘扇区的编号必须连续。

14．引入缓冲的主要目的是为了提高 I/O 设备的利用率。

15．等待设备的进程队列有时不必以先来先服务的顺序排队。

三、简答题

1．在设备管理中，何谓设备无关性？如何实现设备无关性？

2．I/O 控制可用哪几种方式实现？各有何优缺点？

3．什么是 DMA 方式？它与程序中断 I/O 控制方式的主要区别是什么？

4．为什么要在设备管理中引入缓冲技术？操作系统如何实现缓冲技术？

5．何谓虚拟设备？请说明 SPOOLing 系统是如何实现虚拟设备的。

6．为什么设备分配不能采用时间片轮转法？

7．试论述磁盘调度中电梯算法的基本思想和实现方法。

四、应用题

1．设备管理需要哪些基本数据结构？作用是什么？试描述一个进程从申请设备到释放设备的完整流程（设：系统为每类设备分别设置不同的驱动程序。要求：流程要包括 I/O 请求、设备驱动、I/O 结束处理三部分内容）。

2．I/O 软件一般分为 4 个层次，即用户级、与设备无关软件、设备驱动程序以及中断处理程序。请说明以下各工作是在哪一层完成的？

（1）向设备寄存器写命令。

（2）检查用户是否有权使用设备。

（3）将二进制整数转换成 ASCII 码以便打印。

3．当前磁盘读写位于柱面号 20，此时有多个磁盘请求以下列柱面号并顺序送至磁盘驱动器：10、22、20、2、40、6、38。寻道时移动一个柱面需要 6ms，按下列 3 种算法计算所需寻道时间（柱面移动顺序及总寻道时间，忽略到达指定柱面后确定盘面号的时间）。

（1）先来先服务。

（2）最短寻道时间优先。

（3）电梯算法（当前状态由小磁道号到大磁道号）。

第6章

文 件 管 理

在现代计算机系统中要用到大量的程序和数据，由于内存容量有限而且程序和数据不能在内存中长期保存，因此程序和数据平时总以文件的形式存放在外存中，需要时可随时将它们调入内存。保存在外存中的文件不可能由用户直接进行管理，因为管理文件必须熟悉外存的物理特性及文件的属性，熟悉文件在外存中的具体存放方式，并且在多用户环境下，还必须保证文件的安全性及文件各副本中数据的一致性。显然，这是用户所不能胜任、也不愿意承担的工作。为了管理文件，操作系统中设置了文件管理功能，即通过文件系统管理外存上的文件，实现对外存空间的组织、分配与回收，完成文件名到外存文件存储空间的映射，为用户提供存取、检索、共享和保护文件的手段。通过文件系统提供的各种文件操作，用户就可以“按名存取”方便地使用文件，而无需了解外存设备的硬件特征和存取过程。由操作系统管理文件，不仅便于了用户，对于文件的使用，而且保证了文件的安全性，还可以有效提高系统资源的利用率。

6.1 文件系统基本概念

6.1.1 文件系统的引入

计算机系统中除 CPU、内存和外部设备等硬件资源外，还有包括系统程序、库函数、各种用户应用程序和数据等软件资源，管理和控制这些软件资源需要一定的机制来实现，而这种机制就是文件系统。在现代操作系统中引入文件系统主要基于以下 4 方面原因。

（1）用户直接存取外存中的信息过于复杂。用户要对外存中的信息进行直接存取，就需要按照外存的物理地址去组织存放信息的 I/O 指令，并对信息在外存上的分布情况进行记录，稍有不慎就会破坏外存上已存放的信息。

（2）多任务共享资源的出现。在多道程序并发执行的环境下，用户不可能自己去管理和协调多个进程对资源的共享。而且这种管理也是不允许的，主要原因是多进程所带来的不确定性是不可预见的，因此无法由用户完成在外存中为这些进程分配存储数据的空间。

（3）出于对信息安全和保密的考虑。每个用户都不希望别的用户破坏或访问属于自己的信息。

（4）操作系统自身的需要。操作系统本身也是一种软件资源，并且是一个很庞大的资源，通常占用上万字节甚至几兆字节的存储空间。由于内存容量有限，为了给用户提供更大的内存空间，只好把相当一部分的操作系统程序放在外存，当用户使用到操作系统不在内存的这部分程序功能时，才把相应程序调入内存，这就要求操作系统本身也应具备文件管理的功能。

因此现代操作系统基本上都有文件系统，并通过文件系统来协助用户对信息进行存取和管理，使得用户按文件名存取文件信息更加方便。

6.1.2 文件与文件系统

1. 文件

文件是信息的一种组织形式，是存储在外存中具有文件名的一组相关信息的集合，如源程序、数据、目标程序等。文件由创建者定义，任何一段信息，只要给定一个文件名并将其存储在某一存储介质上就形成了一个文件，它包含两个方面的信息：一是本身的数据信息；二是附加的组织与管理信息。文件是操作系统进行信息管理的最小单位。文件主要有以下三个特点。

（1）保存性。文件被存储在某种存储介质上长期保存并多次使用。

（2）按名存取。每个文件都有唯一的文件名，并通过文件名来存取文件的信息，而无须知道文件在外存的具体存放位置。

（3）一组信息集合。文件的内容（即信息）可以是一个源程序、一个可执行的二进制程序、一篇文章、一首歌曲、一段视频、一张图片等。

一个文件通常由若干称为逻辑记录的较小单位组成，记录是一个有意义的信息集合，是对文件进行存取的基本单位。一个文件的各个记录可以是等长的也可以是不等长的，最简单的情况下一个记录只有一个字符（视为字符流文件）。所以文件的记录是一个可编址的最小信息单位，其意义由用户或文件的创建者定义。文件应保存在一种存储介质上，如磁带、磁盘、光盘、优盘等。

文件包括的范围非常广泛，系统或者用户都可以将具有一定独立功能的程序模块、一组数据或一组文字命名为一个文件。如用户的一个 C 源程序、系统中的库程序、一批待加工的数据、一篇文章、一首歌曲、一段视频、一张图片等都可以构成一个文件。某些慢速的字符设备，因为设备上传输的信息可以视为一组顺序字符序列，所以也可以视为一个文件，称为设备文件。此外，多数文件都有一个扩展名，并通过扩展名来表示文件的类别。

用户看到的文件称为逻辑文件，逻辑文件的内容（数据）可由用户直接处理，它独立于文件的物理特性。逻辑文件是以用户观点并按用户“思维”把文件抽象为一种逻辑结构清晰、使用简便的文件形式，供用户存取、检索和加工文件中的信息。物理文件是按某种存储结构实际存储在外存上的文件，它与外存介质的存储性能有关，操作系统按文件的物理结构管理文件并与外存设备打交道。

文件是文件系统管理的基本对象，用户通过文件名来访问和区分文件。每个文件都有自己的属性，常见的文件属性包括以下内容。

（1）文件名。文件最基本的属性。

（2）文件类型。如源文件、目标文件、执行文件、普通文件、目录文件、设备文件等。

（3）文件长度。指文件当前的数据长度，也可能是最大允许长度。长度单位通常是字节，也可以是物理块。

（4）文件主。指文件的所有者，文件的所有者通常是文件的创建者。

（5）文件权限。文件权限用于对文件进行访问控制，通常赋予文件的权限有只读、读写、执行等。一般文件所有者对自己的文件拥有全部权限，而其他用户对文件只有部分权限。

（6）文件的物理位置。指文件在存储介质上存放的物理位置。

（7）文件时间。包括文件创建时间、文件最后一次修改时间、文件最后一次执行时间、文件最后一次读取时间等。

大部分操作系统支持多种文件。根据文件的内容是用户数据还是文件系统本身的数据将文件分为以下三种。

（1）目录。是记录文件的文件，即它的内容是有关其他文件的信息。

（2）一般文件（用于保存数据）。根据其内容的组织方式，一般文件可分为两种：① 文本文件。存放没有经过处理的数据，即以 ASCII 码表示的数据，任何编辑器都可以打开这种文件。② 二进制文件。经过编码的文件，普通编辑器不能打开，必须用专门的应用软件才能打开。

（3）块文件（用于 I/O 设备）。具体来说块文件模拟的是 I/O，即为 I/O 提供了一个抽象。对于每个 I/O 设备，我们用一个文件来表示，需要与该设备发生数据交换时就用该文件来替代，通过块文件，I/O 与文件系统就统一了。

2. 文件系统

文件系统是操作系统中负责管理和存取文件的程序模块，它由实现文件管理的有关软件、实施文件管理所需的数据结构（如文件控制块、存储分配表等）以及被管理的文件组成。从系统角度来看，文件系统是对外存文件存储空间进行组织和分配，负责文件存储并对存入的文件进行保护和检索的系统。文件系统的主要目的是实现对文件的按名存取，它具有以下 6 种功能。

（1）文件存储空间的管理。文件系统的基本任务是为文件分配和回收外存空间，即记住哪些外存空间已被占用，哪些外存空间是空闲的。并通过对外存空间进行有效管理，来提高外存的利用率和文件系统的运行速度。

（2）文件名到外存物理地址的映射。文件系统对用户透明地实现了文件名到文件存储的物理地址映射。有了这种映射关系，用户就无须记住信息在外存上具体的存放位置，也无须考虑如何将信息存放到外存介质上，以及如何实现在外存介质上的具体查找，只要给出文件名和操作要求就可以访问文件，从而实现“按名存取”。

（3）文件和目录的操作管理。文件系统有相应的程序模块来实现文件和目录的建立、删除、打开、读、写、修改、关闭、检索等操作功能。

（4）文件的组织与存取。当用户要求保存文件时，文件系统必须把逻辑文件转换成物理文件；当用户要求读文件时，文件系统必须把物理文件转换成逻辑文件，并且能够实现文件的顺序存取和随机存取。

（5）实现文件的共享、保护和保密。文件系统提供的文件共享功能，使多个用户可以同名或异名使用同一个文件。文件系统提供的安全、保护和保密措施，可以防止对文件信息的有意或无意破坏。

（6）文件和目录的用户接口。文件系统为用户提供了操作文件和目录的接口，使用户能够方便地对文件和目录进行诸如建立、检索、删除之类的各种操作。

3. 文件系统的层次模型

操作系统的层次化设计方法是由 E. W. Dijkstra 于 1967 年提出的，1968 年 Madnick 将这一思想引入文件系统，它不针对某个具体的操作系统，而介绍文件系统的一般工作原理。即从用户发出文件存取要求开始，通过用户接口进入文件系统，直到存取外存上信息的实现。采用层次化方法设计出来的文件系统，可以根据系统所提供的功能来对系统进行划分，下层为上层提供服务，上层使用下层的功能，即上、下层之间无须了解对方的内部结构和实现方法，只需关心各自的接口。这样，使得文件系统结构清晰，易于设计也易于维护。

如图 6-1 所示，Madnick 把文件划分为以下 8 层。

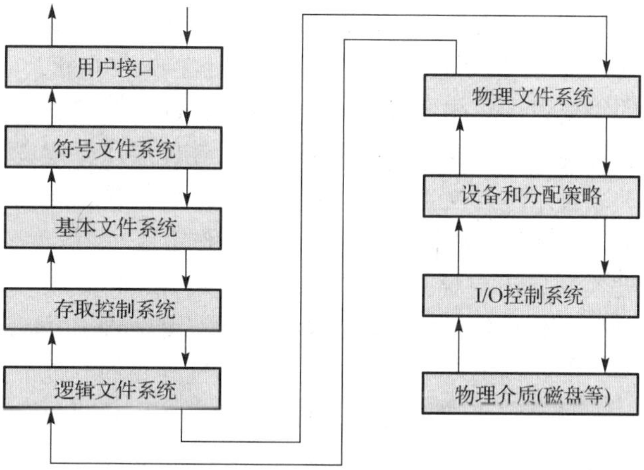

图 6-1 文件系统的层次模型

（1）第 1 层是用户接口层。该层根据用户对文件的存取要求，在进行必要的语法检查后，把系统调用转换成统一格式的内部系统调用，并进入符号文件系统。

（2）第 2 层是符号文件系统层。该层将第 1 层提供的文件名转换成系统内部唯一标识，其主要工作是根据文件路径名来搜索文件目录，以找到相应文件名的表项，进而找到该文件在系统内部唯一标识，然后将其作为参数传递给第 3 层。

（3）第 3 层是基本文件系统层。根据系统内部唯一标识把该文件说明信息调入到内存中的活动文件表中（系统专门为当前要访问的文件设置的，这样对该文件的访问都可以通过内存的活动文件表进行，而不需要再到磁盘上去查找有关该文件的目录信息），避免以后查找同一表项时需要再次读盘。

（4）第 4 层是存取控制验证层。该层从活动文件表中获得存取控制信息，根据用户访问要求验证存取权限，判定本次文件操作的合法性，实现文件的存取、共享、保护和保密。若操作非法，则本次文件操作请求失败。

（5）第 5 层是逻辑文件系统层。该层根据文件说明中的相关信息，将文件记录的逻辑地址转换成相应文件存储设备上的块地址。对于字符流式的文件，只需把用户指定的逻辑地址按块长计算出相对块号；对于记录式文件，先把记录号转换成逻辑地址，再将其转换成相对块号。

（6）第 6 层是物理文件系统层。该层根据活动文件表相应目录项中的物理结构信息，将相对块号及块内相对地址，转换为外存上的物理块号和块内地址（外存物理地址）。

（7）第 7 层是文件外存分配模块和外存设备策略模块。该层负责磁盘存储空间的管理，包括分配、释放和回收等。

（8）第 8 层是 I/O 控制系统。该层具体执行 I/O 操作，实现文件信息的存取，是文件系统与设备管理程序的接口层。

4. 虚拟文件系统

传统的操作系统中只设计了一种文件系统，因此只能支持一种类型的文件系统，但随着信息技术的快速发展，对文件系统提出了新的要求。如要求在 UNIX 系统中支持非 UNIX 文件系统，要求在 Windows 系统中支持非 Windows 文件系统，要求现代操作系统能够支持分布式文件系统和网络文件系统，甚至一些用户希望能定制自己的文件系统。解决上述问题有多种方案，其中成为事实上工业标准的是虚拟文件系统。

虚拟文件系统的主要设计思想体现在两个层次上，即虚拟层和实现层。虚拟层是在对多个文件系统的共同特性进行抽象的基础上形成，并在此层次上定义用户的一致性接口；实现层使用类似开关表技术进行文件系统转接的，实现各文件系统的具体细节，包含文件系统实现的各种设施，各种数据结构以及对文件的操作函数。

虚拟文件系统要实现以下目标：① 应同时支持多种文件系统；② 系统中可以安装多个文件系统，它们应与传统的单一文件系统没有区别，用户的使用接口不变；③ 对网络共享文件提供完全支持，即访问远程节点上的文件系统应与访问本地节点的文件系统一致；④ 支持新开发出的文件系统，并以模块方式加到操作系统中。

严格地说，虚拟文件系统并不是一种实际存在的文件系统，它只存在于内存中，不存在于外存空间，在操作系统启动时建立，在系统关闭时消亡。

6.1.3 文件操作

文件系统将用户的逻辑文件按一定的组织方式，转换成物理文件存放到外存（如磁盘）上。也就是说，文件系统为每个文件与该文件在外存上的存放位置建立了对应关系。为了方便使用，文件系统通常向用户提供了各种调用接口，用户通过这些接口对文件进行各种操作。当用户使用文件时，文件系统通过用户给出的文件名查找出该文件在外存上的存放位置，并读出文件的内容。有的文件操作是对文件自身的操作，如建立文件、打开文件、关闭文件、读写文件及设置文件权限等，有的文件操作是对记录的操作（最简单的记录可以是一个字符），如查找文件中的字符串、插入和删除等。

在多用户环境下，为了文件安全和保护起见，操作系统为每个文件建立和维护关于文件访问权限等方面的信息。因此文件系统提供了操作文件的命令接口、图形接口和程序接口（系统调用）。用户可以使用命令接口和图形接口直接进行文件操作，或者在程序中通过系统调用实现文件操作。

1. 文件创建

当用户进程将信息存放到外存上时，需要向系统提供文件名、设备号、文件属性及存取控制信息（文件类型、记录大小、保护级别等），以便建立文件。因此文件系统应完成以下 5 种功能。

（1）根据设备号在所选外存设备上建立一个文件目录（即文件控制块 FCB），并返回用户一个文件标识，用户在此后的读写操作中可以使用此文件标识。

（2）将文件名及文件属性等信息填入文件目录。

（3）调用文件存储空间管理程序为文件分配物理块。

（4）需要时发出提示装卷信息（如可装卸磁盘、磁带）。

（5）在内存活动文件表中登记该文件的有关信息。

在某些文件系统中，可以隐含地执行文件建立操作，即系统发现有一批信息要写入一个尚未建立的文件时，就自动先建立一个临时文件，当用户进程真正写文件时，才将临时文件中的信息写入用户命名的文件中。

2. 文件打开

使用已经存放在外存（如磁盘）上的文件之前，要通过打开文件操作建立起文件与用户之间的联系。打开文件应完成以下三种功能。

（1）在内存活动文件表中申请一个空表目，用来存放该文件的有关信息。

（2）根据文件名查找目录文件，将找到的文件目录信息送入内存的文件控制块（FCB）中保存，并在内存活动文件表中登记打开的文件名及其在内存中的 FCB 地址。若打开的是共享文件则应进行相应处理，比如将共享用户数加 1。

（3）文件定位，卷标处理。

文件一旦打开就可以被反复地使用直至文件关闭。这样做的优点是每次访问该文件时，无须再查找外存中的目录文件，而直接根据内存中该文件的 FCB 进行访问，从而减少了查找目录的时间，加快了文件的存取速度。

3. 文件读写

文件读操作是通过读指针将位于外存文件中的数据读到内存缓冲区；文件写操作是通过写指针将内存缓冲区中的数据写到外存文件中。文件打开以后，就可以使用读写文件的系统调用访问文件，要进行文件读写则应给出文件名、内存地址、读写字节数等有关信息。读写文件应完成以下 4 种功能。

（1）根据文件名从内存活动文件表中找到该文件的文件名及 FCB 地址。

（2）按存取控制说明检查本次访问的合法性。

（3）根据 FCB 中的文件目录得到该文件的逻辑和物理组织方式、文件存放的外存地址以及文件长度等信息。

（4）向设备管理发出 I/O 请求，依据得到的有关信息控制完成数据的传送。

4. 文件关闭

一旦文件使用完毕应当及时关闭文件，关闭文件操作就是切断该外存文件与内存之间的联系。关闭文件时系统要做的主要工作有以下两项。

（1）从内存活动文件表中找到该文件的文件名，将当前使用的用户数减 1，若减为 0 则撤销该文件在内存中的 FCB，同时撤销内存活动文件表中登记的该文件有关信息。

（2）若此次打开文件改变了该文件目录项基本信息（在 FCB 中），则关闭文件时应将改变的信息写回外存目录文件中该文件所对应的目录项（该文件的 FCB），以保证及时更新目录文件。

文件关闭之后若要再次访问该文件，则必须将其重新打开。

5. 文件删除

当一个文件不再使用时，可以向系统提出删除该文件的请求。删除文件时系统要做的工作主要有以下两项。

（1）从目录文件中找到待删文件的目录项，使之成为空目录项。

（2）释放文件所占用的外存存储空间。此时，待删文件就被删除。

除上述常用的文件操作外，为了方便用户使用文件，通常文件系统都提供了有关文件操作的系统调用。可将这些系统调用分成若干类，最常用的一类是有关文件属性操作的，即允许用户直接设置和获得文件的属性，如改变已有文件的文件名、改变文件的所有者（文件主）、改变文件的访问权限以及查询文件的状态（包括文件类型、大小和所有者以及对文件的访问权限）等；另一类是有关目录的，如创建一个目录、删除一个目录、改变当前目录和工作目录等。此外，还有用于实现文件共享的系统调用和用于对文件系统进行操作的系统调用等。

要说明的是，许多文件操作可以利用上述基本操作加以组合来实现。如创建一个文件副本的操作可利用两条基本操作来实现：第一步是利用创建文件的系统调用来创建一个新文件；第二步是将原有文件中的内容写入新文件。

6.2 文件的组织结构

文件是信息的集合，保存在文件中的信息总按一定的方式组织起来。文件中信息的组织方式称为文件的组织结构，简称文件的结构。对任何一个文件都存在以下两种形式的组织结构。

（1）逻辑结构。文件的逻辑结构就是用户所看到的文件组织形式，是用户可以直接处理的数据及其结构。文件的逻辑结构独立于存放文件的物理介质，其组织目的是为用户提供一种结构清晰、操作方便的信息组织形式，以方便用户使用文件。

（2）物理结构。文件的物理结构是逻辑文件在外存上具体的存储方式，该存储方式与存放文件的物理介质有关。为文件设计物理结构的出发点是为了提高外存的利用率和文件的存取速度。

事实上，无论是文件的逻辑结构还是物理结构，其构造方式都对文件的存储空间和存取速度产生影响。

6.2.1 文件的逻辑结构

文件的逻辑结构分为两大类：无结构文件和有结构文件。无结构文件中的信息不存在结构，所以也称字符流文件或流式文件；有结构文件由若干记录构成，所以又称记录式文件。

1. 流式文件

无结构的流式文件是有序字符的集合，即整个文件可以看成是字符流的序列，字符是构成文件的基本单位。流式文件一般按照字符组的长度来读写信息。

为了 I/O 操作的需要，流式文件中也可以通过插入一些特殊字符，将文件划分成若干字符分组，且将这些字符分组称为记录。但这些记录仅仅是字符序列分组，即并不改变流式文件中字符流序列本身的组织形式，而只是为了使信息传送方便所采用的一种传送方法。

在实际应用中，许多情况下都不需要在文件中引入记录，按记录方式组织文件反而会给操作带来不便。如用户写的源程序原本就是一个字符序列，强制将该字符序列按照记录序列组成文件，只会带来操作复杂、开销增大等缺点。

相对记录式文件而言，流式文件具有管理简单、操作方便等优点。但在流式文件中检索信息则比较麻烦，效率较低。因此对不需要执行大量检索操作的文件，如源程序文件、目标文件、可执行文件等，采用流式文件形式比较合适。

为了简化文件系统，现在大多数操作系统，如 Windows、UNIX、Linux 等只提供了流式文件。

2. 记录式文件

记录式的有结构文件是指用户把文件内的信息按逻辑上独立的含义划分为一个个信息单位，每个信息单位称为一个逻辑记录，即记录式文件是由若干逻辑记录构成的序列。从操作系统管理的角度看，逻辑记录是文件信息按逻辑上的独立含义划分的最小信息单位，使用者的每次操作总是以一个逻辑记录为对象。但从程序设计语言处理信息的角度看，逻辑记录还可以进一步分成一个或多个更小的数据项。数据项被看作不可分割的最小数据单位，数据项的集合构成逻辑记录，相关逻辑记录的集合又构成文件。因此数据项是文件最低级别的数据组织形式，常用于描述一个实际对象在某个方面的属性，而逻辑记录则描述了一个实际对象中人们关心的各方面属性。如某班学生信息文件中的一个逻辑记录包括学号、姓名、成绩等数据项，每个逻辑记录表示一个学生的基本信息，多个逻辑记录则构成一个班级的学生信息文件。

为了简化文件的管理和操作，大多数现代操作系统对用户只提供字符流式的无结构文件，记录式的有结构文件则由程序设计语言或数据库管理系统提供。

记录的结构也存在逻辑结构和物理结构之分。记录的逻辑结构是指记录在用户面前呈现出的组织形式，而记录的物理结构则指记录在外存上的具体存储形式。记录逻辑结构的组织目标是方便用户访问文件中存放的信息，而记录物理结构的组织目标则是提高外存空间的利用率和减少记录的存取时间。逻辑记录和物理记录（物理块）之间不一定一一对应，有可能存在三种对应关系：① 一个物理记录存放一个逻辑记录；② 一个物理记录包含多个逻辑记录；③ 多个物理记录存放一个逻辑记录。用户要访问一个记录是指访问一个逻辑记录，而查找该逻辑记录所对应的物理记录则是操作系统的职责。

根据记录式文件中每个记录的长度是否相等，可以将文件分为定长记录文件和变长记录文件两种。

（1）定长记录文件。文件中所有的记录长度均相同，所有逻辑记录的各数据项位于相同的位置且有相同的顺序和长度。文件的长度用记录的个数表示，检索时可以根据记录号和记录长度来确定记录的逻辑位置。定长记录格式处理方便、开销小，可以直接访问（随机访问），是目前常用的一种文件组织形式，被广泛用于数据库文件中。

（2）变长记录文件。文件中逻辑记录的长度可以不等，产生记录长度不等的原因可能是不同记录的数据项个数不同，也可能是数据项本身的长度不等。由于变长记录文件中各记录的长度不等，一般情况下只能从第一个记录开始进行顺序访问，因此处理起来相对复杂，花费的开销也较大。

3. 记录的成组和分解

用户根据自己的需要对逻辑文件进行组织，并按信息的逻辑含义来划分逻辑记录，而物理块则是外存上用来存放一段连续信息的一个固定大小的区域。由于逻辑记录的大小与物理块的大小并不一致，因此一个逻辑记录存放到外存时可能会占用一个物理块或多个物理块。通常逻辑记录要比物理块小很多，如果一个物理块中仅放一个逻辑记录，将造成外存空间的浪费，并增大输入输出的次数，从而降低了系统的效率。

解决的办法是采用记录成组方式，即把若干逻辑记录合成一组，存放于一个物理块中，以便装满该物理块而不浪费存储空间，这种方式称为“记录的成组”，每个物理块中逻辑记录的个数称为“块因子”。成组操作一般在输出缓冲区中进行，即将输出缓冲区中的这些逻辑记录信息以物理块长度为单位，依次写到外存的物理块中。

由于外存上的信息以物理块为单位，而用户处理的信息以逻辑记录为单位，所以当逻辑记录在外存成组存储后，如果用户要将其调入内存以便处理逻辑记录，就必须执行物理块的分解操作，即把逻辑记录从物理块中分离出来。与记录成组操作相比，记录分解操作则发生在外存物理块读到内存的输入缓冲区后。

记录的成组和分解操作以设立内存缓冲区与操作系统增加成组和分解的额外操作为代价，来提高外存的利用率和减少启动 I/O 的次数。

6.2.2 文件的物理结构

呈现在用户面前的文件是逻辑文件，其组织方式是文件的逻辑结构。逻辑文件总要按照一定的方法保存在外存上，它在外存上具体的存储和组织形式称为文件的物理结构，而这时的文件则称为物理文件。物理文件的实现，归根结底就是能够把文件的内容存放在外存的合适地方，并且在需要时能够很容易地读出文件中的数据。物理文件的实现需要解决以下三个问题。

（1）给文件分配外存空间。

（2）记住文件在外存空间的存储位置。

（3）将文件内容存放在属于该文件的外存空间里。

给文件分配外存空间就是要按照用户要求或文件大小，给文件分配适当容量的外存空间。记住文件在外存空间的位置，对以后文件的访问至关重要。而将文件内容存放在属于该文件的外存空间里，则可通过相应的外存设备驱动器来实现。实现上述三点均需要了解文件在外存上的存放方式，即文件的物理结构。

文件在磁盘上的存放方式（文件的物理结构）就像程序在内存中存放方式那样有以下两种。

（1）连续空间存放方式（连续结构）。

（2）非连续空间存放方式。

其中，非连续空间存放又可以分为链表方式（链表结构）和索引方式（索引结构）两种。

1. 连续结构

连续结构也称顺序结构，是一种最简单的物理文件结构，其特点是逻辑上连续的文件信息，依次存放在物理上相邻的若干物理块中，如图 6-2 所示。具有连续结构的文件称为连续文件（或顺序文件）。

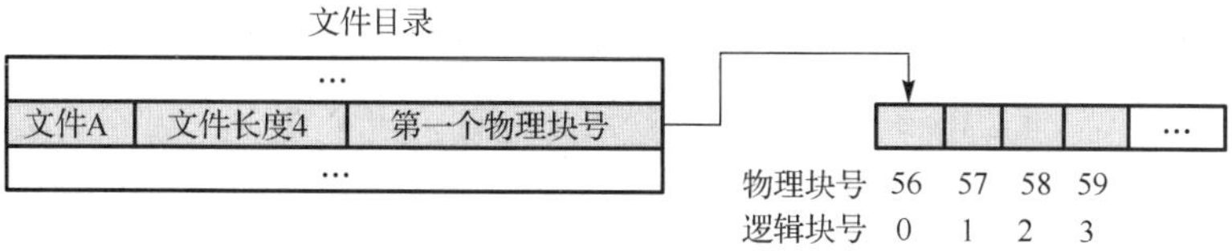

图 6-2 文件的连续结构

磁带上的文件只能采用顺序结构。每个磁带文件包括文件头标、文件信息、文件尾标三部分：① 文件头标包含文件名、文件的物理块数、物理块长度等文件属性并标志文件由此开始；② 文件尾标标志文件到此结束；③ 文件信息位于文件头标和文件尾标之间。要访问磁带上的某个文件，必须从第一个文件开始查找，即首先读出第一个文件的头标进行文件名比较。若不是用户要访问的文件，则磁头前进到下一个文件的头标处继续进行文件名的比较，直到找到用户指定的文件为止，找到指定的文件后就可以进行文件的读写操作。

磁盘上的连续文件存储在一组相邻的物理块中，这组物理块的地址构成了磁盘上的一段线性地址。例如，若文件第一个物理块的地址为 a，则第二个物理块的地址为 a+1，第三个物理块的地址为 a+2，以此类推，连续文件的所有物理块总是位于同一个磁道或同一柱面上，如仍然放不下，则存储在相邻磁道或相邻柱面上，因此存取同一个文件中的信息，不需要移动磁头或仅需磁头移动很短的距离。为了确定连续文件在磁盘上的存放位置，需要将该文件第一个物理块号及文件长度（物理块个数）等信息记录在文件目录中该文件所对应的目录项里。

连续文件的优点是顺序访问容易。连续文件的最佳应用场合是对文件的多个记录进行批量存取时，即每次要读写一大批记录，这时连续文件的存取效率是所有逻辑文件中最高的。若要对连续文件进行顺序访问，只需从目录中找到该文件的第一个物理块，就可以逐个物理块地依次向下进行访问。连续文件存储空间的连续分配特点也支持直接访问（随机访问），若需要存取文件（设起始物理块号为 a）的第 i 号物理块内容，则可通过直接存取 a+i 号物理块来实现。此外，也只有连续文件才能存储在磁带上并有效地工作。

连续文件的缺点主要体现在以下 4 个方面。

（1）在交互应用场合，如果用户要求查找或修改文件中未知序号的某个记录，则系统只能按顺序依次查找连续文件中的相邻记录，直到找到所需记录为止，这时连续文件所表现出来的性能可能就很差，尤其是当文件较大时情况就更严重。如果是变长记录的连续文件，则为查找一个记录所需付出的开销将更大。

（2）为文件分配连续的存储空间容易出现外存碎片（随着文件存储空间的不断分配和回收，将导致磁盘上出现一些再也无法分配的小存储区，如仅有一两个物理块的存储区）。大量外存碎片的出现会严重降低外存空间的利用率，若定期利用紧凑技术来消除外存碎片，则要花费大量的 CPU 时间。

（3）要为文件分配连续存储空间，必须事先知道文件的长度，而许多情况下却难以事先知道文件的长度。如创建一个新文件时只能估计文件的大小，于是可能出现下述结果：① 估计结果小于实际文件需要的大小，致使文件进一步操作无法继续；② 估计结果远大于实际文件的长度，导致严重的外存空间浪费。

（4）增加或删除一个记录比较困难。在增加或删除记录后，需要调整文件中所有记录的存储位置来保持文件连续存储的特性。为了解决这一问题，可以为连续文件配置一个运行记录文件或称事务文件。需要对文件实施增加、删除或修改记录的操作时，并不立即对文件实施这些操作，而是将该操作的信息登记到运行记录文件中。每隔一定时间，系统则按照运行记录文件所记录的一系列操作对该文件实施这些操作，即将分散的各个操作集中起来，进行一次性处理，以此来提高处理的效率。

2. 链接结构

为了克服连续文件增加或删除记录比较困难且容易产生外存碎片的缺点，可以采用离散方式为文件分配外存空间。链接结构也称串联结构，它就是为了实现文件离散分配磁盘物理块而产生的一种文件物理结构。采用链接结构，文件的信息可以保存在磁盘的若干相邻或不相邻的物理块中，每个物理块中设置一个指针指向逻辑顺序的下一个物理块，从而使同一个文件中的各物理块按逻辑顺序链接起来。具有链接结构的物理文件称为链接文件或串联文件。

由于链接文件采用离散分配方式，从而消除了外存碎片，所以可显著提高外存（磁盘）空间的利用率。此外，链接文件不需要事先知道文件的大小，而是根据文件当前需求的大小来分配磁盘物理块。随着文件的动态增长，当文件需要新的物理块时再动态地为其追加分配，因此便于文件的增长和扩充；不需要文件中某物理块时，也可从该文件的物理块链中删除。链接文件可以动态分配物理块的特点决定了在这类文件中能够方便地进行插入、删除和修改操作。链接文件的缺点是只适合顺序访问而不能直接访问（随机访问），并且因每个物理块中的链接指针都要占一定的存储空间而导致存储效率降低。

根据链接方式的不同，链接结构又可以分为隐式链接结构和显式链接结构两种。

（1）隐式链接结构

采用隐式链接结构时，文件的每个物理块中有一个指针指向该文件中逻辑顺序的下一个物理块，即通过每个物理块中的指针将属于同一个文件的所有物理块链接成一个链表，并且将指向文件第一个物理块的指针保存到该文件的目录项中。隐式链接文件的结构如图 6-3 所示。

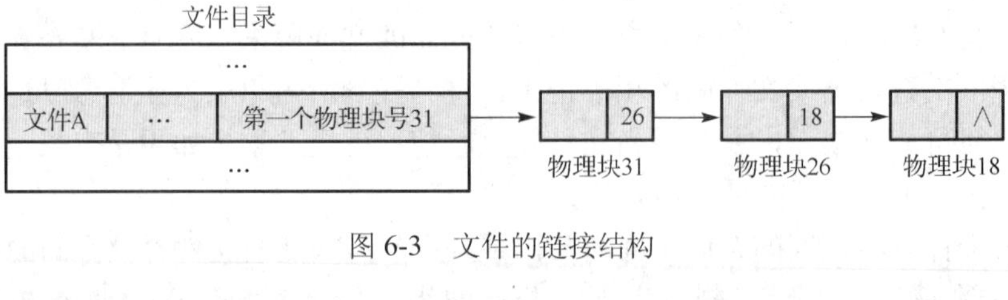

图 6-3　文件的链接结构

隐式链接文件的主要问题是只适合顺序访问，直接访问的效率很低。例如，若要访问文件的某个物理块，则必须先从它的第一个物理块起，沿着指针一个物理块接着一个物理块进行查找，直至找到所要访问的物理块为止，通常这种查找需要花费较多的时间。另外，仅通过链接指针将大量离散的物理块链接起来可靠性较差，一个指针出现了问题就会导致整个物理块链断开。

为了提高文件的检索速度和减少指针占用的存储空间，可以将相邻的几个物理块组成一个单位——簇，然后以簇为单位来分配磁盘空间。这样做的好处是成倍地减少了查找指定物理块的时间，同时也减少了指针占用的存储空间。不足之处是以簇为单位分配磁盘空间会使外存碎片增多。

（2）显式链接结构

隐式链接文件的缺点是访问速度慢，尤其是直接访问，需要从文件的第一个物理块一个指针一个指针地找下去，若有任何一个指针损坏，则无法恢复整个文件（连续文件则不存在这个问题）。此外，一个物理块的大小总是 2 的整数幂，这是因为计算机里 2 的整数幂比较容易处理。但隐式链接文件使用物理块中的一部分空间来存放指针，使得物理块里存放数据的空间不再是 2 的整数幂，这将造成数据处理的效率下降。此外，读取数据时要将指针从物理块中分离出来，这也影响数据处理的效率。

解决的方法是将所有的指针从物理块里分离出来集中存放在一张表中，这样，要想知道任意一个物理块的存储地址，只需要查找该表即可。并且该表可以存放在内存中，这既解决了物理块中的数据不是 2 的整数幂的问题，又解决了直接访问速度慢的问题。

显示链接结构就是按上述方法将用于链接文件各物理块的指针，显式地存放在内存中的一张链接表中，称为文件分配表（FAT）。文件分配表的设置方式是将整个磁盘配置一张 FAT，该磁盘的每个物理块各对应一个 FAT 表项，因此 FAT 的项数与磁盘的物理块数相同。FAT 的表项从 0 开始编号，直至 $n-1$（n 为磁盘的物理块总数）。每个 FAT 表项存放一个链接指针，用于指向同一文件中逻辑顺序的下一个物理块，利用链接指针将属于同一个文件的所有 FAT 表项链接成一个链表，并且将该链表的头指针（即文件第一个物理块号）保存到该文件的目录项中。文件的显示链接结构如图 6-4(a)所示，–1 为链表的结束标志，图 6-4(b)给出了图 6-4(a)显示链接结构所示的链表示意。

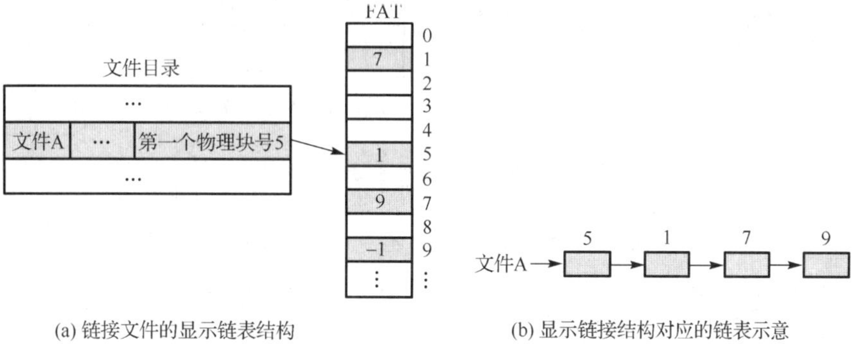

(a) 链接文件的显示链表结构　　(b) 显示链接结构对应的链表示意

图 6-4　链接文件的显示链接结构及其链表示意

显示链接结构由于使用了 FAT 保存磁盘中所有文件物理块之间的关联信息，因此可以按照以下方式存取文件的某个物理块：将 FAT 读入内存并在 FAT 中进行查找，待找到需要访问的物理块号后，再将该物理块的信息读入内存进行存取操作。由于整个查找操作在内存中进行，与隐式链接结构相比不仅提高了查找速度，而且大大减少了访问磁盘的次数。DOS 和 Windows 操作系统的文件就采用了显示链接结构。

采用显示链接结构存在以下两个问题。

（1）直接（随机）存取的效率不高。这是因为当需要对一个大文件进行直接存取时，首先从文件目录项中该文件的第一个物理块号开始查找 FAT，即以顺序查找的方式在内存的 FAT 中找到需要存取的物理块号，虽然查找是在内存中进行，但这种顺序查找也可能花费较多的时间。

（2）由于整个磁盘配置一张 FAT，而为了查找文件的物理块号就必须先将这个 FAT 读入内存，则当磁盘容量较大时这个 FAT 也会占用较多的内存空间。

3. 索引结构

FAT 虽然有效但占用内存较多，因为 FAT 记录了整个磁盘的所有物理块号，但如果系统中的文件数量较小，或者每个文件都不太大，那么 FAT 中将有很多未为文件使用的空表项，这样将整个 FAT 都放入内存显然没有必要。如果能将一个文件占用的所有物理块磁盘地址收集起来，集中放在一个索引物理块中，而在文件打开时将这个索引物理块加载到内存，这样就可以从内存索引物理块中获得文件的任何一个物理块磁盘地址。由于内存中存放的只是我们当前使用文件索引物理块，而不使用的那些文件的索引物理块仍在磁盘上，因此，显示链接结构中 FAT 占用内存太多的问题就解决了，这种索引物理块的方式就是索引结构。

索引结构的组织方式是：文件中的所有物理块都可以离散地存放于磁盘中，系统为每个文件建立一张索引表，用于按逻辑顺序存放该文件占用的所有物理块号。索引表或者保存在文件的目录项（即文件控制块 FCB）中，或者保存在一个专门分配的物理块（索引物理块）中，这时文件目录中只含有指向索引物理块的指针（即索引物理块的块号）。具有索引结构的文件称为索引文件，文件的索引结构如图 6-5 所示。

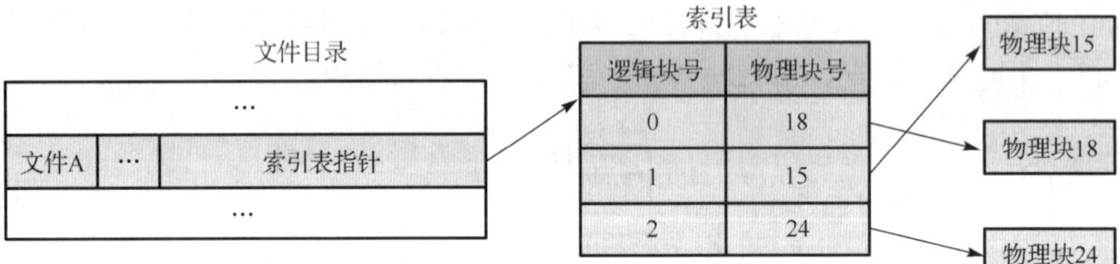

图 6-5　文件的索引结构

索引结构除具备链接结构所有的优点外，还克服了链接结构的缺点，既支持顺序访问又支持直接访问，当要访问文件的第 i 个物理块时，可以从该文件的索引表中直接找到第 i 个逻辑块对应的物理块号（有点像内存管理中的页表）。此外，文件采用索引结构查找效率高，便于文件进行增加或删除记录的操作，而且也不会产生外存碎片。

索引结构的主要缺点是外存空间浪费比较大，这是因为索引表本身占用空间的浪费可能较大。例如，如果每个文件使用一个专门的物理块（索引物理块）来存放索引表，则全部文件的索引表可能会占用几百个，甚至上千个物理块。但一般情况下，文件以中、小型居多，甚至不少文件只需 1～2 个物理块来存放数据，于是索引表中的大量空间被浪费了。

注意，如果索引表不调入内存，则存取文件时首先要获取存放于外存的索引表（索引物理块）信息，所以要增加一次访盘操作，从而降低了文件访问的速度。因此系统采取的方法是在文件存取前先把存放于外存的索引表（索引物理块）调入内存，这样在以后的文件访问中就可以直接查询内存中的索引表了。

与链接结构相比，当文件比较大时索引结构要优于链接结构；但对于小文件，索引结构则比链接结构浪费存储空间。

当文件很大时，文件的索引表也会很大。如果索引表的大小超过了一个物理块，可以将索引表本身作为一个文件，再为其建立一个索引表，这个索引表作为文件索引的索引，从而构成了二级索引。第一级索引的表项指向第二级索引，第二级索引表的表项指向相应信息所在的物理块号（如图 6-6 所示）。以此类推，可以再逐级建立索引，进而构成多级索引。在实际应用中，可以将多种索引结构组织在一起，形成混合索引结构。UNIX 和 Linux 操作系统中的文件物理结构就采用了混合索引结构。

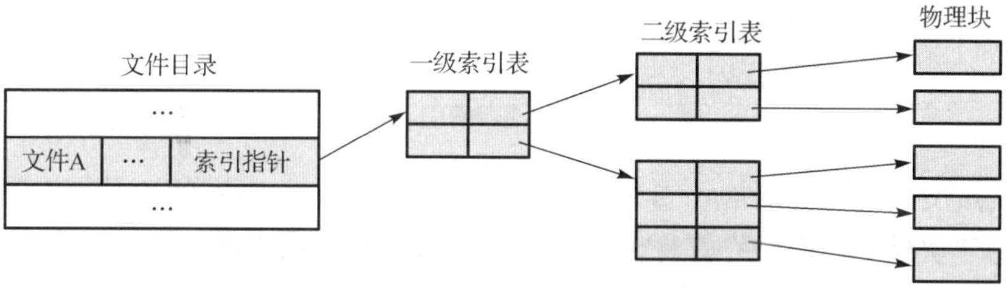

图 6-6 多级索引结构

如果磁盘的物理块大小为 4KB，每个物理块号占 4B，则一个索引块可以存放 1024 个物理块号，于是采用两级索引结构时，文件全部索引块最多可以存放的物理块号总量为 1024×1024=1M；采用三级索引结构时，文件全部索引块最多可以存放的物理块号总量为 1024×1024×1024=1G。由此可以得出结论：采用单级索引时，所允许的文件最大长度是 4KB×1024=4MB；采用两级索引时，所允许的文件最大长度是 4KB×1M=4GB；采用三级索引时，所允许的文件最大长度是 4KB×1G=4TB。

例 6.1 文件系统采用混合索引分配方式，文件索引节点（见 6.3.1 节）中有 7 个地址项，其中 4 个地址项为直接地址索引，2 个地址项是一级间接地址索引，1 个地址项是二级间接地址索引（如图 6-7 所示），每个地址项大小为 4B，若磁盘索引块和磁盘物理块大小均为 256B，则可表示的单个文件的最大长度是________。

A．32KB　　B．519KB　　C．1057KB　　D．16613KB

【解答】 本题的每个地址项大小为 4B（字节），索引块和物理块大小为 256B，即 256B/1024=0.25KB，每个索引块的项目数=256B/4B=64 个。4 个地址项为直接地址索引，对应的文件大小为 4×0.25KB=1KB（全部由一个文件使用）。2 个地址项是一级间接地址索引，对应的文件大小为 2×64×0.25KB=32KB，1 个地址项是二级间接地址索引，对应的文件大小为 1×64×64×0.25KB=1024KB。全部地址项为一个文件使用时为单个文件的最大长度，即 1KB+32KB+1024KB=1057KB。所以本题答案为 C。

4. 散列结构

链接文件很容易把物理块组织起来，但是查找某个记录则需要遍历文件的整个物理块链表，使得查找效率较低。为了实现文件的快速存取，目前应用最广的是一种散列结构，散列结构是针对记录式文件存储在直接（随机）存取设备上的一种物理结构。采用该结构时，记录的关键字与记录存储的物理位置之间通过散列（Hash）函数建立起某种对应关系，换言之，记录的关键字决定了记录存放的物理位置。具有散列结构的文件称为直接文件、散列文件或 Hash 文件。

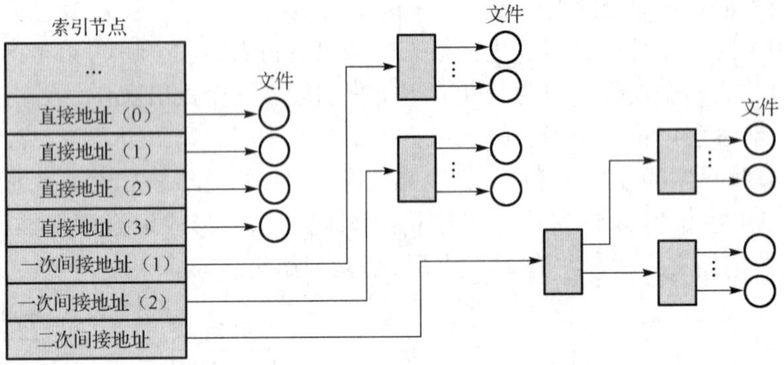

图 6-7 混合索引结构

为了实现文件存储空间的动态分配，直接文件通常并不使用散列函数将记录直接散列到相应的物理块号上，而是设置一个目录表，目录表的表项中保存了记录所存储的物理块号，而记录关键字的散列函数值则是该目录表中相应表项的索引号，如图 6-8 所示。

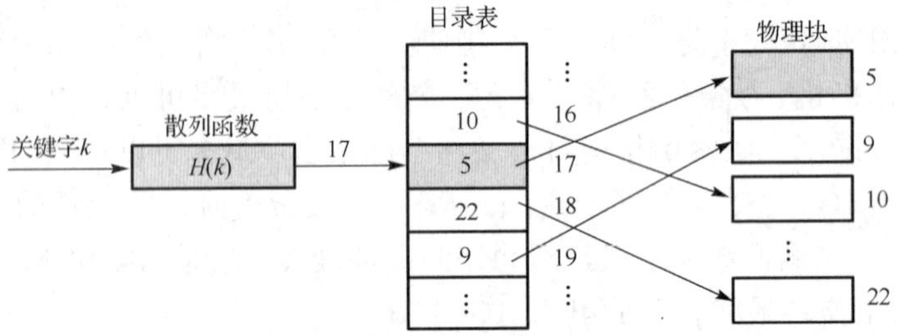

图 6-8 直接文件的物理结构示意

直接文件设计的关键是散列函数的选取，以及怎样解决“冲突”问题。一般来说，记录的存储地址与记录的关键字之间不存在一一对应的关系，不同的关键字可能有相同的散列函数值，即不同的关键字可能散列到相同的地址上，这种现象称为“冲突”。一个好的散列函数应将记录均匀地散列到所有地址上且冲突尽可能少，如果出现冲突也应该有好的解决办法。

直接文件的文件目录项中应包含指向散列函数的指针，这是因为存取该文件的某个记录时，需要使用这个散列函数计算该记录存储的物理地址。

直接文件的优点是存取速度快，节省存储空间；缺点是不能进行顺序存取，只能按关键字直接存取。

6.3 文件目录

现代计算机系统中存储着大量文件，为了有效地管理这些文件，需要将它们按照一定的方式组织起来。操作系统通过使用文件目录来达到组织文件的目的，文件目录是一种数据结构，它将若干文件的文件名、物理地址及其他属性按照一定的方式组织在一起，用于实现文件检索等目的。通过文件目录，只要给出文件名就能快速、准确地找到该文件在外存上的存储位置，从而对文件实现“按名存取”。

文件系统把同一卷标下的若干文件的文件目录和子目录信息组成一个独立的文件，这个全部由文件目录和子目录组成的文件称为目录文件。文件目录和目录文件是两个不同的概念，即文件目录仅记录一个文件的管理信息，它用于对单个文件的控制；而目录文件是由全部文件目录所组成的一个文件，它用于整个文件系统的管理。用户通过操作系统访问目录文件，以便根据目录文件中存放的文件目录来查找需要访问的文件。目录文件中文件目录的大部分信息特别是与存储有关的信息由操作系统管理，用户不能直接存取目录文件。

6.3.1 文件控制块与索引节点

1. 文件控制块

为了描述、管理和控制文件，操作系统为每个文件设置了专门的数据结构，这个数据结构至少要包含文件名和存放文件的物理地址，通常称为文件控制块（File Control Block，FCB）。每个文件有一个 FCB，它是该文件的唯一标识。FCB 的有序集合称为文件目录，即一个 FCB 就是一个文件目录项，由文件目录构成的文件称为目录文件。文件管理程序正是借助于 FCB 中的信息来对文件进行管理和操作。

一个典型的 FCB 通常包含以下三部分信息。

（1）基本信息。文件名、文件类型、文件的物理位置（存放文件的设备号、文件在外存的起始物理块号或文件索引所在的位置）、文件大小（文件占用的物理块数或以字节数表示的文件长度等信息）、文件的逻辑结构（记录类型、记录个数及记录长度等）和物理结构（物理结构类型）等。

（2）存取控制信息。文件创建者（文件主）的存取权限、授权用户的存取权限、一般用户的存取权限，如读写文件、执行文件、只读文件等。

（3）文件使用信息。文件建立的日期和时间、文件最后一次修改的日期和时间、文件最后一次被访问的日期和时间、当前使用信息（如当前打开文件的进程数、文件的使用状态、文件是否已被修改但尚未保存到磁盘上）等。

2. 索引节点

文件目录由 FCB 的有序集合组成，而目录文件则是文件目录在外存中的一种存放形式。当用户要求存取某个文件时，系统首先通过目录文件查找文件目录，即通过比较文件名就可以找到该文件的 FCB（文件目录项），再通过这个 FCB 获得该文件的第一个物理块号，此后就可以存取该文件的信息。但是，当文件数量很多时，目录文件中的文件目录也相应变得很大，需要占用多个物理块，每个文件目录项（即 FCB）也很大时，就会占用更多的物理块。例如，若一个目录项占用 64B，而物理块大小为 1KB，此时一个物理块仅能存放 16 个目录项。如果文件目录有 1000 项，则查找一个文件平均需要启动磁盘 32 次（若文件目录占用的物理块为 n，则查找一个文件平均需要将物理块调入内存 $(n+1)/2$ 次）。

稍加分析可知，在目录文件里查找文件目录的过程中只用到了文件名，仅当找到指定文件后才需要从该文件的目录项中读取该文件存储的物理地址，至于其他有关文件的信息在整个查找过程中并不使用。因此，从文件目录中查找指定文件时，除文件名外实际上并不需要将该文件中的其他信息调入内存。

于是，为了加快文件的查找速度，有些操作系统（如 UNIX 和 Linux）采用了将文件名和文件的其他信息分开存储的方法，即将文件除文件名外的其他信息保存在一个单独的数据结构中，该数据结构称为索引节点（Index Node），简称 i 节点。引入索引节点后，每个文件的目录项则只保留文件名以及指向该文件对应索引节点的指针（即指向 i 节点的指针）这两项内容。这种每个目录项中只有文件名和 i 节点指针的做法则明显减少查找文件的时间开销。如 UNIX 系统的一个文件目录项仅占 16B（文件名占 14B，指向 i 节点的指针占 2B），1KB 大小的物理块可以存放 64 个目录项。这样，对于具有 1000 个目录项的文件目录，查找一个指定文件平均只需要启动磁盘 8 次左右。

索引节点分为磁盘索引节点和内存索引节点。磁盘索引节点指存放在磁盘上的索引节点，它包括文件所有者标识、文件类型、文件存取权限、文件物理地址、文件长度、文件连接计数及文件存取时间等。内存索引节点指存放在内存中的索引节点。当文件被打开时，它的磁盘索引节点内容将被复制到内存索引节点中，以便以后使用。内存索引节点除包含磁盘索引节点的内容外，还增加了索引节点编号、状态、访问计数、文件所属文件系统的逻辑设备号及连接指针等。

现在，对于文件的查找则是在目录文件里查找指定文件名的文件目录，找到指定文件名的目录项时，则从该目录项里的指向 i 节点指针，找到文件在磁盘上的磁盘索引节点，然后将该文件的磁盘索引节点内容复制到内存索引节点中并打开该文件，这时就可以根据内存索引节点提供的信息对文件进行操作。

6.3.2 目录结构

目录结构是指文件目录的组织形式，目录结构组织的好坏将直接影响到文件系统的存取速度，同时也关系到文件的共享和安全性。因此组织好文件的目录结构是文件系统设计的一个重要环节。

1. 单级目录结构

最简单的目录结构是整个文件系统只建立一个目录表，即将所有文件的 FCB 都保存于这张目录表中，每个文件占用一个表项，这种方式称为单级目录，如图 6-9 所示。单级目录结构实现了目录管理的最基本功能——按名存取，但它存在以下缺点：只能顺序查找，文件检索速度慢，不允许文件重名，不便于实现文件共享，只适用于单用户环境。

文件录表

文件名	记录长度	记录数	起始块号	其他信息
…	…	…	…	…
文件A	100	8	20	…
文件B	300	10	35	…
…	…	…	…	…

图 6-9　简单目录结构

2. 二级目录结构

为了克服单级目录结构存在的缺点，引入了二级目录结构。二级目录结构指目录分为两级：一级是用户自己的用户文件目录（UFD），它由该用户所有文件的 FCB 组成，其结构与单级目录相似；另一级是主文件目录（MFD），整个系统设置了一张主文件目录，而每个用户文件目录在主文件目录中都占有一个目录项，该目录项包括用户名和指向该用户目录文件位置的指针，如图 6-10 所示。

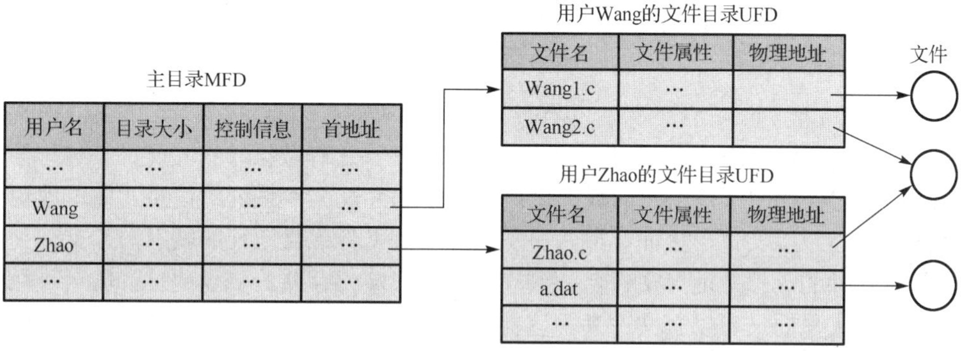

图 6-10　二级目录结构

采用二级目录结构后，用户可以请求系统为其建立一个用户文件目录 UFD，如果用户不再需要这个 UFD，也可以请求系统管理员将它撤销。当用户要创建一个新文件时，系统只需检查该用户的 UFD，判断在该 UFD 中是否已有同名的另一个文件。若有，则用户必须为新文件重新命名；否则在 UFD 中建立一个新的目录项，并将新文件名及其有关属性填入该目录项中。当用户要删除一个文件时，系统也只需查找该用户的 UFD，从中找出指定文件名的目录项，并根据目录项所提供的信息回收该文件所占用的存储空间，并删除该用户 UFD 中的这个目录项。

与单级目录相比，二级目录结构具有以下三方面优点。

（1）提高了查找目录的速度。如果主目录中有 n 个子目录，每个用户目录最多有 m 个目录项，则找到一个指定目录项，则最多只需查找 $n+m$ 个目录项，但如果采用单级目录结构则最多需要查找 $n\times m$ 个目录项。

（2）较好地解决了重名问题。在不同的用户目录中可以使用相同的文件名，只要保证用户自己的 UFD 中文件名唯一即可。

（3）便于文件共享。不同用户可以使用相同或不同的文件名访问系统中的同一个共享文件，方法是将对应目录项中的文件物理地址，指向共享文件的物理地址。

3. 多级目录结构

在二级目录的基础上，可以按照树形结构将目录结构进一步扩充为多级目录结构。多级目录结构因其像一棵倒置的有根树，故也称树形目录结构。多级目录结构如图 6-11 所示。

在多级目录中，有且仅有一个称为根目录的主目录。根目录可以包含若干文件或子目录，子目录又可以包含若干文件和子目录。以此类推，即所有目录和文件形成了一种树形结构关系。其中，每个分支节点是一个目录，而每个叶节点是一个数据文件。

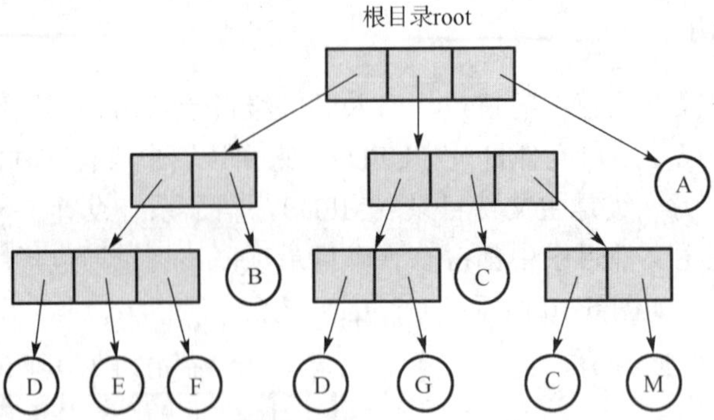

图 6-11　多级目录结构

在 Windows 操作系统中，多级目录采用的是文件夹这种数据结构。文件夹也称为目录夹（folder），它保存的不是用户的数据，而是关于文件及文件系统的信息。简单地说，文件夹的作用就是跟踪文件，里面存放的是从文件名到文件磁盘地址的映射，即文件夹对文件来说是从文件的虚拟地址（文件名）到实际地址（文件存储的磁盘地址）的一种翻译机制。由于文件夹里面又可以有文件夹，这样就形成了一个层次结构。这个层次结构的顶端就是根文件夹，也称根目录，因此也构成了如图 6-11 所示的多级目录结构。

那么，在多级目录结构中如何从一个文件名找到其存储的磁盘地址呢？假定我们要找的文件是/hu/yy56/file.c。这个文件名最前面的"/"代表的就是根目录（通常我们将 file.c 之前的"/hu/yy56"称为路径），因此我们首先从根目录开始查找，根目录里面可能有许多文件和文件夹，而其中的一个文件夹就是 hu，而根目录里有存放文件夹 hu 所在的磁盘地址，文件系统根据这个地址将文件夹 hu 打开。在打开文件夹 hu 里又包含的是另一个文件夹 yy56 及其磁盘地址，文件系统再次根据此地址打开文件夹 yy56，又在文件夹 yy56 中找到文件名 file.c 及其磁盘地址，这时就可根据 file.c 的磁盘地址读取文件 file.c 的内容。即从根目录开始，我们需要三次访问磁盘才能得到文件 file.c 的内容。

上述例子给出的文件名"/hu/yy56/file.c"包括从根目录开始的一个完整路径，因此称为绝对路径，绝对路径是从根目录的视角来看一个文件的访问路径。与绝对路径相对的是相对路径，即从某个当前工作目录的角度来看一个文件的访问路径。例如，如果我们当前已经在目录"/hu/yy56/"下，则只需要给出文件名 file.c 即可访问该文件。使用相对路径的好处是没有必要检索整个文件（目录）夹，可以节省磁盘的访问次数，从而提高文件的访问效率。

多级目录可以用于大型文件系统，它具有文件检索方便、快捷，位于不同子目录下的文件可以重名，容易实现文件或目录的存取权限控制，便于文件保护、保密和共享等许多优点。现代操作系统中的文件系统都采用了多级目录结构。

6.3.3　文件目录查找

目录管理的最基本功能是实现对文件的"按名存取"。要实现文件的按名存取，系统必须依次进行的操作是：① 根据用户提供的文件名，在文件目录上找到该文件的 FCB 或索引节点；② 从 FCB 或索引节点中找到该文件存放的物理块号；③ 由物理块号计算出该文件在磁盘上的物理位置（柱面、磁道、扇区）；④ 通过磁盘驱动程序将该文件读入内存。完成这些操作的关键是怎样根据文件名从目录中检索出文件的物理位置。常用的两种目录检索方法是顺序检索法和散列（Hash）检索法。

1. 顺序检索法

顺序检索法又称线性检索法。在单级目录中利用用户提供的文件名，用顺序查找法直接从文件目录中找到指定文件的目录项。在多级目录中，用户提供的是文件路径名，此时需根据此路径名对多级目录进行查找。

对于多级目录的查找，操作系统需要利用用户提供的路径名找到相应的文件目录项，而查找一个文件目录项就意味着首先要定位根目录。根目录可能是位于磁盘分区的某个固定位置，或者它的起始位置可以由其他一些信息来决定。一旦找到根目录，就可以对目录树进行搜索来查找所需要的文件目录项。在文件目录项中提供了查找文件物理空间所需的信息，不同的系统这些信息可能不同，它可能是整个文件的磁盘地址、文件第一个物理块号或 i 节点号。不管是哪一种情形，目录查找的主要功能都是一样的，即把 ASCII 码形式的文件名映射为查找文件时所需的物理地址。

由 6.3.2 节中多级目录查找文件的例子可知，顺序检索法是从根目录（绝对路径）或当前目录（相对路径）开始，依次从路径名上分离出目录名（或文件名），并在对应的目录文件中进行匹配操作，直至找到需要访问的文件物理地址，或者确定待查文件并不存在（如果有一个目录名或文件名分量没有找到，则说明待查文件在该多级目录中并不存在，这时应停止查找，并返回“文件未找到”信息）。

2. 散列检索法

如果文件系统采用散列（Hash）方法进行处理，即文件目录是一张散列表，每个文件名的散列函数值是文件目录中对应目录项的索引值，则可使用散列检索法查找指定的文件。散列检索法的具体查找过程是以待查文件名为自变量，代入创建文件目录时使用的散列函数并计算出散列函数值，即得到该文件的目录项在文件目录中的索引号，根据这个索引号从文件目录中直接找到需要访问的文件目录项，并从该目录项中获得此文件的物理地址。

但是，在将文件名映射为对应的文件目录项过程中，有可能把几个不同的文件名转换为相同的散列函数值，即出现了“冲突”。因此散列检索法还必须有解决冲突的处理办法。

散列检索法的优点是可以显著提高文件的查找速度。

6.4 文件存储空间管理

文件存储空间（外存）由系统和用户共享。由于文件存储设备是分成若干大小相等的物理块，并且以块为单位来交换信息，因此文件存储空间的管理主要是对外存中的空闲块（未使用的物理块）进行管理。

文件管理的基本任务是为新建文件分配外存空间以及回收已删除文件的外存空间。为新建文件分配外存空间可以采用连续分配和离散分配两种方式。连续分配方式具有较高的文件访问速度，但容易产生外存碎片；离散分配方式不会产生外存碎片，但访问速度较慢。要实现外存空间的分配与回收，就必须设置相应的数据结构来记录外存空间当前的使用情况，同时还必须提供相应的手段实现外存空间的具体分配与回收。

6.4.1 空闲分区表法

空闲分区表法属于连续分配方式，它为每个文件分配一块连续的空闲块空间。系统为外存上的所有空闲分区建立一张空闲分区表，每个空闲分区在空闲分区表中占有一个表项，表项包括空闲分区的序号、第一个空闲块号以及该空闲分区所包含的空闲块个数等，所有空闲分区按其起始的空闲块号递增的次序排列，如表 6.1 所示。

表 6.1 空闲分区表

序号	第一个空闲块号	空闲块个数
1	2	4
2	9	3
3	15	6
…	…	…

空闲分区的分配与内存的可变分区分配类似，同样可以采用首次适应算法、循环首次适应算法等。例如，在系统为某个新创建的文件分配磁盘空闲块时，先顺序检索空闲分区表中的各表项，直至找到第一个能满足文件大小要求的空闲分区，然后将该空闲分区分配给这个文件，同时修改空闲分区表。在回收一个空闲分区时，首先考虑回收分区是否在空闲分区表中与其他空闲分区前、后邻接。如果是，则将该空闲分区与相邻的空闲分区进行合并，尽可能形成一个较大的空闲分区。

在内存分配上很少采用连续分配的方式，但是在外存管理中，由于连续分配的速度快而且可以减少所存储的文件在读写操作时访问磁盘次数，因此它在诸多分配方式中仍占有一席之地。如在支持对换的系统中，对于对换空间一般都采用连续分配方式；对于文件系统，如果文件较小（1～4 个物理块）时也可采用连续分配方式。

空闲分区表法的优点是在文件较小时有很好的效果，适用于连续文件的存储分配与回收；缺点是既增加了目录的大小，也增加了目录管理的复杂性。

6.4.2 空闲块链法

空闲块链法是把文件存储设备上的所有空闲块用指针链接在一起，每个空闲块中都设置了一个指向另一空闲块的指针，从而形成一个空闲块链。系统则设置一个链首指针用来指向空闲块链中的第一个空闲块，最后一个空闲块中的指针值为 0，标志该块为空闲块链中的最后一个空闲块。当用户请求为文件分配存储空间时，系统就从空闲块链的链首开始依次摘取所需数目的空闲块分配给用户。当用户删除文件时，系统就将该文件占用的物理块回收（已变为空闲块），并链入空闲块链。

空闲块链的优点是分配与回收一个空闲块的过程都非常简单：缺点是效率较低，每次分配或回收一个空闲块时，都要启动磁盘才能取得空闲块内的指针，或把指针写入归还的物理块（已变为空闲块）中。改进的方法是采用空闲区链法或成组链接法。

空闲区链法是指将磁盘上当前的所有空闲空间，以空闲区为单位链接成一个链表。由于各空闲区的大小可能不一样，因此每个空闲区除含有指向下一个和前一个空闲区的指针外，还用一定的字节来记录空闲区的大小（空闲块个数）。使用空闲区链分配磁盘空间的方法与内存的可变分区分配类似，可以采用首次适应等算法。在回收空闲区时，也要考虑相邻空闲区的合并问题。为了提高对空闲区的检索速度可以采用显式链接，即将链接各空闲区的指针显式地存放于内存中一张链接表中。

成组链接法是将空闲分区表法和空闲块链法相结合而形成的一种空闲块管理方法，它兼备了两种方法的优点，并克服了两种方法均有的表太长的缺点。成组链接法的优点是简单，但工作效率低，因为在空闲块链上增加或移动空闲块时，需要做许多 I/O 操作。

在 UNIX 操作系统中，磁盘的存储空间管理采用空闲块成组链接方法，每 100 个空闲块为一组，每组作为空闲块成组链接链表中的一个节点，最后不足 100 个空闲块的这组，则作为空闲块成组链接链表中的首节点。以每组（每个节点）100 个空闲块为例，在该组的第一个空闲块中，0 号单元记录了本组可用空闲块的总数 100；从 1 号单元到 100 号单元，每个单元都存放着一个可用于分配的空闲块号，以供内存分配时使用；1 号单元存放的空闲块号还有一个用途，即在该块号所指的空闲块中又登记了下一组（后继节点）可用于分配的空闲块信息。

假定现在共有 438 个物理块，编号从 12～449，图 6-12 给出了 UNIX 系统的空闲块成组链接示意图（白框表示在内存，灰框表示在磁盘）。其中，空闲块 50～12 这一组为链表中的首节点，50 号的空闲块中登记了下一组（后继节点）100 个空闲块 150～51；同样，150 号的空闲块中登记了再下一组 100 个空闲块 250～151，以此类推。注意，空闲块 350～251 这组中的 350 号空闲块里登记了最后一组（链表的最后一个节点）99 个空闲块 449～351，且 350 号空闲块中 1 号单元中并不放置空闲块号而是填“0”（链尾标志），表示空闲块成组链接链表到此结束。

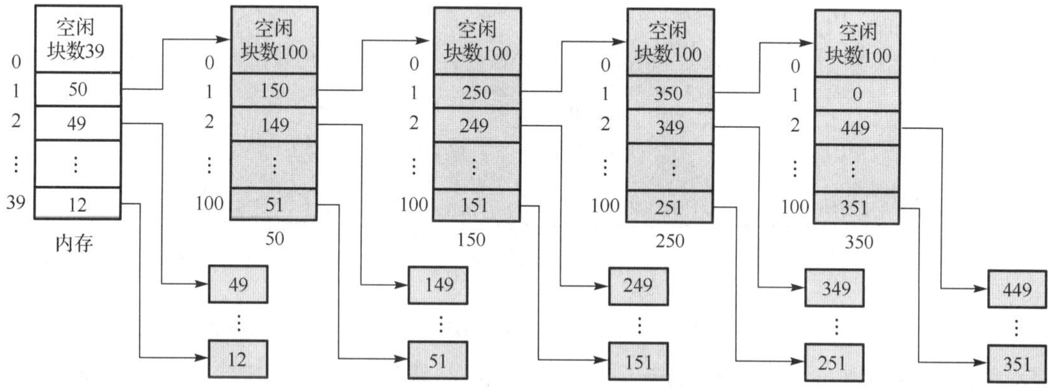

图 6-12 UNIX 系统的空闲块成组链接示意

系统初始化时，先将空闲块成组链接链表中首节点的空闲块号及块数信息读入到内存专用块中（称为当前组信息）。当有申请空闲块要求时，就直接按内存专用块存放的当前组信息（空闲块号）分配空闲块，每分配一块后就把 0 号单元记录的当前组空闲块数减 1。分配是从内存专用块中按 100 号单元至 1 号单元的顺序依次分配各单元中的空闲块（号）。当分配到 1 号单元所存放的空闲块号（当前组剩余的最后一个空闲块。由于是逆序分配，该空闲块实际上是排列在该组的第一个空闲块）时，则需先把记录在该空闲块中的下一组（即当前组节点的后继节点）空闲块信息读入到内存专用块中成为新的当前组，然后再分配该空闲块（这时内存专用块中记录的原当前组空闲块都已分配完毕）。即此时内存专用块中又有了新的一组可用于分配的空闲块信息。这样，每当分配完一组空闲块时，就将下一组空闲块信息读到内存专用块中，以便继续进行空闲块分配。因此每组（每个节点）第一个空闲块的 1 号单元，除存放空闲块号外，还同时起着链接指针的作用，即通过每组（每个节点）第一个空闲块的 1 号单元将系统中所有的空闲块以组为单位（作为链表中的节点）链接起来，这种链接方式被称为空闲块成组链接法。

当系统回收一个物理块（该物理块现已成为空闲块）时，若回收该块之前内存专用块中当前组的空闲块未满 100 块，则把回收的块号登记在内存专用块的当前组中，且 0 号单元中的当前组空闲块数加 1 即完成回收；若回收该块之前内存专用块中当前组的空闲块已达 100 块，则先把内存专用块所登记的 100 个空闲块号作为一组写到这个待回收的空闲块中，并清空内存专用块中登记的所有空闲块号，然后回收这个待回收的空闲块，即将该空闲块号登记到内存专用块的 1 号单元中，作为新当前组中的第一个空闲块，并置内存专用块 0 号单元中的当前组空闲块数为 1。这时，刚填入到新当前组第一个空闲块中的这组信息，即构成了新当前组节点的后继节点。

6.4.3 位示图法

位示图法是指利用一个由若干二进制位构成的图形，来描述磁盘当前存储空间的使用情况。二进制位的数量与磁盘的物理块数量相同，每个二进制位对应一个物理块。其中，若某二进制位为 0，则表示对应的物理块为空闲块可用于分配；若某二进制位为 1，则表示对应的物理块已被分配。位示图法的示意见图 6-13。

	1	2	3	4	5	6	7	8	9	10	11	12	13	14	15	16
1	1	1	1	1	1	0	0	0	0	1	1	0	0	1	1	1
2	0	0	1	1	0	0	1	1	1	1	0	0	0	0	1	1
3	1	1	1	0	0	1	0	1	1	1	1	1	0	1	1	0
4	0	0	1	1	1	1	0	1	0	1	1	0	1	1	1	0
5	1	0	1	1	1	0	0	0	0	1	1	1	1	1	0	0
6	0	0	0	0	1	1	1	0	0	0	0	0	0	0	0	0
⋮																

图 6-13 位示图示意

利用位示图进行空闲块分配时只需查找位示图中为 0 的位并将其置 1，表示该二进制位对应的空闲块现在已经分配出去；反之，回收时只需把回收物理块块号在位示图中所对应的位由 1 改为 0 即可（此时该物理块变为空闲块）。由于位示图很小，可以将它保存在内存中以方便查找。

位示图的优点是占用空间少，且容易找到相邻的空闲块，位示图几乎可以全部进入内存；位示图的缺点是分配时需要顺序扫描位示图，且空闲块号并未在位示图中直接反映出来，需要进一步计算。

6.5 文件共享与文件安全

实现文件共享是文件系统的重要功能。文件共享并不意味着用户可以不加限制地随意使用文件，否则文件的安全性和保密性将无法得到保证。因此文件共享要解决两个问题：一是如何实现文件共享；二是对各类需要共享的用户如何进行存取控制来保证文件的安全使用。

6.5.1 早期的文件共享方法

文件共享是指多个用户（进程）可以通过相同或不同文件名使用同一个文件，这样系统只需保存该文件的一份副本。利用文件共享不仅可以节省大量外存空间，而且可以减少复制文件的时间开销并减少文件中数据不一致性的问题发生。早期实现文件共享的方法有三种，即绕道法、链接法和基本文件目录表法。

1. 绕道法

绕道法要求每个用户在当前目录下工作，用户对所有文件的访问都是相对于当前目录进行的。用户文件的路径名是由当前目录到数据文件通路上所有各级目录的目录名，再加上该数据文件的文件名组成。当所访问的共享文件不在当前目录下时，用户应从当前目录出发向上回退到该共享文件所在路径的交汇点处，再由此交汇点顺序向下访问到该共享文件。

绕道法需要用户指定所要共享文件的逻辑位置，或指定能够到达此共享文件的路径。显然，绕道法要绕弯路访问多级目录，因此查找效率不高。

2. 链接法

为了提高共享其他目录中文件的查找速度，另一种共享方法是在相应目录表之间进行链接，即将一个目录中的链接指针，直接指向共享文件的文件目录，从而实现文件的共享。采用这种链接方法实现文件共享时，应在文件目录项中增加“连访属性”和“用户计数”两项说明，前者说明文件物理地址是指向共享文件的目录，后者说明共享文件的用户数目。若要删除一个共享文件，必须判断该共享文件是否有多个用户在使用，如果有多个用户在使用，则只对用户计数做减 1 操作，否则才真正删除此共享文件。链接法仍然需要用户指定被共享的文件和被链接的目录。

3. 基本文件目录表法

基本文件目录表法把所有文件目录的内容分成两部分：一部分包括文件的结构信息、物理块号、存取控制和管理信息等，并由系统赋予唯一的内部标识符来标识；另一部分则由用户给出的文件名和系统赋以文件说明信息的内部标识符组成。这两部分分别称为基本文件目录表（BFD）和符号文件目录表（SFD）。BFD 中存放除文件名之外的文件说明信息和文件的内部标识符，SFD 中存放文件名和文件内部标识符。这样组成的多级目录结构如图 6-14 所示。为简单起见，图 6-14 中未在 BFD 表项中列出结构信息、存取控制信息和管理控制信息等。

采用基本文件目录方式可以较方便地实现文件共享。如果用户要共享某个文件，则只需在相应的目录文件中增加一个目录项，在其中填上一个文件名及被共享文件的标识符。如在图 6-14 中，用户 Wang 和 Zhang 共享内部标识符为 6 的文件。对系统来说，内部标识符 6 指向同一个文件，而对 Wang 和 Zhang 两个用户来说，则对应于不同的文件名 Beta 和 Alpha。

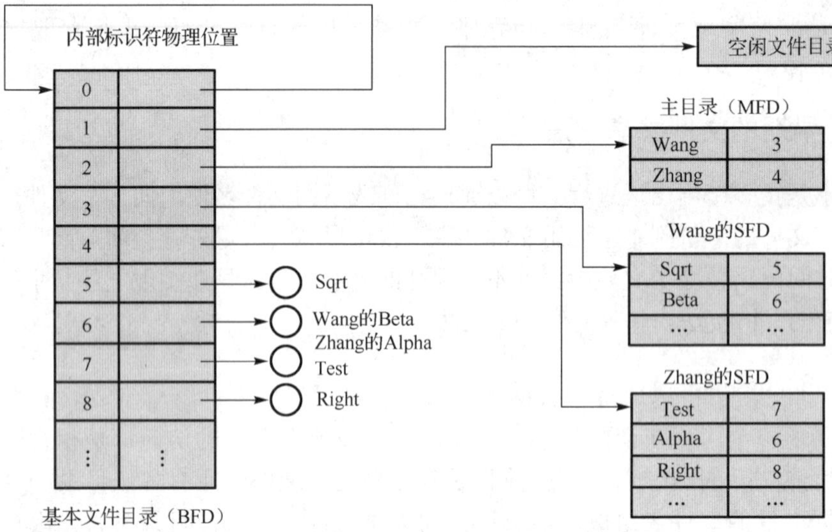

图 6-14　基本文件目录表实现共享示意

6.5.2　目前常用的文件共享方法

现代计算机系统都提供了相应的文件共享手段。文件共享存在两种形式：静态共享，即多个文件名到同一个物理文件的链接关系长期存在；动态共享，即多个文件名到同一个物理文件的链接关系只是当进程存在时才存在。

1. 静态共享

实际上静态共享的文件仅有一处实际的物理存储，但由于链接关系的存在则可以从多个相关目录到达这个文件。

（1）基于索引节点的文件共享

当多个用户需要共享某文件（或子目录）时，必须将被共享的文件（或子目录）链接到这些用户的相应目录中，以便能够方便地找到被共享的文件（子目录）。然而，用户与被共享文件之间的链接关系必须使用正确的方法来实现，否则就可能出现部分文件内容并不能被共享的问题。例如，若有两个用户分别希望以文件名 A 和文件名 B 来共享文件 C，则必须实现文件 A 或文件 B 与文件 C 之间的链接；若链接方法是将文件 C 的物理地址（即物理块号）分别复制到文件 A 或文件 B 的目录项中，则这种链接方式可能会导致无法共享文件 C 中新添加的数据。这是因为如果使用文件 A 的用户向文件 C 中添加新的数据时，可能会导致系统为文件 A 分配新的物理块，而这些新增加的物理块号信息只会出现在用户文件 A 的目录项中，这样，文件 B 的目录项中就没有这些新增加的物理块号信息，即文件 C 新增加的内容对使用文件 B 的用户是不可见的，也即文件 C 新增加的内容不能被共享。

实现文件共享的一种正确方法是使用索引节点，即除文件名外的其他全部属性不再保存在文件的目录项中，而是保存在索引节点中。文件的目录项只保留文件名和指向该文件索引节点的指针，如图 6-15 所示。此时，任何用户修改被共享文件所引起的索引节点内容改变对其他用户都是可见的，即被共享文件新添加的内容也能够被所有共享该文件的用户共享。

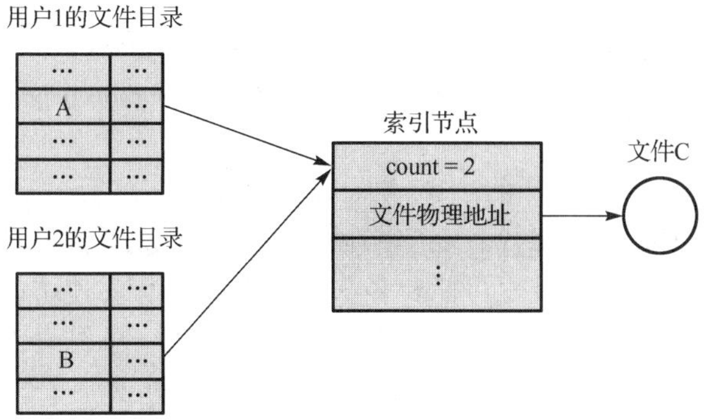

图 6-15　基于索引节点的文件共享方式

为了共享文件，索引节点中设置了一个链接计数器 count，用来记录链接到本索引节点上的目录项数目。例如，若 count=2，则表示有两个用户目录项链接到本索引节点上，也即有两个用户在共享本文件。

当一个用户创建文件 C 后，此用户就是文件 C 的所有者，此时文件 C 的索引节点中 count=1。当另一个用户需共享文件 C 时，就在自己的文件目录中增加一个目录项，同时设置一个指针指向文件 C 的索引节点，并置索引节点的 count=2。增加共享用户不会导致文件的所有者发生改变，只是文件 C 中索引节点里的 count 值相应增加。用户删除共享文件 C 时，只要其索引节点中的 count 值大于 1，就不能真正删除共享文件 C，只能删除该用户目录到共享文件 C 索引节点的链接，并将共享文件 C 中索引节点里的 count 值减 1。只有共享文件 C 再没有被其他用户共享时（count=1），才能真正由文件 C 的所有者删除。这种基于索引节点的文件共享方式，使得共享文件的所有者在其他用户共享该文件时无法删除它。

（2）利用符号链实现文件共享

上述将两个文件目录表项中的指针指向同一个索引节点的链接称为文件的硬链接。文件硬链接不利于文件所有者（文件主）删除他拥有的文件，即文件主在删除他拥有的共享文件之前，必须先删除（关闭）所有其他用户的硬链接，否则就会造成共享该文件的其他用户目录表中的指针悬空（所指的共享文件为不存在的文件）。为此又提出了另一种链接方法——符号链接。

利用符号链接也可以实现文件共享，该方法称为软链接。如用户 B 为了共享用户 A 的一个文件 C，这时可以由系统创建一个 link 类型的新文件，并把这个新文件添加到用户 B 的文件目录中，以实现用户 B 的一个文件目录项与用户 A 中文件 C 的链接。新文件中只包含被链接文件 C 的路径名，我们称这种链接方式为符号链接。当用户 B 要访问被链接的文件 C 时，系统发现要读的文件是 link 类型，就会根据新文件中的路径名去读文件 C，从而实现了用户 B 对用户 A 中文件 C 的共享。

利用符号链接实现文件共享时，只有共享文件的所有者才拥有指向该共享文件索引节点的指针，其他共享该共享文件的用户只有其路径名，而没有指向其索引节点的指针。这样，当共享文件的所有者删除该共享文件时并不会受其他共享用户的影响，只是该共享文件被删除后，其他用户要通过符号链去访问此共享文件时，会因找不到这个共享文件而访问失败，此时系统将该用户文件目录中访问该共享文件的这个符号链接（即 link 类型的文件）删除。

利用符号链接实现文件共享的最大优点是：只要知道文件所在计算机的网络地址及其文件在该计算机上的路径，就能够通过网络链接到世界上任何地方的计算机中所存放的文件。

利用符号链接实现文件共享的主要缺点是：当用户通过符号链接访问某个共享文件时，系统需要根据给定的文件路径名逐个路径分量地去多次查找目录，直至找到需要访问的共享文件的索引节点，整个过程可能要多次读取磁盘，从而使访问操作的开销很大。此外，利用符号链接实现文件共享时要为每个共享用户建立一条符号链接，每个符号链接是一个文件，尽管其内容简单，但也要为它分配索引节点而耗费一定的磁盘空间。

基于索引节点以及符号链接的共享方法都存在一个共同问题，即每个共享文件都可能有多个文件名，也就是说，每增加一个链接就增加一个文件名，实质上就是每个用户都使用自己的路径名去访问共享文件。因此会产生这样一个问题，即当需要将一个目录中的所有文件都转储到磁带上时，就可能使一个共享文件产生出多个副本（一个共享文件以不同的文件名存储了多次）。

2. 动态共享

动态共享存在于进程之间，当父进程创建了一个子进程，子进程通过继承就可以共享父进程已经打开的文件。以后父进程和子进程还可以再打开各自的文件，但这时打开的文件对父子进程来说已没有共享关系。当进程撤销后，父子进程之间的共享关系也随之解除。

6.5.3 文件系统的安全

文件系统的安全性是要确保未经授权的用户不能存取某些文件。随着计算机应用范围的扩大，所有稍具规模的计算机系统都要从多个级别上来保证系统的安全性。

1. 系统级安全管理

系统级安全管理的主要任务是不允许未经许可的用户进入计算机系统，从而防止他人非法使用系统中的各类资源（包括文件）。系统级管理的主要措施有注册和登录两种。

（1）注册。注册的主要目的是使系统管理员能够掌握要使用计算机的各用户情况，并保证用户在系统中的唯一性。如 UNIX 操作系统中的 passwd 文件为系统的每个账号保存一行记录，这条记录给出了每个账号的一些属性，如用户的真实名字、口令等。passwd 是 ASCII 码文件，普通用户可读但只有系统管理员 root 可写。为了使口令保密，使用 shadow 命令可使 passwd 文件中放置口令的地方显示一个“*”。

加密口令和口令有效期信息也存放在 shadow 文件中，只有系统管理员 root 才能读取。任何一个新用户在使用系统之前必须先向系统管理员申请，并由系统管理员 root 使用 adduser 命令为其创建用户账号。当用户不再使用系统时，由系统管理员 root 使用 userdel 命令删除该账号和账号的主目录。

（2）登录。用户注册后就成为该系统的用户，但在上机时还必须进行登录。登录的主要目的是通过核实用户的注册名及口令来检查该用户使用系统的合法性。Windows NT 需要用户按下 Ctrl+Alt+Del 组合键来启动登录界面，提示输入用户名和口令。在用户输入登录信息后，系统调用身份验证包来接收登录信息，并与安全账号管理库中存放的用户名和口令进行比对，如果匹配则登录成功即允许用户进入系统。为了防止非法用户窃取口令，在用户输入口令时系统将不在屏幕上回显，凡未通过用户名及口令检查的用户将不能进入系统。

2. 用户级安全管理

用户级安全管理是通过对所有用户分类和对指定用户分配访问权，即对不同的用户、不同的文件设置不同的存取权限来实现的。如在 UNIX 系统中将用户分为文件主、同组用户和其他用户。有的系统将用户分为超级用户、系统操作员和一般用户。

3. 目录级安全管理

目录级安全管理是为了保护系统中的各种目录而设计的，它与用户权限无关。为保证目录的安全，规定只有系统核心才具有写目录的权利。

用户对目录的读、写和执行与对一般文件的读、写和执行的含义有所不同。对于目录的读权限，意味着允许打开并读取该目录的信息。如 UNIX 系统使用 ls 命令可列出该目录的子目录和文件名清单。对于目录的写权限，则意味着可以在此目录中创建或删除文件。注意，禁止对某个目录的写权限，并不意味着在该目录中的文件不能被修改，只有在一个文件上的写权限才真正控制着该文件的修改能力。对于一个目录的执行权限，意味着系统在分析一个文件时可检索此目录。禁止一个目录的执行权可真正防止用户使用该目录中的文件，用户不能使用进入子目录的命令来进入该目录。

4. 文件级安全管理

文件级安全管理是通过系统管理员或文件所有者对文件属性的设置来控制用户对文件的访问。通常可设置以下 8 种属性。

（1）只执行。只允许用户执行该文件，主要针对.exe 和.com 文件。

（2）隐含。该文件为隐含属性文件。

（3）索引。该文件为索引文件。

（4）修改。该文件自上次备份后是否还可以被修改。

（5）只读。只允许用户对该文件进行读操作。

（6）读/写。允许用户对该文件进行读和写操作。

（7）共享。该文件是可读共享的文件。

（8）系统。该文件是系统文件。

用户对文件的访问将由用户访问权限、目录访问权限以及文件属性这三者的权限共同决定，或者说由有效权限和文件属性的交集决定。如对于只读文件，尽管用户的有效权限是读和写，但都不能对只读文件进行修改、更名和删除。对于一个非共享文件，将禁止在同一时间内由多个用户对它进行访问。

6.5.4 文件系统的可靠性

由于系统故障和恶意破坏而造成的文件系统损坏或用户信息丢失，也许比计算机硬件被破坏所产生的后果还要严重，并且可能是灾难性的。不言而喻，文件系统必须可靠。尽管文件系统不能防止存储设备或存储介质的损坏，但应能保证信息的完整性或者信息被破坏后能够得到恢复。通常采用坏块管理、文件备份、检查文件系统的一致性以及 RAID 技术等措施来保证文件系统的可靠性。

1. 坏块管理

由于技术和工艺的原因，盘片在制造时的瑕疵会存在于某些扇区（称为坏扇区）中，从而导致这些扇区不能正确读写。如果瑕疵很小且只有几位，那么在使用坏扇区时，可以通过 ECC（Error Checking and Correcting）校正错误来保证信息的正确性。如果瑕疵较多（或较大），则出错的信息就难以恢复。

对坏块的管理有两种处理方法，即硬件解决方法和软件解决方法。

（1）硬件解决方法

由磁盘控制器对坏扇区进行处理。磁盘出厂前都要进行测试，并将坏扇区列表写在磁盘上，且对每个坏扇区都用一个备份扇区进行替换。

在老式磁盘上会保留一个扇区用作坏块表，该坏块表记录着磁盘出厂时所测试到的坏块信息。在磁盘控制器第一次对磁盘格式化时读取坏块表，并依次用备用块取代各坏块，同时把取代的信息记录到坏块表中。此后，凡是对坏块的读写操作都依据坏块表中的取代信息转变为对相应备用块的读写操作。在发现新坏块时，可以再对磁盘进行低级格式化来修改坏块表。

现代硬盘的控制器非常复杂，磁盘上每个磁道所拥有的扇区通常比实际使用的扇区至少多出一个。这样当一个磁道上出现坏扇区就不会造成任何问题，即可以将坏扇区映射到备用扇区，或者跳过坏扇区而启用备用扇区（相当于将坏扇区之后的所有扇区依次前移一个扇区位置而覆盖掉坏扇区）。

（2）软件解决方法

操作系统首先获得一个坏扇区列表，或者从磁盘中读出该列表信息，或者由操作系统测试整个磁盘。一旦操作系统知道哪些扇区是坏的就可以重新建立映射表，或者把坏块（坏扇区）从空闲表中删除使其不出现在文件存储空间中。只要不对坏块（坏扇区）进行读写操作，文件系统就不会出现任何问题。

2. 备份文件

备份文件是保证文件系统可靠性的一种重要手段。即使有再好的坏块处理策略，也需要经常性地备份文件。文件备份可以选择以下两种不同的处理方案。

（1）按转储文件系统的完整性划分。备份文件按转储文件系统的完整性可分为以下两类。

① 海量转储（Mass Dump）。也称完全备份，即把整个磁盘的内容转储到其他存储介质上。在实际备份操作时可先压缩数据然后再进行转储，以减轻备份的工作量。

② 增量转储（Incremental Dump）。即定期地做一次海量转储，此后每天仅转储自上一次海量转储以来所修改过的文件，或者每天仅转储自上一次增量转储以来所修改过的文件。

（2）按文件转储的方式划分。备份文件按转储的方式可分为以下两类。

① 物理转储（Physical Dump）。从磁盘的第 0 块开始，按顺序把磁盘所有的物理块都写到转储介质上。物理转储的优点是简单、高速，缺点是不能有选择的转储，即不能做增量转储或仅转储文件系统中的某个文件。

② 逻辑转储（Logical Dump）。从一个或多个指定的文件目录开始，转储从中找到的自给定之日起所修改过的所有文件和目录。因此在逻辑转储中，所转储的内容是经过筛选的文件和目录，这样可以较容易地恢复指定的文件和目录。

3. 检查文件系统的一致性

影响文件系统可靠性的另一个问题是文件系统的一致性。许多文件系统采用的不是直接对磁盘文件进行读写的方法，而是将文件的物理块放入内存缓冲区进行读写，以此来加快读写文件信息的速度。但由此引发的问题是如果内存缓冲区中修改过的物理块在写回磁盘之前发生系统故障，则将导致文件系统处于不一致状态，即修改的内容并没有出现在（写回到）磁盘文件上。如果未被写回磁盘的物理块是文件索引节点（i 节点）块、目录块或者空闲表块，则问题将更为严重。为了解决文件系统的不一致问题，许多操作系统都带有一个一致性检查（Consistency Checker）的实用程序，该程序将内存中有关目录的数据与磁盘物理块中所保存的目录数据进行比较，并试图纠正所发现的不一致信息。如 Linux 的 fsck 程序、Microsoft 的 chkdsk 程序等，都是用于文件系统一致性的检查程序，可以在系统初启或在系统崩溃时运行这些程序。

4. RAID 技术

RAID 技术是一种多磁盘组织技术，可以在多个磁盘上存储冗余信息（奇偶校验为用户数据的冗余信息，当磁盘失效时可用它重新恢复数据），提供容错功能以确保数据的安全性。RAID 技术易于管理，理论上在任何一块磁盘出现问题时都可以继续工作，不会受磁盘损坏的影响。RAID 技术的实现已在 5.6.4 节做过介绍。

6.5.5 文件保护

文件保护的直接结果是文件系统只允许对文件进行合法访问，而这是通过对文件访问进行控制实现的。文件系统对文件访问的控制通常包含以下 4 种功能。

（1）对于拥有读、写或执行权限的用户，应允许对文件进行相应的操作。

（2）对于没有读、写或执行权限的用户，应禁止对文件进行相应的操作。

（3）应防止一个用户冒充其他用户对文件进行存取。

（4）应防止拥有存取权限的用户误用文件。

一般可采用四种文件保护方式：① 存取控制矩阵；② 存取控制表；③ 口令；④ 加密。

1. 存取控制矩阵

根据用户身份进行访问控制是解决文件保护最常用的方法。对同一个文件或目录，不同用户具有不同类型的访问权限。存取控制矩阵就是这样一种方式，它是一个二维矩阵，一维列出计算机的全部用户，另一维列出系统中的全部文件。整个系统的文件全部由存取控制矩阵管理，矩阵中每个元素 A_{ij} 表示第 i 个用户对第 j 个文件的存取权限。通常，存取权限包括可读 R、可写 W、可执行 E 以及它们的组合，如图 6-16 所示。

当用户向文件系统发出存取要求时，文件系统可以根据文件控制块 FCB 中的文件存取控制信息与存取控制矩阵中相应单元的内容进行比较，如果不匹配则操作不能执行。

存取控制矩阵概念简单清楚，在理论上是可行的，但具体实现起来却有困难。原因是当一个系统中的用户数和文件数很大时，存取控制矩阵将变得非常庞大，既占用了大量的内存空间，又增加了使用文件时对存取控制矩阵检索所带来的时间开销。所以存取控制矩阵是一种不完善的文件保护方法。

用户＼文件	Sqrt	Test	Right	Beta	Alpha
A	E	WE	RW	R	
B	E	RE	W	RW	
C	RWE	R	R	WE	RW

图 6-16　存取控制矩阵

2. 存取控制表

存取控制矩阵由于太大而难以实现。一种改进的方法是按用户对文件的访问权限差别对用户进行分类，由于某一文件往往只与少数几个用户有关，所以这种分类方法可使存取控制大为简化，这就是存取控制表方法。存取控制表把用户分为三类：文件主、同组用户和其他用户，每类用户的存取权限为可读、可写、可执行或者它们的组合，如表 6.2 所示。由于存取控制表对每个文件的用户进行分类，所以每个文件都有一张精简的访问权限列表，可将此表放在每个文件的文件控制块 FCB 中。当文件被打开时，精简的访问权限列表就被复制到内存中，从而使文件保护能够高效地进行。

表 6.2　存取控制表

文件名	sqrt
文件主 A	RWE
B 组	RW
C 组	RE
其他	R

例如，主程序员 A 带领 3 个程序员 B、C 和 D 共同编制一个程序。该程序的文本保存在名为 Job 的目录中，与该目录相关的保护如下。

（1）A 对该文件具有所有的操作权限。

（2）B、C 和 D 对该文件具有读和写操作权限，但没有删除操作权限。

（3）所有其他用户对该文件只有读操作权限，没有其他权限。

为了实现这种保护，必须创建一个新组，称为 work，并且具有三个成员 B、C 和 D。该组必须与目录 Job 相关联，且其访问权限必须按照以上描述的策略进行设置。

存取控制表方法占用空间较小，查找效率也高，但因对用户分组而产生了额外的开销。

3. 口令方式

在 6.5.3 节中的口令是用户进入系统的口令，当用户输入的口令不符时将被系统拒绝。我们这里所说的口令是在每个用户创建文件时，为新创建的文件设置口令。该口令被置于文件说明（如 FCB）中，当任一用户想使用该文件时都必须提供口令。只有当口令匹配时才允许对该文件进行存取操作。

口令方式实现较为简单，占用的内存空间以及验证口令所需的时间都非常少。但是这种方法有以下两方面缺点。

（1）用户需要记住的口令数量过大（一个文件一个口令时），以致这种方案不可行。

（2）如果所有文件只使用一个口令，那么一旦被破译则所有文件都能被访问。

4. 加密方式

文件保护的另一种解决方法是加密。即在用户创建文件并在其写入存储设备时对文件实施编码加密，而在读出文件时再对该文件进行译码解密。显然，只有能够进行译码解密的用户才能读出被加密的文件信息，从而起到文件保护的作用。

从信息安全的角度看，这种加密方式属于对称加密，即文件的加密和解密都需要用户提供同一个密钥，其原理是文件存储时，加密程序将使用密码对源文件进行编码变化，即加密；而读取文件时，解密程序必须使用同一个密钥对加密文件进行解密，将其还原为源文件。

与口令方式相比，加密方式中使用的密钥没有存放在系统中，而是由用户自己保管，因此具有保密性强的优点。但是编码、解码工作需要耗费大量的时间，即加密是以牺牲系统开销为代价的。

习　题　6

一、单项选择题

1．文件系统的主要目的是________。

A．实现对文件的按名存取　　B．实现虚拟存储

C．提高外存的读写速度　　D．用于存储系统文件

2．下列文件中属于逻辑结构的无结构文件是________。

A．变长记录文件　　B．索引文件　　C．连续文件　　D．流式文件

3．在记录式文件中，一个文件由称为________的最小单位组成。

A．物理文件　　B．物理块　　C．逻辑记录　　D．数据项

4．文件系统用________组织文件。

A．堆栈　　B．指针　　C．目录　　D．路径

5．物理文件的组织形式与________无关。

A．文件长度　　B．文件的存储方式

C．存储介质特性　　D．文件系统采用的管理方式

6．下面说法正确的是________。

A．连续文件适合于建立在顺序存储设备上而不适合于建立在磁盘上

B．索引文件是在每个物理块中设置一链接指针将文件的所有物理块链接起来

C．连续文件必须采用连续分配方式，而串联文件和索引文件都可采用离散分配方式

D．串联文件和索引文件本质上是相同的

7．存放在磁盘上的文件________。

A．既可以直接访问又可以顺序访问　　B．只能直接访问

C．只能顺序访问　　D．必须通过操作系统访问

8．位示图方法可用于________。

A．磁盘空间的管理　　B．磁盘的驱动调度

C．文件目录的查找　　D．页式虚拟存储管理中的页面调度

9．下面说法正确的是________。

A．文件系统负责文件存储空间的管理但不能实现文件名到物理地址的转换

B．在多级目录结构中对文件的访问是通过路径名和用户目录名进行的

C．文件可以被划分成大小相等的若干物理块且物理块大小也可以任意指定

D．逻辑记录是对文件进行存取操作的基本单位

10．文件的物理组织方式是由________确定的。

A．应用程序　　B．内存容量　　C．外存容量　　D．操作系统

11．有些操作系统中将文件描述信息从目录项中分离出来，这样做的好处是________。

A．减少读文件时的 I/O 信息量　　B．减少写文件时的 I/O 信息量

C．减少查找文件时的 I/O 信息量　　D．减少复制文件时的 I/O 信息量

12．文件系统中若文件的物理结构采用连续分配方式，则文件控制块 FCB 中有关文件的物理位置的信息应包括________。

① 首个物理块地址　　② 文件的长度（物理块个数）　　③ 索引表地址

A．③　　B．①和②　　C．②和③　　D．①和③

13．在有直接存取需求和文件长度动态增长的情况下，宜选择________方式。

A．索引分配　　B．连续分配　　C．链接分配　　D．A～C 都不对

14．在下列文件的物理结构中，不便于文件内容增删的是________。

A．连续文件　　B．链接文件　　C．索引文件　　D．哈希（Hash）文件

15．下面不适合于直接存取的外存分配方式是________。

A．连续分配　　B．链接分配　　C．索引分配　　D．A～C 都适合

16．在磁盘上容易导致外存碎片发生的物理文件结构是________。

A．链接文件　　B．连续文件　　C．索引文件　　D．索引和链接文件

17．FAT 能描述文件的________特征。

A．文件逻辑　　B．文件物理结构　　C．文件共享　　D．文件保护

18．在文件系统中，文件访问控制信息存储的合理位置是________。

A．文件控制块　　B．文件分配表　　C．用户口令表　　D．系统注册表

19．一个文件系统中，其文件控制块 FCB 占 64B，一个盘块大小为 1KB，采用一级目录。假定文件目录有 3200 个目录项，问查找一个文件平均需要________次访问磁盘。

A．50　　B．54　　C．100　　D．200

20．文件系统采用两级索引分配方式，如果每个物理块的大小为 1KB，每个物理块号占 4 个字节（4B），则该系统中单个文件允许的最大长度是________。

A．64MB　　B．128MB　　C．32MB　　D．A～C 都不对

21．设有一个记录式文件采用链接分配方式，逻辑记录的固定长度 100 字节，在磁盘上存储时，采用记录成组分解技术，物理块（盘块）长度为 512 字节。如果该文件的目录项已经读入内存，要修改第 22 个逻辑记录共需启动磁盘________次。

A．1　　B．2　　C．5　　D．6

22．文件的存储空间管理实质上是对________组织和管理。

A．文件目录　　B．外存已分配区域

C．外存空闲区　　D．文件控制块

23．文件记录的成组与分解是为了________。

A．缩短查找文件的时间　　B．提高外存的利用率

C．提高内存的利用率　　D．A～C 都不对

24．使用绝对路径名是从________开始按目录结构访问某个文件。

A．当前目录　　B．用户主目录　　C．根目录　　D．父目录

25．设置当前工作目录的主要目的是________。

A．节省外存空间　　B．节省内存空间

C．加快文件的检索速度　　D．加快文件的读写速度

26．目录文件所存放的信息是________。

A．某一个文件存放的数据信息

B．某一文件的文件目录

C．该目录中所有数据文件目录

D．该目录中所有子目录文件和数据文件的目录

27．位示图可用于磁盘空间的管理。设某系统磁盘共有 500 块，块号为 0～499，第 0 行的第 0 位表示第 0 块，第 0 行的第 1 位表示第 1 块，以此类推。若用位示图管理这 500 块的磁盘空间，当字长为 32 位时，第 i 个字节第 j 位对应的块号是________。

A．$32\times i+j$　　B．$32\times i+j-1$　　C．$32\times i+j-32$　　D．$32\times i+j-32-1$

28．操作系统为保证未经文件所有者授权，则任何其他用户不得使用该文件的解决方法是________。

A．文件保护　　B．文件加密　　C．文件转储　　D．文件共享

29．为了实现对文件 F 的共享，可由系统创建一个 link 类型的新文件，且新文件中只包含被链接文件 F 的路径名，则这种文件共享方式是________。

A．基于索引节点的文件共享　　B．利用符号链实现的共享

C．绕道法实现的共享　　D．链接法实现的共享

30．为防止系统故障造成文件被破坏，通常采用的方法是________。

A．存取控制矩阵　　B．定时转储文件　　C．设置口令　　D．密码转换

二、判断题

1．同一文件在不同的存储介质上应该用相同的组织方式。

2．可顺序存取的文件不一定能直接（随机）存取，但可直接存取的文件都能顺序存取。

3．关闭文件操作要释放文件所占用的外存空间。

4．采用多级树形结构的文件系统，各用户使用的文件必须定义不同的文件名。

5．文件的物理结构是指文件在外存上的存放形式。

6．文件的索引表全部存放在文件控制块 FCB 中。

7．文件目录必须常驻内存。

8．在文件系统中，打开文件是指创建一个文件控制块。

9．任何用户都可以关闭文件。

10．链接文件只能采用顺序存取，不能采用直接存取。

11．索引文件既适合顺序存取，又适合直接存取。

12．文件存取空间管理中的空闲分区表法，适合于连续文件且不会产生碎片。

13．用位示图管理磁盘空间时，一位表示磁盘上一个字的分配情况。

14. 如果用户频繁地访问当前目录中的文件，则应将该目录放入内存。

15. 在文件较大时，无论是进行顺序存取还是直接存取，都以索引文件方式最快。

三、简答题

1. 什么是文件？它包含哪些内容及特点？
2. 文件系统必须完成哪些工作？
3. 什么是逻辑文件？什么是物理文件？
4. 简述文件的外存分配中连续分配、链接分配和索引分配各自有什么主要优缺点。
5. 文件目录和目录文件各起什么作用？目前广泛采用的目录结构形式是哪种，它有什么优点？
6. 使用文件系统时，通常要显式地进行打开（OPEN）和关闭（CLOSE）操作。

   （1）这样做的目的是什么？

   （2）能否取消显示的打开、关闭操作？应如何做？

   （3）取消显示的打开、关闭操作有什么问题？
7. 有哪些常用的文件存储空间管理方法，并说明其主要优缺点。
8. 文件存取控制方式有哪些？试比较它们的优缺点。
9. 文件管理与内存管理有何异同点？

四、应用题

1. 设某文件为链接文件并由 5 个逻辑记录组成，每个逻辑记录的大小与磁盘物理块的大小相等均为 512 字节，并依次存放在 50、121、75、80 和 63 号物理块上。若要存取文件的第 1569 逻辑字节处的信息，问要访问哪一个物理块？
2. 设某文件系统采用两级目录结构，主目录中有 10 个子目录，每个子目录中有 10 个目录项。在同样多的目录情况下，若采用单级目录结构所需平均检索目录项数是两级目录结构平均检索目录项数的多少倍？
3. 某操作系统对外存分配采用混合索引分配方式，在索引节点中包含文件的物理结构数组 iaddr[12]，其中前 10 项 iaddr[0]～iaddr[9]为直接地址，iaddr[10]为一次间接地址，iaddr[11]为二次间接地址。如果系统的逻辑记录大小是 4KB，而磁盘的每个扇区（即物理块）也为 4KB。描述磁盘扇区的数据项需要 4 字节，其中一个字节标识磁盘分区，3 个字节标识物理块。请问该文件系统支持的单个文件的最大长度是多少？
4. 假定一个盘组共有 100 个柱面，每个柱面有 16 个磁道，每个磁道分成 4 个扇区，问：

   （1）整个磁盘空间共有多少个物理块？

   （2）如果用字长为 32 位的单元来构造位示图，共需要多少个字？

   （3）位示图中第 18 个字的第 16 位对应的块号是多少？
5. 某文件占 10 个磁盘物理块，现要把该文件的物理块逐个读入内存缓冲区，并送入用户区进行分析。假设一个缓冲区与一个物理块大小相同，把一个物理块读入缓冲区的时间为 100μs，将缓冲区的数据送到用户区的时间是 50μs，CPU 对一块数据进行分析的时间为 50μs。试求在单缓冲区和双缓冲区结构下读入并分析完该文件的时间。

参 考 文 献

[1] 胡元义，等．操作系统原理教程[M]．西安：西安电子科技大学出版社，2014.

[2] 吴小平，罗俊松．操作系统[M]．北京：机械工业出版社，2011.

[3] 何丽，等．操作系统[M]．北京：清华大学出版社，2012.

[4] 丁善镜．计算机操作系统原理分析[M]．北京：清华大学出版社，2012.

[5] 邹恒明．操作系统之哲学原理[M]．北京：机械工业出版社，2012.

[6] 陆丽娜，等．计算机操作系统[M]．北京：高等教育出版社，2012.

[7] 何炎祥．操作系统原理[M]．北京：科学出版社，2004.

[8] 李彤，等．操作系统 CDIO 之路[M]．北京：清华大学出版社，2012.

[9] 李俭，王鑫，等．操作系统原理实用教程[M]．北京：清华大学出版社，2011.

[10] 周苏，等．操作系统原理[M]．北京：机械工业出版社，2013.

[11] 胡元义，等．操作系统课程辅导与习题解析[M]．北京：人民邮电出版社，2002.

[12] 胡元义，徐甲同．操作系统实践教程[M]．西安：西安电子科技大学出版社，2001.

[13] 李春葆，等．新编操作系统习题与解析[M]．北京：清华大学出版社，2013.

[14] Ananda A，Tay B，Koh E. A Survey of Asynchronous Remote Procedure Calls. Operating Systems Review，April 1992.